"十三五"江苏省高等学校重点教材

无人机系统设计导论

昂海松　郑祥明　金海波　编著

科学出版社

北　京

内 容 简 介

本书为"十三五"江苏省高等学校重点教材（编号：2017-2-100）。

本书比较完整地阐述了无人机系统基本设计原理与设计方法，注意启发创新思想。书中内容已不是传统的飞行器总体设计和结构设计，而是无人机系统的设计。本书不但介绍无人机的发展历史，无人机平台的总体设计、气动设计、结构设计技术，而且以较大篇幅论述无人机的飞行控制技术、信息传输技术、隐身设计技术和任务系统设计。与一般飞行器设计书籍不同的是，本书还介绍无人机的制造技术、无人机的飞行试验技术和无人机驾驶考试的内容，描述无人机设计研发的全过程。最后本书简要论述了无人机技术的发展。另外，书中提供了部分网络课程视频。

本书兼顾不同专业与层次的学生对学习无人机技术的需求，可作为高等学校航空专业、无人机专业及相关专业的教材，也可作为从事无人机系统设计、研发和制造人员的技术参考书。

图书在版编目(CIP)数据

无人机系统设计导论 / 昂海松，郑祥明，金海波编著. —北京：科学出版社，2018.9

"十三五"江苏省高等学校重点教材

ISBN 978-7-03-059544-7

Ⅰ. ①无… Ⅱ. ①昂… ②郑… ③金… Ⅲ. ①无人驾驶飞机-系统设计-高等学校-教材 Ⅳ. ①V279

中国版本图书馆 CIP 数据核字（2018）第 261744 号

责任编辑：余 江 张丽花 / 责任校对：王萌萌
责任印制：吴兆东 / 封面设计：迷底书装

科学出版社 出版
北京东黄城根北街 16 号
邮政编码：100717
http://www.sciencep.com

北京华宇信诺印刷有限公司印刷
科学出版社发行 各地新华书店经销
*
2018 年 9 月第 一 版 开本：787×1092 1/16
2025 年 12 月第五次印刷 印张：17 3/4
字数：418 000

定价：69.00 元

(如有印装质量问题，我社负责调换)

前　言

在 1903 年世界上第一架有人驾驶航空器(简称有人飞机)出现不久，就有人提出无人机的概念。“无人机”就是无人驾驶航空器的简称，英文简称为 UAV(无人机)或 UAS(无人机系统)。由于无人机过去主要用于军事，民众并不了解。无人机技术大量用于民用和消费领域还是近些年的事。

由于无人机具有结构简单、重量轻、灵活性强、成本较低、无空中飞行员安全问题等特点，在很多领域可以补充或替代军用有人驾驶航空器，而且更适合隐蔽作战、单兵使用、长航时飞行和集群作战。无人机在民用上也越来越广泛，包括过去地面民用装备不能完成的空中作业，以及危险环境下执行任务。目前，我国无人机已从消费级无人机向工业级无人机发展。无人机的应用也从单纯的航拍向公安、交通、消防、管道及电力巡检、农林植保、物流输送等专业领域发展。

另外，因无人机的研制成本低和制造相对容易，故可以更大胆地设计不同布局的类型，并且无人机不受空中飞行员的限制，所以更利于发挥设计人员的创造思想。

因为无人机上没有人员直接观察、判断环境，没有飞行员根据所遇到的特殊情况来直接驾驶无人机航行和应急处理，所以无人机的飞行安全性和执行任务的可靠性要大大低于有人驾驶航空器。为此，无人机的设计不能照搬有人驾驶航空器的设计方法，从无人机的构型、布局、材料、结构、控制到任务、设备，都有与有人驾驶航空器不同的要求和技术特点。尤其是无人机系统的空中无人机平台与地面人员、地面测控设备的通信和互动关系，要比有人驾驶航空器复杂得多。

本书突破了飞行器本身的总体设计和结构设计等传统设计范围，而更强调的是无人机系统的设计。本书不但介绍无人机的发展历史，无人机平台的总体设计、气动设计、结构设计技术，而且介绍与设计密切相关的无人机的制造技术、无人机的飞行试验技术和无人机驾驶考试的内容，描述无人机设计研发的全过程。本书还以较大篇幅论述无人机关键的核心技术，如飞行控制技术、信息传输技术、隐身设计技术和任务系统设计。在无人机总体设计上，除了介绍一些飞行器总体设计方法，更多的是介绍无人机的新类型、新形式、新布局和新的设计思想，目的是启发创新意识、鼓励新型无人机的研发。最后本书简要论述了无人机技术的发展。

鉴于形形色色的无人机不断涌现，本书提供了较多的无人机及相关设备与技术图片，不但让读者对无人机的发展有直观的了解，而且为读者提供实用参考。为了适应不同专业和层次读者的需求，本书内容编排上减少了对专业背景的特殊需求，写作风格上力求简洁易懂，也为需要深入研究的读者提供了学习途径。

本书可作为高等学校航空专业、无人机专业及相关专业学生的学习教材。在中国大学 MOOC 平台上作者开设有课程“无人机设计导论”(国家精品在线开放课程)，课程实施几年来深受大量学员关注。本书为该课程的配套纸质教材。对本书有兴趣的读者，可以观看该 MOOC 网络课程视频，以达到更好的学习效果。本书也可以作为从事无人机系统设计、研发和制造人员的技术参考书，还可作为无人机企业、商业人员和航空爱好者的学习书籍。

本书第 1～3 章、第 8～11 章由昂海松教授编写，第 4 章由郑祥明副教授编写，第 5、6 章由金海波副教授编写，第 7 章由昂海松教授和郑祥明副教授共同编写。在本书编写过程中，周建江教授、黄国平教授、甄子洋教授、余雄庆教授、王新华副教授、肖天航副教授、宋晓勤副教授、柳涛老师、罗东明老师等参与部分工作，在此表示感谢。这里还要特别感谢中国航空学会无人驾驶航空器系统专门委员会提供的《无人驾驶航空器系统驾驶员资格审查标准》。由于在本书编写过程中参考的文献众多，在此向已列入和未列入的参考文献作者表示衷心的感谢。我们还要感谢科学出版社的大力支持。

鉴于无人机系统技术发展很快，本书着重反映无人机系统设计的基本原理和技术基础。期望能为不同专业的学生和无人机爱好者提供一本无人机设计研发入门的引导书。

编　者

2018 年 7 月

目　　录

第 1 章　无人机系统概述

无人机技术概述

1.1　无人机的定义

“无人机”从中文字意上看，并不确切，它实际上是中国原来对“无人驾驶飞机”的一种简化泛称。正如国外简化泛称无人机为“Drone”(源于法语“嗡嗡声”，无人机的一种形、声代名词)。到目前为止，国际上仍然有人将无人机称为 RPA(Remotely Piloted Aircraft，遥控驾驶航空器)。国内外最常用的术语，还是“无人驾驶航空器”，中文简称“无人机”，英文简称 UAV(Unmanned Aerial Vehicle)。

无人机(图 1.1.1)并不是指所有的无人驾驶的航空、航天飞行器。例如，人造卫星、气球，尽管机上无人操纵，但并不能称为无人机。导弹、制导炮弹虽然也是无人飞行器，但也并不称为无人机。这里特别要提到无人机与巡航导弹的区别。巡航导弹(图 1.1.2)与无人机形状相似，有弹翼和尾翼，也具有自主无人驾驶导航机动飞行的功能。二者关键的区别是：无人机在飞行结束后可以进行回收，而巡航导弹则不能；无人机虽然可携带弹药，但与无人机机体是分开独立的，而巡航导弹的作战弹头则被整合在弹体内。这一概念也是逐渐明确的。第二次世界大战(简称二战)时，德国发明了 V-1 导弹，当时也有人称为无人机。

图 1.1.1　无人机

图 1.1.2　巡航导弹

1.2　无人机的发展历史

在有人飞机问世后十年，由于第一次世界大战需求，就有人提出“无人机”的概念了。第一架无人机是哪一架呢？有多种说法。

一种说法是 1914 年英国研制的“AT 计划”无人机。当时英国两位将军提出研制一种不用人驾驶，而用无线电操纵的飞机，能够飞到敌方上空，将事先装在飞机上的炸弹投下去。随后，飞机设计师杰佛里和研制小组设计出一架小型上单翼机，但没有安装炸弹。1917 年 3 月，无人机进行了第一次飞行试验，刚起飞不久，发动机突然熄火，无人机因而坠毁。

有趣的是，一开始无人机就被作为攻击用，可惜没成功。

另一种说法是美国海军希望发展一种无人空投鱼雷。1917 年 12 月，美国“寇蒂斯-斯佩里”空投鱼雷(图 1.2.1)成功完成了首飞，并采用惯性导航与无线电控制技术。美军于 1926 年宣布取消了该项目。

图 1.2.1　美国空投鱼雷

真正研制并试飞成功的是英国皇家航空研究院于 1922 年研制的 RAE1921 型无人靶机(图 1.2.2)。1932 年英国“仙后”无人靶机(图 1.2.3)在皇家海军舰队防空试验中作为“靶机”飞行成功。1934～1943 年英国采购了 420 套新型的“蜂后”无人靶机为海军和陆军服务。

图 1.2.2　英国 RAE1921 型无人靶机

图 1.2.3　英国“仙后”无人靶机

有趣的是，美国无人靶机的想法却来自于一个玩具模型制造商人。20 世纪 30 年代，丹尼(Reginald Denny)在他的无线电飞机公司里制造出了一架遥控飞行模型，并将其命名为 RP-1(图 1.2.4)推荐给军方。美军一开始对这种模型不感兴趣。由于二战的武器研制需求，从 1939 年到二战结束，美军连续采购了 15000 多架这种遥控无人靶机。

20 世纪 40～50 年代，无人机主要作为靶机逐渐得到了较广泛使用。

德国在无人机研制方面也不甘人后，20 世纪 30 年代就研制出 FZG-43 靶机用于德国空军地面高炮部队的防空作战训练。

图 1.2.4　美国 RP-1 无人靶机

1939 年 10 月，德国阿果斯又提出了一个军用无线电遥控“无人轰炸机”的新概念。“深火”无人机可以携带 1t 重的炸弹，在向目标投掷完炸弹后，“深火”无人机将返回基地，从而成为实际意义上的“无人作战飞机”。德国空军在此基础上取得了一系列研究成果，并催生了 FZG-76 导弹，这就是后来震惊世界的 V-1 导弹(图 1.2.5)。

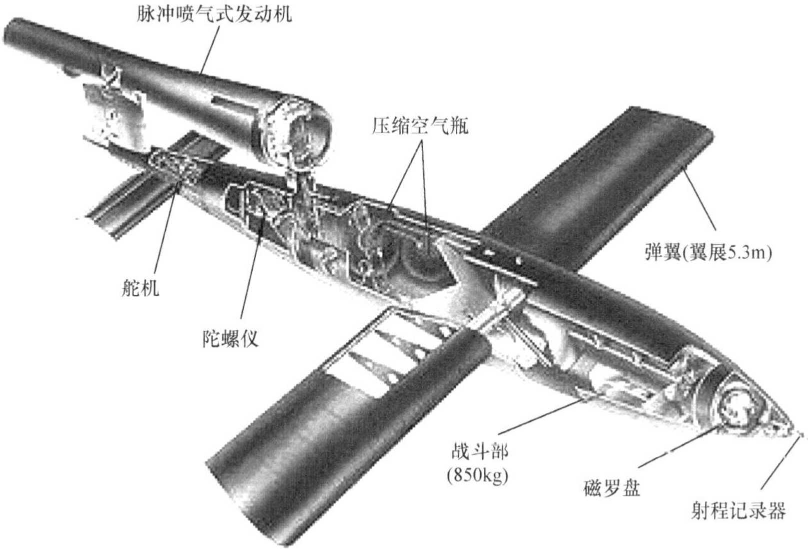

图 1.2.5　德国 V-1 导弹

1941 年美国海军还正式开展了“无人攻击机”计划，这种无人机既可以用于制导导弹来攻击敌空中目标，也可以作为无人战斗飞行器对敌地面目标进行投弹轰炸。1942 年 3 月，美国海军开始批量采购 TDN-1 无人攻击机(图 1.2.6)。有趣的是，TDN-1 无人攻击机也可以作为有人驾驶攻击机。

二战后美国与苏联在德国 V-1 和 V-2 导弹基础上，致力于发展新型攻击性武器“导弹”，代替了原来“无人轰炸机”的设计思想。

20 世纪 60 年代后，美国出于冷战需要，将无人机研究重点投向侦察方面。世界上第一

图 1.2.6　美国海军 TDN-1 无人攻击机

种实用型无人侦察机，是基于美国陆军提出将无人靶机装上照相机用于战场侦察这个想法而产生的。首个付诸实践的是在 RP-71 靶机基础上改进而来的无线电控制 AN/USD-1 无人监视机(图 1.2.7)。1960 年，为了防止无人机被苏联导弹击落，美国启动了两个高空高速无人机项目。一个是在“火蜂”无人靶机基础上发展而来的 147 型“萤火虫”无人侦察机(图 1.2.8)，该机装有可搜集 SA-2 地空导弹制导系统信号特征的电子情报模块。“萤火虫”无人侦察机可引诱 SA-2 地空导弹雷达开机并截获其信号特征，将其转发到电子战飞机上。另一个是 D-21“标签”超声速无人侦察机(图 1.2.9)。

20 世纪 50 年代初，美国空军又提出将无人机作为诱饵，用于引开苏联截击机和防空导弹。美国空军研制了采用火箭动力的 GM-71“公鸭”无人机(由飞机挂载发射)(图 1.2.10)。

图 1.2.7　美国 AN/USD-1 无人监视机

图 1.2.8　美国“萤火虫”无人侦察机

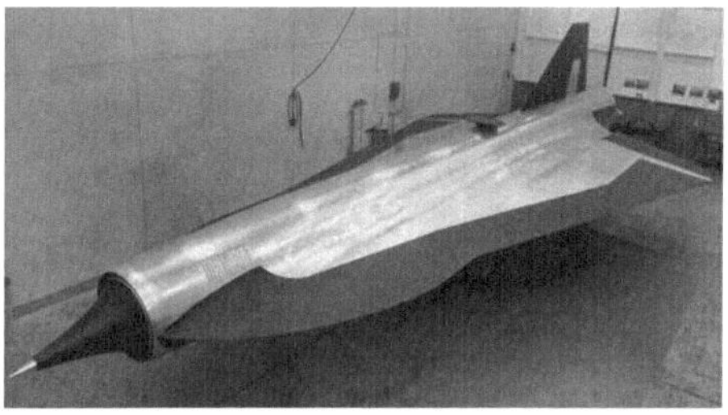

图 1.2.9　美国 D-21“标签”超声速无人侦察机

图 1.2.10　美国 GM-71“公鸭”无人机

20 世纪 60 年代初，苏联图波列夫设计局研制出一种地面发射的远程无人侦察系统，命名为图-123“鹰”(图 1.2.11)。该机机身体积大，可以容纳一组侦察照相机和电子情报系统，并可实现超声速飞行。VR-3 是苏联防空军装备的一种用于前线侦察的无人机系统。VR-3 无人侦察机(图 1.2.12)曾大量出口至华沙条约组织成员国。

图 1.2.11　苏联图-123“鹰”远程无人侦察机

图 1.2.12　苏联 VR-3 无人侦察机

以色列的无人机技术是在中东战争中发展起来的。以色列从美国引进无动力的 UAV-A 无人机诱饵，这种无人机可以由战斗机发射，使敌地空导弹雷达误以为大规模空袭。20 世纪 70 年代末，以色列自行生产“萨姆森”(Samson)无人机诱饵。敌方防空导弹雷达一开机就遭到了以色列反雷达导弹的打击。随后，以色列飞机工业公司(IAI)和塔迪兰(Tadiran)公司分别研制出了具备战场实时监控功能的无人侦察机——“侦察兵”(Scout)(图 1.2.13)和“猛犬”(Mastiff)(图 1.2.14)。

图 1.2.13　以色列“侦察兵”无人侦察机

图 1.2.14　以色列“猛犬”无人侦察机

20 世纪 80 年代后，以侦察为主的无人机得到迅速发展。

2001 年 10 月 17 日，美军在阿富汗战场上首次使用“捕食者”无人机发射“海尔法”导弹，成功摧毁了一辆塔利班的坦克，于是开启了无人机真正直接作战的时代。

1.3 无人机的特点

无人机之所以越来越受到重视，尤其是2000年以来在军民应用上的迅速发展，是因为无人机具有许多不同于其他飞行器的特点。

(1) 航空安全永远是飞行器的核心问题。无人机上无需机载人员，因此无人机在作战时或飞行器失事时，不会像有人驾驶飞行器那样危及驾驶员和机载人员的生命安全。对于执行深入敌境的突防军用飞机，很容易受到敌方导弹炮火的攻击，无人机更适于执行危险性高的突防任务。

(2) 由于无人机上没有驾驶员，可省去驾驶舱和人工操纵机构，也省去有关人员的空气与温度环境保障设备和安全救生设备，与执行同等任务的有人驾驶飞行器相比，大大减轻了无人机的重量，无人机的结构也可以相应简化。

(3) 无人机内部系统设备比较简洁，避免了机上驾驶员的长时期训练，只需训练在地面操作的有关人员，因此大大缩短研制周期和降低成本，这正是无人机快速发展的一大缘故。

(4) 无人机相对重量轻、体积小，大大减少了飞行阻力和能源消耗，因此延长了留空飞行时间，适于执行长航时任务。

(5) 无人机不受人员高速过载和环境的限制，因此可以承受更高机动速度。战斗机高机动过载引起的驾驶员身体所能承受的生理限制或者引起晕眩误操作的可能性都将不复存在；也不存在缺氧、低温、低气压对机载人员造成的影响，无人机更适应危险环境作业。

(6) 无人机无需机载人员，减少了大量设备，可以设计成小体积和更加扁平的形状，因此隐蔽性好；便于设计各种非常规布局、雷达散射面积小的飞行器，因此更适于隐身设计，从而增强了军事作战能力。

(7) 无人机机载系统组成比较简单，无人机上机载设备和部件一旦出现故障，还可以进行模块式更换，迅速修好再使用，因此大大减少了使用维护的程序和费用。

(8) 无人机的机动性强，起飞、着陆容易。固定翼中小型无人机无需机场，常规平地就可以起降，也可采用弹射起飞或手抛起飞。大型无人机也可大大缩短起飞与着陆滑跑距离。各种垂直起降的无人机纷纷出台。

美国国防部《无人机系统路线图》报告中提到无人机比有人飞机更具优势的三个方面如下：一是更加适合执行枯燥无味的任务；二是更有利于执行有放射性侵害的任务(如核武器爆炸后采集放射样本)；三是更便于执行危险的任务，如避免有人侦察机、有人对敌攻击机所造成的机组人员损失，以及其他飞机机载人员可能当作人质等，如果空中任务失败，采用无人机的政治和人员风险更低。无人机执行任务有更低的负面风险和更高的任务成功率。《无人机系统路线图》报告认为无人机系统正通过执行许多复杂且危险的任务而不造成巨大经济损失和人员伤亡，改变着全球反恐和其他战争的军事作战方式。

1.4 无人机的军事用途

目前无人机主要有如下军事用途。

1. 无人靶机

无人机作为防空武器试验的靶机，最早用于军事上的飞机火炮和高射炮的武器试验。现在无人靶机仍然是地面防空和空中格斗武器的试验与训练的重要手段。无人机还可以安装目标反射信号增强器(如红外曳光管和雷达信号发射器)，便于试验所要测试的攻击装备(如火炮、空空导弹和地空导弹)的雷达或红外探测跟踪。

以有人飞机拖带的无人靶机的费用更便宜。大型无人机还可自己携带无人拖靶，因此可以重复使用无人母机。这两种无人靶机作为火炮和导弹的靶标，更节省试验成本。

无人靶机技术也在不断发展，如扩大高低空飞行范围、提高飞行速度(如超声速靶机)和模拟敌方战斗机信号等，以用于先进的防空导弹、舰载反导系统的试验和评估。

2. 侦察与巡视

无人机侦察是继无人靶机之后使用最广的用途之一。无人侦察机类型发展很快，不同的无人侦察机可以分别执行预警、深入敌后侦察和阵地前沿侦察等任务。无人机从单一的光学侦察向组合侦察发展。一种无人机可以携带几种侦察设备，如数码相机、可见光摄像机、微光摄像机、红外热成像仪、常规雷达、合成孔径雷达成像仪等。无人电子侦察机则携带可以侦察到电子信号的任务设备。通常所获得的信息和图像可通过机载无线信息传输设备直接实时传送回地面站。远距离无人侦察机也可以通过卫星将侦察信息传导到地面信息指挥部。无人机也可以将获得的所有信息记录下来，待无人机回收时提取侦察信息。

无人机用于长航时侦察和巡视，已从单一无人机本身监察发展到网络化的组合监控。目前不同层次的无人侦察机与常规航空监视与侦察、侦察卫星、有人侦察机及地面情报系统配合执行，形成高/中/低空、多层次、多方位的立体空中侦察监视网，以便获得更加准确、更加及时的情报信息，便于军事指挥部门决策。图 1.4.1 给出了美国《无人机系统路线图》报告中的美国无人侦察机与卫星机地面设备组成的情报网。

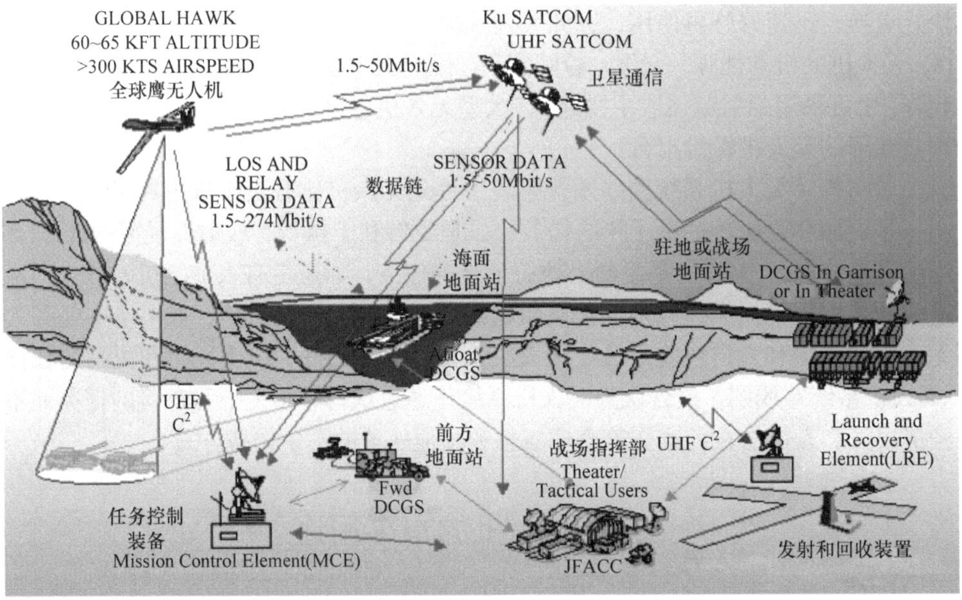

图 1.4.1　美国无人侦察机与卫星机地面设备组成的情报网

战略无人侦察机留空时间长，有一定的高度、足够的信息存储和传输能力。无人侦察机还需要具有对目标的定位功能、对动目标的跟踪功能、对各种目标的识别功能。

3. 通信中继

与通信卫星相比，高空长航时的无人机用于通信中继不但成本大大降低，而且可用于不同区域，机动性好。通信中继的无人机通常装有抗干扰扩频通信设备、大功率固态放大器、全向甚高频和超高频无线电台中继等，可以进行数据、信号、图像和语音传输。由于无人机研制费用低和机动性强，高空长航时的无人机用于实现信息的远程传输，可满足战场指挥控制信息和监视侦察情报的超视距传输及向不同作战单元的分发。

目前中继无人机有两类：一类是低速固定翼无人机，具有飞行范围广、飞行高度较高等特点；另一类是多旋翼可悬停无人机，常用地面供电的系留多旋翼无人机，具有留空时间长、中继位置固定等特点。分别如图 1.4.2 和图 1.4.3 所示。

图 1.4.2 固定翼无人机空中移动中继系统

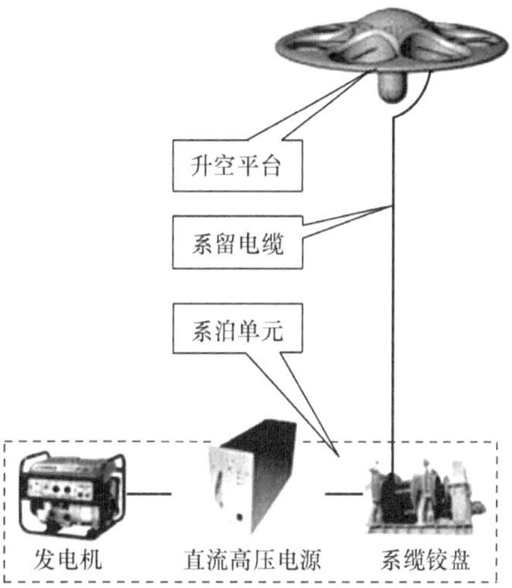

图 1.4.3 多旋翼可悬停中继无人机组成

4. 电子干扰和电子战

电子信息是现代化战争的基础。军事作战已从单纯的爆破杀伤发展到情报战、信息战和电子战。无人机电子干扰就是常见的电子战。目前一架无人机可同时装备两种或多种干扰设备，也可由多种装备的无人机协同干扰。无人机干扰的发展趋势是同时干扰敌方的雷达装置和通信系统，使敌方飞机和导弹阵地无法得到所需要的情报信息。无人机特别适于作为空中电子干扰装备平台，这是因为无人机可以先侦察到明确的目标，再进行电子干扰；同时无人机能够进行低空突防，可以近距离实施准确的干扰。

早期的电子战形式就是诱饵无人机。随着现代防空导弹的性能越来越好，使用常规战机侦察时的风险也越来越大。诱饵无人机可模拟多种空中目标电子信号特征，以引诱敌方的防空导弹和电子战雷达系统启动，用于侦察敌方防空系统的电子频率、发射位置和反应速度。无人机安装适当的有源电子设备或无源角反射器，使其具有与欲模拟的目标相仿的信号特征，具有很强的欺骗性。当敌方的雷达截获这些假目标时很难识别，把这些错误的情报传递到敌方火控雷达系统和防空武器，使敌方进行误攻击。而己方无人机或其他空中装备完成侦察和目标信息定位任务。无人机假目标欺骗除雷达欺骗外，还有红外诱饵假目标，从而让己方有人飞机或无人机、导弹对敌方防空系统实施压制、干扰或打击。

5. 无人战斗机

无人战斗机(Unmanned Combat Aircraft，UCA)指的是以火力攻击为任务的无人机，即携带发射攻击性武器并可反复使用的无人机。美国《新世纪展望：21 世纪的航空航天力量》的研究报告指出，不久的将来，无人作战飞机将有可能成为 21 世纪空中作战的主导力量。无人战斗机从过去主要执行空中侦察等任务的作战支援装备，逐渐发展成为能直接攻击目标的新概念无人战斗机。这一发展来源于美国的“捕食者”无人机。一开始，“捕食者”无人机是作为中空长航时无人侦察机研制和使用的，该机装有光电/红外侦察设备和合成孔径雷达。美国的 MQ-1“捕食者”无人机原来是一种中高空长航时无人侦察机，是作为“高级概念技术验证”而从 1994 年 1 月到 1996 年 6 月发展起来的。2001 年及之前，MQ-1“捕食者”无人机主要用于战场侦察，发现目标并提供信息给其他军用飞机去执行轰炸任务。此后，美国在 MQ-1“捕食者”无人机上加载“地狱火”激光制导导弹，并于 2001 年 10 月利用“捕食者”无人机首次在阿富汗实战中发射导弹且摧毁了一辆敌方坦克。美国第一次尝到了无人机不但可侦察还可以自己直接发射导弹攻击的甜头，于是开始重视无人战斗机的发展。随后“捕食者”无人机发展为具有攻击能力的多任务型无人机。改进的“捕食者”无人机装载多频谱瞄准系统，采用增强型热成像器、高分辨率彩色电视摄像机、激光照射器和激光测距器。此外还装有超频谱成像器，可穿透树叶探测隐蔽的地面目标；装有信号情报装置；解决了整体油箱机翼与“地狱火”导弹兼容的问题。此后“捕食者”无人机多次在实战中成功地攻击了目标(图 1.4.4)，因此，这种“捕食者”无人机又称为察-打一体无人机。

无人战斗机从过去主要执行空中侦察、监视和战斗毁伤评估等任务的作战支援装备，发展成为能直接攻击目标、执行压制敌方防空系统的新型装备，可以攻击地面目标，也可以攻击空中目标的无人机。例如，对地面军事目标进行打击，用空地导弹或炸弹对敌方防空武器实施压制，用反坦克导弹等对坦克进行攻击；用集束炸弹等武器对地面部队等进行轰炸。反辐射攻击无人机是一种特殊的无人战斗机。这种无人战斗机利用敌方雷达辐射的电磁波信号发现和跟踪敌方雷达，最后摧毁敌方雷达系统。反辐射攻击无人机有自杀型的，也有发射导弹攻击敌方雷达且可以返回的。以色列的“哈比”反辐射攻击无人机就是一款出色的代表(图 1.4.5)。反辐射攻击无人机与巡航导弹的区别，是其可在空中自动搜索地面

(a) (b)

图 1.4.4 “捕食者”无人机 A 型和 C 型

图 1.4.5 以色列“哈比”反辐射攻击无人机

敌方雷达目标，然后对敌方目标实施攻击。“哈比”反辐射攻击无人机的巡航发动机用的是活塞动力和火箭助飞模式。“哈比”反辐射攻击无人机不但有对雷达信号的测试装置，而且装有照相机和摄像机云台，即便敌方雷达关闭也能被发现，具有很高的打击效率。

无人机在军事上还有其他多种用途。

(1) 用于生化探测。当发生核爆炸和其他化学攻击或污染时，可以用无人机从空中及时对气体采样做分析。

(2) 用于火炮校射。过去火炮首发打出后，根据人员侦察到的攻击点报告炮兵进行校正，用无人机可以更接近敌方目标位置，获得更准确的校正信息。无人机还可以作为火力引导和对射击效果进行评估。

(3) 用于战场毁伤效果评估。当飞机投放炸弹或发射导弹时，可以利用无人机飞临战场前沿，获得现场毁伤效果的评估信息。

(4) 用于战场测绘。可以在预计战场区域用无人机航拍测绘，获得详细的地理信息和位置数据。

(5) 用于反潜探测。在无人机上安装探潜装置(如声呐)，近水面飞行，可以用来侦测水下潜艇。

(6) 用于运送弹药。当部队在交通不便的山谷、林区作战时，可以用无人机运送弹药和食品。

(7) 用于编队作战。虽然无人机作战有众多优点，但是单架无人机无论是侦察还是攻击，范围有限，打击能力也有限。为此，美国国防部正在尝试“蜂群”作战概念。无人机具有尺寸小、适应性强、成本低等特点，因此以大量功能相对单一的低成本无人机替代传统大型多功能平台。无人机编队作战有很多好处。多架无人机编队飞行，采用协同侦察、作战的模式，可以在一定程度上提高单机单次作战任务的成功概率。在军事侦察、目标打击、通信中继、电子对抗、战场评估和骚扰诱惑等方面，无人机编队飞行可以提高单次完成任务的效率。例如，在目标打击任务中，可使多架攻击/战斗型无人机同时从不同角度对同一目标进行全方位攻击，扩大命中范围，提高杀伤力和命中率；也可以同时对多个敌方目标实施攻击，扰乱敌方防空体系，提高战斗的时效性。无人机在未来战争中将会更多地发挥其特有的优势。

1.5 无人机的民生用途

无人机由于军事的需要而诞生，过去民众很少了解。而无人机一旦走进民用领域，就展现出广阔的应用前景。无人机之所以家喻户晓，归功于首先用于娱乐航拍的消费级无人机的发展，尽管一开始的消费级无人机还只是比普通航模多一点姿态增稳和航拍功能，但是现在无人机已从消费级向专业级行业应用发展。由于无人机在很多方面替代人工和常规机器有特殊的优势，无人机开始在交通、航测、农业植保、空中巡查、电力巡检、桥梁检测、管道检测、灾情监控、消防、环境污染采集、大气分析、物流空运、森林防火等方面投入试用和应用。

专业级无人机与通用或消费级无人机最重要的不同点就在于满足特殊的专业任务需求，

因此专业级无人机在平台性能要求和任务设备功能要求方面将是多种多样的，而且会根据专业应用的需求不断地更新和发展。这里仅简介常见的民用无人机用途。

1) 地理航测

航测与普通的航拍并不相同，航测不只是要拍摄地面图像，更重要的是获得与图像匹配的目标信息、地理坐标(经纬度)和高度分布。有的航测还需要作序列图像拼接，以获得完整的区域地理信息。例如，目前的智能城市信息建设，就可以利用无人机航测得到的城市每一个建筑、道路、园地和其他外部信息，通过图像拼接得到整个城市区域详细实景地图。比起传统的有人驾驶飞机或直升机，无人机可以在更低的空域进行拍摄，因此可得到更高分辨率的图像，而且具有效率高、成本低的优点。无人机近距离拍摄图像分辨率可达厘米级。目前发展的无人机立体航测可以同时利用多角度镜头拍摄，经软件处理得到三维地面图形和三维信息。无人机航测还可以用于农业资源探测、地理山林河湖资源测绘和矿产勘探等，如图 1.5.1 所示。

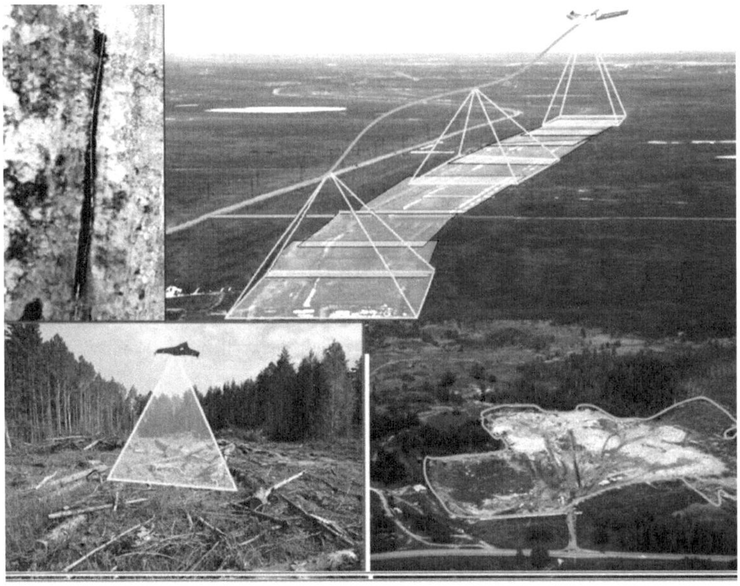

图 1.5.1　无人机航测与地图拼接

2) 灾情巡查和救灾

自然灾害仍然是人类难以预测的突发情况，地震、水灾、雪灾、泥石流等灾害往往造成交通堵塞和通信中断。如果灾区远离机场，大型救灾飞行器很难及时赶到，也难以就近降落。为了及时了解灾难现场情况和救援人民生命财产，利用无人机起降方便的特点，可以迅速了解灾情；运用无人机所携带直接传输图像的摄像机，可以及时准确地掌握灾区情景(受灾人员位置、房屋毁坏情况、道路堵塞等)，为地面指挥救援人员提供清晰可靠的实况情报，及时开通途径，救出灾民。同时，可用无人机及时将食品、药物和救生工具投送到受灾人员处，如图 1.5.2 所示。目前已有多种直接用于灭火的无人机装备出现。

在空中悬停的系留无人机由地面供电提供长航时工作。系留无人机可以机载通信中继设备，作为灾区通信系统受损中断情况下的临时通信系统，以解决灾区指挥通信、手机通信和信息传输急需的问题。

图 1.5.2　无人机救灾

3) 公安与防务

无人机对提高各级公安部门的应急管理能力是大有帮助的。对于突发事件，无人机可以实现快速响应，到达现场；便于及时采取果断措施，实施正确指挥。特别是在城市高楼林立、山林崎岖的情况下，地面监察设备难以发现一些隐藏目标。进院或入室作案的犯罪嫌疑人往往依靠院墙、房屋和挟持人质，使公安人员难以了解现场状况和接近犯罪嫌疑人。利用小型灵活可悬停的无人机，就可以进入院内上空，飞近犯罪嫌疑人所在房屋的窗口，实时掌握内部情况，利用无人机准确掌握犯罪现场，避免公安人员及其他人受到伤害。可以用无人机发射威慑装备协助公安人员抓获挟持人质的犯罪嫌疑人。对于正在行凶或持枪的暴力犯罪嫌疑人，利用装有特殊攻击性设备的无人机直接进行攻击。这是公安部门对付暴力犯罪嫌疑人十分有效的新型手段。对于驾驶车辆的犯罪嫌疑人，公安人员往往因交通堵塞，难于及时跟踪犯罪嫌疑人车辆。如果使用小型无人机从空中追踪犯罪嫌疑人车辆，或者由无人机航拍到犯罪嫌疑人车辆牌号和车型，就可以作为犯罪证据。无人机为公安部门对付暴力犯罪嫌疑人提供了十分有效的新型手段，可以大大提高公安人员处理违法案件的效率。

4) 交通疏导管理

由于车辆的大量增加，交通事故频发，城市交通管理越来越复杂。尤其是高速公路上出现交通事故，由于高速公路两头被行驶汽车堵塞，处理事故的警车往往很难及时到达高速公路事故现场，因此对事故现场情况的了解和处理很难及时进行，造成车辆堵塞状况加重。如果利用无人机飞临高速公路事故现场上空，就可以及时传回由无人机拍摄的现场图像，使交通管理部门直观了解现场实况，记录事故现场高清图像证据，如图 1.5.3 所示。交通管理人员还可以通过无人机携带的传声喊话装置，遥控做出处理现场的指令，疏导交通堵塞的车辆，加快正常交通的恢复速度。无人机还可以实时记录交通要道的车流数据，便于交通管理。

5) 高压线路巡检

高压线路的线缆和线塔常常因大风、积雪或人为因素而遭受损害，从而造成高压电路中断的重大事故，对工农业生产和人民生活造成极大的影响。高压线沿路绕过起伏山谷、河流，加上人员爬上高压电线塔作业的危险性，高压线路的检修工作一直是作业难题。利用有人驾驶飞机和直升机巡查，使用条件有限，而且难以探测到高压线路损坏细节。而利用小型无人机可以接近高压线路，能够检测到线路损坏的详细情况。运用无人机携带的热成像仪，还可以测试出受损高压线路上发热零件(如绝缘子、接头零件等)，如图 1.5.4 所示。无人机机动灵活，可以及时飞临电力事故区域进行监测，赢取抢修时间。无人机还可以将电缆和零件直接运送到空中铁塔上，用于维修。利用无人机进行电力巡线检测，不但大大降低了电力巡线的成本，而且提高了工作效率。

图 1.5.3　无人机交通管理信息传回指挥部

图 1.5.4　无人机检测高压线绝缘子

6) 农业植保

现代农业大量使用化肥和除害虫化学剂，一方面要研制绿色无害和少污染的农业植保化学物质，另一方面要提高作业技术，避免过量喷洒化学剂。利用无人机定量均匀喷洒农业化学剂，可以避免过量喷洒，同时大大提高作业效率，如图 1.5.5 所示。利用无人机实施农业植保作业还有一个重要好处：避免作业人员吸入对人体有害的化学物质。

农业植保无人机目前有人工遥控作业、人工设置定距定高直线往复作业和地面站规划全自主作业等模式。

图 1.5.5　无人机喷洒作业

7) 气象探测

传统的气象探测和人工降雨通常用有人驾驶飞机、直升机，但是需要机场和较高的成本。利用火箭进行气象探测或人工降雨，一次只能在一个地点作用，而且是一次性使用。而利用无人机探测气象和喷洒降雨物质，可以重复使用，便利灵活。随着无人机的发展，无人机气象探测技术可以做更深入的危险环境应用，如战场气象测量、恶劣天气监测、空气核污染监测等。

8) 物流

网购商业的迅速发展促进了物流行业的兴起。目前的物流除需耗费大量的人力之外，对于车辆(包括电动自行车)难于到达的地点，如河流阻隔、山谷无路、自然灾区、边远地区，给物流带来很大的困难。2013 年美国 Matternet 公司和中国的顺丰公司开始进行无人机快递的探索试验。2017 年 3 月，美国 Amazon Prime Air 公司完成首次无人机包裹快递(7 罐防晒霜，总计重量约合 1.81kg)实际运作，标志无人机的空中快递业务开辟了新的领域。作为美国电商巨头，Amazon Prime Air 公司提出无人机参与物流的目的十分明确，就是为顾客提供最快速的服务。“Prime Air”无人机计划希望实现 30 分钟内将产品送到顾客手中。我国的物流行业也开始实施无人机物流的计划。对于远程的物流，可以采用大型固定翼运输无人机；对于近距离的物流，可以采用多旋翼无人机平台和无人直升机，无需专门起降场地。物流无人机应具有在物流调度基地与接收人员互动信息的能力，如图 1.5.6 所示。

无人机民用实例

图 1.5.6　美国物流无人机

1.6　无人机的类型

无人机由军用发展到民用，其用途大大扩展。由于无人机研制周期短、相对成本低，更能发挥设计人员的创造力。尤其21世纪以来，已经研制出形形色色的新型无人机，无人机正在以令人难以预测的速度迅猛发展，其种类已经超过了有人飞机。目前，国内外对无人机的分类尚没有一个统一的标准。本书根据现有无人机的用途、性能和构型作以下初步分类。

1. 按用途分

1) 无人靶机

无人靶机是指为了试验防空武器(高射炮、防空导弹)和空战武器(空空导弹、空射火箭弹、航空炮)作为弹靶的无人机(图1.6.1和图1.6.2)。

图1.6.1　美国无人靶机

图1.6.2　南京航空航天大学“长空”号无人靶机

2) 无人侦察机

无人侦察机是指以战略侦察、战前侦察和战场实时侦察为目的的无人机(图1.6.3)，包括战术无人侦察机、区域监视无人机、目标定位无人机(包括目标侦察、火炮校射)、战略无人侦察机(无人预警机)。

(a) 美国“全球鹰”长航时无人预警机　(b) 以色列“云雀”无人侦察机　(c) 德国KZO无人侦察机

图1.6.3　无人侦察机

3) 电子通信无人机

电子通信无人机(图1.6.4)是指侦察敌方电子信息和电子装备、干扰敌方电子设备、执行电子通信任务等的无人机，通常分为电子侦察无人机、电子干扰无人机、通信中继无人机。

4) 无人攻击机

无人攻击机(图1.6.5)是指以发射攻击型武器为主要任务的无人机，分为反辐射攻击无人机、察-打一体无人机、无人战斗机、无人轰炸机。

(a) 以色列“苍鹭”综合电子无人机

(b) 美国“火力侦察兵”无人直升机

图 1.6.4　电子通信无人机

(a) 以色列“哈比”反辐射攻击无人机

(b) 中国翼龙-Ⅱ察-打一体无人机

图 1.6.5　无人攻击机

2. 按运行空间和飞行速度分

(1) 超近程无人机：通常指航程在 10km 到几十千米的无人机。
(2) 高空长航时无人机：通常指在 1 万米以上高空巡航的无人机。
(3) 中空长航时无人机：通常指在 3～10km 空域巡航的无人机。
(4) 低速无人机：通常指以马赫数小于 0.3 速度巡航的无人机。
(5) 超声速无人机：通常指能以马赫数大于 1.0 速度巡航的无人机。
(6) 高超声速无人机：通常指能以马赫数大于 5.0 速度巡航的无人机(图 1.6.6)。

(a) X-43高超声速无人机

(b) X-51高超声速无人机

图 1.6.6　高超声速无人机

(7) 临近空间无人机：通常指距地面 20～100km 的空域巡航的无人机。

(8) 太空无人机：通常指在大气层外巡航的无人机(图 1.6.7)。
(9) 舰载无人机：通常指在军舰上起飞和回收的无人机。
(10) 潜射无人机：通常指在水下发射起飞的无人机(图 1.6.8)。

图 1.6.7　X-37B 太空无人机

图 1.6.8　潜射无人机

3. 按飞行器构型分

无人机总的类型可分为：
(1) 固定翼无人机；
(2) 旋翼无人机；
(3) 组合式无人机；
(4) 无人飞艇。

阅兵式上的中国无人机

第 2 章　无人机总体方案设计

2.1　无人机设计的思想和要求

2.1.1　无人机设计的思想

为了发挥无人机研制周期短、成本低的特点，不同任务的无人机有各自不同的技术要求。由于无人机承载重量有限，通常一种无人机只承担一种或两种主要任务，因此无人机系统的技术要求与任务是密切相关的。

无人机设计思想与有人驾驶飞行器的主要不同处如下。

(1) 对于能承担同样任务的无人机，希望无人机设计得更小一些。因为体积小的无人机设计与制造成本相对低一些，无人机重量更轻，携带方便，隐蔽性更好。

(2) 对于能承担同样任务的无人机，希望无人机设计得更简单一些。无人机外形与结构简单，制造加工就容易，研制周期会短些。

(3) 对于能承担同样任务的无人机，希望无人机设计得更轻一些。无人机重量轻，则能源消耗小，续航时间长。因此，无人机大多数采用重量轻的复合材料。

(4) 对于能承担同样任务的无人机，希望无人机的机载系统设备微型化。无论是机载控制设备、任务设备还是信息传输设备，如果能够做到微型化，机载系统在机体中安排布置就方便，可减小无人机机体的体积，减少电子电气设备之间的电磁干扰。

(5) 对于能承担同样任务的无人机，希望无人机的起降更方便。无人机多半用于机动灵活的任务。尽可能不要使用大型机场起降。因此，无人机多设计为短距起飞、弹射起飞、垂直起降和易于回收等方式。

无人机由于体积小、结构简单、制造容易，便于发挥工程师创造力去设计。但是无人机的设计既要重视创新性，又要注意继承性，更要讲究科学性、经济性和合理性。降低无人机的设计研发成本、缩短无人机的研发周期，是无人机设计重要的基本要求。如果无人机设计虽然很先进，但是研发的成本很高、研制的周期很长，则并不是一个好的设计方案。

2.1.2　无人机设计的一般要求

无人机发展很快，品类众多。但是不管设计哪种无人机，都需要确定一般的基本要求。

1. 使用任务要求

首先考虑的是，所设计的无人机是做什么用的。是军民用市场的需求，还是个人创新试验？真正实用的无人机产品设计，当然其用途为前者。进一步要考虑的是，市场上有没有同类的产品。所要设计的无人机，是对现有无人机产品的改进，还是全新的设计？若是军用无人机，是侦察，是电子干扰，还是攻击？若是民用无人机，是航拍航测，是巡查监控，是运输采集，还是工矿植保？然后，还需知道有效载荷、控制半径、续航时间等。根据这些使用要求，确定无人机类型和任务设备。

1) 环境适应性要求

任务使用的环境是无人机系统设计的基本要求。

(1) 是城市还是郊区，是否位于森林、海岸或海上区域，是战场还是事故现场，城市建筑或山坡的高度是多少，无人机是否需要避障功能等。

(2) 海拔，指任务需要高度与飞行器在多高的海拔仍能正常执行任务。

(3) 抗风能力，指飞行器在小于多少级大气风速下仍能完成飞行任务。

(4) 温度范围，通常指从任务使用环境的低温到高温的使用范围。

(5) 其他环境要求，如承受冲击、振动的能力，可运行的天气范围，防霉菌能力，运输适应能力，抗电磁干扰能力，抗腐蚀能力等。

2) 集成性要求

高度集成化、模块化的要求是无人机的基本特征。集成性要求不仅是因为无人机内部容积小，而且是提高无人机的性能和可靠性、方便使用、降低成本的重要技术措施。无人机机体尽可能采用整体结构形式，不需要现场装配。飞行控制与导航系统、信息传输系统、任务载荷设备、能源也要做到集成化和模块化，使用印刷集成电路，以减少线缆连接，提高可靠性和便于维修更换。未来将多种传感器芯片与电路制成更高层次的集成芯片，将会大大减小无人机的体积和提高性能。

3) 飞行性能要求

飞行性能无疑是无人机的灵魂，但不是性能要求越高越好。飞行性能的指标应以基本满足任务为前提，同时要考虑无人机本身的局限性和生产成本。

(1) 飞行速度，通常包括最大飞行速度、巡航速度、最小飞行速度等。其中巡航速度与最小飞行速度对于无人侦察机更为重要。

(2) 飞行高度，通常包括最大使用高度、最低飞行高度、巡航高度、实用升限、海拔。无人机可以飞得很低，可以进行某些细节侦察。海拔比最大使用高度更重要，涉及是否能在高原使用。

(3) 续航时间，指无人机从起飞到着陆最长持续留空时间，其中又分为正常任务载重和最大任务载重两种情况。续航时间不是越长越好，这与执行的任务和承载能力有关。

(4) 航程(或控制半径)，指无人机在平静大气中耗尽能源所能飞行的最大水平距离。通常无人机用控制半径来代替航程，这有两点不同：①通常希望实时掌握无人机飞行状态和实现任务信息实时传输，因此数据链要通；②通常无人机应返回原地，因此控制半径是最大航程的一半或更小。

(5) 盘旋或悬停功能，这关系到无人机机动性和适应环境的能力。盘旋，通常指水平盘旋要求，包括定常盘旋角速度、最小盘旋半径等。有的无人机(如旋翼型无人机)要求具有稳定的悬停功能，包括悬停精度等。

(6) 起飞方式与性能。无人机起飞方式通常指固定翼与扑翼无人机手抛起飞、旋翼无人机接通电路遥控或自动起飞等。无人机起飞性能通常包括起飞离手速度与角度等。

(7) 着陆方式与性能。无人机着陆方式通常包括滑翔着陆(固定翼与扑翼无人机)、垂直着陆(旋翼无人机)等。无人机着陆性能通常包括着陆速度、着陆精度等。

(8) 飞行控制方式和性能。飞行控制方式通常包括无线遥控飞行、自主控制飞行。飞行控制性能通常指飞行姿态控制稳定性(包括俯仰稳定精度、横向稳定精度、航向稳定精度等)。

(9) 导航性能，通常指飞行航迹控制和目标定位精度，具有遥控导航和自主导航能力。

(10) 信息传输模式，通常指数字式信号传输、模拟式信号传输(主要指视频图像传输)，以及信号频率，其中数字式信号传输又有多种调制方式。

(11) 信息传输能力，通常包括传输速率、码速率等，这对实时传输连续视频信号能力至关重要。

4) 特种性能要求

无人机除了常规性能要求，还涉及用户的特殊性能要求，如避障功能、目标识别功能、隐身功能等。下面以隐蔽性为例介绍具体的要求。

用户希望无人机执行任务而又能不被对方所发现，因此在以下几方面需作特殊设计。

(1) 几何尺寸。

几何尺寸微型化是基于隐蔽性要求的无人机的主要特征。因为小到一定程度的无人机在 100m 高的空中已难被人视觉所发现。微小体天然具有光学和雷达的隐身性，更难被探测仪器所发现。

在满足承载能力、续航时间和飞行性能的情况下，选择最小尺寸机体是无人机设计的原则。

相同承载能力下，不同类型的无人机尺寸并不相同，这取决于该无人机提供升力的方式和产生升力的设备重量。无人机尺寸的减小最终依赖于飞行器系统零部件的微型化和轻量化技术的发展。

(2) 噪声小。

目前选择无刷电动机作为动力装置的主要原因之一就是隐蔽性要求。燃油活塞发动机虽然功率大、耗能小，但其噪声很大，不适于隐蔽侦察。而无刷电动机运行时没有声音，用其驱动的微型螺旋桨声音也很小。经测试，固定翼无人机的螺旋桨声音分贝数在 50～100m 距离处已与环境自然噪声分贝数相近。因此，固定翼无人机在 100m 高度以上飞行执行任务时，几乎是无噪声的。多旋翼无人机因为具有能悬停的优点，虽然多个螺旋桨相对噪声大一些，但在 100m 高度以上噪声很小，也可用于执行隐蔽任务。

(3) 仿生。

仿生无人机的研究不但对新型飞行原理的探索有很大好处，而且具有“自然”隐蔽性。目前已能研制出像普通鸟大小的扑翼无人机，这种无人机在空中飞行时确实酷似飞鸟，执行侦察等任务时具有较大的隐惑性。目前无人机像鸟一样智能灵活自主飞行尚有一定的难度，但其发展前景很令人振奋。

5) 使用性要求

(1) 可用性。

可用性通常包括无人机起飞前装备准备时间、装备撤收时间、正常着陆后再次起飞时间等。

(2) 可靠性。

基本可靠性通常用平均无故障时间(或称平均故障间隔时间)来要求。

任务可靠度(或称系统可靠度)通常指在规定的任务执行条件下和规定的时间内，系统完成规定功能的概率，也是针对系统综合使用可靠性提出的指标。

软件可靠性要进行软件需求规格说明书所规定的功能和性能等测试，包括软件实验室静、动态测试和实际飞行执行任务测试。

(3) 维修性。

维修性通常包括维修可达性、维修互换性、维修安全性、维护保养要求和维修时间要求等。维修时间主要用系统平均修复时间指标来要求。维修性还可用系统可用度来要求，主要包括固有可用度、可达可用度、使用可用度等指标。

(4) 安全性。

根据不同的无人机及其任务特征提出不同的安全性要求，如防止使用人员被旋转部件碰伤等要求。

(5) 便携性。

无人机要求小巧、便携，通常单人就能携带。地面装置也相应尽量设计精巧和便携，通常地面测试终端用手持即可操作，地面装置可放置于简易背(挂)包中携带。

2. 经济性要求

无人机的特点之一就是低成本，如果需要大量使用或一次性使用，更需要以低成本来支持。

(1) 生产成本，指产品定型后的生产成本，在满足任务条件下，尽量降低生产成本。

(2) 使用成本，通常指能源消耗、零件和材料消耗、维护修理费用、使用寿命等。

首先，需要知道所要设计的无人机成本是多大，能够提供的研发费用是否有保证；所要设计的无人机容许的研发周期是多长，研发周期能否完成设计与研制任务。因此，所设计的无人机采用的技术不仅是技术问题，而且需要协调采用技术(部分改进、重要改进、全新设计)与成本资金及研发周期之间的关系。

其次，需要知道所设计的无人机是个别单位使用，还是具有一定的通用性，设置使用的范围；所要设计的无人机市场的需求量有多大，其发展前景如何。这些也是确定所设计的无人机采用的技术应当考虑的。

2.2 无人机设计的过程

无人机研制的一般过程包括方案设计、工程设计、原型样机研制、样机试飞、设计定型和生产定型阶段。无人机设计主要有概念设计、初步设计和详细设计三个步骤，如图 2.2.1 所示。

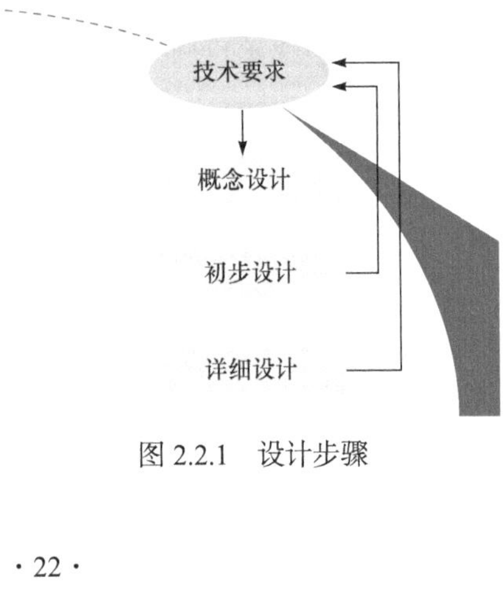

图 2.2.1 设计步骤

2.2.1 无人机的概念设计

在无人机的概念设计阶段，主要根据使用技术要求和研制的条件许可，构思无人机总体构型，提出无人机的基本设计方案。

这一阶段虽然工作量不大，但是至关重要。根据技术要求，可能会提出几种方案。概念设计应提出无人机的类型、外形布局、动力选择、重量、基本性能、结构型式和控制方式。根据用户对无人机的基本技术要求，首先要确定这个无人机的用途和任务；其次确定它的载重量和航程。要实现这些技术要求，我们应设计什么类型的无人机？是固定翼的，还是旋翼的？无人机的基本外形是什么样子？通常需要画出草图。

进一步要确定所设计无人机的主要参数，如起飞重量、载荷重量、外形布局、动力装置、飞行速度、续航时间、起降方式、控制方法、任务装置、信息传输等。

然后对于所设计的方案，初步估算能否满足上述技术要求。无人机概念设计阶段，通常不是仅仅设计一种方案，而是提出几种方案。通过绘制设计草图、选择部件，估算出几种方案的无人机性能。对几种方案进行评估比较，选择出在容许研制条件下相对合理的一种方案。

虽然无人机概念设计的费用和时间不多，参与工作的人员也较少，但是无人机最主要的性能特征基本上在概念设计阶段就确定了。

概念设计通常不是按书本手册去设计，更多地需要有设计经验者参与，在借鉴现有无人机的基础上提出改进方案或创新方案。对于有较大创新的无人机设计方案，要进行更多的估算分析，经过多次比较论证，方可确定。

2.2.2 无人机的初步设计

无人机的初步设计，简单地说，已不是提出的概念性无人机方案，而是要把概念性方案设计出来，也就是要给出一个完整的无人机总体设计模型。

小型无人机可以直接设计三维模型。而较大型的无人机可以将初步设计分成两个部分来进行。

1. 方案设计

无人机的方案设计又可简称为二维设计。首先，要确定无人机的尺寸，以及机翼、机身、尾翼等基本构型的尺寸与形式，设计绘制出无人机的三面图和理论外形。选择动力设备和机载设备，初步设计无人机的结构形式，机翼与机身的连接，动力装置与机体连接、机载设备的安置，起落架的结构形式等。绘制出各部件和设备的布置图。

其次，就二维设计特征的无人机，估算无人机的重量、重心、动力和无人机基本飞行性能(升力、阻力、速度)，估算能否达到技术要求。如果不能满足，要进行反复修改，直至达到技术要求。

还有的用户对无人机有特殊的要求，如隐身特性，噪声，环境温度适应性(热带地区、寒带地区)，海洋环境防腐蚀(盐雾)、防雨水、抗风、抗电磁干扰能力等。只有针对性的专门设计，才能保证无人机符合上述特殊指标要求。

所要设计的无人机采用的零部件中，哪些要采购现有的产品，哪些要自主研制？研制该无人机有哪些风险？是成本的风险还是技术的风险？

此外，无人机的所有设计必须符合无人机有关设计标准和使用管理的规定(如专业部门的无人机标准和民航局关于无人机管理条例的规定等)。

为了更好地确定无人机飞行过程中的宏观轨迹和执行任务的剖面，需要绘制出无人机飞行任务剖面图。这样就知道无人机在何处起飞，在什么方位爬升到什么高度时做(水平)巡航飞行，在什么位置范围和什么高度时执行任务，在什么位置和什么高度时开始返航，返航的轨迹、下降的轨迹和着陆的地点等。按航迹设计飞行剖面图，通常应绘制垂直飞行剖面图和水面飞行剖面图。图 2.2.2 是一个典型的无人机垂直飞行剖面图。

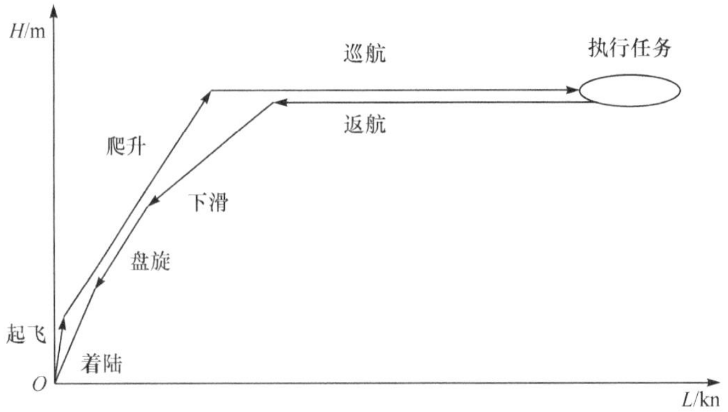

图 2.2.2　无人机垂直飞行剖面图

2. 打样设计

无人机的打样设计又可简称为三维设计。首先要根据方案设计的基本外形和机载设计布置，设计绘制出无人机的三维构型，包括各部件之间的连接和光滑过渡。在此基础上，进行无人机总体设计的完整过程。通常要完成如下几部分工作。

1) 气动设计与性能分析

利用成熟的空气动力学计算软件，计算无人机在各种状态下的压力分布，计算升力曲线、阻力曲线和极曲线；再计算无人机的飞行性能、稳定性和操纵性，结合动力计算无人机起降性能、飞行速度和机动性。

必要时，无人机需建立模型进行风洞试验，获得试验数据，并与空气动力学计算进行相互验证、比较和补充。在此阶段，根据气动分析结果，有的还需进行无人机的外形修改，以获得气动特性的改进。

2) 结构形式设计

结构形式设计又称结构打样设计。这一阶段的结构设计主要指的是大结构承力件的结构形式(如是单独机身，还是翼身融合结构)，以及机身、机翼或机臂、发动机安装结构、起落架结构分别采用的结构形式和材料(复合材料或金属材料)。

3) 机载设备布置和安装

所有机载设备包括飞行控制和操纵设备、任务设备、信息传输设备等，有的是从现有的设备中选择，有的是自主设计研制。无论采用何种方式布置机载设备，都需设定各个机载设备的尺寸和重量，以及这些设备连接件(如电线、连杆、管道)；确定这些设备的位置，以及它们与机体的安装形式和安装件。

4) 重量估算与重心的确定

对全机所有部件(结构、动力、能源、机载设备)进行重量估算，并根据它们的位置，经计算得出重心坐标。

5) 全机系统三维布置设计

绘制出全尺寸的无人机全机三维图形，包括基本结构、所有机载设备、动力与能源装置以及它们的安装位置，也就是给出总体布置的无人机电子样机。设计绘制过程中，发现位置不协调、安装有困难的地方，需进行位置调整和结构修改。

6) 地面设备设计

除了无人机空中平台与设备的设计，还有与地面操纵人员紧密相关的地面站设计和遥控装置的设计。地面设备设计是一项人机工程设计。需要地面操纵人员操作的界面，必须考虑地面操纵人员的视觉、手感和操作是否方便。地面站上界面的显示是否清晰，是否采用触摸屏操作。地面站和遥控器上的各种手臂、按钮是否操作方便，是否采取免错误操纵的设计措施。

此外，还要考虑地面设备与外部用户设备无线或有线的“连接”，如需要把无人机执行任务的情况实时传输到用户指挥部门。

2.2.3 无人机的详细设计

通常飞行器的总体设计仅包括概念设计和初步设计，无人机总体设计任务也类似。但是有的小型无人机因结构简单，把机体结构设计也纳入总体设计中。大型无人机的结构设计、零部件的详细设计、机载电子设备的设计、地面设备的具体设计都属于详细设计阶段。

详细设计阶段是决定无人机的设计方案能否实现的具体设计阶段。它不仅包括各种装置的设计、零部件的设计，而且涉及整个系统的协调设计。

这一阶段工作量大，要设计和绘制出各个零部件的图纸，绘制出零部件之间的装配图，绘制整个无人机系统的结构装备图。所有自制或购置的机载设备(包括动力设备)也需绘制出。尤其是各个电子模块的电路图设计，包括原理图设计和实际电路板的设计，要非常认真仔细。最后，绘制出完整的全尺寸无人机电子样机。先进的电子样机还可以点击某一特定零部件，计算机会自动显示出指定零部件的单独图样。各零部件、机载设备之间连接关系都可以在电子样机中找到。各零部件、机载设备之间是否存在干涉、位置错误都可以在无人机电子样机设计中协调和改进。

在这一阶段除了设计绘制电子电路模块图，还需要进行大量的软件设计，包括飞行控制软件、地面站测控与显示软件、任务设计控制软件、信息传输软件等。

为了保证详细设计的实现效果，还需要进行大量的计算分析和试验工作。例如，需要进行无人机全结构的静强度和动强度的有限元计算分析，还需在实验室进行结构静、动强度的试验验证。对于无人机各个电子、电气等机载模块，还需要进行振动试验、高低温试验、抗电磁干扰试验等。只有经过设计、计算、测试、试验证实详细设计是合理可行的，方能将设计转入样机制造。

无人机样机通过各种地面试验、大量飞行试验，考核验证各项技术指标，直到满足所有设计要求。无人机的设计通过评审鉴定后，才能转入工程制造和生产阶段。

2.3 无人机系统的概念及组成

2.3.1 无人机系统的概念

无人机主要指的是空中飞行平台，从实际使用技术方面考虑，更重要的是“无人机系统”概念。系统是由若干个相互联系、相互作用、相互依存的组成部分(要素)结合而成的、具有特定功能的有机整体，具体从组成上来说，是指相关部件(子系统)、软件与功能的有机集合；从技术上来说，是指具有相互依存功能的机械结构、电气、电子的一种集合；从更广义上，还包括操纵人员技术。

2005 年美国在“无人机系统线路图”报告中不再单纯提“无人飞行器”(UAV)，而将“无人机系统”(Unmanned Aircraft System，UAS)作为基本概念。无人机系统不仅是无人飞行器本身，还包括无人机通信、地面站和其他任务功能设备。从更广意义上，无人机系统还包括地面测控无人机的操纵人员。

2.3.2 无人机系统的组成

无人机系统的组成通常可由图 2.3.1 所示的框图表示。

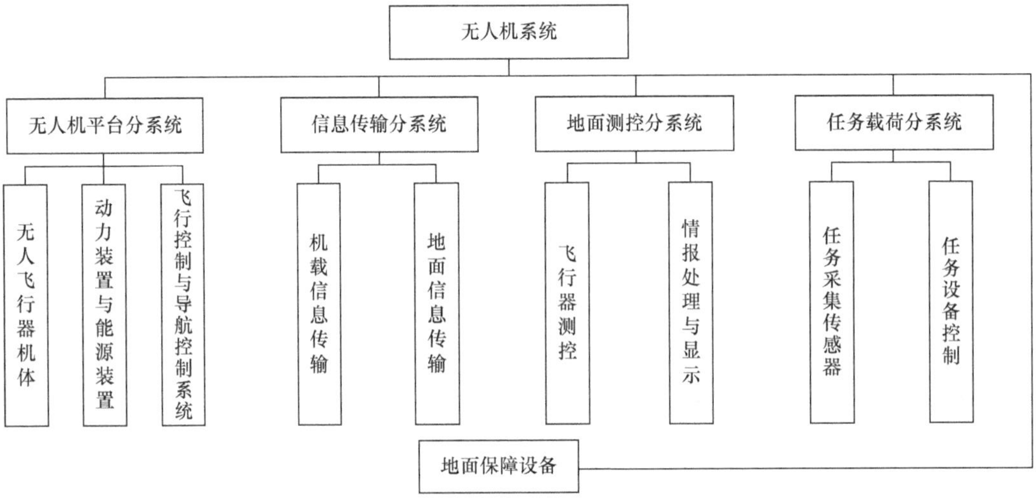

图 2.3.1 无人机系统组成框图

1. 无人机平台分系统

无人机平台分系统通常有以下几部分：

(1) 无人飞行器机体，包括机身、机翼(或翼身融合体)或旋翼、尾翼；

(2) 动力装置，包括喷气发动机(或燃油活塞发动机、无刷电动机)、螺旋桨；

(3) 能源装置，包括油箱、电池、电源分配器；

(4) 飞行控制与导航控制系统，包括多种传感器的信息采集与微处理器的控制、卫星导航接收机，执行飞行器姿态控制和规划路线导航控制；包括伺服舵机、连杆、摇臂或其他驱动机构(如旋翼操纵机构)；

(5) 有的无人机还配有降落伞或其他着陆气囊等。

2. 信息传输分系统

信息传输分系统通常又称为数据链，实际功能比数据传输更广，包括机载信息和地面信息的数据处理(图 2.3.2)。

(1) 机载信息传输，包括机载天线、机载无线信号接收机和信号发射机，接收地面遥控指令，向地面发送飞行器信息和任务载荷信息(如视频图像信息及其压缩、编码处理)。

(2) 地面信息传输，包括天线、地面无线信号接收机和信号发射机，发送地面遥控指令，接收飞行器传回的飞行器信息和任务载荷信息(如视频图像信息及其解压、解码处理)。

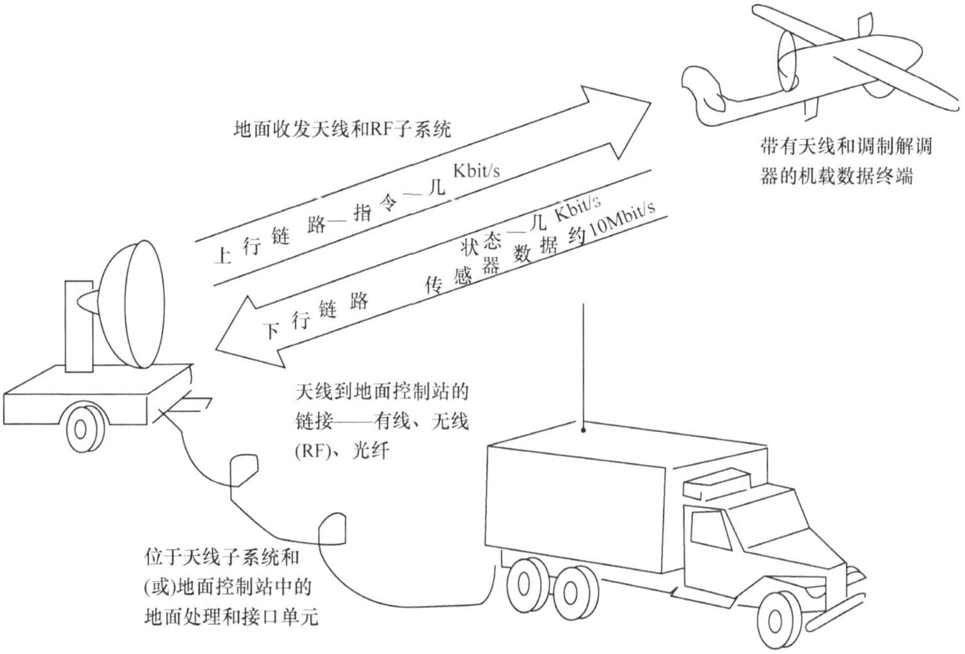

图 2.3.2 无人机信息传输分系统

3. 地面测控分系统

地面测控分系统通常有以下组成部分(图 2.3.3)：

(1) 监控平台，包括显示器、遥控操纵杆和按钮，飞行器信息与情报信息显示；

(2) 数据处理系统，包括微型计算处理系统、上传与下传信息处理、情报处理与存储；

(3) 地面能源装置，包括电池、电源分配器、电缆。

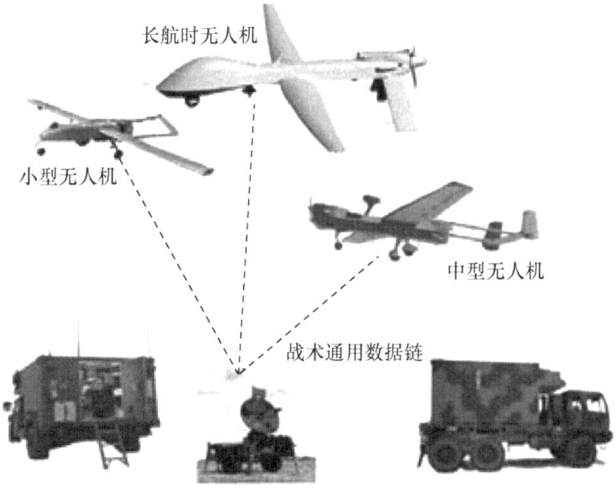

图 2.3.3 无人机地面测控分系统

4. 任务载荷分系统

任务载荷是根据不同任务的无人机而设计的不同机载任务设备，如侦察设备、电子干扰器、气体采集器、声音传感器和其他任务传感器。视觉传感器通常是无人机最基本的任务传感器。任务载荷分系统还包括对任务设备的控制，如任务设备转动平台、跟踪目标控制模块等。

无人作战机还包括机载发射导弹、武器瞄准系统。

5. 地面保障设备

非滑跑起飞的无人机(除旋翼无人机和微小无人机之外)需要地面弹射起飞装置。

地面保障设备还需要无人机的储存、运输和检测装置等(图 2.3.4)。

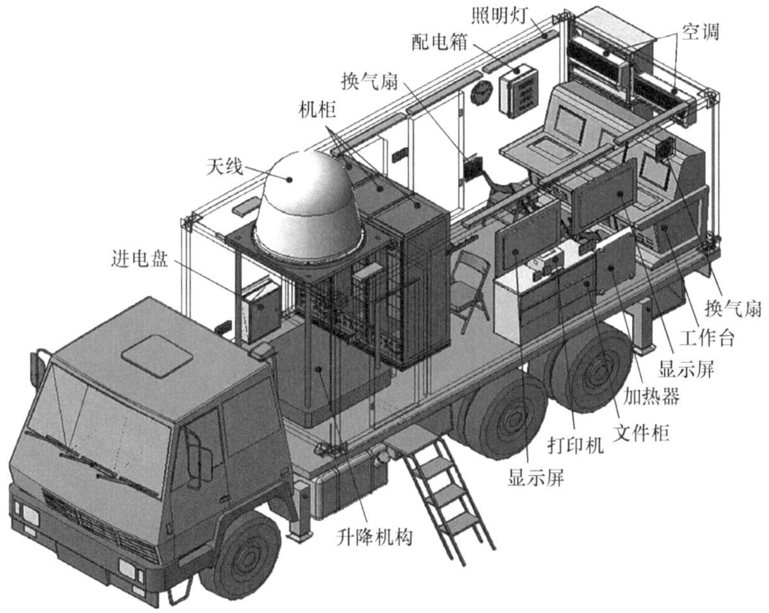

图 2.3.4　一种无人机系统地面保障设备内部示意图

这里还要强调的是，无人机上虽然没有机载人员，但是无人机系统离不开人。地面测控站的操作、无人机的起飞与回收都必须由有关人员执行。即使是自主能力很高的无人机，飞行航线和任务的规划还需要技术人员操作。遥控发射武器的无人作战机更需要地面操纵人员及时、准确地进行人工控制。

2.4　无人机平台的大类选择

2.4.1　无人机平台的常规类型选择

1. 固定翼无人机

固定翼无人机传统称为无人驾驶飞机或无人飞机，由于近年来旋翼无人机的大量发展，为了区分，无人飞机现多称为固定翼无人机。

固定翼无人机保留了有人驾驶飞机的基本特征和优点，利用推进速度下固定机翼的上下压力差产生升力，升力效果好，能源消耗小，因此适于执行长航时、远距离和快速巡航的无人机任务。

1) 飞行器上的作用力

重于空气的飞行器为什么能在空中飞行？这是飞行原理所要阐明的基本问题。从力学的观点来看，阻碍飞行器飞行的力主要有两种：一是地球的吸引力，即重力，这种力试图将飞行器拉回地面；二是空气的阻力，这种力试图阻碍飞行器向前运动。不同的飞行器，克服这两种阻碍的方法也不同。飞行器借助空气产生的升力来克服重力，依靠发动机(喷气或螺旋桨)产生的推力克服空气的阻力，如图 2.4.1 所示。

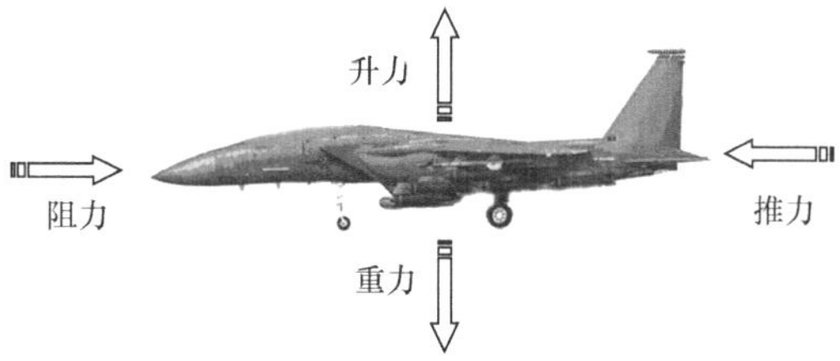

图 2.4.1　飞行器飞行中的受力示意图

2) 飞行器上的力平衡

要在空中稳定飞行，飞行器上受到的各种力之间必须平衡。这种平衡不是简单的“升力=重力”和“推力=阻力”(假设飞行器做等速直线飞行)。因为首先，这些力并不是单一的集中力，“重力”是飞行器上所有部件重量的总和；“升力”是飞行器上所有部件所受气动力的合力在垂直方向上的分量；“阻力”是飞行器上所有部件所受气动力的合力在飞行器速度反方向上的分量；“推力”是飞行器上所有发动机产生推力(或拉力)的合力在飞行器速度方向上的分量。其次，做等速直线飞行的飞行器所受上下作用力、前后作用力不但要相等，而且要作用在同一点上。也就是，作用于这一点上的所有力矩为零，飞行器才会平衡。

飞行器的力平衡问题可分为纵向平衡、横向平衡和航向平衡。

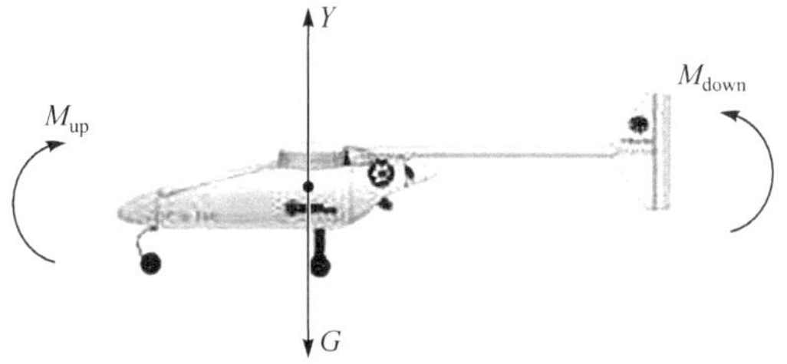

图 2.4.2　飞行器飞行中的纵向平衡

(1) 纵向平衡(图 2.4.2)。

飞行器做等速直线飞行时，在纵向平面内的合力矩为零，不会绕飞行器横轴做俯仰转动的这样一种运动状态，称为纵向平衡。也就是说，机翼、机身和水平尾翼(简称平尾)上气动力(主要是升力)对重心的力矩代数和等于零。可以简化说，机翼对重心的抬头力矩应等于平尾对重心的低头力矩。

平尾由水平安定面和方向舵组成，对固定翼无人机起纵向稳定和俯仰控制作用。平尾设计的关键参数为平尾尾容量：

$$A_{平尾}=\bar{S}_{平尾}\bar{L}_{平尾}=\frac{S_{平尾}\cdot L_{平尾}}{S\cdot c_A}$$

式中，$L_{平尾}$为平尾尾力臂；$S_{平尾}$为平尾面积；S 为机翼面积；c_A 为平均气动弦长。常规直机翼布局飞机的平尾尾容量为 0.45～0.55。

纵向平衡是飞行器飞行最基本的力平衡。实际飞行时，不都是等速直线飞行，因此飞行器在飞行中的平衡状态不是一成不变的，如起飞、降落和机动飞行时，原来的纵向平衡被打破。通过操纵控制升降舵，完成上升(或下降)机动动作后，在新的状态下达到新的纵向平衡，继续飞行。

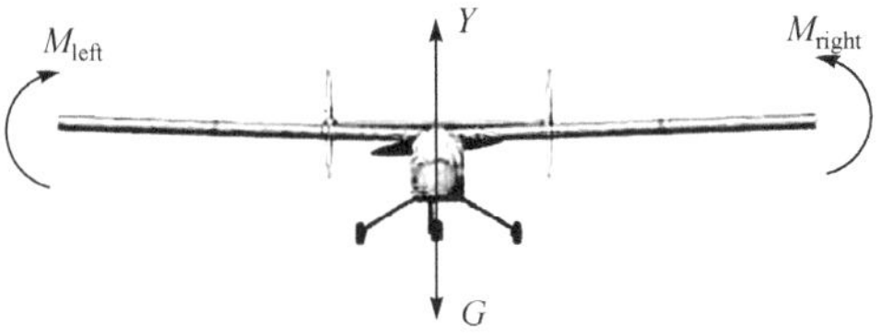

图 2.4.3　飞行器飞行中的横向平衡

(2) 横向平衡(图 2.4.3)。

飞行器做等速直线飞行，并且不绕纵轴做横向滚转的这样一种飞行状态，称为横向平衡。

当飞行器做等速直线飞行时，使飞行器绕纵轴滚转的力矩主要由两边机翼上的升力及其重力所产生。为了使飞行器不绕纵轴转动，保持横向平衡，使飞行器右倾的力矩总和应当等于使飞行器左倾的力矩总和。

(3) 航向平衡(图 2.4.4)。

飞行器做等速直线飞行，并且不绕立轴转动的这样一种飞行状态，称为航向平衡。

当飞行器要改变航向时，应有使飞行器绕立轴转动的偏航力矩。作用于飞行器上的偏航力矩可由方向舵(如果垂尾后有方向舵)、两侧机翼不同阻力(如副翼偏转)或两侧发动机不同推力(如果有多发动机)所产生。当飞行器实现转向后，恢复偏航力矩为零，飞行器沿新的航向飞行。

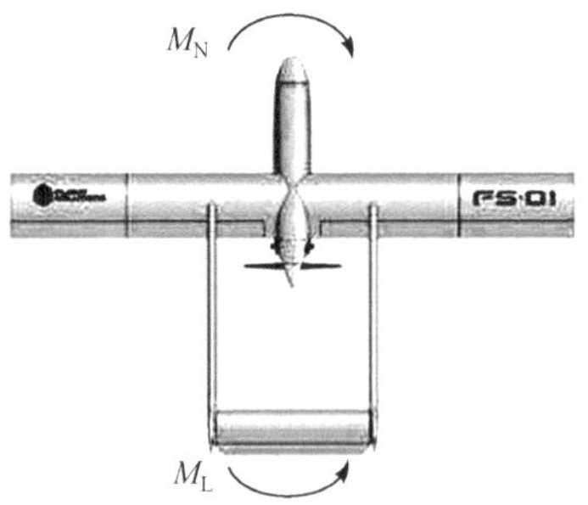

图 2.4.4　飞行器飞行中的航向平衡

需要注意的是，两侧机翼的副翼做上下反向偏转时，飞行器不但改变航向，而且呈一定的横向偏转状态，因此，这种状态又叫侧滑。

固定翼无人机具有多个安定面，飞行器姿态的静稳定性好。垂直安定面起到航向稳定性作用；水平安定面起到俯仰稳定性作用；两侧机翼起到横向稳定性作用。

由于固定翼无人机的飞行控制主要利用各种舵面(升降舵控制俯仰，方向舵控制航向，副翼控制滚转)产生的操纵力矩来实现，在舵面偏转范围内呈线性控制力变化，所以固定翼无人机控制变化稳定。

固定翼无人机利用机翼升力系数(由翼型和迎角决定)和飞行速度可以获得较大升阻比，在同样能源消耗下，续航时间长，飞行距离远。固定翼无人机飞行速度快，可以迅速到达执行任务地点。因此，对于需要长航时、远距离、快速进入目标区域的任务，选择固定翼无人机较适合。但是，固定翼无人机不能在空中悬停，对于要悬停精确、定点执行的任务并不适合。

2. 无人直升机

无人直升机是传统无人驾驶直升机的简称。无人直升机保留了有人驾驶直升机的基本构造特征。无人直升机利用旋翼产生拉力。旋翼拉力的垂直分量即升力，旋翼拉力的水平分量即前进力，如图 2.4.5 所示。

无人直升机最大的特点是可以垂直起飞和降落，不用机场跑道，因此无人直升机使用机动灵活，能够在任何地方(包括军舰)起降。无人直升机还可以在空中悬停，可以执行许多特殊任务。无人直升机的这些特点是固定翼无人机无法或难以做到的。

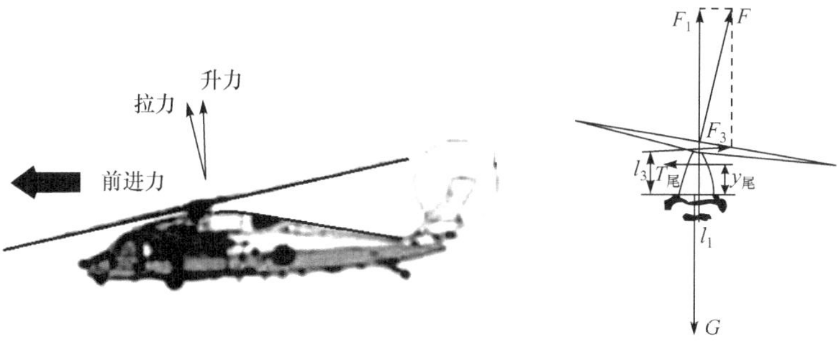

图 2.4.5　无人直升机受力示意图

无人直升机的旋翼快速转动产生巨大力矩，根据动量矩平衡原理，对机身会产生反扭矩。如果没有克服反扭矩的措施，机身会反方向转动。单旋翼直升机设计有专门的尾桨。尾桨轴线呈水平方向，并与机身轴线垂直。尾桨的推力对直升机轴心产生的力矩正好与反扭矩平衡，从而保证机身的航向稳定，如图 2.4.6 所示。

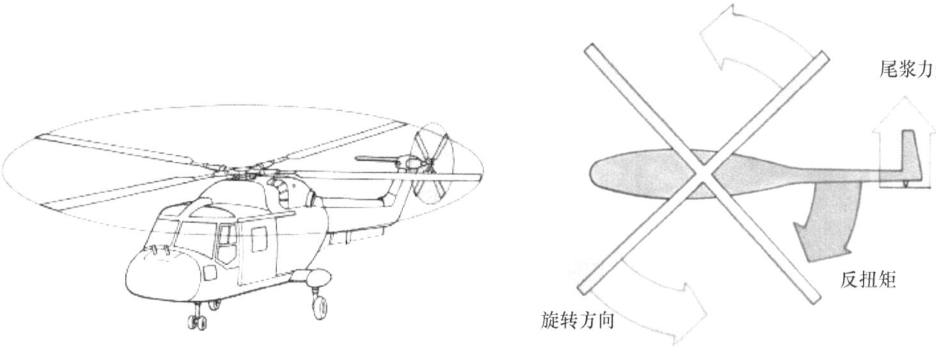

图 2.4.6　无人直升机的旋翼反扭矩与尾桨力矩的平衡

无人直升机与多螺旋桨无人机最大的不同，是具有在动力作用下可变距旋翼，具有包括自动倾斜器的桨毂等，如图 2.4.7 所示。桨距是旋翼桨叶相对于气流的迎角。由于无人直升机具有变距功能，可以对不同速度和不同飞行状态调整不同的桨距值，以使旋翼获得“最

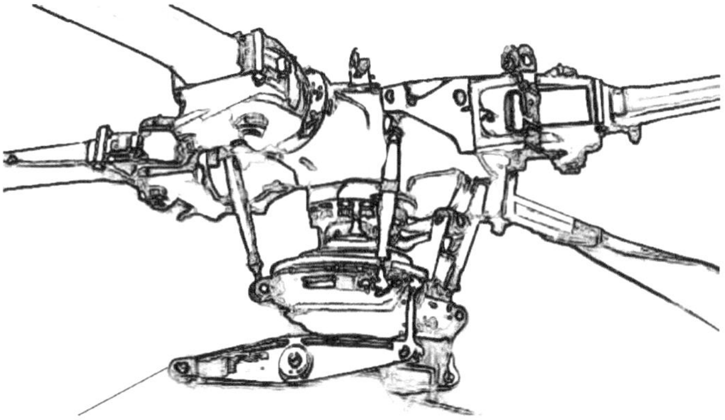

图 2.4.7　无人直升机桨毂

佳”气动效率。自动倾斜器通过周期性改变桨距使得转轴倾斜，以改变飞行方向。这是多螺旋桨无人机所不具备的能力。无人直升机的桨叶振动较大，噪声大，还存在气动弹性问题，这是无人直升机的缺点之一。应根据垂直起降需求、载荷、气动效率要求和控制技术要求来决定是否选择无人直升机。

3. 多旋翼无人机

多旋翼无人机与无人直升机都属于旋翼飞行器。无人直升机除单旋翼外，也有双旋翼和更多旋翼的形式。这里说的多旋翼无人机严格说应称为多螺旋桨无人机，是由于大量出现消费级四螺旋桨无人机和其他民用多螺旋桨无人机，而形成的一类新型、结构简单的多旋翼无人机。多旋翼无人机与无人直升机的主要区别在于，无人直升机的桨叶可以变距(即改变桨叶相对于气流的迎角)，而多旋翼无人机通常只是配置多个定距螺旋桨，并且没有复杂的桨毂和自动倾斜器。

多旋翼无人机通常为大于等于 4 的偶数个数多螺旋桨结构，如四旋翼、六旋翼、八旋翼等。图 2.4.8 为四旋翼的气动力系。

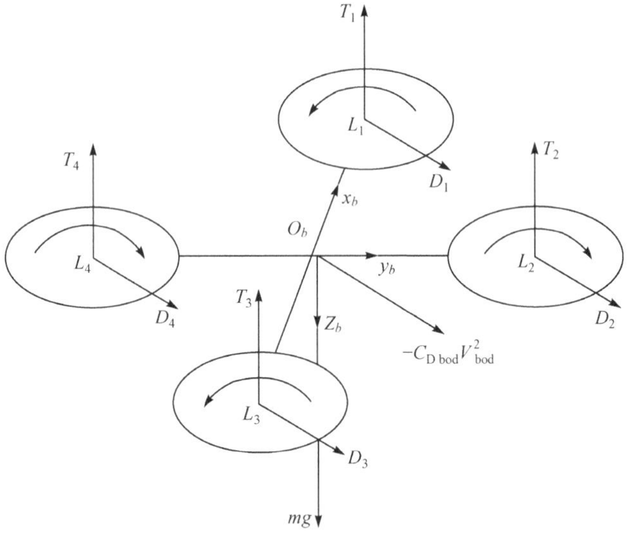

图 2.4.8 四旋翼的气动力系

多旋翼无人机的特点是一半螺旋桨的转向与另一半螺旋桨的转向相反，这样正好互相抵消了螺旋桨的反扭矩作用。

多旋翼无人机可以方便地向任何方向运动。多旋翼无人机要实现水平飞行，只要控制所要前进方向上前后螺旋桨的转速。由于前后螺旋桨的转速不同，其转轴方向上的拉力则不同，多旋翼无人机的姿态向前倾转一个角度。因此，多旋翼无人机产生水平方向上的拉力，从而多旋翼无人机就会向较小转速的电机方向飞行，如图 2.4.9 所示。

多旋翼无人机可以垂直起降和在空中悬停，结构简单，使用灵活，携带方便，机动性强，利于制造和维护，其控制也比无人直升机容易。多旋翼无人机尺寸可很小，也可以设计成较大尺寸，适用于执行不同任务。因此，目前小载荷的无人机较多采用多旋翼无人机。

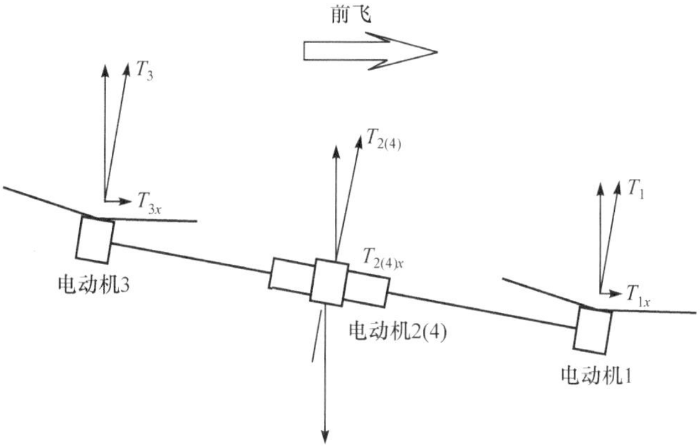

图 2.4.9　多旋翼无人机水平飞行的原理

4. 无人飞艇

无人飞艇是指一种具有推进和控制装置的、轻于空气的无人机(图 2.4.10)。

图 2.4.10　无人飞艇

无人飞艇与热气球最大的区别在于具有动力推进装置(常用螺旋桨)和飞行控制装置。无人飞艇的气囊内充以密度比空气小的浮升气体(氢气或氦气)借以产生浮力使无人飞艇升空。无人飞艇尾部的安定面用来维持航向、俯仰的稳定。无人飞艇相对于其他无人机来说节能性能较好，留空时间长，而且对于环境的破坏较小。但是无人飞艇受风的影响大，有时会出现随风漂移较远距离的情况。大型无人飞艇降落也不容易控制。

目前，已把无人飞艇列为临近空间飞行器选择之一。这是因为无人飞艇耗能小，留空时间长，在临近空间受风的影响也小。因此，无人飞艇是一种成本低的临近空间飞行器。

大型民用无人飞艇还可以用于交通、运输、娱乐、赈灾、影视拍摄、通信中继、科学实验等。

2.4.2　无人机平台的非常规类型选择

为了克服上述常规无人机存在的缺点，一些新型无人机也不断出现。无人机正处于发展中，各种无人机脱颖而出。以下一些非常规形式无人机只是正在研制的一部分。

1. 自转旋翼无人机

有人驾驶自转旋翼机早在1923年就由西班牙工程师Juan de la Cierva发明。有人驾驶自转旋翼机传统上就叫旋翼机(Gyroplane)或旋翼飞机。“旋翼机”的名称在英文中能明显区分(直升机为Helicopter，旋翼飞行器为Rotorcraft，自转旋翼机为Gyroplane)，但在中文中则出现概念混淆的问题。由于现在旋翼无人机的发展，特别是多旋翼无人机的称呼习惯出现，无人驾驶自转旋翼机称为自转旋翼无人机较为妥当。

自转旋翼无人机是指这样一种无人飞行器，它利用推力装置(如前飞螺旋桨)前飞时的相对气流吹动旋翼自转以产生升力，如图2.4.11所示。

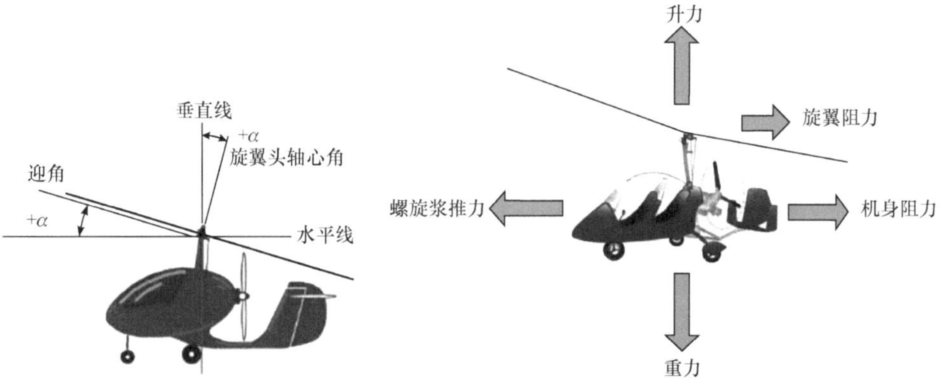

图2.4.11　自转旋翼无人机飞行原理

自转旋翼无人机与直升机虽然都有旋翼，但其概念和气动原理都不相同：直升机的旋翼由动力装置主动驱动而转动；而自转旋翼无人机的旋翼完全依靠飞行器前飞时相对气流的吹动和自身惯性的作用而旋转。

直升机的旋翼既要提供升力，又要提供飞行时所需的前进力，还要控制飞行的方向。自转旋翼无人机虽然以旋翼作为主要的升力装置，但其驱动的方式和原理与直升机不同。自转旋翼无人机在起飞时需要由机身后部(或前部)的螺旋桨产生的推力(或拉力)在地面上滑跑，再由迎面吹来的风驱使旋翼转动。特别地，自转旋翼无人机前飞时，其桨盘向后倾。这时旋翼桨叶相对于气流具有“迎角”，故而像飞机机翼一样可以产生升力。但是直升机主动驱动的旋翼向前倾，直升机前进的力也来自于旋翼。直升机旋翼拉力的垂直分量即升力，其拉力的水平分量即水平推力。

由于自转旋翼无人机正常飞行时旋翼没有动力，所以自转旋翼无人机不能悬停。但是自转旋翼无人机能够以远远低于固定翼无人机的最小速度持续飞行。自转旋翼无人机还有一个重要的优点：由于自转旋翼无人机的旋翼在飞行时只依靠自身惯性旋转，所以在遭遇发动机空中突然停车时，自转旋翼无人机飞行高度下降造成的上升气流会加速旋翼的旋转，从而产生升力。因此，自转旋翼无人机可以在没有动力的情况下平稳着陆，比起直升机有更高的着陆安全性。

自转旋翼无人机的飞行速度较低，因此可以用于搜索、航测等，如图2.4.12所示。

图 2.4.12　自转旋翼无人机

2. 具有驱动机构的自转旋翼无人机

由于自转旋翼无人机经过滑跑才能起飞，不能像直升机那样进行垂直起降，因此，设计出一种改进的自转旋翼无人机。这种自转旋翼无人机的旋翼与发动机通过一种离合器连接。当自转旋翼无人机起飞时，可以通过离合器使旋翼与发动机进行短暂的连接，使旋翼在没有滑跑情况下能够转动。虽然这时的旋翼尚不足以产生足够的升力来垂直起飞，但旋翼的主动旋转却可以有效地缩短自转旋翼无人机起飞时的滑跑距离，有的几乎滑跑很短距离就能起飞。

这种改进的自转旋翼无人机的动力装置要比传统的自转旋翼无人机动力装置功率大，以便在起飞之前使旋翼获得初始升力。一旦短距滑跑实现起飞，旋翼传动轴就会与离合器断开。这时发动机的功率全部转为提供前进力的动力，并增大旋翼桨距，从而具有足够的升力飞行。

这种改进设计的自转旋翼无人机具有接近垂直起降的短距起飞和着陆功能，因此比传统自转旋翼无人机有更广泛的应用。

3. 固定翼与旋翼组合式无人机

固定翼与旋翼组合式无人机简称组合式无人机，通常指将多旋翼与固定翼简单组合的无人机(图 2.4.13(a))，其优点是可以利用多旋翼进行垂直起降，在巡航时，多旋翼停止运行，由前进螺旋桨推动无人机飞行，由固定翼提供升力。简单组合式无人机的控制方式比较简单，不存在控制转换耦合问题。其缺点是，多旋翼机构(包括电动机)在巡航时是“废重”，因此承重能力受到限制。

还有一种复合式直升机，就是直升机机身前后安装固定翼(图 2.4.13(b))。复合式直升机的固定翼通常展长较小，不足以单独承担飞行器载荷，而是增加直升机的升力。现在，也有人探索研制复合式无人直升机。

(a) 简单组合式无人机　　(b) 复合式直升机

图 2.4.13　组合式无人机

4. 可倾转旋翼无人机

可倾转旋翼无人机通常指一种旋翼可控制倾转的无人机。这种无人机的旋翼轴起降时在垂直位置，而巡航时控制倾转到水平位置。也就是说旋翼在起降时，直接利用拉力作为升力；而在垂直起飞转为巡航过渡阶段，旋翼从垂直方向转为水平方向，起前进螺旋桨作用。其优点是，倾转旋翼既是垂直起降时的直接升力部件，也是巡航时无人机前进的动力装置。因此，可倾转旋翼在无人机飞行的两种状态时都是必需的动力源。这种无人机的难点是，在垂直起飞转为巡航过渡阶段和巡航转为垂直降落过渡阶段，无人机的自动控制是一个复杂而需精细设计的过程。

可倾转旋翼无人机的倾转方式也有两种：一种是旋翼与机翼同时倾转，起飞时阻力小，过渡阶段固定翼获得升力比固定不倾转机翼方式更有利，但倾转驱动的动力较大；另一种是旋翼可倾转、机翼固定不动，旋翼倾转简单，起飞阻力大，过渡阶段自动控制难度高。大型可倾转旋翼无人机的旋翼通常用可变距的旋翼机构，而小型可倾转旋翼无人机采用定距螺旋桨较多，如图 2.4.14 所示。

(a) “鹰眼”可倾转旋翼无人机　　(b) 小型可倾转旋翼无人机

图 2.4.14　可倾转旋翼无人机

5. 旋翼/固定翼互转换无人机

旋翼/固定翼互转换无人机又称停转旋翼复合式直升机，通常指一种旋翼与固定翼形式可以互相转换的无人机。这种无人机利用机身顶部的旋翼转动产生的升力起飞。当无人机到达空中巡航位置时，旋翼停止转动，成为一个平直固定机翼，由前进动力推动前进时产生升力。这时无人机呈现为一架固定翼无人机。

20 世纪 90 年代末，波音公司提出一种旋翼/固定翼互转换的三翼面布局无人机设计。体现这一概念的原理试验机为 X-50A“蜻蜓”无人机，期望实现一种具有垂直起降、高速度巡航飞行能力的无人机技术。为了有效融合直升机的垂直起降和固定翼飞机的高速度两方面特点，X-50A“蜻蜓”无人机设计外形貌似“三翼面”飞机，但是其中间主翼既是一个平直固定翼，又是两个桨叶的旋翼。X-50A“蜻蜓”无人机采用宽弦刚性桨毂来锁定机翼和驱动旋翼转动，如图 2.4.15 所示。

X-50A“蜻蜓”无人机起飞、降落和悬停时，飞行方式与直升机相同：飞机发动机通过减速器将功率输出以驱动双叶旋翼旋转，旋翼由燃气流驱动，为无人机提供升力。而反自旋扭矩则通过风扇向尾梁内部提供低压气流，从尾梁的长缝中喷出，产生平衡反扭矩的侧力。尾梁内未喷出的空气流向尾部，从可控制的喷气锥直接喷出，以提供航向操纵推力。完成起飞后，可以在空中将两片旋翼分别对称固定在机身两侧位置，转为以固定翼方式提供升力。当它以固定翼模式飞行时，驱动旋翼的燃气流改变方向，向无人机后面流出。无人机前进力由发动机直接向后喷出的气流产生的推力提供，能够像普通飞机一样巡航飞行，并获得比直升机高得多的速度(最高速度可达 700km/h)。无人机巡航飞行时的俯仰操作，是由机身前端的鸭翼偏转来控制的。

图 2.4.15　X-50A“蜻蜓”无人机

6. *扇翼无人机*

扇翼飞行器是在固定翼飞机机翼前缘安装横流式风扇，用以同时提供升力和推力，横流式风扇轴向长度不受限制，可以根据不同的应用需求任意选择叶轮的长度，其工作原理如图 2.4.16 所示，扇翼飞行器也称扇翼机，无人驾驶扇翼机则称为“扇翼无人机”。由图 2.4.16 中扇翼飞行器的气动增升结构图，即扇翼的二维剖面图可知，气流流过扇翼时被分为两个部分：一部分气流经过旋转叶片加速，从扇翼上缘流过，沿着机翼后缘斜面流出；另一部分气流被横流式风扇吸入，在出口处又分成两部分，①经旋转叶片加速后，沿后缘斜面流出，与前一部分气流融汇组合，加速斜面上表面空气流动，②沿机翼的弧形上翼面反向流动，在叶片中心偏左下方的地方形成一个显著的低压偏心涡。这两部分气流都是扇翼飞行器升力的重要来源。当风扇转动时，机翼后缘斜面上下表面由于空气流速不同，形成压力差，产生小部分升力。同时风扇内部产生强有力的偏心涡，形成低压区，使得机翼前半部分圆弧形区域的上下表面产生较大压力差，从而产生更大的升力，这部分升力是扇翼飞行器升力的主要来源。相对于扇翼转动产生的升力，机翼和机身等结构本身产生的升力很小。

扇翼飞行器获得的推力也可以分为两部分：一部分推力是叶片转动时，叶片推动气流向后排出，根据牛顿第三定律，气流为叶片提供向前的反推力，从而形成推力；另一部分推力是由偏心涡提供的，由于低压偏心涡大多形成于叶片内部偏左下方的位置，这就影响了扇翼水平方向的压强分布，进而产生一个向前的推力。

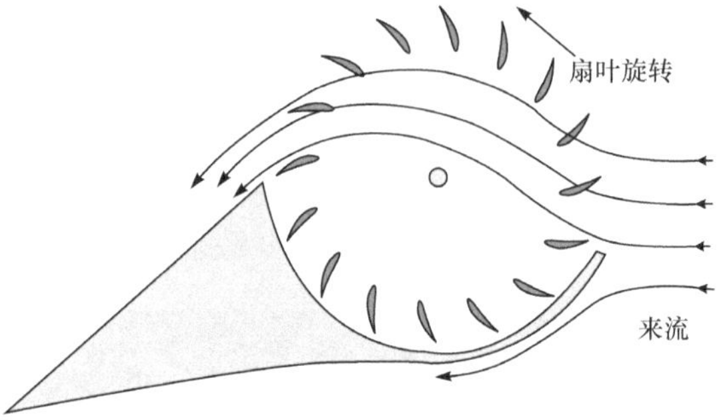

图 2.4.16　扇翼飞行器

扇翼飞行器的升力和推力主要是通过控制横流式风扇的转速与来流迎角实现的，这是扇翼飞行器与普通固定翼飞机最大的不同，而其操控系统的结构和原理与固定翼飞机基本一致。

在美国国家航空航天局(NASA)、英国 SMART 等机构的资助下，英国的 Imperial College、Kingston University、FanWing 公司，美国的 Syracuse University、Naval Postgraduate School、Propulsive Wing 公司，伊朗的 Iran University of Science and Technology 等研究机构开展了扇翼飞行器的原理、构型、气动特性、结构优化等多方面的理论和试验研究，并制造了原理样机。近年来，Joseph Kummer 和 Dang T Q 将横流式风扇内置于厚机翼中后部，加上尾部导流片对流动的控制，可以获得分布式矢量推力和升力，发明了推进翼。2006 年，Joseph Kummer 等在美国成立了 Propulsive Wing 公司，致力于新概念推进翼飞行器的研究，研制并成功试飞了两种形式的推进翼飞行器样机。由于扇翼飞行器发明不久，对它的许多研究还处于起步阶段，需要在各方面做很多系统化的深入研究，以获得高性能、高效率、高可靠性和安全性的扇翼飞行器。国内也有多家单位研究、设计和试验扇翼飞行器。

扇翼无人机具有高飞行效率、高载荷、低噪声和短距起降等优点，使其在民用和军用上具有很大的发展潜力

7. 微型无人机

微型无人机又称微型飞行器(Micro Air Vehicle，MAV)，通常指微型尺寸和重量的无人飞行器。刚提出微型飞行器时，从雷诺数特征角度来看，微型飞行器尺寸为不大于 15cm。目前，微型飞行器并没有严格的尺寸或重量定义。

自从 20 世纪 90 年代美国正式提出微型飞行器概念以来，鉴于微型飞行器具有体积小、重量轻、隐蔽性好、灵活性强等特点，微型飞行器已经从以遥控飞行为主的新形式设计探索向实用性系统研制发展。微型飞行器虽然小，但“麻雀虽小，五脏俱全”，常规无人机所具备的分系统在微型飞行器系统中基本都具有。然而，微型飞行器系统的各分系统和设备要比常规无人机小得多。由于微小尺寸和重量的限制，对飞行器结构、动力、能源、飞行控制、信息传输和任务设备的设计，需要有一个“革命性”的微型化努力，如用硅片制成的微电子机械系统(Micro Electromechanical System，MEMS)传感器和集成电路。微型飞行

器在空气动力方面还具有低雷诺数和非定常特性等。

微型飞行器目前主要构造形式有固定翼微型飞行器、旋翼微型飞行器和扑翼微型飞行器三类。仿生技术首先在微型飞行器上得到体现。鸟和昆虫能在复杂的环境下自由而稳定地飞行，执行动作时机动灵活地转弯、升降、徘徊盘旋，不仅具有比目前“电脑”更加复杂的脑子控制，还有高灵敏的视觉、味觉、触觉，以及具有布满神经的柔性翅膀运动控制。要研制出能适应复杂环境飞行和执行多种动作的微型飞行器，就需深入地研究鸟与昆虫的飞行控制机理和仿生技术。例如，模仿鸟翼的柔性和复杂变形的结构与驱动形式，对阵风等复杂环境自适应的智能控制，功能更强的多种传感器及其综合分析，具有神经网络的智能控制软件。我们还提出这样一种设想，能研制出具有神经脉络的智能感知机翼。这种智能感知机翼，不但能被动地由“电脑”驱动扑翼或控制面来操纵飞行器的机动飞行，而且能够由翼“神经”直接感受机翼上所受到的空气动力(升力与推力)、流场压力分布、左右扑翼不同受力，从而直接反馈控制以实现增稳或主动实现机动飞行。

微型飞行器不仅体积小，还要求极轻的质量，因此对空中器件的微型化比一般的微型装备要求更严。为此微型飞行器的需求和研究又大大促进了 MEMS 技术的发展。微型飞行器虽小，却包含惯性、磁、气压、光学、卫星、温度、电磁等多种传感器，与传统的传感器相比，它们的成本低、体积小、可靠性高、数字化，特别是它适于大规模生产。比如，微型飞行器可用于对运动的感受和特殊环境(化学、生物、医学、火情、核爆炸等)的信息获取，它利用半导体的电特性和机械特性制成的传感器芯片，还可以将几个乃至几十个传感器集成在一小块硅片上，将传统的一个功能系统或部件变成一个小模块或集成芯片，使真正的微型集成化成为可能。微型电子集成系统技术不仅可用于微型飞行器、探测器、导弹等微型军事装备，也可以用于汽车、医疗、通信中继、勘探、自然灾害和特种环境监测等，具有广泛的应用领域，同时有利于促进我国国民经济的发展。图 2.4.17 是南京航空航天大学研制的微型飞行器。

(a) 固定翼微型飞行器　　(b) 扑翼微型飞行器　　(c) 旋翼微型飞行器

图 2.4.17　南京航空航天大学微型飞行器

2.5　无人机平台的不同构型与布局设计

2.5.1　不同布局的固定翼无人机平台

1. 鸭式布局

鸭式布局无人机与常规布局飞行器不同的是将原来后置的“平尾”前置，又叫鸭翼布局。通常鸭式布局无人机的垂尾后置或无垂尾(图 2.5.1)。鸭式布局又有远距鸭式布局和近距鸭式布局之分，后者对主翼具有近距耦合有利的气动干扰作用，减小主翼大迎角气流分离。其实，1903 年莱特兄弟发明的第一架飞机就是鸭式布局，水平尾翼置于机翼前部。鸭式布局的主要好处是，利用前翼抬头力矩来控制升降功能，而且前翼和机翼可以同时产生升力，拉升操纵机动性好，可提高升阻比。但是鸭式布局飞行器由于焦点比较靠前，减小了飞行器的纵向稳定性。

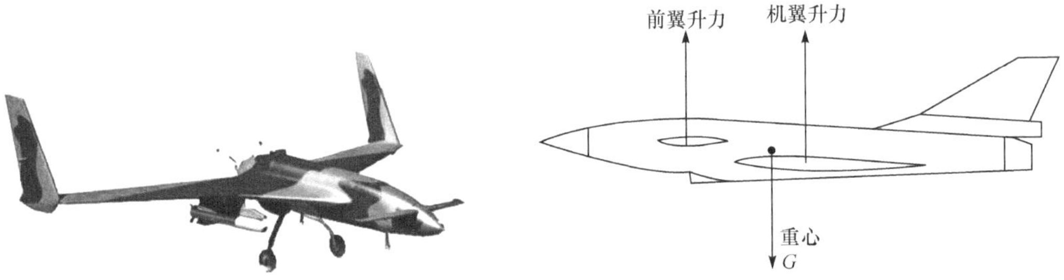

图 2.5.1　鸭式布局无人机

2. 串列翼布局

串列翼布局无人机通常指在垂直方向或前后方向上设置两个或多个机翼的无人机(图 2.5.2)，早期低速飞机的多翼设计是为了增加升力。现代飞机速度高，多翼形式也发生变化，例如，有一种特殊的前后联翼式飞机的设计，不但增加升力，而且显著提高机翼的整体结构刚度。此外还有栅格翼式飞机等。

图 2.5.2　串列翼布局无人机

3. 折叠翼布局

常规的变后掠飞机即机翼的后掠角在飞行中可变的飞机。它的主要目的是适应高速和低速两种飞行状态，既要保持高速飞机减小激波强度的设计，又想具有较好的低速性能，因此出现了变后掠翼布局的设计。

小型无人机的变后掠翼设计主要是为了携带方便，有的是为了用箱式或筒式发射无人机。这种无人机的设计不叫“变后掠翼”，而称作“折叠翼布局”(图 2.5.3)。折叠翼布局无人机发射出箱后具有自动展开和自动锁紧功能。

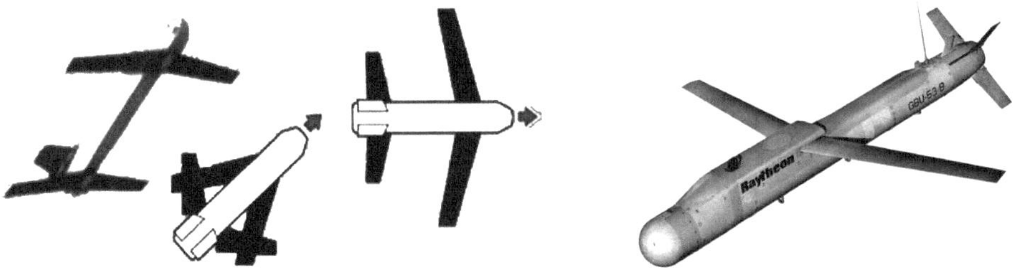

(a) 前后掠折叠翼形式　　(b) 炮射后掠折叠翼形式

(c) “弹簧刀”折叠翼无人机

图 2.5.3　折叠翼布局无人机

美军设计了一种可折叠装载的“弹簧刀”(SwitchBlade)小型无人机——战场灵刃。“弹簧刀”是美国 AeroVironment 公司所研发的单兵武器，其官方的分类其实并不是无人机，而是战术导弹系统，更具体说是单兵微型巡飞弹。它具备巡航导弹所不具备的监视、侦察和战斗毁伤评估等多任务执行能力。巡飞弹的特点是在战区上空慢速巡航飞行，执行侦察监视等任务，在发现高价值目标后则全速飞行发起攻击。

“弹簧刀”全长 61cm，包括发射筒的重量为 2.7kg，可以单兵携带。“弹簧刀”的设计简洁，由发射筒、折叠支架和底座组成。发射筒释放出高压气体，推动发射筒下端的活塞高速运动，将“弹簧刀”弹射出去，相对于手抛起飞的方式，弹射的成功率较高。特种部队或是小分队可用“弹簧刀”掌握敌人动向，在不暴露自身目标的情况下，直接发动精确打击。“弹簧刀”附带伤害少，尤其适用于城市作战。

4. X 翼布局

X 翼布局无人机可以设置为两副机翼，一副前掠，另一副后掠，后置的后掠翼还可起尾翼作用。

还有另外一种整体 X 机翼/旋翼飞行器设计，当 X 翼固定时就是前述的布局形式；当 X 翼旋转时就相当于直升机的旋翼以产生升力，用于垂直或短距起降(图 2.5.4)。

图 2.5.4　X 翼布局飞行器

1973 年，美国西科斯基飞机公司在 S-72 直升机基础上提出改装的 S-72X1 直升机 X 翼计划。1984 年，把两架 S-72 旋翼系统研究机中的一架改装成美国 NASA/国防高级研究计划局(DARPA)的X翼旋翼计划的方案验证机。1986年8月19日出厂的另一架S-72(NASA741)机上，普通旋翼被西科斯基飞机公司设计的 X 翼取代。装上这种 X 翼后，该机可以旋翼机方式起飞与悬停，然后转变到以 463km/h 的速度做固定翼方式飞行。1987 年 11 月 13 日在加利福尼亚州爱德华兹空军基地做高速滑跑试验时进行了 16s 的计划前离地飞行。S-72X1 直升机的旋翼直径为 17.59m，旋翼桨叶弦长 0.91m，机长(旋翼和尾桨转动)25.17m，机身长 21.51m，机宽(旋翼折叠)13.75m。X 翼系统的工作基于气动力环量控制原理。根据这一原理，在 X 翼系统的桨毂下面装有一个周期配气阀门，由阀门放出的压缩空气，通过桨毂内的输气管道输向每片具有对称翼型的桨叶，通过互不相通的桨叶前、后缘内的气室，根据桨叶的位置由桨叶的前缘或后缘缝隙喷出，形成气流附壁效应。这样就可以提高 X 翼以旋翼方式飞行的升力系数和实现 X 翼的周期变距与总距控制。高速前飞时，X 翼通过离合器停转，并锁定在固定翼飞行方式的位置。这时 X 翼的 4 片桨叶中的 2 片桨叶转变为前掠固定翼，另外 2 片桨叶就转变为后掠固定翼。桨叶中的压缩空气全部由桨叶的后缘缝隙喷出，以形成滚转操纵力矩。X 翼验证机安装两台 T58-GE-10 涡轮轴发动机，用来驱动作为旋翼的 X 翼；一台 TF34-GE-400A 涡扇发动机，用来在高速前飞时提供推力。X 翼验证机还计划安装可转换发动机，该发动机既可产生驱动旋翼系统的功率，又可产生高速巡航用的推力。

鉴于垂直起降和提高巡航效率是无人机一直在探索的目标，国内外正在研究基于同样原理的 X 翼无人机。

5. *环形翼布局*

环形翼布局的机翼设计为圆筒状，这种设计具有翼展小、增加刚度和减轻重量等特点(图 2.5.5)。但是，环形翼布局无人机的水平飞行控制要大大难于常规布局固定翼无人机。放宽环形翼布局无人机横滚姿态的控制，可以减小飞行控制的难度。

6. *可变形翼布局*

可变形翼布局可以设计成各种形式。可变形翼布局其中一类是机翼平面形状可变形式(图 2.5.6(a))。NextGen 公司的变体翼方案采用滑动蒙皮技术。该样机的铰接结构和柔性蒙皮能使机翼面积改变 40%、翼展改变 73%、展弦比改变 177%，并完成了全尺寸风洞试验和试飞。该种飞行器可实现机翼面积和后掠角分别改变，以获得不同飞行时段的最优构型。

(a)

(b)

(c)

图 2.5.5　环形翼布局无人机

(a)

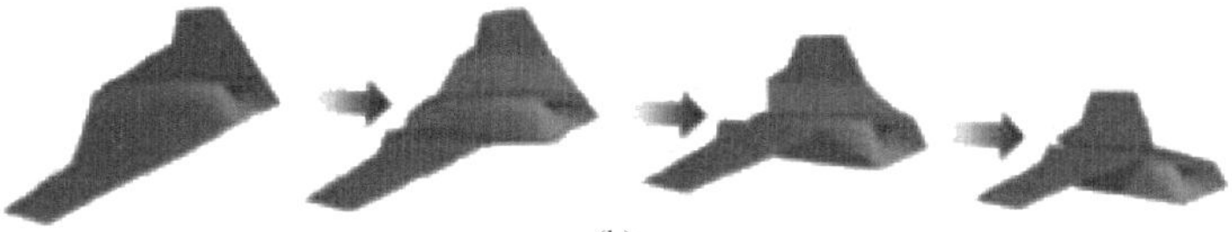

(b)

图 2.5.6　可变形翼布局无人机

另一种是机翼可折叠形式(图 2.5.6(b))，也是为了适应不同速度飞行的需要。2002 年，美国 DARPA 开始了变体飞行器结构(Morphing Aircraft Structures，MAS)研究项目。Lockheed Martin 公司研究了一种柔性折叠机翼方案，以满足在同一飞行器上实现低速巡航和高速攻击的要求。该种飞行器低速时机翼展开，高速时机翼折叠收起，通过机翼面积的变化来改变机翼的升阻特性，以适应不同的飞行状况。

7. 双尾撑布局

双尾撑布局无人机通常指有一个前部机身和双尾撑+共平尾的形式，可增加尾部刚度，减少气动弹性变形(图 2.5.7)。另外，对于无人侦察机，采用后推式双尾撑布局，螺旋桨后置发动机驱动，不会遮挡侦察装置的视角。

8. 飞翼式布局

飞翼式布局又称翼身融合体布局，这是一种无机身、无尾翼的单一机翼式布局，有的带有小垂尾。飞翼式布局无人机布局和内部系统高度集成，其浸湿面积也明显小于同量级的传统布局无人机，因此，结构重量更轻，升力特性好，阻力小，可获得更高的升阻比和更小的燃油消耗量，并且隐身特性好。美国 X-47B 无人轰炸机(图 2.5.8)就是十分成功的飞翼式布局无人机。

图 2.5.7　双尾撑布局无人机

图 2.5.8　X-47B 飞翼式布局无人机

9. 升力体布局

升力体布局飞行器的机身为扁平状，为飞行器的主要升力部件，如乘波升力体高超声速飞行器(图 2.5.9)。

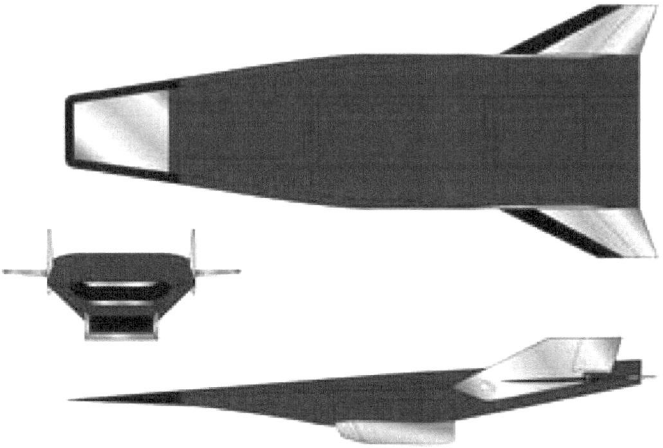

图 2.5.9　升力体布局飞行器

目前适合高超声速飞行器的外形多半采用升力体和乘波体等。升力体是一种不依赖于机翼而靠机身本身产生升力的飞行器气动结构。这种设计可消除无升力机身产生的附加阻力和翼身干扰阻力，从而可获得较高的升阻比和较强的机动能力。在高超声速下，飞机上下表面的流动不会相互干扰。图 2.5.10 为一个二维楔的高超声速流，上表面平行来流。在前缘下部会产生一道强激波面，由于激波后区域压力会突然增高，而且升力体下方的高压区不会与上表面的相对低压区流动相串通，因而由楔形翼的上下压力差而产生升力。

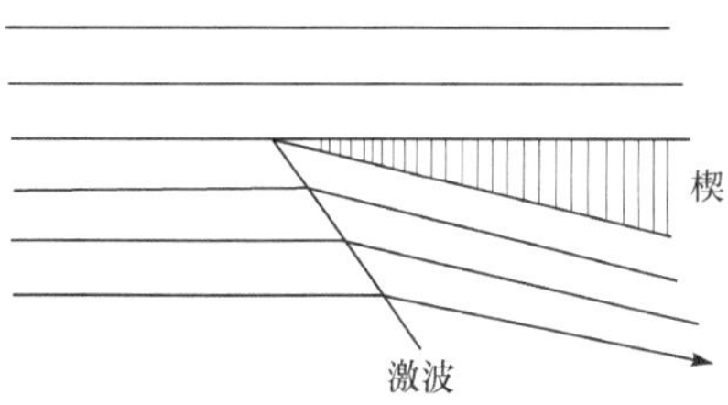

图 2.5.10　二维楔的高超声速流

2.5.2　不同布局的无人直升机平台

1. 纵列双旋翼布局

纵列双旋翼布局无人直升机的设计是沿机身纵向安装两副转向相反的旋翼(图 2.5.11)。这种两副旋翼沿机体纵轴前后排列且转向相反的直升机具有纵向稳定性好、载重效率高、机身有效容积大等特点。纵列双旋翼布局无人直升机机身前后各有一个旋翼塔座，两副旋翼分别安装在两个塔座上，两副旋翼完全相同，但旋转方向相反，前后两副旋翼的反扭矩可以互相平衡抵消。

图 2.5.11　纵列双旋翼布局无人直升机

这种结构形式的直升机的突出优点是纵向重心范围大，因此可以将机身设计得比较庞大。它比较适用于中型和大型直升机。纵列双旋翼布局无人直升机的缺点是结构较复杂。为减小前旋翼尾涡对后旋翼的气动干扰程度，通常把后旋翼装得高一些。此外这种结构形式的直升机的俯仰惯性较大，偏航操纵效率较低。

2. 横列双旋翼布局

横列双旋翼布局无人直升机在机体横向安装两副转向相反的旋翼(图 2.5.12)。

横列双旋翼布局无人直升机的特征是两副旋翼一左一右分别安装在机身两侧的两个支架上。两副旋翼完全相同，但旋转方向相反，其旋转时反作用力相互抵消。横列双旋翼布局无人直升机的旋翼系统为两副横向并排布置、旋转方向相反的旋翼，不需要尾桨，可获得比单旋翼大的有效载重，斜爬升率好。横列双旋翼布局无人直升机的最大优点是平衡性好，其缺点是操纵比较复杂。横列双旋翼布局无人直升机要在机身两侧增装旋翼支架，增加了重量，而且加大了气动阻力。

图 2.5.12　横列双旋翼布局无人直升机

横列双旋翼布局无人直升机作为一种旋翼飞行器，不仅依靠旋翼产生主要升力，还通过旋翼来获得操纵力。

3. 共轴双旋翼布局

共轴双旋翼布局无人直升机的两副转向相反的旋翼上下共轴安装，反扭矩相互平衡(图 2.5.13)。共轴双旋翼布局无人直升机具有绕同一理论轴线一正一反旋转的上下两副旋翼，由于转向相反，两副旋翼产生的扭矩在航向不变的飞行状态下相互平衡，通过上下旋翼总距差动产生不平衡扭矩可实现航向操纵，共轴双旋翼在直升机的飞行中既是升力面，又是纵横向和航向的操纵面。

图 2.5.13　共轴双旋翼布局无人直升机

1944 年，昆明空军第一飞机制造厂的总负责人朱家仁先生设计了中国第一架直升机——蜂鸟式甲型单座直升机，它采用别国都没有使用过的结构——共轴双旋翼。从 20 世纪 60 年代开始，由于军事上的需要，一些国家开始研制无人直升机，多数采用共轴双旋翼布局。

共轴双旋翼布局利用上下两副旋翼的前行桨叶边左右对称来克服单旋翼在前飞时由后行桨叶失速带来的升力不平衡力矩，从而提高旋翼的升力和前进比。共轴双旋翼布局直升机与单旋翼带尾桨直升机的主要区别是采用上下共轴反转的两组旋翼来平衡旋翼扭矩，不需尾桨。在结构上，由于采用两副旋翼，与相同重量的单旋翼带尾桨直升机相比，若采用相同的桨盘载荷，共轴双旋翼布局直升机的旋翼半径仅为单旋翼带尾桨直升机的 70%，共轴双旋翼布局直升机的总体纵向尺寸仅为单旋翼带尾桨直升机的 60%左右。共轴双旋翼布局直升机的机身较短，同时其结构重量和载重均集中在直升机的重心处，因而减少了直升机的俯仰和偏航的转动惯量。通常共轴双旋翼布局直升机的悬停效率要比单旋翼带尾桨直升机高出 17%～30%。

共轴双旋翼布局直升机航向的操纵性好于单旋翼带尾桨直升机，但稳定性相对较差。共轴双旋翼布局直升机一般采用双垂尾以增加直升机的航向操纵性和稳定性。共轴双旋翼之间产生的气动干扰较大，主要表现为上下旋翼尾涡的相互影响。由于共轴双旋翼布局直升机具有特殊的操纵系统构件，两副旋翼必须保持一定的间距，因此其废阻面积要高于单旋翼带尾桨直升机。

共轴双旋翼布局直升机与单旋翼带尾桨直升机的主要区别之一是航向操纵的形式和响应不同，其改变上下旋翼的扭矩的方式又分为全差动、半差动、桨尖制动、磁粉制动。全差动方式通过同时反向改变上下旋翼的桨叶角来实现直升机航向的操纵和稳定。半差动方式一般通过改变下旋翼桨叶角以改变上下旋翼的功率分配(使其相等或不等)来控制直升机的航向。桨尖制动方式在旋翼桨尖设置阻力板，通过改变阻力板的迎风阻力面积改变旋翼的扭矩以实现直升机的航向操纵和稳定。磁粉制动方式通过传统系统内部的磁粉离合器对上下旋翼轴进行扭矩分配。

4. 涵道风扇布局

涵道风扇布局无人机(Ducted Fan UAV)同大旋翼无人直升机相比，同等功耗下涵道风扇(旋翼)较同直径孤立旋翼会产生更大拉力：首先在低空速下增加飞行器的飞行效率，涵道壁可以有效地将旋翼滑流转换成推力，从而产生附加升力。

涵道风扇布局无人机常见的结构有单旋翼结构和共轴双旋翼结构。

(1) 单旋翼涵道风扇布局无人机，其涵道上部中间体安装动力系统，包括活塞式发动机、发动机控制器、旋翼和任务载荷等(图 2.5.14)。单旋翼涵道风扇布局无人机的旋翼常用定距桨结构，直接由发动机驱动。涵道下部中间体安装多块固定翼板及控制系统。下部多个固定翼板的安装角设置为与上部旋翼匹配的角度，以产生平衡单旋翼扭矩的作用。另外，设计有控制翼板(导流片)，由伺服电机控制角度产生姿态控制力矩。

(2) 共轴双旋翼涵道风扇布局无人机，其涵道内安装一正一反旋转的上下两副旋翼。当共轴双旋翼等速对转时，双旋翼相互抵消反扭矩(图 2.5.15)。通常，该旋翼具有变距机构，采用旋转倾斜器，通过变距拉杆使旋翼周期变距从而控制飞行器姿态。

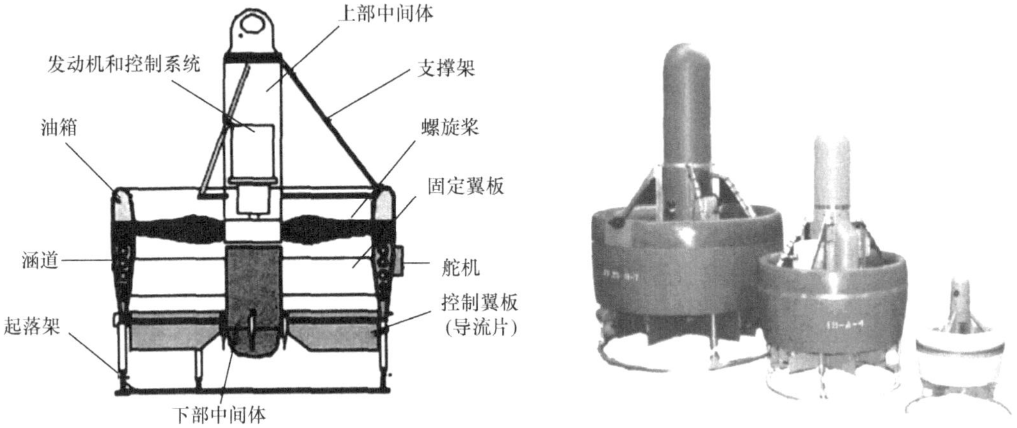

图 2.5.14　单旋翼涵道风扇布局无人机

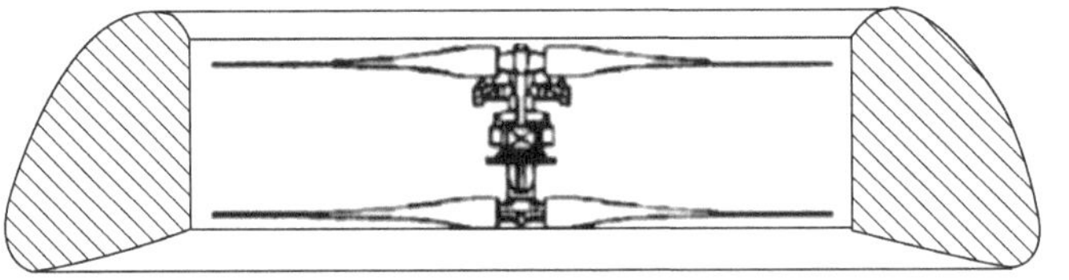

图 2.5.15　共轴双旋翼涵道风扇布局无人机

1992 年，美国海军启用了 Sikorshy 公司的 Cypher 项目，目的是研制一种能够迅速投放的无人机，旨在执行前沿侦察、边界巡逻和通信中继任务。Sikorshy 公司研制的 CypherⅠ型共轴双旋翼涵道风扇布局无人机如图 2.5.16 所示。原型机重量为 110kg，直径为 1.9m，采用一台转子发动机引擎。该无人机采用低长径比的涵道机身设计，涵道内部采用共轴双桨提供动力并相互抵消扭矩，通过螺旋桨的挥舞运动实现机体姿态控制。

图 2.5.16　CypherⅠ型共轴双旋翼涵道风扇布局无人机

涵道风扇布局无人机具有机动性，特别适合在城市复杂环境下执行任务。与固定翼无人机相比，涵道风扇布局无人机具备垂直起降能力和定点悬停能力，相比于多旋翼无人机及常规无人直升机，涵道风扇布局无人机可以在非常狭小的环境中进行起降和作业。

2.5.3　不同布局的多旋翼无人机平台

1. *四旋翼无人机*

四旋翼无人机(图 2.5.17)是目前最常见的，也是最少个数的多旋翼无人机。四旋翼无人机结构简单，制造容易，可以做成很小尺寸。图 2.5.18 为四旋翼无人机飞行原理。四旋翼无人机控制单元较少，便于姿态稳定与导航控制，携带方便。

图 2.5.17　四旋翼无人机

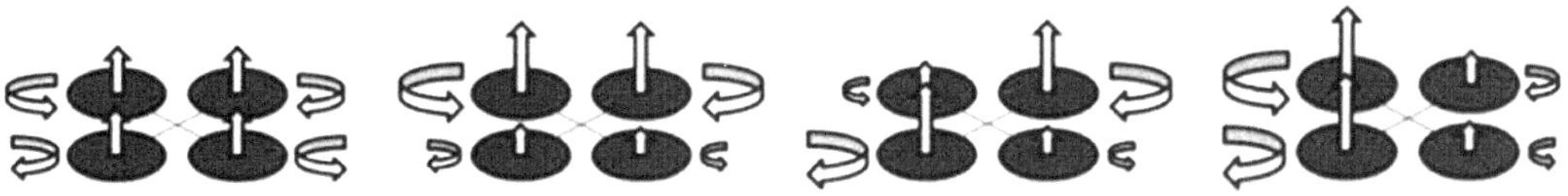

升降控制
(动力同等控制)

俯仰控制
(前后动力差动控制)

航向控制
(斜线差动控制)

横向控制
(横线差动控制)

图 2.5.18　四旋翼无人机飞行原理

2. 六旋翼无人机

六旋翼无人机(图 2.5.19)在相近尺寸设计情况下，相对四旋翼无人机有更大的载荷能力。六旋翼无人机的飞行原理与四旋翼无人机相似。六旋翼无人机比四旋翼无人机有更大的控制余度，当一个动力装置出现故障(发动机停转或螺旋桨损坏)时，六旋翼无人机可以利用其他动力系统正常飞行。

以下更多旋翼的无人机也是基于增大承载能力所设计的。

3. 八旋翼无人机

八旋翼无人机是目前具有较大承载重量的多旋翼无人机(图 2.5.20)。

图 2.5.19　六旋翼无人机

图 2.5.20　八旋翼无人机

4. 十二旋翼无人机

为了获得更大的承载能力，我们设计了十二旋翼无人机(图 2.5.21)。

5. 十八旋翼无人机

2013 年德国 E-Volo 公司完成其首架非常规构型垂直起飞降落的 VC200 Volocopter 旋翼机原型机(图 2.5.22)。这种新型超轻型旋翼机装有 18 副旋翼，每副旋翼都由一台独立的电动机驱动。这些旋翼都安装在座舱周围一副固定的枝状结构上。飞行中由一台内燃发动机为电池充电，以提高航程。VC200 Volocopter 的最大起飞重量为 450kg，设计巡航速度至少为 54kn(1kn=1.852km/h)，最大飞行高度为 6500ft(1ft=0.3048m)，续航时间至少 1h。该机装有电传操纵系统，能够独立控制每一副固定桨距螺旋桨的转速。E-Volo 公司称，该无人机即使在若干电动机出现故障时仍能安全着陆。

图 2.5.21　十二旋翼无人机

图 2.5.22　十八旋翼无人机

2.5.4　不同布局的倾转旋翼无人机平台

1. 倾转旋翼与涵道风扇组合布局无人机

由于倾转旋翼在垂直起飞时需要的功率大，而水平前进时旋翼推力的功率需求小，所以提出一种增加涵道风扇的设计方案(图 2.5.23)。这种倾转旋翼与涵道风扇组合布局无人机在垂直起飞和降落时，双倾转旋翼轴垂直向上产生升力，后部涵道风扇运转也产生部分升力，两者共同承担垂直起降的动力。当无人机水平前进飞行时，双倾转旋翼轴转向水平位置产生前进的推力，机翼在前进速度下产生升力，维持无人机飞行。这时，涵道风扇停止运转并关闭，无人机像常规飞机一样飞行。

图 2.5.23　倾转旋翼与涵道风扇组合布局无人机

这种无人机方案的好处是，双倾转旋翼功率设计在垂直起降和水平前飞时差别减小，避免巡航时动力装置重量过大。

2. 四倾转旋翼布局无人机

人们在固定翼与旋翼简单组合式无人机基础上，提出四旋翼可倾转的设计方案(图 2.5.24)。这一设计主要避免了水平飞行时原四旋翼的“浪费”，同时减去了原来的前进螺旋桨动力装置。这一方案的自主倾转控制技术要难于固定翼与旋翼简单组合式无人机。在无人机垂直升降与水平飞行之间的过渡阶段，需要精细设计无人机自动控制过程。

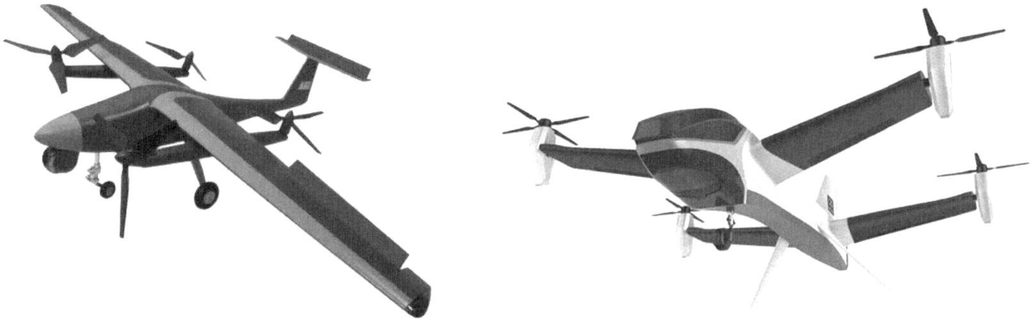

图 2.5.24　四倾转旋翼布局无人机

3. 分布并列倾转旋翼布局无人机

分布并列倾转旋翼布局无人机的设计思想与上述四倾转旋翼布局无人机相似。此设计方案的一个特点是可以承担较大的载荷；另一个特点是 10 个倾转旋翼在水平飞行时，不但可以作为轻前进的动力，还可以控制无人机航向和横向姿态。此外，尾部两个倾转旋翼还可以起到控制俯仰的作用。

为了提高无人机的使用耐久性和有效载荷能力，正在发展一类使用其他能源(如液态碳氢化合物类燃料)产生电动力的推进系统。例如，美国 NASA 的 GL-10“风驰电掣”(Greased Lightning)技术样机(图 2.5.25)，在一副 10ft 可倾斜机翼的无人机上使用 10 个电动螺旋桨完成垂直起降，并可实现像飞机一样的水平飞行。

图 2.5.25　NASA 的 GL-10 分布并列倾转旋翼布局无人机

4. 尾座式倾转无人机

不同于一般的倾转旋翼无人机，尾座式倾转无人机并没有专门旋翼驱动倾转机构。螺旋桨轴从起飞时的垂直状态转为巡航时的水平状态，是依靠升降舵控制大俯仰转动而实现的。通常，尾座式倾转无人机的旋翼功率要求较大，不但能承担无人机的重量，而且具有快速俯仰姿态转动的机动能力。尾座式倾转无人机从水平飞行状态转为垂直降落状态和稳定着陆的自动控制难度较大，主要是如何实现稳定地过渡到垂直状态和俯仰姿态的控制。

(1) 尾座双旋翼无人机。

尾座双旋翼无人机有横列双旋翼布局和共轴双旋翼布局两种。双旋翼设计一方面可以增大垂直起飞时的承重能力，另一方面双旋翼互相反向旋转，可以抵消反扭矩(图 2.5.26)。

(a) 尾座横列双旋翼无人机　　(b) 尾座共轴双旋翼无人机

图 2.5.26　尾座双旋翼无人机

(2) 尾座多旋翼无人机。

尾座多旋翼无人机的设计是为了提高无人机的承载能力(图 2.5.27)。

图 2.5.27　尾座多旋翼无人机

5. 可倾转多涵道风扇无人机

相对于普通可倾转多旋翼无人机，可倾转多涵道风扇无人机结构紧凑，旋翼效率有所提高(图 2.5.28)。

美国弗吉尼亚州马纳萨斯的极光飞行科学公司正在制造一架可倾转分布式多涵道风扇“雷击”无人机(图 2.5.29)。这款“雷击”无人机采用混合动力技术，使用 4000hp(1hp=745.7W)涡轮发动机来驱动 3 个 1MW 发电机，为可倾转机翼和可倾转鸭翼的 24 台涵道风扇电动机供电。因此它飞行时相对噪声小，耗油率低。“雷击”无人机比“鱼鹰”MV-22 飞得更快且具备更佳的盘旋效率。“雷击”无人机的最高飞行速度为 556～741km/h，而盘旋效率至少达 75%。

图 2.5.28　可倾转多涵道风扇无人机

图 2.5.29　可倾转多涵道风扇“雷击”无人机

“雷击”无人机的机翼和鸭翼都可以倾转，向前飞行时，机翼和鸭翼呈水平状态；垂直起降和盘旋时，机翼和鸭翼就会转向垂直方向。

2.5.5　不同布局的仿生无人机平台

1. 仿蝙蝠和小鸟无人机

扑翼(Flapping Wing)飞行器与现有的飞机不一样，即像鸟或飞行昆虫翅膀一样扑动而飞行。人类最早就是受到鸟的启发而渴望在空中飞行，但早期人类单纯模仿鸟翼(如手臂上绑上羽毛)飞行并不成功。近年来扑翼在微型无人机上获得成功(图 2.5.30)，为仿生扑翼飞行器的研究提供了基础。仿生扑翼无人机由于体积小、重量轻、隐蔽性好，可以执行特殊环境下的侦察、干扰和其他任务。

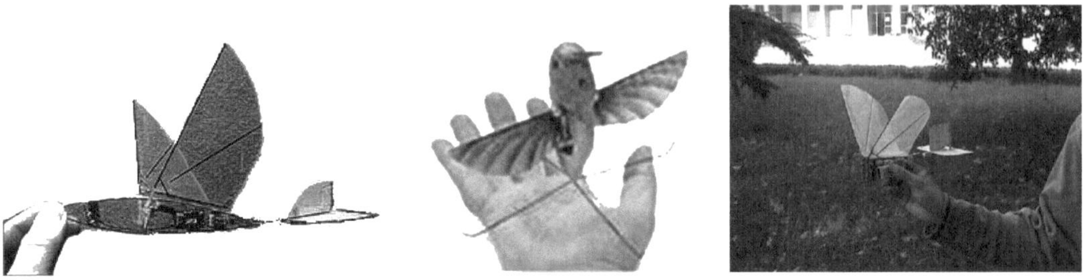

(a) 美国Microbat　　(b) 美国“蜂鸟”　　(c) 南京航空航天大学扑翼机

图 2.5.30　仿蝙蝠和小鸟无人机

研究和试验表明，扑翼推力一些来源于绕流气动力方向，主要来源于扑翼俯仰运动所产生的特殊尾涡——反卡门涡街实验的作用。

产生像小鸟或蝙蝠翼一样最基本的上下扑动和柔性结构带动的弦向扑动，关键是设计由转动到扑翼往复摆动的扑动形态实现机构(图 2.5.31)。目前常见的单自由度扑动形态实现机构是曲柄摇杆扑动机构。

加上柔性弦向扑动，扑翼基本两自由度扑动模型为

$$\begin{cases}\alpha(t)=\alpha_{\mathrm{m}}+\alpha_0\sin(\omega t+\psi_1)\\ \beta(t)=\beta_0\sin(\omega t+\psi_2)\end{cases}$$

式中，$\alpha(t)$ 为俯仰转动；α_{m} 为平均俯仰角；α_0 为俯仰振幅；角速度 $\omega=2\pi f$；$\beta(t)$ 为展向扑动；β_0 为展向扑动的扑动幅度；ψ_1、ψ_2 分别为俯仰转动和展向扑动的相位。

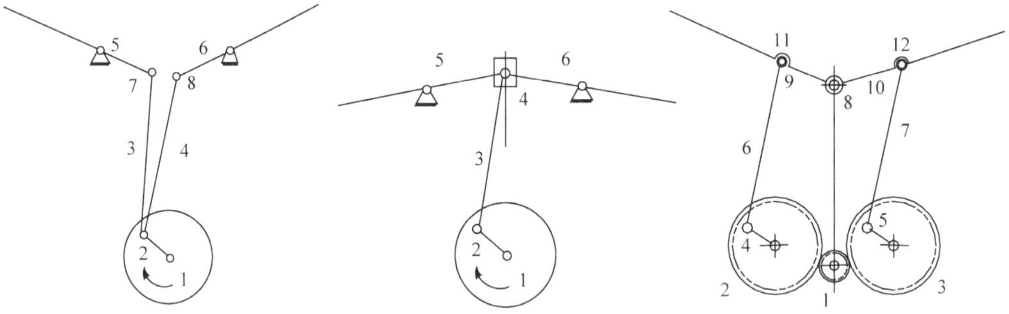

(a)　　(b)　　(c)

图 2.5.31　单自由度扑动形态实现机构示意图

2. 仿大鸟变形翼无人机

为了更好地模仿大型鸟类翅膀低频、高效变形的运动规律，我们设计了一种变速-柔性折叠的多段扑翼无人机的扑动模型(图 2.5.32)：

$$\begin{cases}\beta(t)=\beta_0+\beta_{\max}\sin[\omega(t)t+\varphi_\beta]+\phi_{\mathrm{flex}}(x,y,t)-\delta(t)\dfrac{\mathrm{sgn}(l-l_1)+1}{2}\\ \alpha(t)=\alpha_0+\alpha_{\max}\sin[\omega(t)t+\varphi_\alpha]+\theta_{\mathrm{flex}}(x,y,t)\end{cases}$$

图 2.5.33 和图 2.5.34 分别给出了德国 Festo 公司研制的机器鸟和南京航空航天大学研制的仿海鸥扑翼无人机。

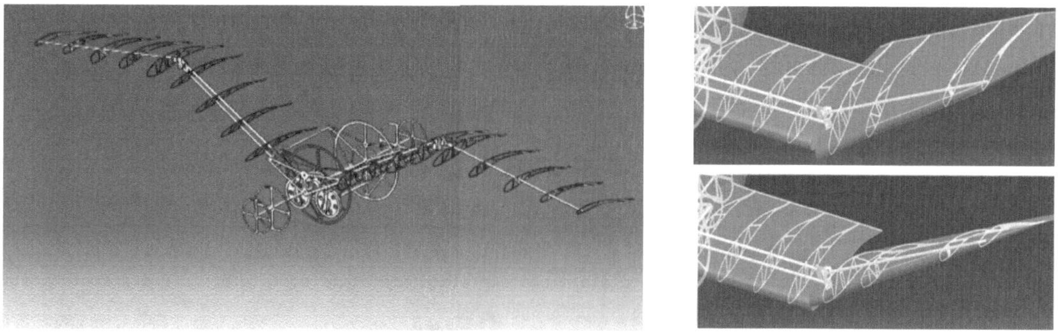

图 2.5.32　主动结构弯扭变形扑翼结构设计

图 2.5.33　德国 Festo 机器鸟

图 2.5.34　南京航空航天大学仿海鸥扑翼无人机

3. 仿蝴蝶/蜻蜓多扑翼无人机

研究发现，蜻蜓与蝴蝶具有高超的飞行技巧，分别具有独特的双对扑翼，能进行快速启动、均衡前飞、长时间悬停和绝妙的机动飞行。这种前后双扑翼有时做 0°同相位扑动，有时做 180°反相位扑动。

为此，我们设计了一种仿蜻蜓前后两对翼扑动，其运动规律表达式如下：

$$\alpha(t)=\alpha_0\sin(\omega t+\phi),\quad h(t)=h_0\sin(\omega t)\qquad \text{前扑翼}$$

$$\alpha(t)=\alpha_0\sin(\omega t+\phi-\psi),\quad h(t)=h_0\sin(\omega t-\psi)\qquad \text{后扑翼}$$

式中，h_0、α_0 分别为扑动和俯仰运动的幅度；ϕ 为俯仰运动和扑动的相位差；ψ 为后翼滞后前翼的相位。

图 2.5.35 和图 2.5.36 分别给出了德国 Festo 公司研制的仿蝴蝶无人机和南京航空航天大学研制的仿蜻蜓扑翼无人机。

4. 仿昆虫超微型无人机

昆虫的质量小，飞行模式复杂，扑动频率高(100～1000Hz)，飞行更机动灵活。美国哈佛大学与加利福尼亚州立大学在得到 DARPA 资助的“机器苍蝇”(RoboticFly)项目中研制了一种振翼机(Entomopter)(图 2.5.37(a))。这种微型无人机全重仅 84mg，翼展只有 30mm，部件采用电活性高聚物和激光显微机械加工工艺制造，目前只是实现外接线供电扑动短暂飞行，尚没有实现自由飞行。其扑动机构与前面几类扑翼微型无人机基于电动机和机械机构的驱动原理完全不同，其发展依赖于材料电致振动和纳米加工技术，故又称纳米飞行器(Nano Air Vehicle)，在超微型化仿昆虫扑翼机(图 2.5.37(b))研究上很有价值。

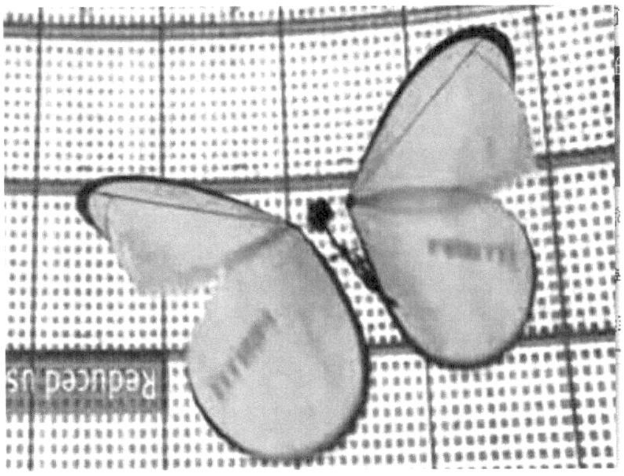

图 2.5.35　德国 Festo 仿蝴蝶无人机

图 2.5.36　南京航空航天大学仿蜻蜓扑翼无人机

(a) 哈佛大学与加利福尼亚州立大学“机器苍蝇”

(b) 南京航空航天大学仿昆虫扑翼机

图 2.5.37　仿昆虫扑翼无人机

2.5.6　不同环境介质的无人机平台

1. 水上无人机

为了将海面、湖面和河面资源作为起降环境，避免机场或跑道的建设，设计出一类水上无人机。

水上无人机(图 2.5.38)要能够在水面起降，必须具有能承担无人机的浮力结构。这种浮力结构可以是安装于无人机下部的浮筒，也可以是具有浮力的机身。此外，水上无人机还

图 2.5.38　水上无人机

需具有一定的抗水密封结构，具有起降时的抗水浪性。水上无人机的动力功率需求也比陆上无人机大。水上无人机的动力装置通常置于无人机的顶部，防止进水。

水上无人机在空中飞行时比船快，比船机动，因此可以更好地承担许多任务。由于无人机具有一定的飞行高度，其视频图像的范围比船上的可视范围要扩大数十倍甚至几十倍，因此，可第一时间监测到异常情况和搜索目标。用水上无人机进行水面安全的监测和搜寻，其效果和效率都明显好于船舶。运用水上无人机还可以进行海上搜救、投放救生圈等。

2. 水陆两栖无人机

水陆两栖无人机与水上无人机具有类似的功能。所不同的是，水陆两栖无人机除必须有浮力结构外，通常还具有轮式起落架，可以在陆地上起降(图 2.5.39)。因此水陆两栖无人机比水上无人机活动范围广，可以将陆上物资直接运送到船边和岛边。

2015 年西班牙无人机设计制造商 Singular Aircraft 公司宣称，该公司研发了四年的 Flyox I 水陆两栖无人机首次试飞成功。Flyox I 无人机是目前世界上最大的水陆两栖无人机(图 2.5.39(b))，有效载荷为 1850kg，航程为 8300km。在监控模式下，续航时间可长达 50h。它可根据客户要求，进行优化改装，可在任何地形表面起降。

(a) (b)

图 2.5.39 水陆两栖无人机

3. 地效无人机

地效飞行器是贴近地面(或水面)飞行，利用地面效应而增加升力的飞行器，其中无人驾驶地效飞行器就称为地效无人机。

地效无人机贴近地面或水面飞行时，气流流过机翼后会向后下方流动，除产生常规的机翼升力外，地面(或水面)将产生一股反作用力，当它在距离水面等于或小于 1/2 翼展的高度上飞行时，整个机体的上下压力差增大，升力会显著增加，诱导阻力减小，因而可以大大提高飞行效率。大部分地效飞行器都被设计为在水面上运作，因为水面比地面平滑和少障碍物，不但危险度较小，而且地效飞行器在不运作的时候可以利用水面浮力来承受机体重量，可以在水面起飞和降落。地效飞行器与空中常规飞行器相比，升力大，承载重量大。地效飞行器与常规船舶相比，飞行时不入水，阻力大大减小，机动性强，航行速度快。

20 世纪 80 年代，苏联研制的喷射推进的 Ekranoplan 地效飞行器在里海进行了飞行试验，其极限飞行重量可以达 1000t。近年来，地效无人机也被提出。新设计的地效无人机的最大起飞重量为3000kg，最大有效载荷达1000kg。

地效飞行器载量大、隐身效果好、适航性优异，能贴近地面或海面飞行，既可在水面和陆地上起降，也可在浪高1.5m以下的水面飞行。地效无人机还可以飞越一般地面交通小型物障，可以在沙漠、沼泽、江河、雪地、湖面低空飞行。地效无人机在民用上有广泛的用途，如用于海上运输、海上救援、海上巡查，以及在其他平坦地域执行任务。

地效无人机(图2.5.40)在军事上有特殊的用途。由于地效无人机贴地飞行，可以避开雷达的探测。通常雷达波束与地面夹角不能小于5°，否则会受到地面杂波的干扰。未来地效无人机将综合运用各种隐身技术，消除噪声、降低红外辐射，从而大大提高地效无人机的隐身性能和突防能力。如果将地效无人机装备对空、对海、对地武器，可以实施对海岸、海上目标打击。因此在未来战争中，地效无人机将广泛用于登陆、运输补给、反舰作战、反潜作战、扫雷布雷、侦察巡逻。

图2.5.40　地效无人机

4. 水下起飞无人机

水下起飞无人机(图2.5.41)的主要优点就是隐蔽性好。在军事上，水下起飞无人机可以由潜艇发射，无人机飞到空中执行侦察、反潜或攻击任务。与水下导弹不同的是，通常执行空中任务的水下起飞无人机还应回到潜艇内。无人机的水下回收技术较难，一是以无线通信导航方式，但需要解决水下无线电信号失效的问题；二是以有线线缆引导方式，这需要无人机到达潜艇附近空间时投放导引线缆，以及潜艇对线缆的捕获。

(a) 水下发射

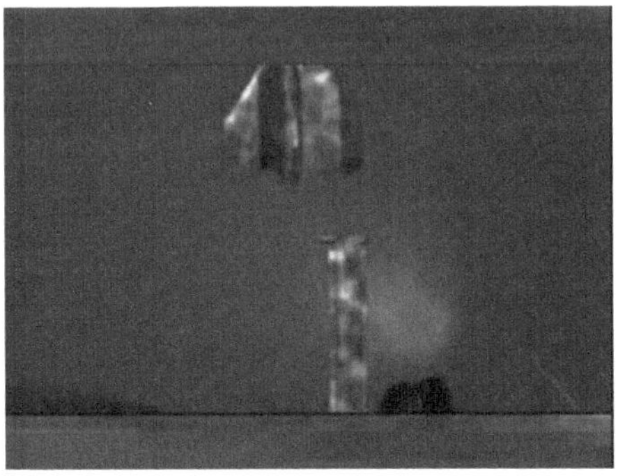

(b) 水下回收

图2.5.41　水下起飞无人机

目前，小型多旋翼无人机也可设计成水下和空中都能航行的航行器。当小型多旋翼无人机在水下航行时，螺旋桨拉力向前，起推进作用；当小型多旋翼无人机螺旋桨轴垂直向上时，无人机可以飞出水面，在空中航行。这种无人机具有侦察水下目标的潜在用途。水下起飞无人机的动力装置与机体结构必须进行防水设计和防海水腐蚀设计。

5. 临近空间无人机

临近空间是指离地球表面 20～100km 的空间，包括大气平流层区域、中间大气层区域和部分电离层区域。临近空间无人机(图 2.5.42)根据飞行速度可分为两类：低速临近空间无人机和高速临近空间无人机(马赫数大于 5.0)。低速临近空间无人机主要包括平流层飞艇、太阳能无人机等；高速临近空间无人机主要包括高超声速无人机、亚轨道无人机等。2005年，美国国防部公布的“无人机系统路线图”首次将临近空间无人驾驶飞行器列入无人机系统范畴。

(a) 平流层飞艇

(b) 高超声速无人机

图 2.5.42　临近空间无人机

低速临近空间无人机具有悬空时间长、载荷能力大、飞行高度高、生存能力强等特点。例如，2005 年 11 月，美国成功放飞一艘长 44.5m 的“高空哨兵”飞艇。飞艇发射时只需部分充满氦气，发射过程中氦气膨胀充满囊体，载有一个重约 27kg 的设备吊舱进入 22.55km 的高空，并留空 5h。平流层飞艇可作为区域信息获取手段，用于提升战场信息感知能力；也可实施战场电磁压制和电磁打击，破坏敌方信息系统；还可作为通信中继或能源中继服务。

高超声速无人机具有速度快、航程远、机动能力高、生存能力强、可适载荷种类多等特点，具有远程快速到达、高速精确打击等优点，是一种战略快速侦察装备。高超声速无人机通常采用超燃冲压发动机，主要由进气道、隔离段、燃烧室与尾喷管组成。其中进气道的主要功能是捕获足够的空气，并通过一系列激波系进行压缩，为燃烧室提供一定流量、温度、压力的气流，便于燃烧，最后由尾喷管产生推力。高超声速无人机由于高速运动摩擦遇到的另一个难题就是“热障”。它主要是飞行器飞行时由于激波和黏性的作用，其周围空气温度急剧升高，而形成的剧烈的气动加热环境，使一般飞行器结构无法承受。为克服热障，首先精心设计飞行器的飞行轨道和气动外形，降低气动加热率；其次采用热防护的方法，按防热机理分，有热沉防热、辐射防热、发汗冷却防热和烧蚀防热等方法。

6. 舰载无人机

舰载直升机可以在不同舰船上起降并执行任务，但是舰载直升机受到速度和航程的限制。以航空母舰(简称航母)为起降基地的军用飞机通常需要具有航程远、速度快的特点。因此适于航母的舰载无人机通常是固定翼无人机。

著名的舰载飞机有美国的 F-14、F-18 舰载战斗机，俄罗斯的苏-33 舰载战斗机，法国的“阵风”舰载战斗机，英国的垂直起降“鹞”式战斗机，中国的歼-15、歼-16 舰载战斗机，以及美国先进的 F-35B 战斗机。目前，真正接近实用的航母舰载军用无人机就是美国的 X-47B 无人轰炸机。X-47B 无人轰炸机(图 2.5.43)由诺思罗普 · 格鲁曼公司开发，机长约 12m、翼展约 20m，设计为“飞翼”式隐身气动外形。2013 年 5 月 14 日，美国海军 X-47B 无人轰炸机从 CVN-77 布什号航母上完成了首次弹射起飞试验。这是世界上第一次专用无人轰炸机从航母上起飞试验。X-47B 无人轰炸机可由计算机控制，具有全球定位系统(GPS)自动飞行功能。2013 年 7 月 10 日，X-47B 无人轰炸机在两架 F/A-18 战斗机的护送下，依靠精确的 GPS 和先进的航电装置飞到布什号航母上空，随后降落用尾钩钩住飞行甲板拦阻索，成功着落在航母上。2015 年 4 月 22 日美国海上航空系统司令部称，首次成功实现 X-47B 验证机的自主空中加油，标志着美国海军航母舰载无人机验证项目(UCAS-D)的完成。

图 2.5.43 X-47B 无人轰炸机

航母的跑道仅有 200m 左右，大型高速舰载无人机起降难度要远远大于有人驾驶舰载机。尤其是无人机自主着舰，要准确地钩住拦阻索，需要精准的控制技术，同时需考虑海浪对舰船的晃动和舰面复杂气流的影响。小型无人机也可以采用着网或撞绳回收方式。

2.6 无人机平台总体参数设计

无人机总体布局比常规飞机要丰富得多。无人机关于飞行器类型的设计和布局形式的设计要更多样、更灵活，但是作为飞行器，无人机也需要遵循飞行器的气动设计原理和飞行器设计规则。

2.6.1 主要总体参数

无人机总体参数主要有无人机的起飞重量 W_{t0}(kg)、动力装置推(拉)力 T_0(10N)和机翼面积 S(m^2)。

1. 起飞重量 W_{t0}

起飞重量指无人机起飞时的总重量，通常包括飞行器本身空重量、能源重量和任务载荷重量。起飞重量既是设计基本要求，也是设计的基本参数。飞行器要做等速平直飞行(巡航)时，需使飞行器升力 L 与飞行器重力 W 相平衡：

$$L = W$$

如果做机动飞行，当法向过载系数为 n 时，升力为

$$L = nW$$

2. 动力装置推(拉)力 T_0

目前还没有实用的超微型喷气发动机能用作微型飞行器动力装置，因此螺旋桨固定翼和旋翼小型无人机通常采用电动机(或活塞式燃油机)与螺旋桨(旋翼)组合产生推(拉)力。飞行器要做等速平直飞行时，需要使飞行器推力 F 与飞行器阻力 D 相平衡：

$$F = D$$

如果做机动飞行，当法向过载系数为 n 时，推力为

$$F = D = (1/K)L = \frac{nW}{K} \tag{2.6.1}$$

式中，K 为升阻比。

扑翼无人机的推力是由发动机、传动机构和扑翼结构组合产生的，其设计机理比较特殊和复杂。

3. 机翼面积 S

固定翼和扑翼无人机的机翼面积都是重要的设计参数。旋翼无人机通常以桨盘面积作为设计参数。

$$L = C_L\left(\frac{1}{2}\rho v^2\right)S$$

$$D = C_D\left(\frac{1}{2}\rho v^2\right)S$$

式中，C_L、C_D 分别为升力系数和阻力系数；$q=(1/2)\rho v^2$ 为动压，ρ 为飞行高度处的空气密度，v 为飞机相对于空气的飞行速度。

固定翼无人机设计与常规飞机相比同样有如下两个重要的相对参数。

1) 翼载荷 W_{t0}/S

翼载荷是指起飞重量与机翼面积之比，关系无人机滑翔和机动性能。易知，无人机做法向机动飞行时，法向过载系数：

$$n = \frac{C_L q}{W/S}$$

无人机做滑翔飞行时(下滑角为 θ)，其垂直下滑速度：

$$v_y = v\tan\theta = v\frac{D}{L} = v\frac{1}{K} = \frac{1}{K}\sqrt{\frac{L}{(1/2)\rho C_L S}} = \frac{1}{K}\sqrt{\frac{2W}{\rho C_L S}} = \frac{4}{K}\sqrt{\frac{(W/S)}{C_L}} \tag{2.6.2}$$

从式(2.6.2)可以看出，翼载荷越小，下滑速度越小，滑翔性能越好。

2) 推重比T_0/W_{t0}

推重比是指推力与起飞重量之比。

对于螺旋桨固定翼和旋翼无人机，常用功重比，即发动机(电动机)额定功率与起飞重量之比。下面的参数选择范围作为参考。

(1) 活塞式发动机无人机。

翼载荷：　20～100(kg/m^2)

推重比：　4～11(10N/kg)

(2) 涡喷(涡扇)发动机无人机。

翼载荷：　150～500(kg/m^2)

推重比：　0.2～1.1(10N/kg)

2.6.2　无人机的重量设计

1. 重量分类

重量是常规飞行器设计的重要参数，而无人机受到尺寸的要求，其承载能力极其有限，因此重量更是无人机设计的关键参数。目前无人机起飞重量仅为几十克到几百克。

毫无疑问，无人机部件的重量设计必须以“克”为单位严格控制。而部件设计所要选用的元件甚至要以“毫克”来计算，如微型飞行控制系统中目前能使用的某型传感器“加速度计”仅为0.2g。由于地面装置重量相对比较宽松，通常主要计算空中无人机的重量。

无人机重量可分为飞行器机体结构重量、动力装置重量、能源重量、系统设备重量和有效载荷(任务设备)重量，则起飞重量为下述各项之和：

$$W_{\text{起飞}}=W_{\text{结构}}+W_{\text{动力}}+W_{\text{能源}}+W_{\text{设备}}+W_{\text{载荷}} \tag{2.6.3}$$

起飞重量又可分为空机重量和有效载荷重量两部分。

对于用燃油发动机的无人机来说，常把燃油重量从空机重量中单独列出。

对于用电动机的无人机来说，因为电池在使用过程中其重量几乎不变，所以空机重量一般包括能源重量。有时为了考虑续航时间，也把电池重量单独列出。需要说明的是，为了减重，往往无人机动力能源和系统设备供电共用一组电池。

2. 重量的分配与控制

重量设计是决定无人机设计成败的重要因素。重量设计首先要进行重量分析，其次对无人机各部分进行重量分配，最后需对飞行器各分系统的具体设计和制造进行严格的重量控制。

重量分析最基础的任务是确定起飞重量，这主要受制于飞行器最大尺寸，实际约束为机翼面积所能产生的升力。无论是固定翼还是扑翼，起飞重量同时与起飞速度和巡航速度要求密切相关，这是因为升力与速度(对固定翼指飞行速度，对扑翼通常指扑动速度)的平方成正比：

$$L=C_L\left(\frac{1}{2}\rho v^2\right)S$$

在起飞重量的限制下，对无人机各部分进行重量分配是设计的关键。目前由于无人机的形式多变和技术成熟度有限，尚没有可供各分系统重量的估算公式和分配比例。尤其是微型动力装置和 MEMS 是在不断发展中的微系统技术。可以说现时微系统技术的水平决定了无人机内部系统的重量。在起飞重量下分配和平衡各分系统的重量，一方面取决于微机电元器件的重量，另一方面与飞行性能的要求(主要是续航时间)关系极大。实践证实，目前电动无人机的能源在一定的续航时间要求下，其重量要占到飞行器总重量的 1/3 以上，再减去有效载荷重量，为此留给控制、传输和结构的重量就十分苛刻。因此，为了保证有效载荷重量和提高续航时间，还需要对重量设计进行反复优化。

从目前设计成功的无人机中了解各部分所占重量比例情况。不少固定翼无人机和旋翼无人机的空机重量和有效载荷重量各占 1/2 左右，有效载荷重量占比大于有人驾驶飞行器。能源重量占据无人机较大比例，小型无人机有的能源与发动机重量占到 1/3 或以上。

能源重量成为限制无人机性能的主要参数，尤其是电动无人机，目前的聚合物锂电池能重比有限，因此发展高能重比的电池和其他能源是提高无人机性能的关键问题之一。

无人机设计中要严格限制重量，在设计、制造过程中也要层层加强重量控制。例如，

(1) 制定总体设计减小质量的措施计划；

(2) 采用轻型材料，研究最佳的结构，减轻机体重量；

(3) 系统集成化设计，减小接头、连杆、连线的重量；

(4) 对各元器件、各部件、各分系统执行重量极限控制；

(5) 严格进行制造和装配过程的重量控制；

(6) 建立飞行器设计制造过程中产生质量变化的应变措施等。

3. 重心计算

无人机的重心即无人机整体的质心位置，通常将无人机设计为左右对称，因此主要确定重心在飞行器纵轴上的位置(X_G)。

无人机重心的计算原则上与常规飞行器一样，先计算出各部件的重量及其重心，再计算出各部件对机体坐标系原点的重力矩，最后求出整个无人机的重心：

$$X_G = \frac{\sum W_i X_i}{\sum W_i}, \quad Y_G = \frac{\sum W_i Y_i}{\sum W_i}, \quad Z_G = \frac{\sum W_i Z_i}{\sum W_i}$$

式中，W_i 表示各部件的重量；X_i、Y_i、Z_i 表示各部件局部重心的坐标值；X_G、Y_G、Z_G 表示整个无人机的重心坐标值。

与常规飞机部件重量估算不一样的是，无人机的各个部件的重量不是“计算”出来的，还需要严格用微型磅秤测量出各个部件，再确定实际重心位置。

2.7 无人机的动力系统选择

无人机是一种有动力、可控制、能携带多种任务设备、执行多种任务并能重复使用的无人驾驶航空器。随着无人机性能不断提升、功能不断扩展，无人机的应用领域也越来越广泛。各种类型的无人机性能各异、功能纷呈，所需要的能源与动力装置也非常广泛。无人机按能源与动力类型可分为螺旋桨式无人机、喷气式无人机、电动无人机、太阳能

无人机、燃料电池无人机等，分别装备不同能源与动力系统。无人机采用的能源与动力系统形式要比有人飞机多，采用的能源与动力类型各异，包括传统的小型涡扇发动机、小型涡喷发动机、小型涡桨发动机、活塞发动机、转子发动机，以及电池组、太阳能电池、燃料电池、超燃冲压发动机、定向能及核同位素等。不同用途的无人机对动力装置的要求不同，但都希望动力装置经济性好、重量轻、体积小、可靠性高、成本低、使用维修方便。

2.7.1 喷气推进发动机

涡喷发动机(图 2.7.1)完全依赖燃气喷流产生的反推力作用于飞机。涡喷发动机推力大、速度高，适用于飞行时间较短的中高空、高速无人侦察机及靶机、无人攻击机等，飞机起飞重量可达 2500kg。涡扇发动机(图 2.7.2)适用于高空长航时无人机和无人战斗机，飞机起飞重量可以很大，如“全球鹰”重达 11.6t。美国的“捕食者”、“火力侦察兵”等察-打一体无人机和 X-47 系列无人作战飞机近年来发展迅猛，并得到了应用。涡扇、涡桨发动机适合于高空长航时无人机及无人作战机。这类发动机油耗低，发动机尺寸、重量和推力能与无人机达到较好的匹配，从长远发展来看，单纯对现有发动机进行改型并不能完全满足无人机对飞行速度、续航性能等指标的要求，开发适合于无人机使用的发动机十分必要，尤其是中小推力的大涵道比、小尺寸核心机的涡扇发动机，这类发动机将是未来无人机动力装置发展的重点，但是，当改进现有在役发动机不能有效满足飞机需求时，研制新发动机就成为必然。例如，GE 公司认为，对未来无人作战飞机用涡扇发动机而言，现有的发动机或者涵道比太小(如战斗机发动机)，或者风扇直径(如民用发动机)太大。尺寸太大增加了额外的质量、成本和雷达/红外信号，而尺寸太小又使飞机持续飞行时间太短。为此，GE 公司计划研制新的先进发动机，将尺寸小的支线客机动力的核心机和适当直径的风扇结合起来，研制出可满足需求的具有较高涵道比的发动机。涡扇发动机耗油率相对较低，具有寿命长、成本低、易于实现系列化等优点，非常适合于无人机平台对动力的需求。从经济性、安全性、可靠性等方面考虑，在成熟的军、民用发动机上改进改型是目前无人机动力装置的主要发展途径。“全球鹰”采用艾利逊公司(现属 RR 公司)AE3007 发动机的改进型 AE3007H 发动机，“捕食者”B 选用霍尼韦尔/联信公司的 TPE331-10T 发动机，加拿大 PW 公司正与 NASA 和德国 MTU 公司共同实施对现有民用涡扇发动机 PW545 的改进。

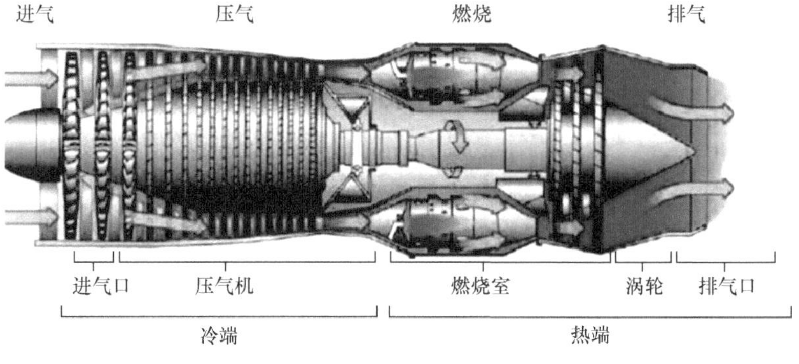

图 2.7.1　涡喷发动机

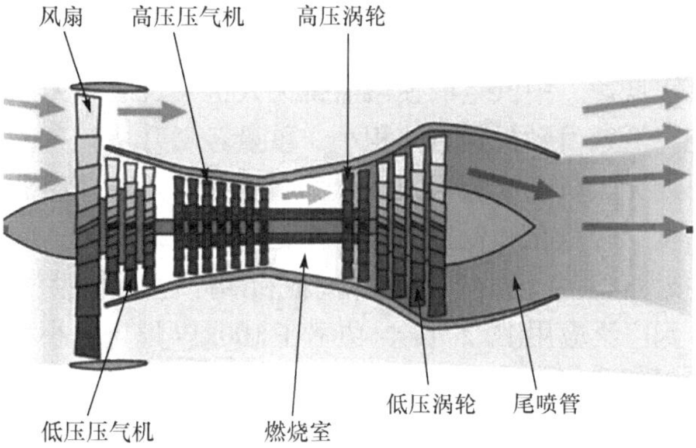

图 2.7.2　涡扇发动机

2.7.2　涡轮轴发动机和涡桨发动机

涡轮轴发动机和涡桨发动机主要输出的都是轴转动动力，但是两者有一定的区别。涡轮轴发动机(图 2.7.3)是由单转子、自由涡轮、减速器组成的结构。它主要把燃烧室大部分的高温高压的燃气能量有效地转化成机械轴功率，所以涡轮轴发动机的废气几乎无推力(或者小到忽略不计)。涡轮轴发动机主要用于驱动直升机旋翼。垂直起降状态对于发动机而言是最耗油的，因此涡轮轴发动机设计为一种高效率的转动动力。

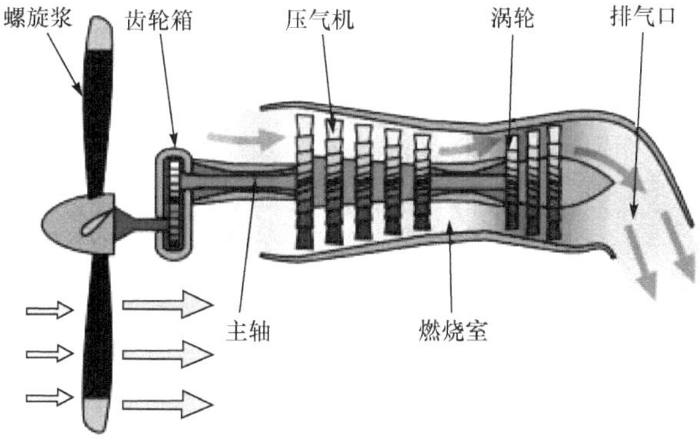

图 2.7.3　涡轮轴发动机

涡桨发动机是由低压转子、高压转子、自由涡轮、减速器组成的结构。涡桨发动机主要用于驱动固定翼飞机的螺旋桨。为了避免螺旋桨桨叶的叶尖激波出现，螺旋桨的转速是有限制的。为保证螺旋桨飞机有足够的拉力，涡桨发动机排气口会保留一定的推力。但是涡桨发动机的喷气推力很小，只占到整个涡桨发动机推力的 5%～10%。

涡轮轴发动机适用于中低空、低速短距/垂直起降无人机和倾转旋翼无人机，飞机起飞重量可达 1000kg。近中程多用途无人直升机成为新的热点，由于它具有灵活方便的起降方式，能够在特定环境下使用，将在陆军和海军得到广泛应用。无人直升机包括常规单旋翼带尾桨无人直升机、倾转旋翼无人机、涵道风扇无人直升机等。涡桨发动机适用于中高空长航时固定翼无人机，飞机起飞重量可达 3000kg，用于侦察监视的高空长航时无人机。

2.7.3 活塞发动机

活塞发动机适用于低速、中低空的侦察监视无人机及长航时无人机，飞机起飞重量较小，一般为几百千克。活塞发动机具有体积小、重量轻、升功率高、结构简单、操作维护方便等诸多优点，早期无人机动力装置几乎全部采用航空活塞发动机。小型无人机的动力装置应具有高功率密度、轻量化和低振动等特性，而这些特性正是传统火花点火工作航空汽油机(奥托循环)的技术优势。因此，各种二冲程和四冲程(自然吸气和涡轮增压等)发动机在中小型无人机上得到广泛应用(图 2.7.4)，功率在 100kW 以内。小型二冲程发动机一般为化油器、风冷、自然吸气式，具有升功率大、体积小、重量轻、结构简单、使用维护方便的优点，满足一般小型低空短航时无人机的要求。由于缸数和冷却的限制，进一步提高功率有困难。四冲程发动机具有较大的功率、较低的耗油率、优良的高空性能和可靠性，如奥地利生产的四冲程化油器式增压发动机 ROTAX914。传统可燃烧重油燃料的小型涡轮发动机功重比高，但与汽油航空活塞发动机相比，燃油消耗率大，特别是在巡航工况时，难以满足中小型无人机航时要求。随着无人机技术的快速发展和应用，各国对重油发动机技术发展研究更加深入。重油发动机具有安全性、燃料经济性和保障成本低等优势，使用单一燃料重油是未来无人机活塞动力系统发展的必然趋势。

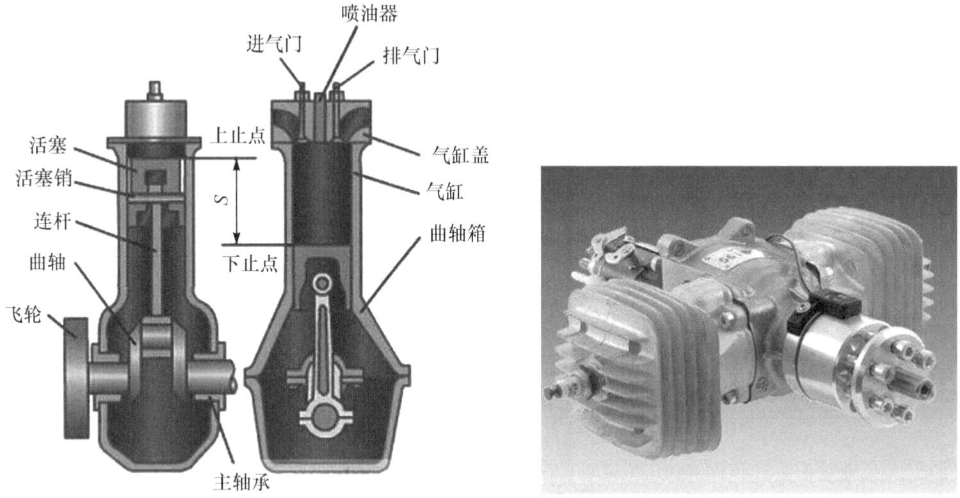

图 2.7.4 航空活塞发动机示意图

2.7.4 无刷电动机

电动机等微型动力适用于微小型无人机。无人机的起飞重量可从几百克到几十千克。电动的动力系统主要包含电机、控制电机转速的电子调速器(简称电调)、螺旋桨及电池。动力系统各个部分之间是否匹配、动力系统与螺旋桨和整机是否匹配，直接影响到无人机的效率、稳定性，所以说动力系统是至关重要的。无人机的电动机以无刷电动机(图 2.7.5)为主。无刷直流电动机集交流电动机和直流电动机优点于一体，它既具有交流电动机结构简单、运行可靠、维护方便等一系列优点，又具备直流电动机运行效率高、调速性能好的特点，同时无励磁损耗。无刷直流电动机还具有高能量密度、高转矩惯性比、高效率等特点，在快速性、可控性、可靠性、经济性等方面具有明显的优势，且制造和维修成本大大降低。

无刷电动机目前分为两种，一种是内转子电动机；另一种是外转子电动机，外转子电动机散热性好，磁极数多，扭矩大，转速低，大部分应用于航模、无人机。驱动电机的微型无人机电池以锂聚合物电池为主，特点是能量密度大、重量轻、耐电流数值较高等，这些特性都是较为适合无人机的。液氢燃料电池已成为航空技术的未来发展方向之一，燃料电池从氢气中分离出电子后，剩下的氢离子在燃料电池的另一面同氧气结合形成水，这些水最后以水蒸气的形式蒸发排出。早在 2013 年 4 月，美国海军研究实验室(NRL)的研究人员利用“离子虎”无人机进行了液氢燃料电池的动力飞行实验，结果表明这项技术能够使无人机飞行更安静，持续时间更长，且污染小，适合作为军队未来的情报监视与侦察平台。

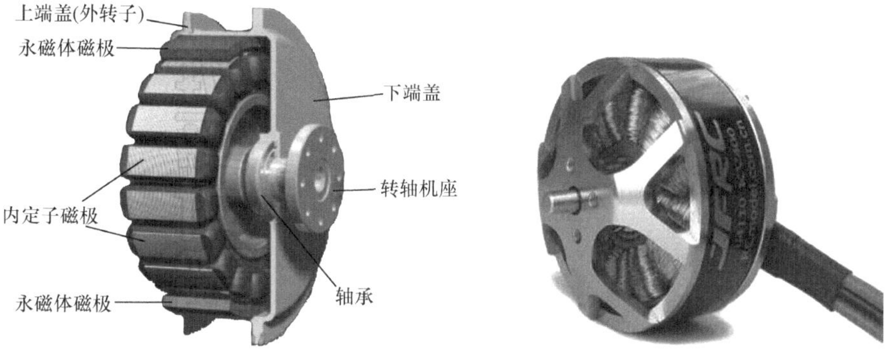

图 2.7.5　无刷电动机

2.7.5　冲压发动机

冲压发动机是一种构造简单、可以发出很大推力、适用于高空高速飞行的空气喷气发动机。冲压发动机适于高速飞机挂载的高速无人机，它必须在获得一定高速冲压下才能启动，因此，不适于地面启动的无人机。图 2.7.6 为冲压发动机示意图。

冲压发动机按应用范围分为亚声速、超声速、高超声速三类。

(1) 亚声速冲压发动机。亚声速冲压发动机使用扩散型进气道和收敛型喷管，以航空煤油为燃料。飞行时增压比不超过 1.89，飞行马赫数小于 0.5 时一般不能正常工作。亚声速冲压发动机用在亚声速航空器上，如亚声速靶机。

(2) 超声速冲压发动机。超声速冲压发动机采用超声速进气道(燃烧室入口为亚声速气流)和收敛型或收敛扩散型喷管，使用航空煤油或烃类燃料。超声速冲压发动机的推进速度为亚声速到 6 倍声速，用于超声速靶机和地空导弹(一般与固体火箭发动机相配合)。

(3) 高超声速冲压发动机。这种发动机燃烧在超声速下进行，使用烃类燃料或液氢燃料，飞行马赫数高达 5～16，目前高超声速冲压发动机正处于研制之中。其中，超声速燃烧冲压发动机是一种以超声速燃烧为特色的冲压发动机，在高速时，需要超声速燃烧来保证较高的燃料利用率，简称超燃冲压发动机。

由于超声速冲压发动机的燃烧室入口为亚声速气流，也将前两类发动机统称为亚声速冲压发动机，而将第三种发动机称为超声速冲压发动机。这种发动机运用的代表有美国的 X-43A、X-51A“乘波者”高超声速无人机。

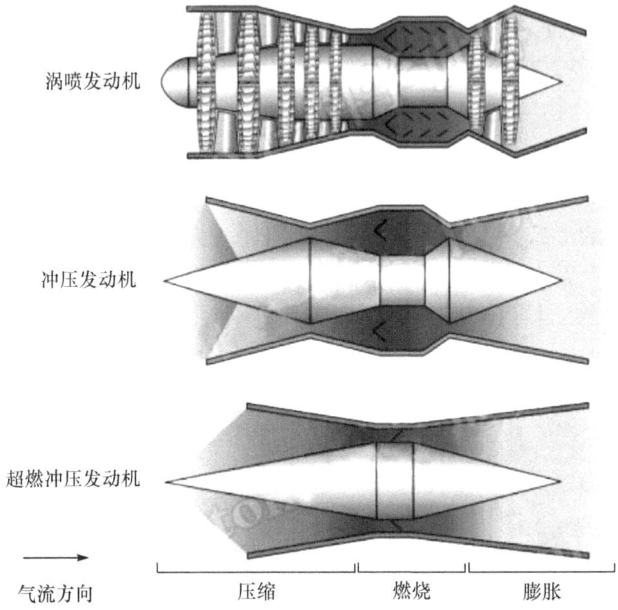

图 2.7.6　冲压发动机示意图

2.7.6　新型能源技术

1. 地面供电技术

地面供电无人机又称为系留无人机，它利用地面发电机或者市电通过自带几十米到几百米的供电电缆供电，可以实现 24 小时不间断留空、大重量载重升力的无人机方案。利用有线电缆供电几乎可以让无人机永久地运转，也可以加快无人机向计算机传输数据的速度，但由于受到有线连接的限制，无法完成远距离飞行，如图 2.7.7 所示。

这种地面电力输送系统也可以与地面的汽车等固定装置相连接，保证无人机能够实现移动的、不间断的飞行。该机可搭载可见光变焦摄像机、红外热成像仪、机载雷达和通信天线等各种载荷，完成安保监控、应急抢险、交通管制等任务。

2. 激光发射供电技术

使用激光发射器为无人机供电，从地面发射的激光光束被机身上的接收器转化成动力，几乎可以支持无人机一直工作，如图 2.7.8 所示。与太阳光相比，激光在能量传输上更具优势。例如，其照射时间和角度能够人为地控制，从而为无人机提供 24 小时不间断的电力。激光发射器在提供无人机动力时具有的效果显著、安全系数高的特点，使其备受研发群体的青睐。

3. 无线充电技术

无线充电技术是一种在无人机飞行时就可给其无线充电的高效方案。这项理论突破让无人机可在空中无限期停留，通过简单的悬停在地面车辆上方进行充电，可以方便地对无人机进行远程控制。无线充电板具有防水特点，全封闭。当无人机充电时，发射端充电板检测到接收端无人机即启动充电，可以应对户外恶劣天气。目前，伦敦帝国理工学院 Samer Aldhaher 博士将现有微型无人机的电池移除，通过电感耦合进行无线的传输能量，成功实现了一台没有电池的轻型无人机在低空盘旋，如图 2.7.9 所示。但在其无人机飞行演示中，无人机距离无线能量发送装置的高度仅有 5in(1in=2.54cm)，且横向运动幅度十分有限。

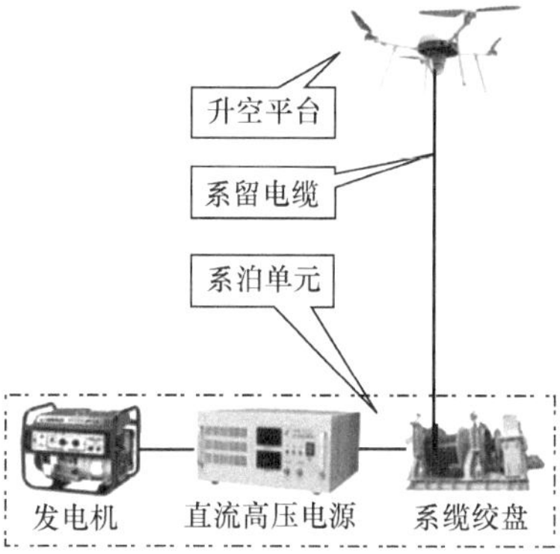

图 2.7.7　地面供电无人机系统示意图

图 2.7.8　激光发射供电技术

图 2.7.9　Samer Aldhaher 博士的无人机无线充电技术

4. 燃料电池

较大型的无人机配备燃烧式发动机，使用传统燃油(如 JP-8)或混合燃油来驱动；小型无人机则大多使用电力发动机，一般由锂电池来驱动。随着军方对替代性能源的不断开发，使用燃料电池取代锂电池甚至内燃发动机来驱动的技术逐渐吸引了人们的注意，它不但能量转换效率高(一般都在 40%～50%)，寿命长，比功率高，而且对环境无污染。世界上许多国家都非常重视燃料电池开发。图 2.7.10 为燃料电池示意图。近年来，由于电极材料、总体质量、制造成本等方面的原因，人们对燃料电池短期内进入实用化的可能性提出质疑，因而减缓了研制进度。但是，燃料电池技术的支持者认为，燃料电池比传统电池及内燃发动机都拥有更多的优势。与传统电池相比，它们尺寸小、质量轻、工作时间长且安全性好；与内燃发动机相比，它们噪声低、排放量小、工作高效且能支持室内作业行动。

5. 太阳能电力能源

太阳能无人机是利用太阳光辐射能作为动力在高空连续飞行数周以上的无人机，它利

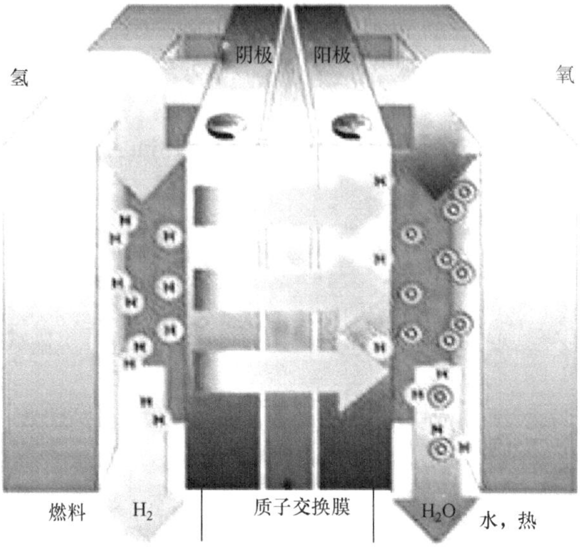

图 2.7.10　燃料电池示意图

用太阳电池将太阳能转化为电能，通过电动机驱动螺旋桨旋转产生飞行动力，如图 2.7.11 所示。据报道，由于透明柔性染料敏化太阳电池(DSSC)具备较佳的光电转换效率和良好的扩展性，华盛顿大学多学科联合攻关小组(MURI)的斯塔亚博士正在进行一项将其应用于航空器的研究。据介绍，DSSC 与传统硅系太阳电池的结构不同，其纳米半导体表面的涂料能捕获光子并将其转化为电子。这种太阳电池具有较佳的光电转换效率和良好的扩展性能，在价格上也更易进行推广。经过多次试验，研究人员最终采用薄膜电池技术，使用轻型薄膜太阳电池的试验飞机终于试飞成功。目前该小组正致力于研制出面积更大、光电转换效率更高、更柔韧的 DSSC 涂料，以便将其应用到美国空军的无人机上。储能系统是太阳能无人机中重要的组成部分，目前国外太阳能无人机概念设计阶段都提出储能器应选择高能量密度、高效率的燃料电池。在美国 NASA 的支持下，AeroVironment 公司研制成功一架使用燃料电池作为太阳能无人机的备份动力的太阳神号无人机，太阳神号无人机机翼上有 62000 枚太阳电池，以此驱动由小型电力马达所转动的 14 具螺旋桨。该公司正在发展可重复充电的氢氧能源储存系统。

图 2.7.11　太阳能无人机

第 3 章　无人机总体气动和性能设计

3.1　无人机的空气动力基础

3.1.1　翼型与机翼

航空器与地面和水面交通工具最大的不同之处在于，要克服航空器自身的重力才能升空飞行，而要克服重力，只能依靠空气产生的升力。无人驾驶航空器产生升力的主要部件就是机翼。而机翼的基本几何特征就是翼型和机翼平面形状。旋翼可以看作旋转的机翼。

1. 翼型的几何特性

翼型是翼剖面，但不一定是垂直于机翼前缘的翼剖面，而是指平行于飞行器对称面方向的机翼翼剖面，如图 3.1.1 所示。翼型的几何形状决定了它的空气动力特性。翼型气动特性的分析研究和翼型形状的设计研究具有重要的意义。翼型的空气动力特性是指翼展为无限长的等剖面直机翼的空气动力特性。由于绕这种机翼的流动沿翼展没有速度分量，流动参数只在与展向垂直的平面内变化，属于二维平面流场，因而又称为二维机翼。

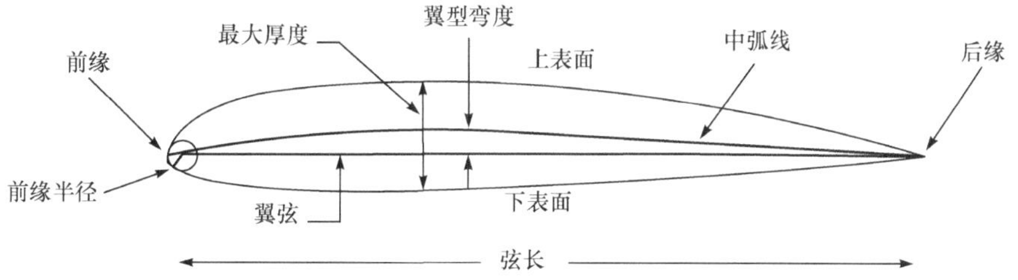

图 3.1.1　翼型的几何特征

(1) 翼弦(b)：连接翼型前后缘的直线称为翼弦。翼弦的长度称为弦长。

(2) 翼型厚度(c)：指上下翼面在垂直于翼弦方向的距离，其中最大者称为最大厚度(c_{max})。

(3) 中弧线：翼型厚度中点的连线。

(4) 翼型弯度(f)：中弧线与翼弦之间的最大距离。

(5) 相对厚度($\bar{c}$)：翼型最大厚度与弦长的比值，$\bar{c}=c_{max}/b$。

(6) 相对弯度($\bar{f}$)：翼型弯度与弦长的比值，$\bar{f}=f/b$。如果相对弯度为零，则中弧线和翼弦重合，如对称翼型。

2. 翼型的类型和气动特性

翼型的气动特性可为机翼的选择提供基础。

当翼型相对于空气运动时，翼型表面会受到气流的作用力，其合力在翼型运动方向或来流方向上的分力是翼型所受到的阻力，垂直于上述方向的分力是翼型的举力。这些作用力对前缘(或对距前缘 1/4 弦长点)的力矩称为俯仰力矩。

翼型分类如下。

(1) 层流翼型：为使翼表面保持大范围的层流，以减小阻力而设计的翼型。与普通翼型相比，层流翼型的最大厚度位置更靠后缘，前缘半径较小，上表面比较平坦，能使翼表面尽可能保持层流流动，从而可减少摩擦阻力。

(2) 高升力翼型：在低速时和一定迎角范围内能有较高升力系数和升阻比的翼型。通常是一类有弯度的薄翼型，如将原型尾缘适当加厚，再从弦长一定位置处用光滑曲线形成新翼型，结果证明所设计的翼型在不同迎角和风速下，升阻比都得到明显提高。

(3) 低力矩翼型：有较小的俯仰力矩的翼型，这对提高飞机的纵向稳定性有好处。

(4) 超临界翼型：可以适应在高亚声速和跨声速情形下飞行的翼型。它的头部较钝，上表面中部比较平坦。为了提高升力，翼型下表面的后部向内凹，使这里的压强增高。这种翼型的翼面上一般只产生压缩波和膨胀波，间或有弱激波，因而波阻较小。

(5) 超声速翼型：以超声速飞行的飞行器，为了减小波阻，常采用尖前缘的对称翼型。常见的翼型有菱形、六面形和由上下两圆弧组成的双凸翼型。由于不少超声速飞机要在低速到高速的整个范围内使用，翼型的选用必须兼顾高、低速特性，因此一些超声速飞机仍采用小钝头的亚声速翼型。而主要以超声速飞行的飞行器多采用超声速翼型。

图 3.1.2 为几种典型翼型。

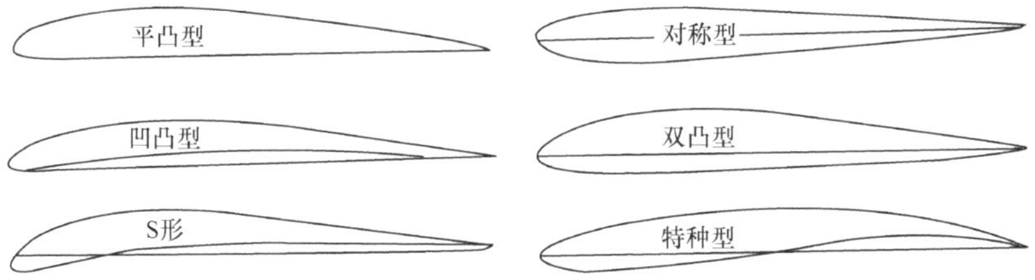

图 3.1.2　几种典型翼型

3. 无人机的翼型选择

(1) 高空长航时无人机，需要选择升阻比较大的翼型，最好有适应高空低密度的新层流翼型。

(2) 低速固定翼无人机，需要选择高升力的翼型，通常为有弯度翼型。

(3) 高速无人机，需要选择对称翼型，随着马赫数的提高，应选择较薄的翼型。但对于高亚声速和跨声速无人机，应选择超临界翼型。

(4) 微型无人机，应选择低雷诺数翼型，如有弯度薄翼型。为了保证装载与结构，适当选用较厚一点的翼型也是一种设计。

4. 机翼平面形状

固定翼无人机的机翼平面形状基本可分两类：平直翼和后掠翼。

低速无人机选择的是平直翼，常见的有矩形平直翼、梯形平直翼或椭圆平直翼。平直翼的升阻比较高。

高速无人机选择的是后掠翼，常见的有后掠梯形翼或三角翼。机翼前缘后掠可以减弱激波强度。

描述机翼平面形状的主要参数有展弦比、根梢比、后掠角、上反角或下反角等，如图 3.1.3 所示。

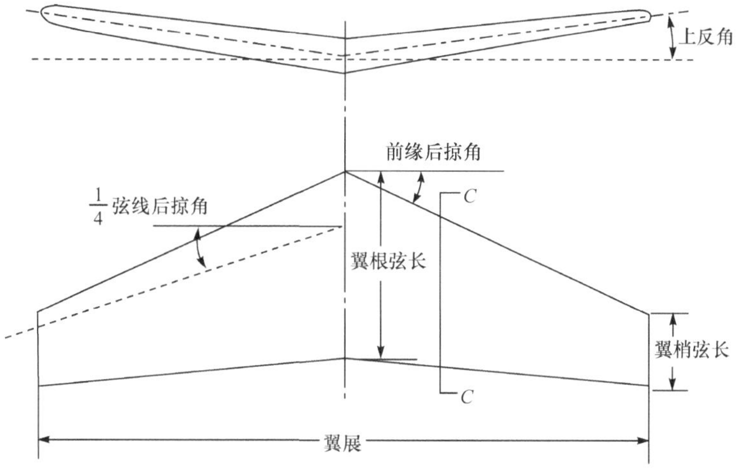

图 3.1.3　机翼平面形状的参数

展弦比(λ)：翼展(L)与平均弦长($b_{平均}$)之比，$\lambda = L / b_{平均}$。翼展是指机翼左右翼尖之间的距离。弦长有不同的定义方法，常用的是机翼的几何平均气动弦长($b_{平均}=S/L$，S为机翼面积)。

根梢比(η)：翼根弦长b_0与翼梢弦长b_1的比值，$\eta=b_0 / b_1$。

后掠角(χ)：机翼与机身轴线的垂线之间的夹角。后掠角又包括前缘后掠角(χ_0)、后缘后掠角(χ_1)、1/4 弦线后掠角($\chi_{0.25}$)。如果飞机的机翼向前掠，则后掠角就为负值，变成前掠角。

上反角或下反角(ψ)：飞机处于水平状态时，机翼与水平面的夹角。机翼向上为上反角，向下为下反角。

3.1.2　升力与阻力

1. 升力产生的原理

空气流过物体或物体在空气中运动时，空气对物体的作用力称为空气动力。飞机上的空气动力 R 包括升力 Y 和阻力 D 两部分。很显然，人们总是希望飞机的升力大，阻力小，即升阻比 $K(K = Y / D)$越大越好。飞机产生升力的主要部件是机翼，产生阻力的部件是机身、机翼和尾翼等。旋翼类飞行器产生升力的主要部件是旋翼桨叶，产生阻力的部件是机身、旋翼和尾翼等。

机翼产生升力的关键在于机翼翼型的形状、迎角和机翼面积。一般翼型的前端圆钝，后端尖锐。平行均匀流动的空气接近翼型前缘时，气流开始折转，一部分空气向上绕过前缘流经上表面，另一部分空气由机翼下表面流过。这两部分空气最后在机翼后缘的后方会合，恢复到平行均匀流动的状态。

在气流被翼型分割为上下两部分时，由于有弯度翼型上表面凸起较多而下表面凸起较少(有的翼型甚至是凹的)，加上机翼有一定的迎角(机翼弦线与来流之间的夹角)，流过翼型上表面的管道面积比通过翼型下表面的管道面积小，翼型上表面的空气流速也比下表面大。由伯努利定理可知，翼型上表面的静压比翼型下表面的静压小，所以上下翼面之间产生压力差，这个压力差在垂直于气流方向上的分量就是机翼产生的升力，如图 3.1.4 所示。

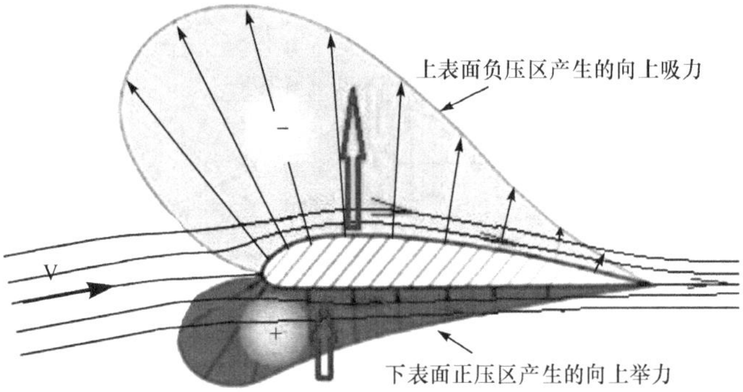

图 3.1.4　翼型升力的产生

2. 升力的表达式

实际上，作用在机翼上的力并不是图 3.1.4 作用在一点的集中力，而是分布在整个机翼表面的分布力。通过实验和理论研究，给出如下升力公式，可以用来计算飞机升力。

$$L = C_L \left(\frac{1}{2}\rho v^2\right) S \tag{3.1.1}$$

式中，$\frac{1}{2}\rho v^2$ 为动压，它与飞机所具备的能量有关；ρ 为飞行高度处的空气密度；v 为飞机相对于空气的飞行速度；S 为机翼的投影面积；C_L 为升力系数，与机翼的形状及迎角有关，可由风洞试验测定或计算获得。

对于某一种机翼，可以试验出一条升力系数与迎角的关系曲线，如图 3.1.5 所示。曲线中的升力系数等于零时的迎角称为零升力迎角。对于不对称翼型，零升力迎角一般为负；对于对称翼型，零升力迎角就等于零。升力系数随着迎角的增大而增大，达到最大值时的迎角为临界迎角。当迎角超过临界迎角后，升力系数就很快下降，这是因为迎角过大，机翼上表面的气流不能维持附着平滑的流动，气流绕过前缘点很快就开始分离，分离后的上表面产生杂乱无章的流动，使机翼上表面的压力加大，升力很快下降。这种现象叫作失速，如图 3.1.6 所示。

在失速之前，机翼升力系数与迎角成正比，以 C_L^α 表示比例系数(升力线斜率)，则

$$C_L = C_L^\alpha \alpha \tag{3.1.2}$$

升力的大小可以进一步表示为 $L = C_L \left(\frac{1}{2}\rho v^2\right) S = C_L^\alpha \alpha \left(\frac{1}{2}\rho v^2\right) S$ 。

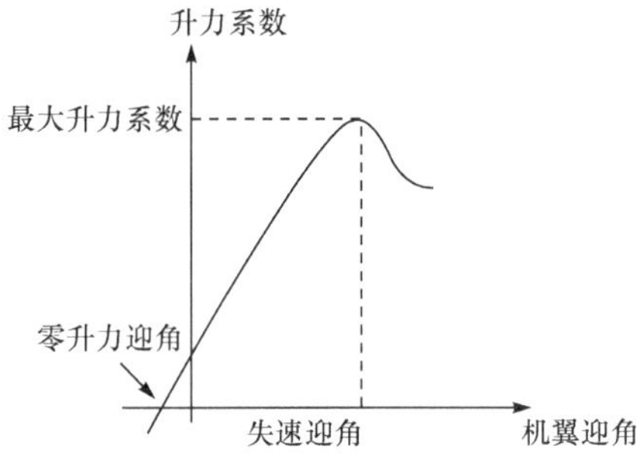

图 3.1.5 升力系数与迎角的关系曲线

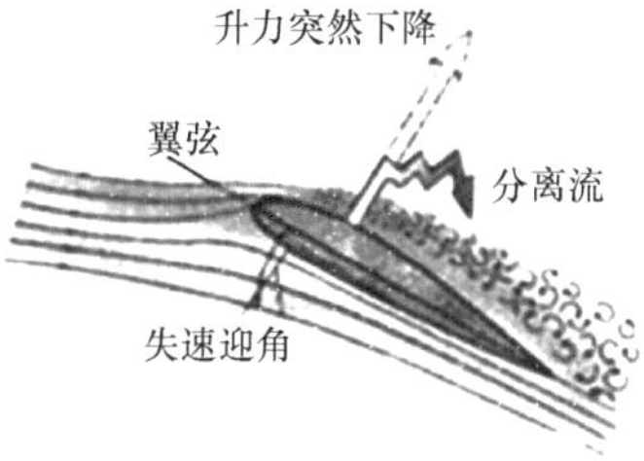

图 3.1.6 失速示意图

3. 机翼的增升装置

飞机在起飞和降落时，飞行速度低，因此升力会大大减小。为了保证飞机起降时有足够的升力，通常需要增升装置。

由升力公式可以知道，增加升力的主要途径有：①利用增升装置增加机翼面积；②利用增升装置增大翼型弯度，以增加升力线斜率；③利用增升装置改善气流，即延缓附面层的气流分离，增大失速迎角。机翼上常用的增升装置主要有各种襟翼和前缘缝翼，如图 3.1.7 所示。

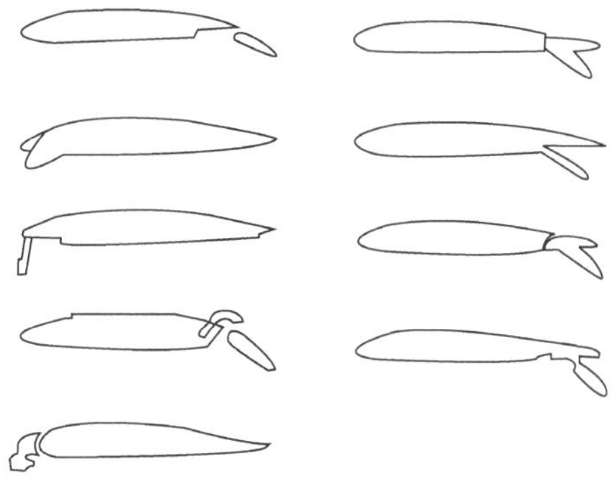
图 3.1.7 机翼的增升原理

(1) 简单襟翼：简单襟翼的形状与副翼相似，其构造比较简单。简单襟翼向下偏转时，相当于增大了机翼翼型弯度，从而使升力增大。简单襟翼能使升力系数增大 65%～75%。

(2) 分裂襟翼：也称为开裂襟翼，是紧贴于机翼后缘下表面的一块薄板。分裂襟翼向下偏转时，在后缘与机翼之间形成一个低压区，对机翼上表面的气流有吸引作用，使气流流速增大，从而增大了机翼上下表面的压强差，使升力增大。除此之外，襟翼下放后，也增大了机翼翼型弯度，同样可提高升力。这种襟翼一般可把机翼的升力系数提高 75%～85%。

(3) 开缝襟翼：由简单襟翼改进而成，除了具有简单襟翼的增升效果，还具有前缘缝翼的增升效果。因为在开缝襟翼与机翼之间有一道缝隙，下面的高压气流通过这道缝隙以高速流向上面，延缓气流分离，从而达到增升目的。开缝襟翼的增升效果较好，一般可使升力系数增大 85%～95%。

(4) 后退襟翼：后退襟翼平时作为机翼后缘的一部分。在使用时，后退襟翼一边向下偏转一边向后移动，既加大了机翼翼型弯度，又增大了机翼面积，从而使升力增大。此外它显然还具有开缝襟翼的增升效果。这种襟翼的增升效果比前三种后缘襟翼都好，一般可使翼型的升力系数增加 110%～140%。

(5) 前缘襟翼：后缘襟翼移到机翼的前缘，就变成了前缘襟翼。前缘襟翼可以看作可偏转的前缘。在大迎角下，前缘襟翼向下偏转，前缘与气流之间的角度减小，使翼型上部分的气流流动比较光滑，避免发生局部气流分离，同时可增大翼型弯度。前缘襟翼与后缘襟翼配合使用可进一步提高增升效果。

4. 阻力产生的原理

除升力 Y 以外，还有与飞行方向平行且方向相反的阻力 D。飞机上不但机翼会产生阻力，其他部分如机身、起落架、尾翼等都会产生阻力。现代飞机在巡航飞行时，机翼阻力占总阻力的 25%～35%。

通常，飞机飞行时应该尽可能减小阻力，但有时也需要利用阻力。例如，当歼击机同敌机在空中格斗时，为了提高机动性，有时突然打开阻力板(又叫减速板)，来迅速增大阻力，降低速度，绕到敌机后方有利位置进行攻击。另外某些高速飞机在着陆时依靠减速板和阻力伞来缩短滑跑距离。

阻力同升力一样，也是总空气动力的一部分，所以同样可以得出阻力公式：

$$D = C_D\left(\frac{1}{2}\rho v^2\right)S \tag{3.1.3}$$

式中，C_D 为阻力系数，与机翼形状、迎角、飞机表面的粗糙程度等因素有关，由风洞试验测定；S 为参考面积，由式(3.1.1)使用的部件而定，对于机翼 S 仍然是机翼平面面积，而对于机身 S 则代表机身的最大横截面积。如果用式(3.1.1)来计算全机阻力，那么在选定的参考面积下由风洞试验测得阻力系数，使用该阻力系数和相应的参考面积来计算阻力。

飞行时飞机上的阻力包括摩擦阻力、压差阻力、干扰阻力和诱导阻力；跨声速和超声速飞机上除具有上述四种阻力外，还会产生激波阻力，简称波阻。其中诱导阻力是由升力引起的，升力为零，则诱导阻力也为零。摩擦阻力、压差阻力、干扰阻力和激波阻力在升力为零时依然存在，并不是由升力诱导产生的，故称为零升阻力。

如图 3.1.8 所示，由于气流下洗现象的存在，流过翼型的气流除原来向后的相对速度 v 之外又产生了垂直向下的下洗速度 ω 。由 v 和 ω 叠加的合速度 u ，是气流和翼型之间的真

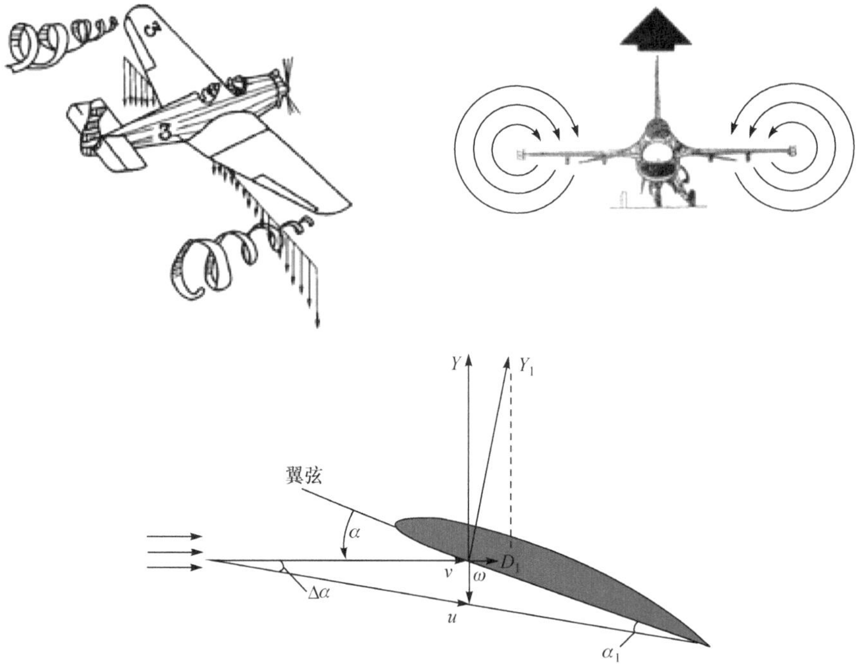

图 3.1.8　翼尖旋涡与气流下洗

正相对速度。u 与 v 的夹角 $\Delta\alpha$ 称为下洗角。可见，下洗速度 ω 使原来的相对速度 v 的方向向下转折一个下洗角 $\Delta\alpha$，而成为 u 的方向。

升力 Y 是总空气动力 R 在垂直于相对速度 v 的方向上的分力，因此升力 Y 也由于下洗速度偏转一个角度 $\Delta\alpha$，而变成与 u 垂直的新的升力 Y_1。然而飞机的飞行方向仍然是原来 v 的方向，因此 Y_1 就产生一个与飞机前进方向相反的水平分力 D_1，这是飞机前进的阻力。这种阻力的产生过程可概括为：升力引起旋涡运动，再由旋涡产生下洗速度 ω，下洗速度 ω 与原来的气流速度 v 叠加，使升力的方向改变一个角度 $\Delta\alpha$，从而产生附加阻力 D_1。因此这种附加阻力称为诱导阻力。诱导阻力同机翼的平面形状、翼剖面形状和展弦比有关。

减小机翼的诱导阻力可以通过改变机翼形状来实现。例如，对于低速飞机，研究发现椭圆形平面形状的机翼诱导阻力最小。加大机翼的展长，即增加展弦比，使翼尖处下洗严重区在机翼展长中所占的比例下降，可减小诱导阻力。同时可以采用机翼翼梢减阻装置(翼梢小翼、翼梢帆片、翼梢涡扩展器等)，部分地阻断上绕气流，使旋涡减弱，从而减小飞机的诱导阻力。

5. 升阻比

升阻比是衡量一架飞行器综合空气动力特性最基本的参数。升阻比是指飞行器在飞行过程中，在同一飞行状态下的升力与阻力的比值。由于升力与阻力的计算都有一个相同的动压(又叫速度头)$\frac{1}{2}\rho v^2$，升阻比也就是同一迎角下的升力系数与阻力系数之比。

$$K=\frac{L}{D}=\frac{C_L}{C_D}$$

对一般的固定翼飞机而言，低速和亚声速飞机可达 17～18，超声速飞机为 4～8。

6. 极曲线

当飞机以一定的构型和速度(或马赫数)在一定的高度上飞行时，把不同迎角 α 所对应的升力系数 C_L、阻力系数 C_D 绘制在同一坐标系上，所得的曲线称为飞机的极曲线，如图 3.1.9 所示。

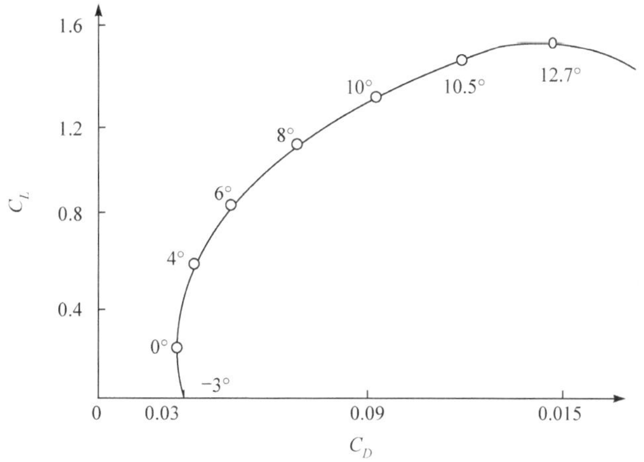

图 3.1.9　极曲线

过原点作极曲线的切线，就得飞机的最大升阻比，显然这是飞机最有利的飞行状态。

3.1.3 螺旋桨气动特性

1. 螺旋桨几何参数

靠桨叶在空气中旋转将发动机转动功率转化为推进力或升力的装置简称螺旋桨(图 3.1.10)。它由多个桨叶和中央的桨毂组成，桨叶好像一个扭转的细长机翼安装在桨毂上，发动机轴与桨毂相连接并带动它旋转。喷气发动机出现以前，所有带动力的航空器多以螺旋桨作为产生推动力的装置。螺旋桨仍用于装活塞式和涡轮螺旋桨发动机的亚声速飞机。直升机旋翼和尾桨也是一种螺旋桨。图 3.1.11 为螺旋桨的几何形状。

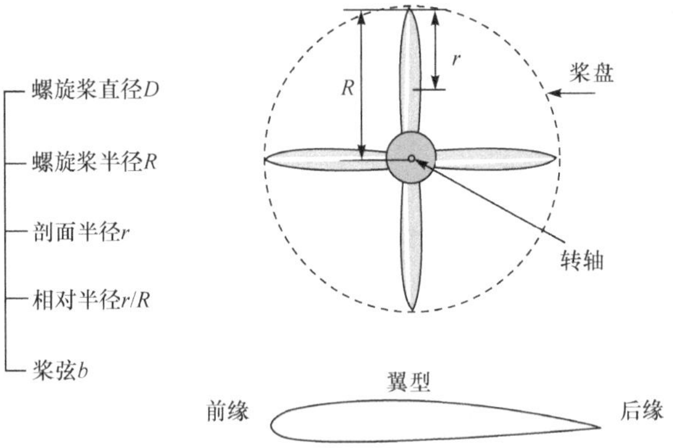

图 3.1.10　螺旋桨的几何参数

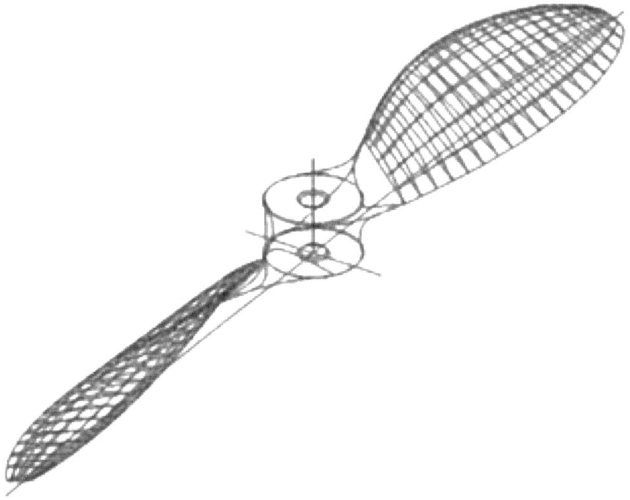
图 3.1.11　螺旋桨的几何形状

1) 直径(D)

直径是螺旋桨性能的基本参数。一般情况下，直径增大，拉力随之增大，效率随之提高。因此在结构允许的情况下尽量选直径较大的螺旋桨。此外还要考虑螺旋桨桨尖气流速度不应过大(<0.7Ma，1Ma=340m/s)，否则可能出现激波，导致效率降低。

2) 桨叶数目(B)

螺旋桨的拉力系数和功率系数与桨叶数目成正比。小型无人机一般采用结构简单的双叶桨。只是在螺旋桨直径受到限制时，采用增加桨叶数目的方法使螺旋桨与发动机获得良好的配合。

3) 实度(σ)

实度是桨叶面积与螺旋桨旋转面积(πR^2)的比值。与桨叶数目相似，随实度增加，拉力系数和功率系数增大。

4) 桨叶角(θ)

桨叶角又称桨距，指桨叶剖面弦线与旋转平面夹角(安装角)。桨叶角随半径变化，其变化规律是影响螺旋桨工作性能最主要的因素。习惯上，以 70%直径处桨叶角值为该桨桨叶角的名称值。

5) 螺距

螺距是桨叶角的另一种表示方法，如图 3.1.12 所示。

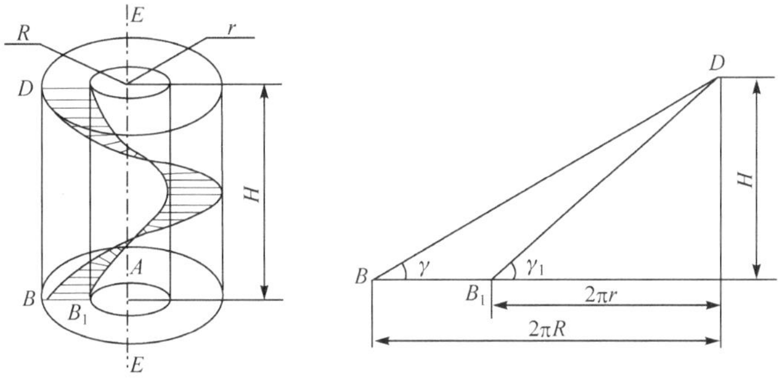

图 3.1.12　螺旋桨的螺距

(1) 几何螺距(H)。指桨叶剖面迎角为零时，桨叶旋转一周所前进的距离，计算值为 $H=2\pi r\tan\gamma_1$。它反映了桨叶角，更直接指出螺旋桨的工作特性。桨叶各剖面的几何螺距可能是不相等的。习惯上以 70%直径处的几何螺距为名称值。可按照直径和螺距订购螺旋桨。例如，64/34，表示该桨直径为 64in，几何螺距为 34in。

(2) 实际螺距(H_g)。又叫进距，指桨叶旋转一周无人机所前进的距离，即用 $H_g=v/n$ 计算螺旋桨的实际螺距值。可按 $H=(1.1\sim1.3)H_g$ 粗略估计该机所用螺旋桨几何螺距的数值。

(3) 理论螺距(H_T)。设计螺旋桨时必须考虑空气流过螺旋桨时速度增加情况，流过螺旋桨旋转平面的气流速度大于飞行速度。因而螺旋桨相对空气而言所前进的距离——理论螺距将大于实际螺距。

2. 螺旋桨气动特性

螺旋桨就是对称放置的两个小机翼，前面已叙及机翼的升力产生原理。这里是螺旋桨绕着轴运动，通过旋转的方向来划过空气产生升力。螺距就是沿着螺旋桨的斜度旋转一周前进的距离。螺旋桨内侧倾斜多一些，外侧倾斜少一些，对于等螺距螺旋桨来说，外侧和内侧的螺距是一样的，也就是旋转一周前进的距离是一样的。这样设计是因为旋转的时候内侧运动的速度速度慢一些，外侧运动的速度快一些。

螺旋桨桨叶与机翼一样，当桨叶旋转时，桨叶与空气相对运动而产生气动力，总气动力可以分解为拉力 P 和旋转阻力 Q(图 3.1.13)。螺旋桨桨叶产生气动力不但与两个速度有关：螺旋桨旋转线速度 U 和螺旋桨前进速度 V, 而且与两个角度有关：桨叶角 θ 和桨叶迎角 α。

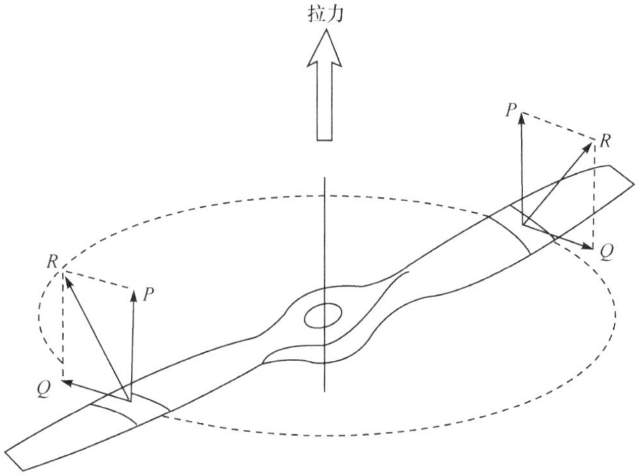

图 3.1.13　螺旋桨产生的力

旋翼(螺旋桨)的速度、角度与气动力之间的关系见图 3.1.14，其中 U 为旋转线速度，V 为前进速度，W 为桨叶相对气流速度，α 为迎角，θ 为桨叶角，φ 为气流角。

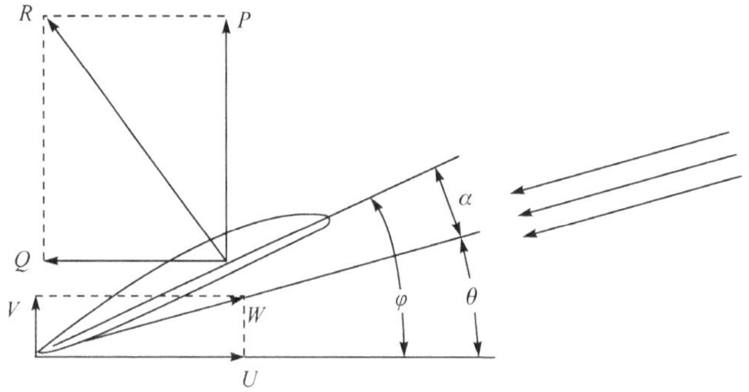

图 3.1.14　旋翼(螺旋桨)的速度、角度与气动力

螺旋桨转速 ω 与螺旋桨旋转线速度 U 的关系为

$$U = 2\pi r\omega \tag{3.1.4}$$

从图 3.1.14 可知，桨叶的拉力取决于桨叶相对气流产生的实际迎角。因此，螺旋桨前进速度越大，其实际迎角越小，产生的拉力也就越小。这与一个重要参数有关，即前进比。

螺旋桨速度系数(前进比)：

$$\lambda = H / D = V / (nD) \tag{3.1.5}$$

式中，n 为螺旋桨每秒的转数。

螺旋桨效率：螺旋桨有效功率与螺旋桨发动机消耗功率之比为

$$\eta = TV / P = \lambda C_T / C_P$$

式中，C_T 为拉力系数；C_P 为功率系数。

3.2 空气动力特性计算方法

3.2.1 无人机的气动特性估算方法

对于无人机的概念设计和初步设计，可以用气动特性估算方法快速得到无人机的基本气动参数。

1. 无人机的升力系数

首先要确定翼型的升力线斜率(又称翼型升力系数导数)：

$$C_{L\alpha} = C_L^{\alpha} = \partial C_L / \partial \alpha$$

该值可以由所选择的标准翼型图表中给出，如果没有，可以估计为

$$C_{L\alpha\infty} = 1.8\pi(1+0.8\bar{c})$$

式中，$\bar{c}$ 为翼型的相对厚度。

于是，亚声速固定翼无人机的升力线斜率可以用以下公式估算：

$$C_{L\alpha} = \frac{2\pi\lambda}{2+\sqrt{4+\dfrac{\lambda^2\beta^2}{\eta^2}\left(1+\dfrac{\tan^2\chi_{\max\tau}}{\beta^2}\right)}}\frac{S_{外露翼}}{S_{参考}}F$$

式中，$\beta^2 = 1 - M^2$，M 为马赫数；$\chi_{\max\tau}$ 为翼型最大厚度线的后掠角；λ 为展弦比，若有翼尖小翼，则 $\lambda_{有效}=1.2\lambda$；$\eta=\dfrac{\beta C_{L\alpha\infty}}{2\pi}$；$F$ 为机身升力影响系数，$F = 1.07(1 + d / l)^2$。

2. 无人机的阻力系数

无人机的阻力系数可简化为零升阻力系数与诱导阻力系数之和：

$$C_D = C_{D0} + C_{Di}$$

零升阻力系数主要为摩擦阻力：

$$C_{f(层流)}=1.328\sqrt{Re_i}$$

$$C_{f(湍流)} = 0.455(\lg Re_i)^{-2.58}$$

式中，Re_i 为各部件所对应的雷诺数。

诱导阻力系数可估算为

$$C_{Di} = \frac{kC_L^2}{\pi\lambda}$$

3. 螺旋桨拉力的估算

螺旋桨拉力计算公式为

$$T = 0.00025DHb\omega^2P \quad (\text{kg})$$

式中，D 为直径(cm)；H 为螺距(cm)；b 为桨叶宽度(cm)；ω 为转速(r/min)；P 为大气压强(atm，1atm=1.01325×10^{5}Pa)，飞行高度 1000m 以下 P 取 1atm，高度在 4000～6000m 时 P 取 0.6～0.7atm。

3.2.2 无人机的气动特性数值计算方法

1. 空气动力学升力面方法

基于空气动力学线性理论的升力面方法是最简单的数值计算方法。其中面元涡格法应用最广，可以计算出飞行器的压力分布，不但可以计算固定翼的气动特性，而且可以计算扑翼动态气动特性。

1) 线性流体力学方程

涡格法处理扑翼绕流时，认为黏性影响仅在扑翼表面和尾流涡系，除扑翼边界和尾涡外，流场被认为是无黏、无旋的。在低雷诺数下可把流场看作不可压，所以流场存在速度位函数 $\Phi(X,Y,Z)$，并满足 Laplace 方程：

$$\nabla^2\Phi = 0 \tag{3.2.1}$$

在非定常流动中，压力的计算必须加上非定常作用的影响。三维非定常流场中，非定常 Bernoulli 方程可写为

$$\frac{p_{\text{ref}} - p}{\rho} = \frac{Q^2}{2} - \frac{v_{\text{ref}}^2}{2} + \frac{\partial\Phi}{\partial t} \tag{3.2.2}$$

式中，p_{ref} 为无穷远处压强；ρ 为流体密度；$v_{\text{ref}} = -\left[V_0 + \Omega\times r\right]$。与定常情况下的 Bernoulli 方程相比，该方程多出了一项位函数 Φ 对时间 t 的偏微分。

2) 边界条件

非定常流动的远场边界条件与定常流动边界条件相同，为

$$\lim_{r=|R-R_{\text{o}}|\to\infty} \nabla\Phi = 0 \tag{3.2.3}$$

但近场边界条件即无穿透边界条件必须考虑机翼非定常运动的影响，即

$$\left(\nabla\Phi + v_{\text{surface}}\right)\cdot n = 0 \tag{3.2.4}$$

式中，机翼表面速度为

$$v_{\text{surface}} = -\left[V_0 + v_{\text{rel}} + \Omega\times r\right] \tag{3.2.5}$$

前一项为来流速度，后两项为机翼运动的影响(第二项为机翼平动的影响，第三项为机翼转动的影响)，其中

$$V_0 = \left(\dot{X}_0, \dot{Y}_0, \dot{Z}_0\right),\quad v_{\text{rel}} = \left(\dot{x}_0, \dot{y}_0, \dot{z}_0\right),\quad \Omega = \left(\dot{\beta}, \dot{\alpha}, 0\right)$$

3) 面元涡格法的数值解法

沿扑翼表面弦向 i 和展向 j 方向将平板翼面划分为 $M\times N$ 个网格，每个网格上布置一个涡环，涡环的前缘位于网格的 1/4 弦线处，取网格 3/4 弦线的中点为控制点，在该点处气流速度应该满足无穿透边界条件。整个机翼对流场的影响就可以用分布在机翼中弧面上的 $M\times N$ 个涡环来模拟(图 3.2.1)。

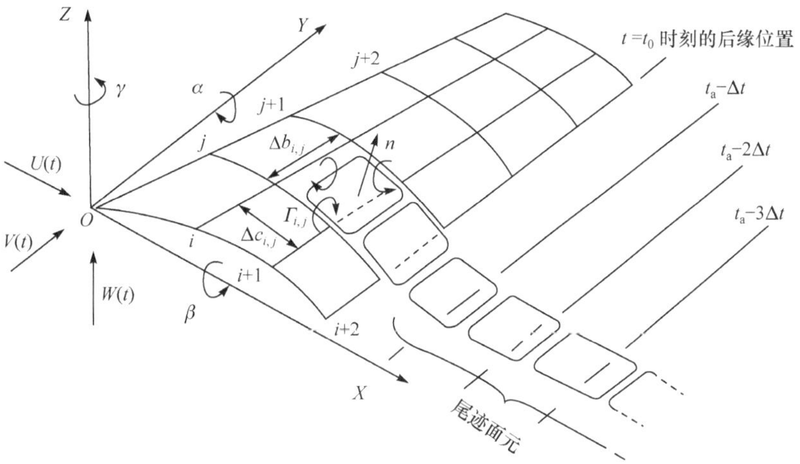

图 3.2.1　面元涡格法示意图

4) 气动影响系数矩阵的计算

机翼共被划分为 $M \times N = m$ 个网格。网格控制点处的气流速度由三部分组成。

假设第 1 个网格上单位环量在第 K 个网格控制点处产生的诱导速度为 $[u, v, w]$，定义影响系数 a_{K1} 为第 1 个网格上单位环量在第 K 个网格控制点处产生的法向诱导速度：

$$a_{K1} = [u, v, w] n_K \tag{3.2.6}$$

各个网格对第 K 个网格的影响系数依次为 $a_{K1}, a_{K2}, a_{K3}, \cdots, a_{Km}$。

这样在第 K 个网格控制点处的无穿透边界条件可写为

$$a_{K1}\Gamma_1 + a_{K2}\Gamma_2 + \cdots + a_{Km}\Gamma_m + [U(t) + u_W, V(t) + v_W, W(t) + w_W]_K \cdot n_K = 0$$

将上式中的已知项移到等号右边，得

$$a_{K1}\Gamma_1 + a_{K2}\Gamma_2 + \cdots + a_{Km}\Gamma_m = -[U(t) + u_W, V(t) + v_W, W(t) + w_W]_K \cdot n_K = \mathrm{RHS}_K$$

定义 RHS_K 为第 K 个网格的右手项(Right-hand Side)。

依次计算所有网格的影响系数和右手项，最后各个网格控制点处的无穿透边界条件可写成如下矩阵形式：

$$\begin{bmatrix} a_{11} & a_{12} & a_{12} & \cdots & a_{1m} \\ a_{21} & a_{22} & a_{23} & \cdots & a_{2m} \\ a_{31} & a_{32} & a_{33} & \cdots & a_{3m} \\ \vdots & \vdots & \vdots & & \vdots \\ a_{m1} & a_{m2} & a_{m3} & \cdots & a_{mm} \end{bmatrix} \begin{bmatrix} \Gamma_1 \\ \Gamma_2 \\ \Gamma_3 \\ \vdots \\ \Gamma_m \end{bmatrix} = \begin{bmatrix} \mathrm{RHS}_1 \\ \mathrm{RHS}_2 \\ \mathrm{RHS}_3 \\ \vdots \\ \mathrm{RHS}_m \end{bmatrix} \tag{3.2.7}$$

式中，$\boldsymbol{a}_{m\times m}$ 为影响矩阵；$\mathbf{RHS}_{m\times 1}$ 为右手项向量。

对网格 K，式(3.2.7)可简写为

$$\sum_{L=1}^{m} a_{KL}\Gamma_L = \mathrm{RHS}_K \tag{3.2.8}$$

故每个网格上的涡环量分别为

$$\Gamma_K = \sum_{L=1}^{m} a_{KL}^{-1}\mathrm{RHS}_L \tag{3.2.9}$$

5) 压力分布计算

由非定常 Bernoulli 方程可以得到机翼表面压力分布：

$$\Delta P = P_l - P_u = \rho\left[\left(\frac{Q_t^2}{2}\right)_u - \left(\frac{Q_t^2}{2}\right)_l + \left(\frac{\partial \Phi}{\partial t}\right)_u - \left(\frac{\partial \Phi}{\partial t}\right)_l\right] \tag{3.2.10}$$

在机翼任意网格 i,j 上，弦向和展向速度分别为

$$\pm\frac{\partial \Phi}{\partial \tau_i} = \pm\frac{\Gamma_{i,j} - \Gamma_{i-1,j}}{2\Delta c_{i,j}} \tag{3.2.11}$$

$$\pm\frac{\partial \Phi}{\partial \tau_j} = \pm\frac{\Gamma_{i,j} - \Gamma_{i,j-1}}{2\Delta b_{i,j}} \tag{3.2.12}$$

式中，+表示上表面，–表示下表面，下同。

2. 非线性流体力学方程数值方法

1) 非线性流体力学方程组

目前纳维-斯托克斯(N-S)方程组是求解流体力学“最精确”的方程组，不仅可以用来计算固定翼的定常气动特性，而且可以用于计算旋翼、扑翼的非定常气动特性。N-S 方程组由质量方程、动量方程、能量方程三个方程组成，表示如下：

$$\frac{\partial \rho}{\partial t} + \nabla\cdot(\rho \boldsymbol{V}) = 0 \tag{3.2.13}$$

$$\rho\frac{\partial \boldsymbol{V}}{\partial t} + \rho(\boldsymbol{V}\cdot\nabla)\boldsymbol{V} = \rho \boldsymbol{f} - \nabla p + \nabla(\lambda\nabla\cdot\boldsymbol{V}) + \nabla\cdot\mu[\varepsilon] \tag{3.2.14}$$

$$\rho\frac{\partial h}{\partial t} + \rho(\boldsymbol{V}\cdot\nabla)h = \frac{\partial p}{\partial t} + (\boldsymbol{V}\cdot\nabla)p + \boldsymbol{\Phi} + \nabla\cdot(k\nabla T) \tag{3.2.15}$$

$$[\varepsilon] = \begin{bmatrix} 2\dfrac{\partial u}{\partial x} & \left(\dfrac{\partial u}{\partial y} + \dfrac{\partial v}{\partial x}\right) & \left(\dfrac{\partial u}{\partial z} + \dfrac{\partial w}{\partial x}\right) \\ \left(\dfrac{\partial v}{\partial x} + \dfrac{\partial u}{\partial y}\right) & 2\dfrac{\partial v}{\partial y} & \left(\dfrac{\partial v}{\partial z} + \dfrac{\partial w}{\partial y}\right) \\ \left(\dfrac{\partial w}{\partial x} + \dfrac{\partial u}{\partial z}\right) & \left(\dfrac{\partial w}{\partial y} + \dfrac{\partial v}{\partial z}\right) & 2\dfrac{\partial w}{\partial z} \end{bmatrix} \tag{3.2.16}$$

$$\begin{aligned} \boldsymbol{\Phi} = {} & \lambda\left(\frac{\partial u}{\partial x} + \frac{\partial v}{\partial y} + \frac{\partial w}{\partial z}\right)^2 \\ & + \mu\left[2\left(\frac{\partial u}{\partial x}\right)^2 + 2\left(\frac{\partial v}{\partial y}\right)^2 + 2\left(\frac{\partial w}{\partial z}\right)^2 + \left(\frac{\partial v}{\partial x} + \frac{\partial u}{\partial y}\right)^2 + \left(\frac{\partial w}{\partial y} + \frac{\partial v}{\partial z}\right)^2 + \left(\frac{\partial u}{\partial z} + \frac{\partial w}{\partial x}\right)^2\right] \end{aligned} \tag{3.2.17}$$

其中，式(3.2.13)为质量方程或者称为连续方程，式(3.2.14)为动量方程或者称为 N-S 方程，式(3.2.15)称为能量方程。

式(3.2.13)～式(3.2.15)总共包括流体压强、气流密度、温度、三个速度分量 p,ρ,T,u,v,w 六个变量，但是只有五个标量方程，方程组不封闭，为了封闭方程组，需要增加一个方程

作为补充。通常情况下，使用完全气体状态方程，其表达式为

$$P=\rho RT \tag{3.2.18}$$

在实际计算的时候，如果所计算的流体是空气，那么由于空气彻体力 $\boldsymbol{f}$ 很小，可以忽略不计。μ 为流体的黏性系数，λ 为第二动力黏性系数，k 为热流通量。N-S 方程组是黏性流体流动的控制方程组。

2) 数值计算方法

这里介绍的是常见的有限体积法，图 3.2.2 为生成的非结构网格。

在任意控制体 V_i 内，方程(3.2.14)离散变换为

$$\boldsymbol{\Gamma}_i\frac{\partial(\boldsymbol{Q}V)_i}{\partial\tau}+\frac{\partial(\boldsymbol{W}V)_i}{\partial t}+\sum_{j=1}^{\text{nface}}\tilde{\boldsymbol{F}}(\boldsymbol{Q})_{ij}S_{ij}=\sum_{j=1}^{\text{nface}}\boldsymbol{F}_{vij}S_{ij} \tag{3.2.19}$$

式中，$\tilde{\boldsymbol{F}}(\boldsymbol{Q})=\boldsymbol{F}(\boldsymbol{Q})-v_{gn}\boldsymbol{W}$，$j$ 为控制体序号 i 的邻居控制体序号，ij 表示控制体序号 i 和控制体序号 j 的交接面序号，nface 为数量，v_{gn} 为网格运动速度。

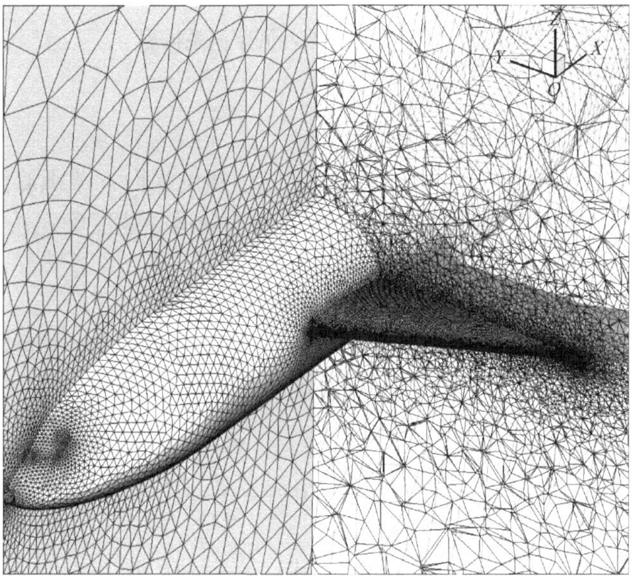

图 3.2.2　非结构网格

由于预处理矩阵的引入，在控制体 V_i 和 V_j 之间的交接面 S_{ij} 上，无黏通量的计算有别于无预处理的情况。采用一种类似 Roe 格式的通量差分分裂格式：

$$\begin{aligned}\tilde{\boldsymbol{F}}_{ij}&=\frac{1}{2}\left(\tilde{\boldsymbol{F}}(\boldsymbol{Q}_i)+\tilde{\boldsymbol{F}}(\boldsymbol{Q}_j)-\boldsymbol{\Gamma}\left|\boldsymbol{\Gamma}^{-1}\tilde{\boldsymbol{A}}_T\right|\left(\boldsymbol{Q}_i-\boldsymbol{Q}_j\right)\right)\\&=\frac{1}{2}\left(\tilde{\boldsymbol{F}}(\boldsymbol{Q}_i)+\tilde{\boldsymbol{F}}(\boldsymbol{Q}_j)-\boldsymbol{\Gamma}\boldsymbol{X}\left|\tilde{\boldsymbol{\Lambda}}\right|\boldsymbol{X}^{-1}\left(\boldsymbol{Q}_i-\boldsymbol{Q}_j\right)\right)\end{aligned} \tag{3.2.20}$$

式中，$\tilde{\boldsymbol{\Lambda}}=\mathrm{diag}\left(\tilde{\lambda}_1,\tilde{\lambda}_2,\tilde{\lambda}_3,\tilde{\lambda}_4,\tilde{\lambda}_5\right)$；$\boldsymbol{X}$ 和 $\boldsymbol{X}^{-1}$ 分别为左特征向量和右特征向量。

3. 旋翼的气动特性计算方法

旋翼(及螺旋桨)气动特性的计算方法主要包括动量理论、叶素理论、茹可夫斯基

(Joukowski)的螺旋桨涡流理论、片条理论及 N-S 方程数值计算流体力学等。

这里介绍比较简便的有限片桨叶固定涡系模型计算方法，即一种有限片桨叶固定尾迹分析方法，其涡系模型如图 3.2.3 所示。

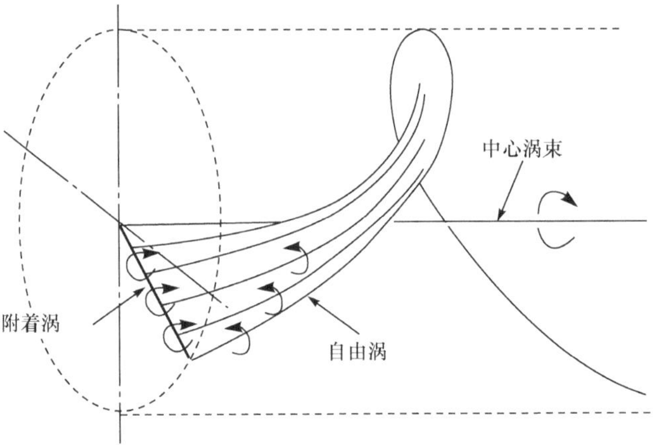

图 3.2.3　有限片桨叶固定涡系模型

该涡系由三部分组成：

(1) 沿桨叶分布的变强度的附着涡；

(2) 由每片桨叶后缘逸出的由大量自由涡形成的螺旋涡面，该螺旋涡面向后无限延伸，其延伸方向由旋翼在空气中的前进速度和桨盘处的等效诱导速度确定；

(3) 位于旋翼旋转中心的中心涡束。

1) 自由涡线对桨叶上任一点所激起的诱导速度

假设在流场中有一根环量为 Γ 的涡线，涡线上某一微段 d$\boldsymbol{s}$ 对其周围 M 点处的流体质点所激起的诱导速度可按毕奥-萨伐尔(Biot-Savart)定律来确定，该诱导速度在直角坐标系中的分量可由式(3.2.21)确定：

$$\left.\begin{aligned} \mathrm{d}v_x &= \frac{\Gamma}{4\pi l^3}(l_z\,\mathrm{d}s_y - l_y\,\mathrm{d}s_z) \\ \mathrm{d}v_y &= \frac{\Gamma}{4\pi l^3}(l_x\,\mathrm{d}s_z - l_z\,\mathrm{d}s_x) \\ \mathrm{d}v_z &= \frac{\Gamma}{4\pi l^3}(l_y\,\mathrm{d}s_x - l_x\,\mathrm{d}s_y) \end{aligned}\right\} \tag{3.2.21}$$

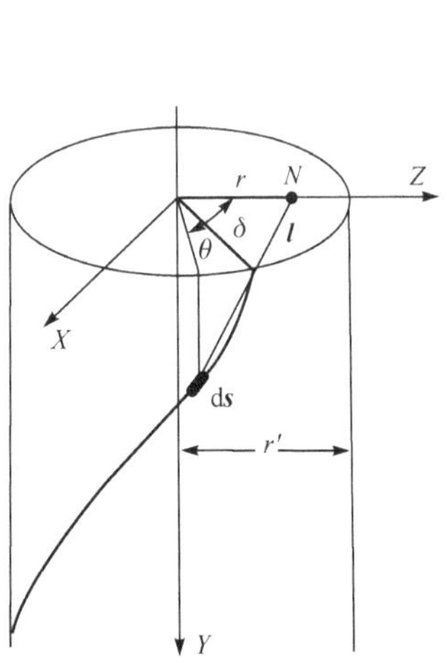

图 3.2.4　自由涡线对桨叶任一点的诱导速度

式中，$\mathrm{d}v_x$、$\mathrm{d}v_y$、$\mathrm{d}v_z$，l_x、l_y、l_z，$\mathrm{d}s_x$、$\mathrm{d}s_y$ 和 $\mathrm{d}s_z$ 分别为 d$\boldsymbol{v}$，$\boldsymbol{l}$，d$\boldsymbol{s}$ 在三个坐标轴上的分量。

现在可应用毕奥-萨伐尔定律来计算一根自由涡线对桨叶上任一点的诱导速度。坐标系的选取如图 3.2.4 所示，取 Z 轴沿某一片桨叶方向，该桨叶上距轴心 r 的一点 N 为所需计算的诱导速度位置，其坐标为(x, y, z)；设螺旋桨共有 k 片桨叶，d$\boldsymbol{s}$ 为由第 n 片桨叶后缘距轴心 r' 处逸出的自由涡线微段，其坐标为(x_0, y_0, z_0)。以 θ 为自变量，螺旋形自由涡线的方程为

$$
\left.\begin{aligned}
x &= r\sin(\theta+\delta_n) \\
y &= (V_0+v_{dx})\frac{\theta}{\Omega} \\
z &= r\cos(\theta+\delta_n)
\end{aligned}\right\} \tag{3.2.22}
$$

式中，V_0 为来流速度；Ω 为螺旋桨旋转速度；v_{dx} 为桨盘处的等效诱导速度；δ_n 为第 n 片桨叶与所需计算诱导速度的桨叶之间的夹角：

$$
\delta_n = \frac{2\pi(n-1)}{k} \quad n=1,2,\cdots,k \tag{3.2.23}
$$

得出涡线微段 d**s** 在 N 点所激起的轴向诱导速度，取积分限从 $\theta=0$ 到 $\theta=\infty$，就得到 k 片桨叶同一方位(桨叶后缘距轴心 r' 处)的自由涡线共同对 N 点所激起的轴向诱导速度为 v_{ki}：

$$
v_{ki} = \frac{\Gamma}{4\pi}\sum_{n=1}^{k}\int_0^{\infty}\frac{r'-r\cos(\theta+\delta_n)}{\left[r^2+r'^2+(V_0+v_{dx})^2\dfrac{\theta^2}{\Omega^2}-2rr'\cos(\theta+\delta_n)\right]^{\frac{3}{2}}}r'\,\mathrm{d}\theta \tag{3.2.24}
$$

至此，求出了桨叶上同一方位后缘溢出的所有自由涡线对桨叶上任一点的轴向诱导速度。设桨叶上的变强度附着涡的环量分布为 $\Gamma(r)$，对于所有桨叶后缘溢出的自由涡在 N 点共同激起的轴向诱导速度 $v(r)$，可由式(3.2.24)沿整个桨叶积分确定：

$$
v(r) = \frac{k}{R}\int_0^{R}\frac{\mathrm{d}\Gamma(r)}{\mathrm{d}r}J\,\mathrm{d}r \tag{3.2.25}
$$

其中

$$
J = \frac{R}{4\pi k}\sum_{n=1}^{k}\int_0^{\infty}\frac{r'-r\cos(\theta+\delta_n)}{\left[r^2+r'^2+(V_0+v_{dx})^2\dfrac{\theta^2}{\Omega^2}-2rr'\cos(\theta+\delta_n)\right]^{\frac{3}{2}}}r'\,\mathrm{d}\theta
$$

2) 沿桨叶变化的附着涡的确定

桨叶上任一点的环量为

$$
2\bar{\Gamma} = \alpha_{\infty}\alpha\bar{b}\bar{W} \tag{3.2.26}
$$

式中，$\bar{W}$ 为气流速度；α_{∞} 为翼型的升力线斜率；α 为迎角；$\bar{b}$ 为桨叶弦长。

得沿桨叶变化的附着涡环量：

$$
\bar{\Gamma}(\bar{r}) = \frac{1}{2}\alpha_{\infty}\left(\alpha+\Delta\alpha-\frac{k}{\bar{r}}\int_0^{1}\frac{\mathrm{d}\bar{\Gamma}}{\mathrm{d}\bar{r}'}J\,\mathrm{d}\bar{r}'\right)\bar{b}\bar{W} \tag{3.2.27}
$$

式中，α 为桨叶迎角；$\Delta\alpha$ 为桨叶涡产生的诱导速度角。

3) 螺旋桨气动力及力矩

沿桨叶分布的附着涡环量确定之后，就可以计算出桨叶剖面的气动力，进而可确定整个螺旋桨的拉力、扭矩及消耗功率。

由 Joukowski 定律，在桨叶 r 处宽度为 $\mathrm{d}r$ 的桨叶微段升力为

$$
\mathrm{d}L(r) = \rho W\Gamma(r)\,\mathrm{d}r \tag{3.2.28}
$$

式中，ρ 为空气密度；W 为桨叶 r 处微段的气流合速度。该处桨叶微段的升力系数 C_L 可由式(3.2.29)确定：

$$C_L = \frac{\mathrm{d}L(r)}{0.5\rho W^2 b\,\mathrm{d}r} = \frac{\Gamma(r)}{0.5Wb} \tag{3.2.29}$$

3.3 无人机的飞行性能设计

3.3.1 重心位置的确定

实际上，不仅重心要计算，重要的是重心要设计，即如何让无人机的重心处于“应在的”位置，亦即如何安排各部件的位置。无人机的外形是左右对称的，但是其内部系统设备一般难于对称布置。因此，首先布置内部系统部件时要确保重量左右平衡，使得重心在飞行器的中轴线上。

需要设计的是确定重心在纵轴上的坐标位置，因为这关系到无人机的飞行纵向静稳定性。

1. 重心

前已叙及“重心”的概念。飞行器重心的学术定义，是指飞行器各部分所受重力的合力的作用点。飞行器的总重量就是重心上的重力。

如果飞行器的形状改变(如变后掠翼、起落架收放)、能源量变化(如燃油)、任务载荷变化(如投放挂弹)，重心会改变，所以飞行器重心有中性重心、前限重心和后限重心等概念。

由于飞行器是“悬空”运动的，重心对于飞行器有十分重要的意义。飞行器的重心位置和飞行器上气动力的相互关系决定着飞行器的飞行状态——飞行器的平衡、稳定性和操纵性。

2. 焦点

要了解“焦点”概念，首先要知道飞行器“压心”的概念。

飞行器上空气动力分布压力的合力作用点称为压心。当飞行器做等速直线飞行时，总气动力合力在铅垂方向的分量(升力)就等于飞行器的重力，因此，这时的压心与重心共线，也就是说，升力对重心的力矩等于零。

焦点是飞行器另一个十分重要的概念。一个具有纵向静稳定性的飞行器存在这样一个点，就是当飞行器的迎角发生变化时，飞行器的升力发生变化，而飞机升力对该点的力矩始终不变。这个点就是焦点，可以理解为飞行器的升力增量的作用点。焦点是决定飞行器纵向稳定性的一个重要参数，如图 3.3.1 所示。

焦点可由机翼和尾翼的平均气动弦长确定。梯形翼面的平均气动弦长计算公式为

$$b_A = \frac{2}{3} b_0 \frac{1+\eta+\eta^2}{\eta(1+\eta)} \tag{3.3.1}$$

$$x_A = \frac{1}{3} x_{尖} \frac{\eta+2}{\eta+1} \tag{3.3.2}$$

式中，b_A 为平均气动弦长；b_0 为翼根弦长；η 为根梢比(翼根弦长与翼梢弦长之比)；x_A 为平均气动弦的前缘位置；$x_{尖}$ 为梢弦的前缘位置，如图 3.3.2 所示。

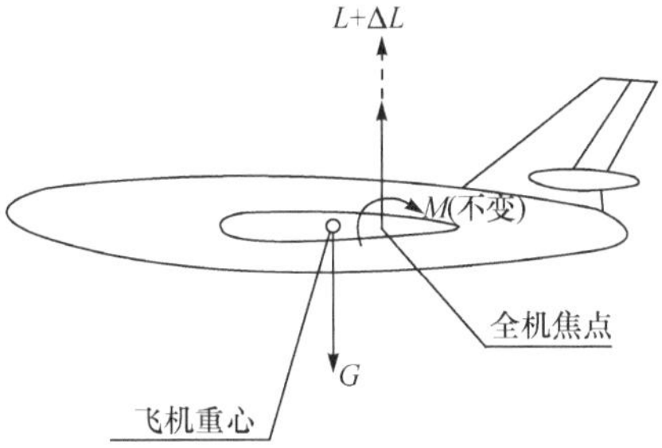

图 3.3.1 飞行器的焦点与重心

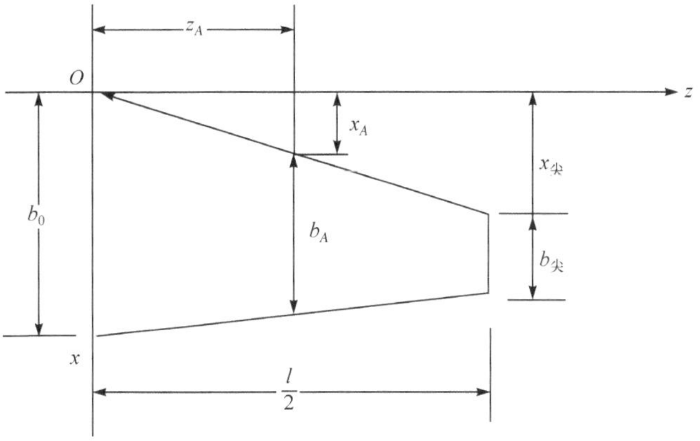

图 3.3.2 机翼的平均气动弦

单独直机翼的焦点位置 $x_{机翼}$ 约在平均气动弦前缘后 1/4 弦长处。对于有尾翼的常规布局，全机的焦点纵向坐标位置计算为

$$x_F = x_{机翼} + kA_{平尾}\left(1 - \frac{\partial \varepsilon}{\partial \alpha}\right)\frac{C_{y平尾}^{\alpha}}{C_{y机翼}^{\alpha}} \tag{3.3.3}$$

式中，$C_{y机翼}^{\alpha}$、$C_{y平尾}^{\alpha}$ 分别为机翼和平尾的升力线斜率；$\frac{\partial \varepsilon}{\partial \alpha}$ 为机翼下洗对平尾的影响；$A_{平尾}$ 为平尾的尾容量；k 为平尾效率，对于梯形平尾可取值为 0.6。通常平尾影响的焦点位置增量为机翼平均气动弦长的 5%～10%。

3.3.2 无人机的纵向静稳定性

无人机的稳定性是保持飞行状态不变的能力，无人机的操纵性是改变飞行状态的能力。无人机的稳定性是指航空器抵制外界干扰的能力，即当外界扰动消失后无人机自动恢复到原来平衡状态的能力。无人机的操纵性是指无人机按照遥控员的操纵或自助控制要求改变飞行状态的能力。飞行器只依靠自身产生的空气动力支持在空中，因此飞行器的稳定和操纵比其他任何交通工具都要复杂。

如果无人机受到扰动之后，在操控员不进行任何操纵的情况下能够自动恢复到受扰动前的原始状态，则称无人机是稳定的；如果不能自动恢复甚至更加偏离原始状态，则称无人机是不稳定的。

如图 3.3.3 所示，飞行器绕 OX 轴、OY 轴、OZ 轴的转动分别称为滚转、偏航、俯仰运动。飞行器的稳定性包括横向稳定、航向稳定、纵向稳定。

飞行器绕 OZ 轴的稳定性叫纵向稳定，又称为俯仰稳定，也是飞行器最基本的稳定性要求。固定翼飞行器主要靠平尾来保证俯仰稳定，而飞行器的重心和焦点位置对飞行器的俯仰稳定有很大影响。

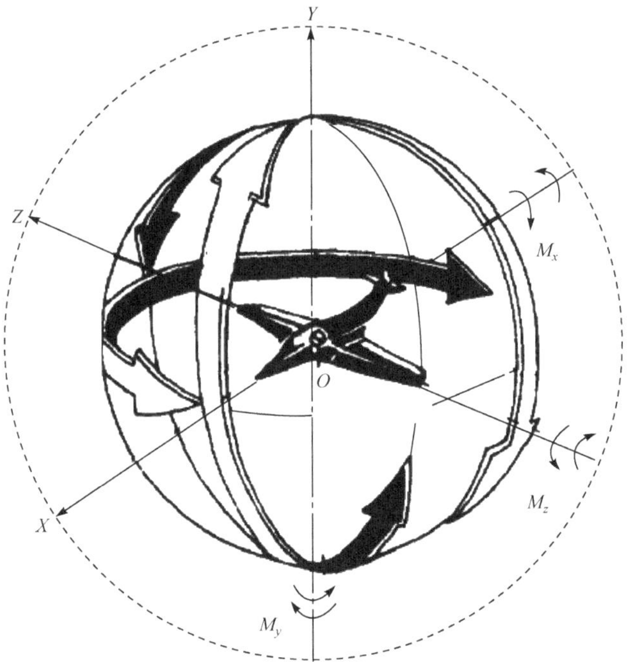

图 3.3.3　过飞行器重心的三根坐标轴和力矩

如图 3.3.4 所示，如果飞行器原来以一定的迎角做水平直线飞行，有一阵风吹向机头使飞行器抬头。当焦点在重心之后，焦点上的升力增量就会对重心产生一个恢复力矩(低头力矩)，具有自动使机头往下运动作用，而使飞行器可恢复到原来的飞行状态。这就叫具有纵向静稳定性。反之，当焦点在重心之前，焦点上的升力增量就会对重心产生一个抬头力矩，促使机头继续往上运动，有可能使飞行器迎角继续增大到失速状态，因此是纵向静不稳定的。

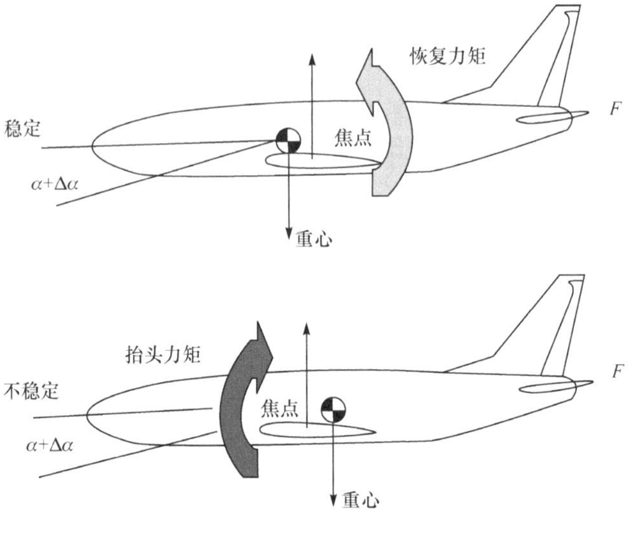

图 3.3.4　无人机的纵向静稳定性

飞行器绕 OY 轴的稳定性叫航向稳定，也叫方向稳定。飞行器主要靠垂直尾翼来保证其方向稳定。

飞行器绕 OX 轴的稳定性叫横向稳定。飞行器主要靠两侧机翼来保证其横向稳定。

上述空气动力静稳定分析主要针对固定翼飞行器。对于无人直升机或多旋翼无人机，通常并不存在空气动力静稳定性，多旋翼无人机是通过自动驾驶仪感受无人机的姿态变化、然后调节不同螺旋桨的拉力来实现姿态稳定的。

为了保证无人机的空气动力纵向静稳定性，需要将重心设计在气动力焦点(X_F)之前。焦点是指空气动力合力作用于飞行器上的该点，其纵向力矩不随飞行器迎角的改变而改变。从图 3.3.5 可以看出，对于焦点在重心之后的情况，当飞行器迎角增加而升力增大时，空气动力会产生恢复力矩。飞行器纵向静稳定性是用纵向静稳定裕度 $m_z^{c_y}$ 来表示的：

$$m_z^{c_y} = \frac{\partial m_z}{\partial c_y}$$

当重心与焦点垂直方向的距离小到可忽略时，纵向静稳定裕度可以近似用重心与焦点的相对距离值来计算：

$$m_z^{c_y} \approx -\Delta\bar{x}_{GF} = -\frac{x_F - x_G}{c_A} \times 100\% \tag{3.3.4}$$

式中，c_A 为平均空气动力弦长。由于无人机尺寸很小，对无尾式飞行器纵向静稳定裕度的绝对值通常可设计为 10%～15%，对正常有尾布局飞行器纵向静稳定裕度的绝对值可稍大一些。电动无人机因为不存在燃油减少，重心位置通常不变。

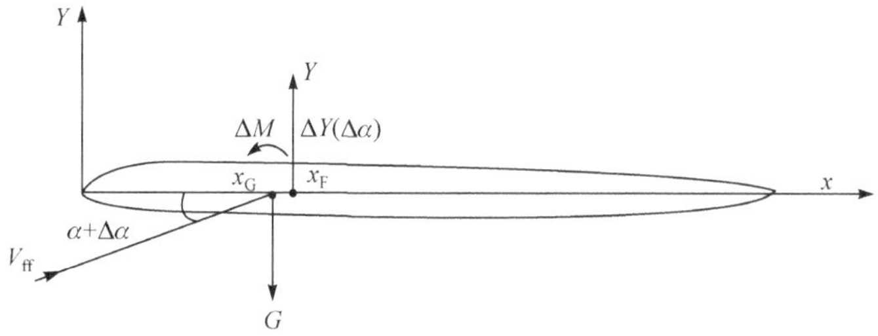

图 3.3.5　重心与焦点的位置

3.3.3　无人机巡航速度的确定

以前飞为主的飞行器，无论大小，其升力与阻力特性决定了飞行器的基本性能。反映升力与阻力关系的极曲线则是飞行器总体设计十分重要的依据之一，对于无人机设计同样重要。

固定翼飞行器的极曲线通常可由升力特性曲线 C_L-α 和阻力特性曲线 C_D-α 得到，不同飞行速度下可得到一族极曲线 C_L-C_D。因此，同一架固定翼无人机的不同极曲线主要与飞行速度有关(图 3.3.6)。需要注意的是，小型无人机的极曲线随飞行速度的变化与常规飞行器不一样。在很低雷诺数下，极曲线随速度变小而向右移，而常规飞行器极曲线随速度变小而向左移，即阻力变小。这是因为，低雷诺数无人机的阻力系数随着雷诺数减小而增大，当层流附面层发生分离或产生“分离泡”时，阻力增大更快。

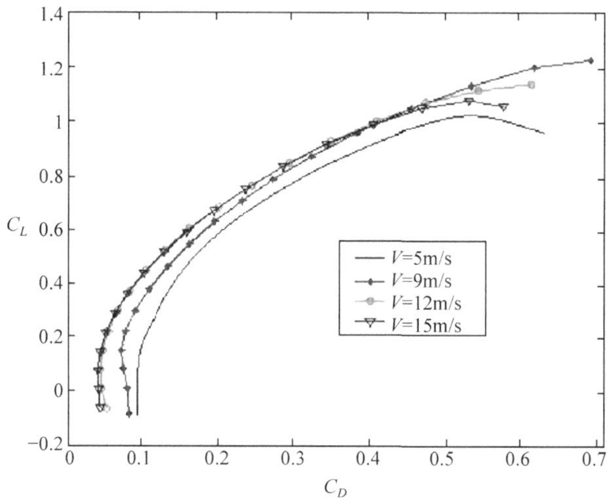

图 3.3.6 一架小型固定翼无人机的极曲线

巡航是无人机主要设计状态，而极曲线通常是飞行器巡航速度设计的依据。极曲线上与过原点直线相切的切点 A 就是最大升阻比点(图 3.3.7)。

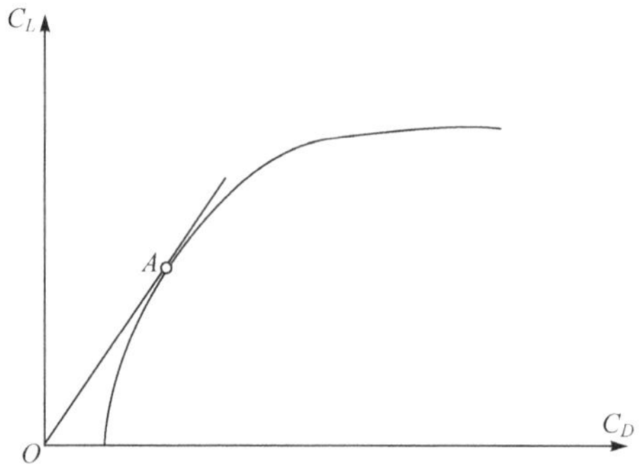

图 3.3.7 极曲线与最大升阻比

在给定飞行器起飞重量情况下，巡航状态的升力与重量平衡：

$$L = C_L\left(\frac{1}{2}\rho v^2\right)S = W$$

通常希望设计巡航状态接近最大升阻比，因此最有利的巡航速度为

$$v_{\text{巡航}} = \sqrt{\frac{W}{(C_L)_A\left(\frac{1}{2}\rho\right)S}} \tag{3.3.5}$$

式中，$(C_L)_A$ 为极曲线最大升阻比点处的升力系数，同时决定了巡航状态时飞行器的承载能力 W。

3.3.4 无人机的飞行性能计算

由于无人机主要在超低空飞行，主要关注的飞行性能是最大平飞速度、最小平飞速度、爬升性能、盘旋性能、续航性能、航程和起飞/着陆性能，对旋翼无人机还要求有稳定的空中悬停功能。无人机承担的任务和主要任务剖面决定所设计需求的飞行性能。

1. 最大平飞速度

飞行器最大平飞速度关系到可用推(拉)力和平飞需用推(拉)力的协调问题。首先，建立平飞需用推(拉)力与平飞速度的关系。飞行器做匀速平飞时，推(拉)力与阻力平衡：

$$P_{\text{需用}} = D = C_D\left(\frac{1}{2}\rho v^2\right)S$$

而平飞时需要的飞行速度为

$$v_{平飞} = \sqrt{\frac{W}{(C_L)_{平飞}(\frac{1}{2}\rho)S}} \tag{3.3.6}$$

因此飞行器做匀速平飞时需用推(拉)力：

$$P_{需用} = C_D\left(\frac{1}{2}\rho v^2\right)S = (C_D / C_L)C_L\left(\frac{1}{2}\rho v^2\right)S = \frac{W}{C_L / C_D} \tag{3.3.7}$$

可见，平飞时需用推(拉)力等于飞行器重量与升阻比之比。为此通过极曲线上不同的升阻比及其对应的 C_L 和 C_D，就可以得到平飞时需用推(拉)力与平飞速度之间的关系曲线：

$$P_{需用} = f(v) \tag{3.3.8}$$

进一步得到平飞时需用功率与平飞速度之间的关系曲线：

$$N_{需用} = P_{需用}V / 75 = f_1(v) \tag{3.3.9}$$

其次，建立可用推(拉)力与平飞速度的关系。对固定翼无人机，可用推(拉)力关系到电动机的可用功率、电动机转速和螺旋桨特性。以螺旋桨推进的固定翼无人机为例，可用推(拉)力不但与发动机有关，而且与螺旋桨效率和螺旋桨前进比有关。螺旋桨前进比为

$$J = \frac{V}{nD} \tag{3.3.10}$$

前进比关系到螺旋桨桨叶的实际气流迎角，由于相对气流而使桨叶的实际气流迎角减小了一个角度——前进角 θ(图 3.3.8)：

$$\theta = \arctan\left(\frac{V}{U}\right) = \arctan\left(\frac{V}{\pi Dn}\right) \tag{3.3.11}$$

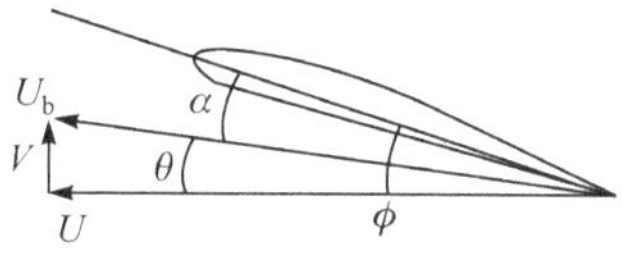

图 3.3.8　螺旋桨桨叶的实际气流迎角

式中，V 为飞行速度；D 为桨盘直径；n 为螺旋桨转速。则有

$$V_i = J_i n_i D \tag{3.3.12}$$

式中，下标 i 表示对应不同的转速。 转速 n_i 与可用功率有关。由于螺旋桨效率 η_i 因素，可用功率 $N_{可用i}$ 为发动机功率 $N_{发动机i}$ 与螺旋桨效率 η_i 之积：

$$N_{可用i} = N_{发动机i}\eta_i \tag{3.3.13}$$

为此，可得到可用功率与平飞速度之间的关系曲线：

$$P_{可用} = g(v) \tag{3.3.14}$$

分别绘出可用功率、需用功率与平飞速度之间的关系曲线，两曲线在右上方的交点所对应的平飞速度就是最大平飞速度(图 3.3.9)。

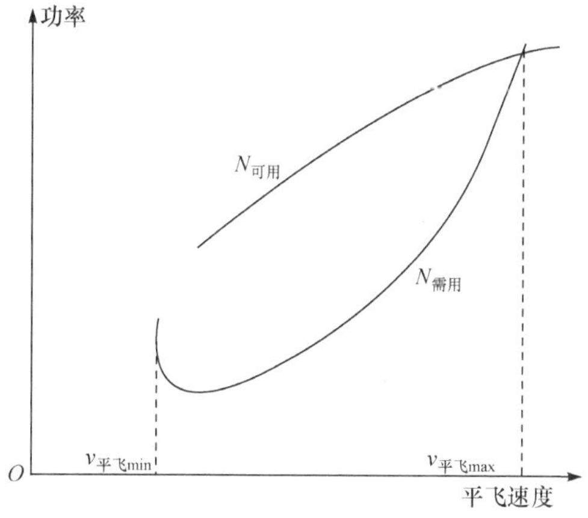

图 3.3.9　最大平飞速度的确定

2. 最小平飞速度

最小平飞速度确定的第一个途径从最大升力系数出发，基于气动布局升力系数曲线，则最小平飞速度为

$$v_{平飞\min} = \sqrt{\frac{W}{C_{L\max}\left(\frac{1}{2}\rho\right)S}} \tag{3.3.15}$$

进一步从极曲线找出对应的阻力系数 C_D，再计算出所需推力：

$$P_{需用} = D = C_D\left(\frac{1}{2}\rho v^2\right)S \tag{3.3.16}$$

如果发动机和螺旋桨能够提供所需推力，则最小平飞速度就可确定。如果发动机功率和螺旋桨效率不能满足所需推力，则可以选择新的发动机和螺旋桨以达到上述要求。

最小平飞速度确定的第二个途径是从现有动力装置出发，基于可用功率与平飞速度之间的关系曲线，则与该曲线左端相切直线交于横轴的交点值为最小平飞速度。

超低空飞行的无人机可以忽略高度的影响，对于在较高空中飞行的小型无人机，还应考虑高度对气动力和动力装置的影响。

3. 爬升性能

首先给出飞行器上升状态的力三角形和速度三角形，如图 3.3.10 所示。其中推力 P 为飞行器轴向推力 T 在飞行方向上的分量(在小迎角时，可用直接用 T 替代 P)：

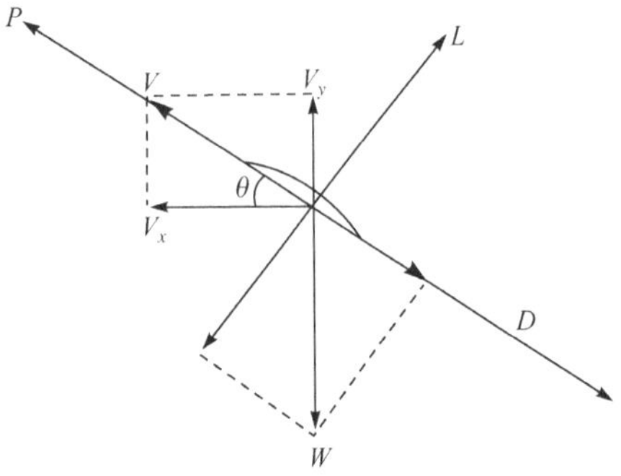

图 3.3.10　飞行器上升状态的力三角形

$$P = T\cos\alpha$$

从图 3.3.10 可容易得出，当飞行器做定速直线爬升时，

$$\frac{V_y}{V} = \frac{P-D}{W}$$

因此，等速爬升速度(爬升率)为

$$V_y = \frac{P-D}{W}V = \frac{P-0.5\rho V^2 SC_D}{W}V \tag{3.3.17}$$

进一步确定爬升角。当爬升角为 θ时，有

$$V_y = V\sin\theta$$

$$\theta = \arcsin\left[(P-D)/W\right]$$

于是推(拉)力可表示为

$$P = W\sin\theta + D = W\sin\theta + (D/L)W\cos\theta = W\left[\sin\theta + (1/k)\cos\theta\right] \tag{3.3.18}$$

容易知道，当 $\tan\theta = k$ (升阻比)时，升阻比越大，爬升角越大，需用拉力越小：

$$P = W\left[\sin\theta + (\cos\theta/\sin\theta)\cos\theta\right] = W\frac{\sin^2\theta + \cos^2\theta}{\sin\theta}$$

于是有

$$P = W/\sin\theta \tag{3.3.19}$$

当拉力为最大定值时，爬升角斜率取最大升阻比值可以获得最大的爬升角。

图 3.3.11 为一架无人机的爬升(H-t)曲线。无人机在 20s 内就爬升到预定巡航高度，平均爬升速度为 5m/s。

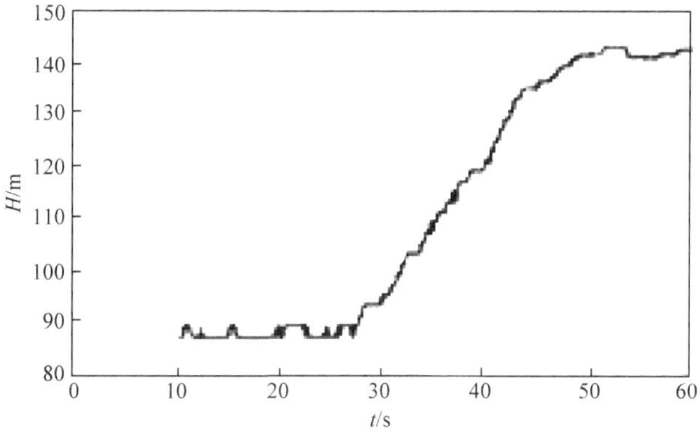

图 3.3.11　无人机爬升曲线

4. 盘旋性能

盘旋是无人机执行巡察任务的重要性能。设无人机水平盘旋时的倾斜角为β，则升力的竖直分量平衡重力：

$$L\cos\beta = W$$

升力的水平分量即水平盘旋的向心力(图 3.3.12)：

$$L\sin\beta = \frac{WV^2}{gR}$$

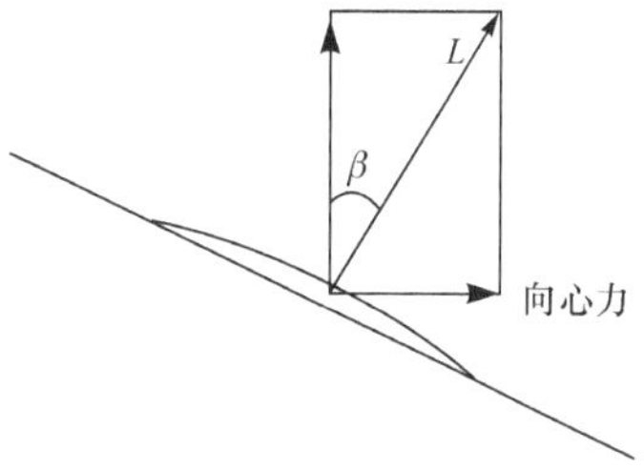

图 3.3.12　盘旋向心力

于是，可计算出盘旋半径 R：

$$R = \frac{V^2}{g\sin\beta} \tag{3.3.20}$$

由于盘旋时升力大于飞行器重力，产生过载：

$$n_z = \frac{L}{W} = \frac{L}{L\cos\beta} = 1/\cos\beta \tag{3.3.21}$$

以过载系数 n_z 表示的盘旋半径可以用式(3.3.22)计算：

$$R = \frac{V^2}{g\sin\beta} = \frac{V^2}{g\sqrt{n_z^2 - 1}} \tag{3.3.22}$$

定常盘旋一周的时间为

$$t = \frac{2\pi R}{V} = \frac{2\pi V}{g\sin\beta} = \frac{2\pi V}{g\sqrt{n_z^2 - 1}} \tag{3.3.23}$$

定常盘旋角速度(°/s)为

$$\omega = \frac{360}{t} = \frac{2\pi \times 57.3}{t} = 57.3\frac{g\sin\beta}{V} = 57.3\frac{g\sqrt{n_z^2 - 1}}{V} \tag{3.3.24}$$

5. 续航性能与航程

小型无人机载重量小，装载能源重量有限，因此维持一定的续航能力是小型无人机一个难点。续航时间为起飞爬升阶段、巡航阶段和下滑着陆阶段时间之和。由于无人机飞行高度很低，爬升、下滑时间很短，续航时间主要取决于巡航时间。

首先在确定设计巡航速度后，计算出相应的平飞需用功率 $N_{需用}$；然后测试电池组在 $N_{需用}$ 消耗下的有效作用时间(即除去电池电压下降到无法满足巡航速度运行后的电量)；最后将巡航时间加上爬升时间和下滑时间就是无人机的续航时间。

如果不必须满足巡航速度，最大续航时间可能更长一些。可寻取维持重量飞行的更大升力系数和较小的平飞速度，再根据极曲线求出相应的阻力系数与阻力，然后从需用功率与平飞速度之间的关系曲线上求出比设计巡航时更小的需用功率；最后获得最大续航时间。

航程：

$$L = L_{爬升} + L_{巡航} + L_{下滑} \tag{3.3.25}$$

其中，主要巡航航程：

$$L_{巡航} = V_{巡航} t_{巡航}$$

飞行半径：

$$R_{飞行} \leqslant (1/2)\ L \tag{3.3.26}$$

6. 起飞性能

小型固定翼可以仅用手抛起飞或弹射起飞，而旋翼无人机可以从地面无助力起飞。

大型固定翼无人机的起飞需要跑道滑跑加速。为使滑跑较短距离就能加速到产生的升力等于或大于飞行器的重量，可采用以下设计措施。

(1) 设计较小的翼载荷，使无人机在低速下具有足够的升力。从气动角度，小型固定翼的翼载荷不要大于 40N/m^2。

(2) 最小平飞速度设计，在翼型气动布局设计时，保证无人机在滑跑速度能够大于小迎角下的最小平飞速度时就能起飞。

(3) 减轻飞行器重量，尽量减少飞行器结构、动力和内部系统的重量。

(4) 增加发动机最大功率，使无人机起飞时螺旋桨有足够的加速拉力。

7. 着陆性能

固定翼无人机着陆下降通常采用滑翔着陆方式。着陆前对无人机进行接近失速大迎角的姿态控制，并逐渐减小动力“油门”至停机，以很小速度飘落着地。

3.4 无人机的起飞与回收方式

无人机上没有驾驶员，与同级别的有人驾驶飞行器相比，无论是无人机遥控起降还是自主控制起降，其起飞和着陆的难度更大些。

3.4.1 固定翼无人机起降方式

固定翼无人机起飞需有一个必要的起飞初速度，以便无人机产生足够的起飞升力。升力公式为

$$Y = \frac{1}{2}\rho V^2 C_y S \tag{3.4.1}$$

无人机要起飞，升力 Y 必须大于飞行器起飞重量 W。通常为了起飞稳定，无人机宜采用小迎角，于是

$$Y = \frac{1}{2}\rho V^2 C_y S \geqslant W \tag{3.4.2}$$

$$V \geqslant \sqrt{\frac{W}{\frac{1}{2}\rho C_y S}} \tag{3.4.3}$$

因此，起飞速度就成为固定翼无人机起飞是否成功的关键。

目前，常见的固定翼无人机起飞方式如下。

1. 手抛起飞

无人机手抛起飞方式主要适于固定翼、扑翼微型飞行器和超轻型无人机。手抛起飞的超轻型无人机必须体积小(通常翼展不大于 2m)和重量轻(通常重量在几千克)。手抛起飞的优点是，可以根据无人机的大小与重量控制起飞的速度和角度，使用灵活方便。除国内外的微型飞行器之外，以色列“云雀”无人机(图 3.4.1)、美国“大乌鸦”“指针”无人机、英国 MSV-10 无人机都是采用手抛起飞的。

图 3.4.1　以色列“云雀”无人机手抛起飞

2. 弹射起飞

对于质量较大的无人机，手抛起飞已经无能为力。弹射起飞将弹性势能转换为发射动能，使无人机迅速加速到足够的起飞速度。弹射起飞采用不同的弹射方式，能够实现起飞的无人机范围较广，小到可用橡筋弹射，大到需要用液压弹射、燃气弹射、电磁弹射等。弹射起飞的优点是不需要固定的跑道，起飞地点可灵活选取，如图 3.4.2 所示。

3. 火箭助推发射

无人机由火箭助推发射的优点与弹射起飞类似，机动灵活，而且装置简捷。但是火箭助推发射的火工品需要进行特殊的储存和使用，且发射时会出现声、光、烟等信息，容易暴露无人机发射地点，如图 3.4.3 所示。

图 3.4.2　美国“扫描鹰”无人机弹射起飞

图 3.4.3　美国“猎人”无人机火箭助推发射

4. 地面滑跑起飞

地面滑跑起飞与常见的固定翼有人飞机起飞方式相同，主要依靠发动机加大推力以获得无人机起飞速度，实现升空。地面滑跑起飞的优点是，无人机起飞系统和起落架与机体结构相连，结构简单和性能可靠，加速过程过载小；而缺点是需要较长的固定地址跑道，如图 3.4.4 所示。

图 3.4.4　国产“彩虹”无人机地面滑跑起飞

3.4.2 无人机回收技术

无人机回收方式相对于起飞方式较少，主要有滑跑着陆回收(简称滑跑着陆)、伞降回收、着网回收、撞绳回收、气垫回收及旋翼类无人机垂直降落回收等。无人机回收着眼于缓冲吸能安全着陆。

1. 无人机滑跑着陆技术

无人机的滑跑着陆技术要比滑跑起飞技术困难，因为这是一个逐渐减速、升力不断变小、着地过程。无论是人工遥控操纵着陆还是自主控制着陆，固定翼无人机的滑跑着陆都要经历进场、下滑、拉平、飘落和滑行几个过程，如图 3.4.5 所示。

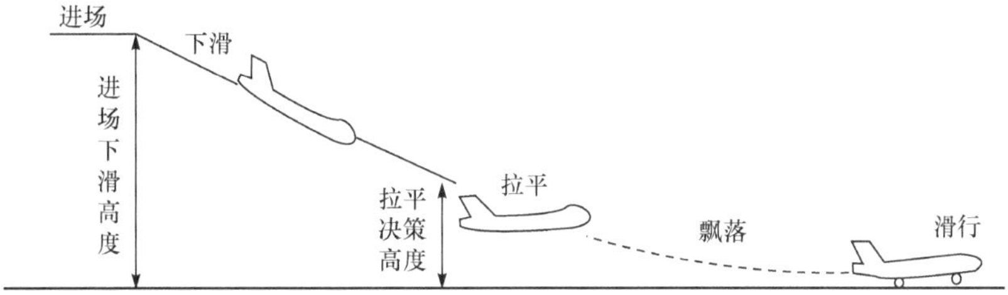

图 3.4.5　无人机滑跑着陆过程

(1) 进场。无人机在接到人工遥控回收指令后即在巡航高度上开始下降。当无人机下降到某一预定高度时，人工遥控发出“无人机开始进场”指令。此时无人机按照人工遥控信号不断地修正对准跑道的方位，并且无人机下滑前应减小飞行速度。

(2) 下滑。当无人机进场阶段结束时，断开高度自动保持系统，按照人工遥控指令开始下滑。与此同时，通过人工观察实时修正无人机的侧滑角和由侧风干扰所引起的轨迹偏差，使无人机空速方向对准跑道中心线。通常操控员按照一定的航迹倾斜角(无人机航迹倾斜角可为$-5°\sim-3°$)下滑，同时无人机减速。

(3) 拉平。下滑过程中，人工遥控无人机不断减小航迹倾斜角，使无人机的轨迹沿曲线拉平。无人机适宜的拉平决策高度通常为 10～20m。当无人机拉平后，适当增大迎角使弯曲轨迹变为与地面平行。

(4) 飘落。无人机拉平后，进一步下降高度，同时减小迎角。这时无人机的重力略大于升力，无人机呈飘落状态，最终机轮触地完成飘落阶段。

(5) 滑行。无人机机轮接触地面后，由于惯性在跑道上滑跑。小型无人机可以利用地面摩擦停止滑行。大中型无人机可采用阻力板、阻力伞或机轮制动等方法缩短滑行距离。

2. 无人机伞降回收技术

伞降回收就是用降落伞来回收无人机，这种回收方式操作简单，使用成本低，无人机可以多次重复使用。

降落伞的工作过程大致可分为五个阶段：①关闭无人机发动机到打开伞舱的自由坠落阶段；②从伞舱内拉出主伞到伞衣和伞绳全长拉直阶段；③伞衣、伞绳全拉直到伞衣全部充满阶段；④伞衣充满到稳定下降阶段；⑤无人机着地后，使主伞与无人机分离，防止风大拖坏无人机，如图 3.4.6 所示。

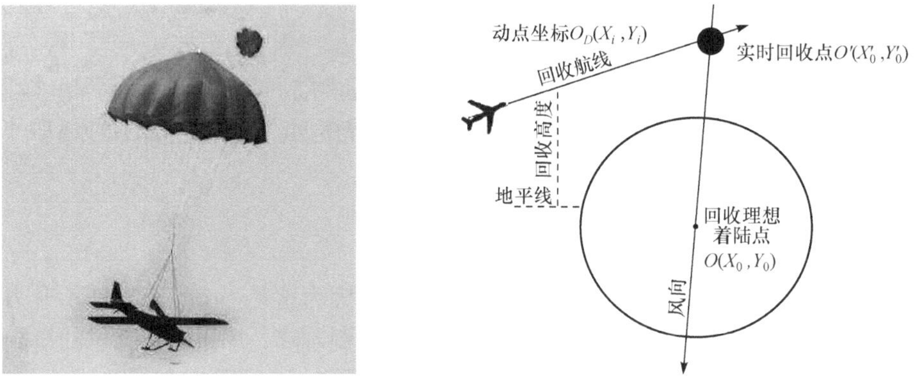

图 3.4.6　常规的无人机伞降回收

由于无人机伞降回收时受风向和风速的影响较大，所以必须根据无人机回收地点附近的风向和风速，来确定出伞地点、最低回收高度、无人机回收水平漂移距离、回收航迹估计。

由于无人机回收时风速和着陆地面环境具有不确定性，无人机着陆时容易被碰伤，尤其是机翼、机头和机尾。因此，常用辅助气囊来减少无人机着地碰撞损伤，如图 3.4.7 所示。

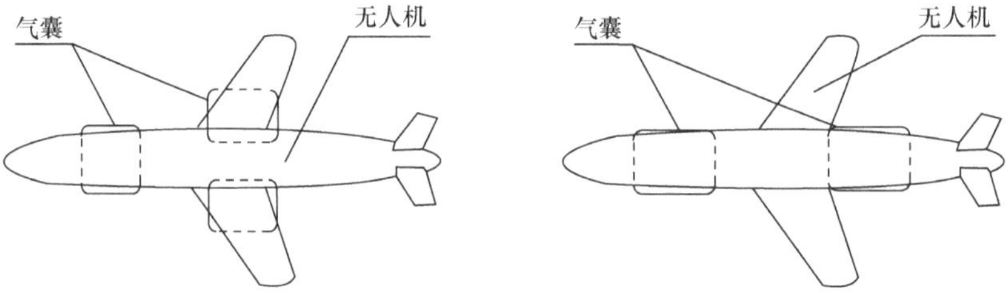

图 3.4.7　无人机回收气囊布置示意图

3. 无人机着网回收技术

无人机着网回收方式由于不受地点限制(陆地、舰船)，回收过程简单，特别适合固定翼无人机在狭窄回收场地或舰船上使用，因此，也是目前一种受到重视的无人机回收方法。着网回收也是一种零距离回收方式。着网回收适用于中小型舰船，回收网通常在舰船尾部上部展开。无人机可直接撞入网中，被成功捕获后，降低网的高度，然后人工从网中取出无人机，如图 3.4.8 所示。

着网回收系统由拦阻网、吸能缓冲装置和末端引导装置等组成。拦阻网承担吸能缓冲的任务。目前，着网回收的无人机末端引导技术研究主要有以下几类：雷达引导、激光引导、GPS 组合引导和电视跟踪引导等。其中，基于激光引导的典型应用为瑞士空军使用的目标定位和跟踪传感器自动引导系统;基于 GPS 组合引导的典型应用有美国的 Piccolo 自动着舰系统，该系统用于“银狐”无人机的自动着舰着网回收。自动引导装置设置有网后面的移动摄像头。摄像头实时捕捉无人机返航过程中进入回收空域的状态，随时报告无人机的相对回收装置的三维坐标。

在上述无人机着网回收方法基础上，人们又提出一种更加简捷和有效的撞绳回收方法，如图 3.4.9 所示。严格地说，这是一种新型绳钩回收方式。绳钩回收方式利用一根垂直安装在吊杆上的绳索捕获无人机，并由翼梢处设置的绳钩来实现回收。此回收方法基本不占用舰船甲板空间(绳钩回收装置可固定在船舷)，对气象要求低，使其相对于着网回收和伞降回收更适合舰载小型固定翼无人机的回收任务。

图 3.4.8　无人机着网回收

图 3.4.9　无人机撞绳回收

3.5　无人机设计的特殊问题和总体设计的优化方法

3.5.1　无人机设计的特殊问题

从气动特性和飞行原理方面来说，无人机可以设计成更简洁的构型，为了充分发挥无人机重量轻、尺寸小、成本低、设计周期短、结构简洁、机动灵活的优点，设计无人机必须克服如下的困难。

(1) 无人机更强调高度集成设计，因此无人机不能像大型飞机那样各个部件和分系统可以独立设计，必须统一设计、综合考虑。

(2) 必须解决小尺寸与提高有效载荷的矛盾。

无人机的尺寸限定了最大有效载荷，如果尺寸确定，要增加有效载荷必然会消耗更大的能源，而在能源重量不变情况下，只能减少续航时间。但在一定小尺寸范围内，并不是尺寸越大，承载重量越大。这是因为尺寸增大，阻力增大，所耗能源增大。单纯增大尺寸，在续航时间不变时，并不一定能增加有效载荷重量。因此，在小型无人机尺寸一定的情况下，有效载荷和续航时间的指标必须协调。

(3) 必须解决动力与能源和续航时间的矛盾。

无论是固定翼、旋翼还是其他形式的无人机，升力取决于提供的动力。然而，增加动力，必然会增加能源的消耗。但在其他性能指标不变的情况下，所耗能源加大则增加了飞行器重量，因而，原有的升力就不够了。目前，小型无人机多数采用电动机，通常电池重量要占到飞行器总重量的 1/3 左右。高能重比的电池选取很重要。目前聚合物锂电池容量有限，如果没有其他能源替代，那么电池重量、电动机耗电率、承重能力必须反复协调解决。寻求新的电动能源将是小型无人机提高航时的关键。

(4) 必须解决轻质量与稳定性控制的矛盾。

常规飞行器的尺寸与飞行控制之间并没有直接关系。无人机则不然，轻质量是无人机的特点。但无人机尺寸越小、质量越轻，其抗风能力越弱，从而在有风情况下出现飞行的不稳定。无人机的低雷诺数、非线性、非定常的空气动力学特性给飞行控制带来很大的困难。无人机的尺寸、质量的指标与控制方法的设计必须反复协调。

(5) 必须解决高集成性与电磁干扰的矛盾。

系统的高集成性是先进无人机设计的必需。而小尺寸无人机机体的各种电气(动力、能源、伺服舵机)、电子设备(控制、信息传输、卫星导航、任务设备)相对空间和距离很小，因此，高密度电路、电气、电子器件对微系统微弱信号所产生的内部电磁干扰问题，一直是无人机电磁兼容设计的难关。在强调高集成性的同时，必须精心布置各种电气、电子设备的位置以及电磁屏蔽等设计。

(6) 必须解决空-地信息远距离和大容量数据的传输问题。

任务图像视频数据量大,要实时了解和获得视频数据是无人机空-地信息传输最大问题。除了图像压缩技术问题，机载耗电量、传输效率和精度、电磁干扰等问题以及与无人机平台本身性能匹配必须进行设计优化综合协调。

(7) 无人机研制以其结构简单、设计周期短、成本低而受到重视和发展，但是其可靠性和飞行环境适应性要远远低于有人驾驶飞行器。无人机的飞行安全性将永远是无人机设计的关键。

(8) 无人机与人介入的协调问题。

目前无人机飞行过程的控制通常采用三种模式：遥控飞行、姿态自动增稳遥控导航飞行和全自主飞行控制。

遥控飞行，又称手动飞行，全依靠遥控驾驶员手动操作无人机飞行。无人机所有姿态和航行角度不受自动飞行控制系统管理，即既无卫星导航系统定位，也无控制系统自动姿态增稳。因此，这种飞行模式完全依赖遥控驾驶员驾驶技术，包括无人机的姿态稳定和导航飞行。

姿态自动增稳遥控导航飞行，又简称增稳遥控飞行，即飞行控制系统用于保持无人机自身姿态的稳定，而无人机的轨迹导航(包括升降、航向和速度)依靠人员遥控操作的一种控制方法。通常这种飞行控制模式可不用卫星导航模块，但是旋翼类无人机“放手”自动定点“悬停”，还是要用到卫星导航模块和高度传感器自动定位的。

全自主飞行控制，又称规划航点程序飞行，即地面人员在地面站上规划预设定无人机航点（包括水平坐标、高度和速度），再把导航指令通过无线电传输到无人机的飞行控制导航系统中，无人机按预设程序自主控制导航飞行。

上述三种无人机飞行控制模式通常可以互相“切换”。即使是规划航点程序飞行，也可以遥控起飞、遥控着陆和中途人工遥控改变航点。在紧急情况下，无人机系统应具有“一键返航”人工遥控功能。

任务载荷控制通常离不开地面人员的控制。例如，侦察特定目标，发现目标或障碍物，控制任务设备云台转动搜寻，锁定目标，攻击目标，都需要地面人员的测控、识别和下达指令，包括对摄像机云台的控制。无人战机的机载武器发射，通常由地面人员根据地面站传回的无人机现场信息操纵执行，如图 3.5.1 所示。

图 3.5.1 无人战机地面遥控攻击指挥站

3.5.2 无人机总体设计的优化方法

无人机高度集成，尤其小型无人机体积小、集成度更高，改变任何一个技术指标值，也会牵一线而动全身。因此小型无人机不能像大型飞机那样，外形、气动、结构、动力、控制系统、信息系统、任务装置不能独立设计，必须采取综合设计、反复协调的策略。从上述分析可知，要设计出较满意的无人机，对设计进行细致的优化无疑是十分必要的。然而，小型无人机尺寸小、重量轻、系统高度集成，使得单方向优化设计行不通。协调综合优化设计是无人机必需的途径，仅就尺寸和续航时间问题就涉及飞行器总体设计、空气动力学、动力、能源、电子、自动化、机电制造等学科，这也是小型无人机需要多学科设计综合优化的原因。

1) 确保任务能力下的最小重量优化设计

目标函数：Min 无人机重量 $W(x, x_a)$

设计变量：(1) 结构重量设计变量 x

(2) 空中系统设计变量 $x_a=\{x_{a1}, x_{a2}, x_{a3}\}$

约束条件：(1) 约束条件：结构强度

(2) 附加约束：能源，动力装置，任务设备，……

2) 确保承载能力下的最小尺寸优化设计

目标函数：Min 无人机尺寸 $L(x, x_a)$

设计变量：(1) 展弦比(旋翼桨叶长)x

(2) 机翼、机身尺寸变量 x_a

约束条件：(1) 约束条件：承载能力

(2) 附加约束：飞行速度，续航时间，任务装载，……

3) 动力与能源约束下的最大续航时间优化设计

目标函数： Max 飞行时间 $h(x, x_a)$

设计变量：(1) 能源耗损率(电池、燃油)x

(2) 巡航速度等 x_a

约束条件：(1) 约束条件：升力，机体重量，承载重量，能重比

(2) 附加约束：发动机(电动机)，任务耗能，……

4) 实际运行功能需求下的最低成本优化设计

目标函数：Min　生产费用(x, x_a)

设计变量：(1) 研发成本(人力、设备)x

(2) 生产成本、外购件 x_a

约束条件：(1) 约束条件：无人机性能，任务要求

(2) 附加约束：材料，销售环节，……

5) 多功能综合协调的优化设计

多学科设计优化(MDO)方法是近年来发展起来的一种可以解决复杂工程系统和多学科动态影响的优化设计方法，通过充分利用各个学科之间的相互作用所产生的协同作用，以获得系统的整体最优解。

只有采用 MDO 方法才能有效得到“最佳”设计结果。例如，以最小重量为目标的 MDO 方法，包括几何外形、结构、内部系统重量与布置的设计。当然，MDO 方法依赖于各个子系统的分析方法是否有效。先后对无人机气动外形设计、增大航程优化设计、承重能力设计、抗阵风干扰设计进行了 MDO 研究，取得一定的效果。从科学意义上来说，小型无人机不仅小尺寸，通常需要设计新形式或新布局；小型无人机控制系统通常利用 MEMS 传感器和其他微型电子器件，来设计成高度集成、重量很轻的内部系统；它必须研制能产生足够功率而重量微小的动力装置；它必须研究新型的比能高、供能时间长的轻型能源；它必须研究与现在不同的材料结构；它必须研究完全不同于无人机各种动翼型的飞行器原理，以实现小尺寸而满足性能要求的新型无人机。

系统 MDO 问题在数学形式上可简洁地表达为图 3.5.2。

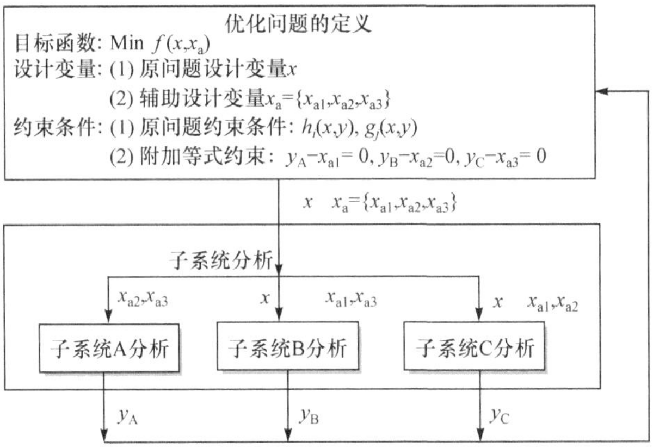

图 3.5.2　方法流程图

上述 MDO 中常用到的术语如下。

设计变量 x：用来描述工程系统的特征、在设计过程中可被设计者控制的一组相互独立的变量。

子系统分析：给定设计变量和其他子系统的状态变量，求解该子系统状态变量的计算过程。在 MDO 问题中，子系统分析有时指单学科分析。

一致性设计(Consistent Design)：对于一组设计变量 x，通过系统分析有解存在的设计方法。因为在 MDO 问题中，并不是所有的设计变量通过系统分析都会有解。

可行设计(Feasible Design)：满足所有设计要求或设计约束的一致性设计。

最优设计(Optimum Design)：使目标函数最小(或最大)的可行设计。最优设计可分为局部最优设计和全局最优设计。与单学科优化问题相比，MDO 问题中系统分析的计算量要大得多，而且各学科之间的数据传递与管理复杂得多，因此许多新的问题有待解决。针对 MDO 特点，MDO 的基本研究可归纳为四个方面：①代理模型技术；②面向多学科的敏感度分析；③MDO 方法(或策略)；④MDO 的计算环境。

无人机总体参数优化涉及多个学科，包括几何外形、气动分析与优化、结构设计与优化、总体布置与重量重心计算、操稳分析与控制律设计、性能计算、隐身性能分析、推力特性计算等，各学科之间的数据传递关系复杂，通常用设计结构矩阵(Design Structure Matrix，DSM)的方法来描述，给出各学科之间的数据传递关系，其中右上方为前向传递数据，左下方为反馈数据。

常见的优化数学方法有：①最速下降法，②牛顿法，③共轭梯度法，④单纯形方法，⑤线性规划法，⑥二次罚函数方法，⑦序列二次规划方法，⑧多岛遗传算法等。

图 3.5.3 给出一个飞翼式布局飞行器要提高升阻比、减少跨声速飞行的波阻和非线性压力阻力，同时考虑减少结构根部弯矩和结构重量的综合优化设计的过程。对翼身融合体的三维外形作平面形状、弯扭形状及翼尖形状的综合优化设计，是运用根据所需气动特性和压力分布来反求机翼外形的方法。飞机由初始平面形状出发，沿翼展用气体反方法优化外形，应满足几个飞行条件平衡下的设计要求和所有约束，最后得到最小起飞重量的目标函数。优化设计完成了平面形状、厚度和扭转的优化，还优化了蒙皮厚度、燃油的分布、翼梢的位置和控制面的偏角，在优化中满足对航程、平衡、结构设计、最大升力、稳定性、控制效率和平衡等的约束。

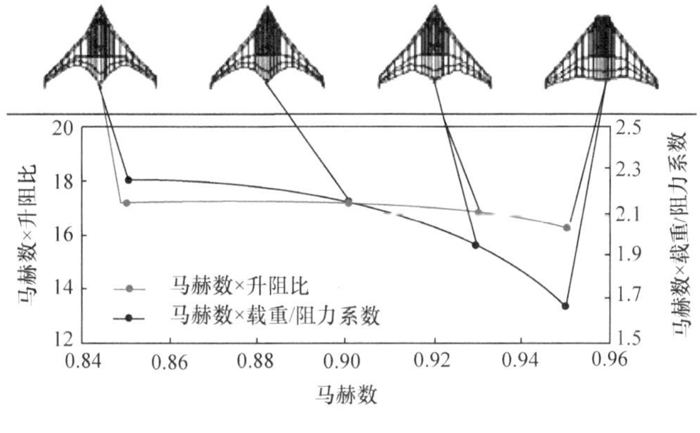

图 3.5.3　不同形状飞翼的升阻比和载重/阻力系数的比较

第 4 章　无人机飞行控制与导航技术

4.1　无人机飞行运动建模

对于飞行速度不是太大的无人机，在运动建模时可以把大地当作不旋转的平面。在此前提下，本章介绍无人机质心运动和旋转运动的方程，包括动力学方程和运动学方程，作为研究无人机控制和数值仿真的基础。

4.1.1　基本假设

无人机运动建模是研究无人机飞行动力学、飞行控制和数值仿真的基础。对于大部分无人机，可将其飞行运动分解为质心运动和旋转运动，分别建立动力学方程和运动学方程。

在本章无人机运动建模中，将大地视为平面，也就是不考虑大地的曲率和旋转，于是大地就是惯性参考系。这样的处理适用于速度不太大(一般指对应的飞行马赫数不超过 5)的无人机。

4.1.2　坐标系和运动变量的定义

在无人机飞行运动建模与飞行动力学研究中，需要用到许多坐标系，因此，理解各个坐标系的含义以及各个坐标系之间的关系就十分重要。

与其他学科相比，无人机等飞行器飞行动力学研究中使用的坐标系数目相对较多，这是因为所涉及的力、力矩和运动变量多，而且规律复杂。

无人机飞行动力学研究中，一般采用直角坐标系，并遵循右手法则。在定义直角坐标系时，需要明确规定：

(1) 原点 O 的位置；

(2) 基准平面，即包含两个坐标轴(如轴 x 和 y)的平面的取向；

(3) 其中一个轴(如轴 x)在基准平面中的取向。

在研究无人机飞行运动中，常用的坐标系有地面坐标系、本体坐标系、气流坐标系、航迹坐标系。

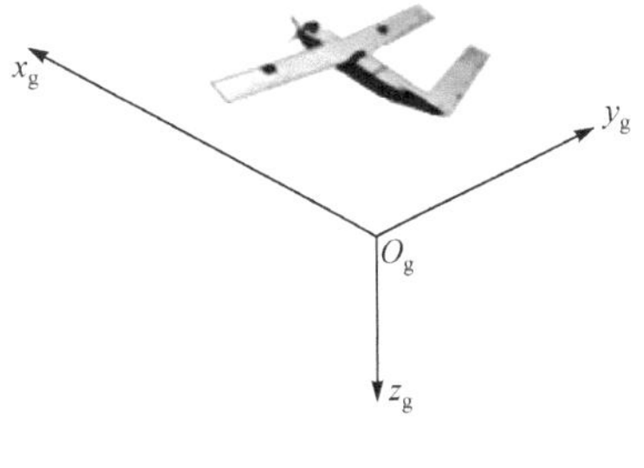

图 4.1.1　地面坐标系示意图

1. 地面坐标系(S_g)

地面坐标系与大地固联，原点 O_g 选择在大地中的某点，通常(但不一定)是地球表面上的点；轴 z_g 铅垂向下；轴 x_g 在水平面内，其方向可任意选择，通常与飞行任务相关；轴 y_g 按右手法则确定，如图 4.1.1 所示。

地面坐标系主要作为衡量飞行器位置和姿态的基准。

2. 本体坐标系(S_b)

本体坐标系原点 O_b 取飞行器质心；纵向轴 x_b 沿飞行器结构纵轴向前；竖向轴 z_b 在对称平面内，垂直于纵轴，指向下；横向轴 y_b 垂直于对称平面，指向右方，如图 4.1.2 所示。

本体坐标系与机体固联，因此本体坐标系常用于描述无人机姿态或与机体直接相关的状态。

3. 气流坐标系(S_a)

气流坐标系与飞行器空速矢量 $\boldsymbol{V}_a$ 和飞行器本体相联系。原点 O_a 取飞行器质心；纵向轴 x_a 沿空速矢量 $\boldsymbol{V}_a$，指向前；竖向轴 z_a 在对称平面内，垂直于空速矢量 $\boldsymbol{V}_a$；y_a 垂直于 x_a 和 z_a，指向右方，如图 4.1.3 所示。

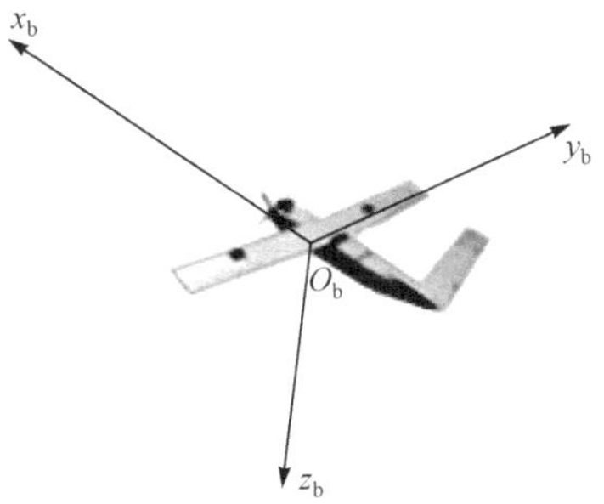

图 4.1.2　本体坐标系示意图

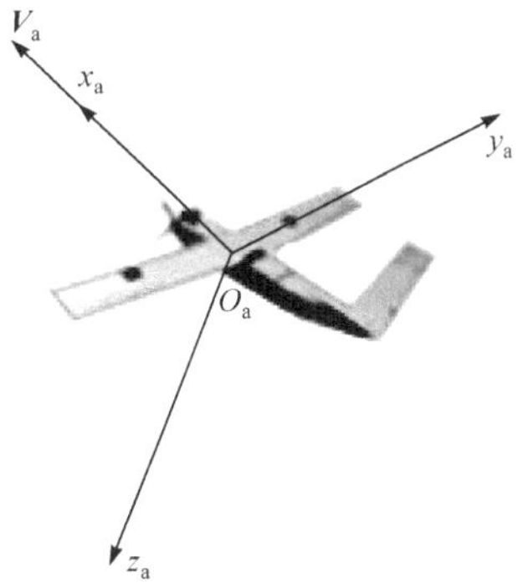

图 4.1.3　气流坐标系示意图

气流坐标系一般在飞行器空气动力学建模时使用。

4. 航迹坐标系(S_k)

航迹坐标系由飞行器航迹速度矢量 $\boldsymbol{V}_k$ 决定。原点 O_k 取飞行器质心；轴 x_k 沿飞行器航迹速度矢量 $\boldsymbol{V}_k$；轴 z_k 在通过航迹速度矢量的铅垂平面内，垂直于航迹速度矢量，指向下；y_k 垂直于 x_k 和 z_k，指向右方，如图 4.1.4 所示。

航迹坐标系一般在飞行器飞行轨迹运动建模时使用。

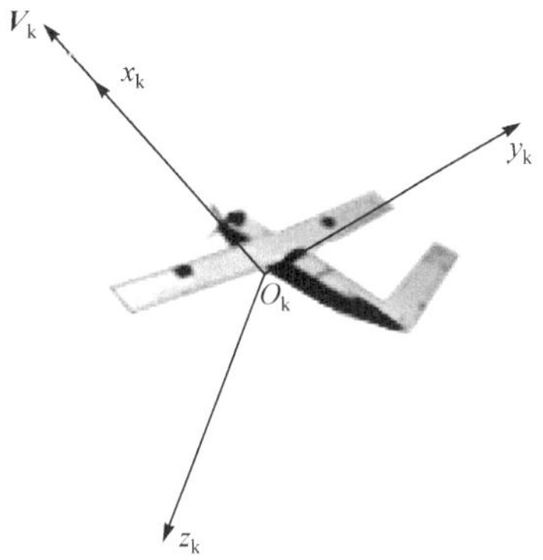

图 4.1.4　航迹坐标系示意图

5. 坐标系之间的关系

1) 本体坐标系与地面坐标系之间的关系

本体坐标系与地面坐标系可由飞行器的三个欧拉姿态角相联系，如图 4.1.5 所示。

偏航角：x_b 在水平面 $x_g y_g$ 上的投影与 x_g 的夹角；

俯仰角：x_b 与水平面 $x_g y_g$ 之间的角度；

滚转角：飞行器对称平面 $x_b y_b$ 与通过 x_b 的铅垂平面的夹角。

2) 气流坐标系与本体坐标系之间的关系

气流坐标系与本体坐标系可由迎角和侧滑角相联系，如图 4.1.6 所示。

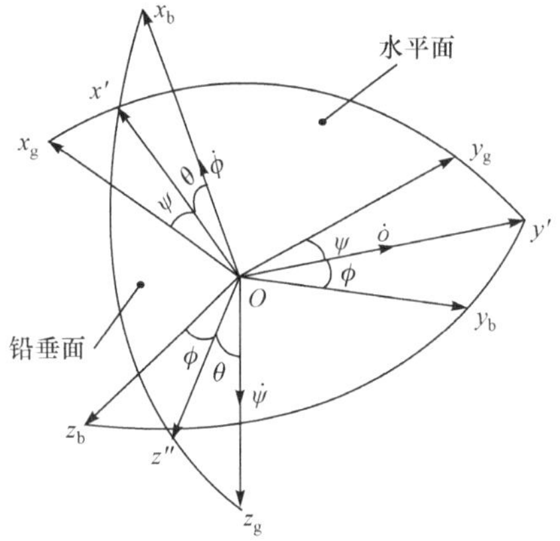

图 4.1.5　本体坐标系与地面坐标系关系示意图

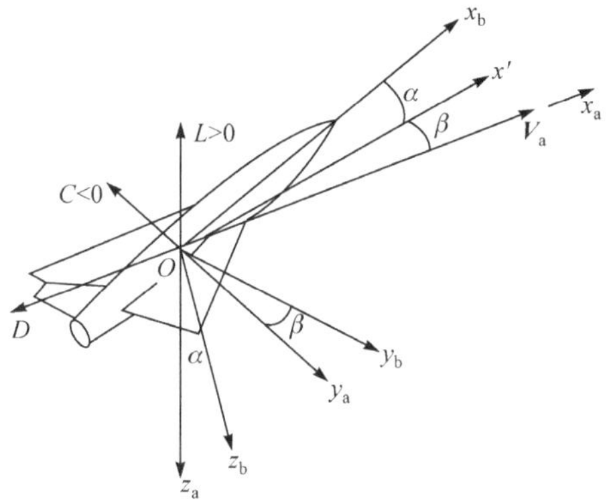

图 4.1.6　气流坐标系与本体坐标系关系示意图

迎角：空速矢量 $\boldsymbol{V}_a$ 在飞行器对称平面 $x_b z_b$ 上的投影与 x_b 的夹角；

侧滑角：空速矢量 $\boldsymbol{V}_a$ 与飞行器对称平面 $x_b z_b$ 之间的夹角。

3) 航迹坐标系与地面坐标系之间的关系

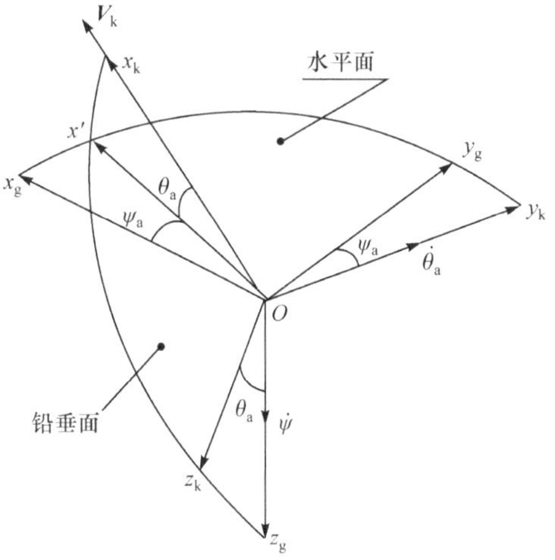

图 4.1.7　航迹坐标系与地面坐标系关系示意图

航迹坐标系与地面坐标系可由航迹方位角和航迹倾斜角(爬升角)相联系，如图 4.1.7 所示。

航迹方位角：航迹速度矢量 $\boldsymbol{V}_k$ 在水平面 $x_g y_g$ 内的投影与 x_g 的夹角；

航迹倾斜角：航迹速度矢量 $\boldsymbol{V}_k$ 与水平面 $x_g z_g$ 之间的夹角。

6. 坐标系转换

S_a、S_b 之间的转换关系可以通过坐标系转换矩阵 $\boldsymbol{L}_{ba}$ 或 $\boldsymbol{L}_{ab}$ 来描述。

对于任意矢量 $\boldsymbol{U}=\left[U_x,U_y,U_z\right]$，有如下关系：

$$(\boldsymbol{U})_a=\boldsymbol{L}_{ab}(\boldsymbol{U})_b$$

$$(\boldsymbol{U})_b=\boldsymbol{L}_{ba}(\boldsymbol{U})_a$$

式中，$\boldsymbol{L}_{ab}$ 为坐标系 S_b 到 S_a 的转换矩阵；$\boldsymbol{L}_{ba}$ 为坐标系 S_a 到 S_b 的转换矩阵。

坐标系转换矩阵由两个坐标系之间的相互关系确定，如地面坐标系 S_g 到本体坐标系 S_b 的转换矩阵 $\boldsymbol{L}_{bg}$：

$$\begin{aligned}\boldsymbol{L}_{bg}&=L_x(\phi)L_y(\theta)L_z(\psi)\\&=\begin{bmatrix}\cos\theta\cos\psi & \cos\theta\sin\psi & -\sin\theta\\ \sin\phi\sin\theta\cos\psi-\cos\phi\sin\psi & \sin\phi\sin\theta\sin\psi+\cos\phi\cos\psi & \sin\phi\cos\theta\\ \cos\phi\sin\theta\cos\psi+\sin\phi\sin\psi & \cos\phi\sin\theta\sin\psi-\sin\phi\cos\psi & \cos\phi\cos\theta\end{bmatrix}\end{aligned}$$

本体坐标系 S_{b} 到气流坐标系 S_{a} 的转换矩阵 $\boldsymbol{L}_{\mathrm{ab}}$：

$$\boldsymbol{L}_{\mathrm{ab}}=L_z(\beta)L_y(-\alpha)=\begin{bmatrix}\cos\beta\cos\alpha & \sin\beta & \cos\beta\sin\alpha\\ -\sin\beta\cos\alpha & \cos\beta & -\sin\beta\sin\alpha\\ -\sin\alpha & 0 & \cos\alpha\end{bmatrix}$$

地面坐标系 S_{g} 到航迹坐标系 S_{k} 的转换矩阵 $\boldsymbol{L}_{\mathrm{kg}}$：

$$\boldsymbol{L}_{\mathrm{kg}}=L_y(\gamma)L_z(\chi)=\begin{bmatrix}\cos\gamma\cos\chi & \cos\gamma\sin\chi & -\sin\gamma\\ -\sin\chi & \cos\chi & 0\\ \sin\gamma\cos\chi & \sin\gamma\sin\chi & \cos\gamma\end{bmatrix}$$

大部分无人机(固定翼、旋翼)在动力学范围内可作为一个可控制的六自由度刚体，不考虑结构弹性、变形等造成的影响，因此，可将无人机运动分解为质心的线运动与机体绕质心的旋转运动，相应地，需要分别建立其质心运动方程和旋转运动方程。

4.1.3 无人机运动方程

大部分无人机的飞行运动可作为刚体运动进行分析，即将其分解为质心的线运动以及绕质心的旋转运动。因此在建立无人机运动数学模型时，需要分别建立其质心运动方程和旋转运动方程。

质心运动方程和旋转运动方程分别由动力学方程和运动学方程组成。

1. 质心运动方程

1) 质心动力学方程

无人机质心动力学方程主要描述无人机质心加速度与作用力之间的关系，其基本形式为

$$m\frac{\mathrm{d}\boldsymbol{V}_{\mathrm{k}}}{\mathrm{d}t}=\boldsymbol{P}+\boldsymbol{A}+m\boldsymbol{g}$$

式中，m 为无人机质量；$\boldsymbol{V}_{\mathrm{k}}$ 为无人机质心运动速度，即飞行航迹速度；$\boldsymbol{P}$ 为推进力；$\boldsymbol{A}$ 为空气动力；$\boldsymbol{g}$ 为重力加速度。

将各矢量在不同坐标系表示，即可得到质心动力学方程在不同坐标系下的表示。

在航迹坐标系中建立质心动力学方程，可直接给出航迹速度 $\boldsymbol{V}_{\mathrm{k}}$ 的大小和航迹倾斜角、航迹方位角的变化，对无人机飞行控制分析有利。航迹坐标系下的无人机质心动力学方程如下：

$$\begin{pmatrix}\mathrm{d}\boldsymbol{V}_{\mathrm{k}}/\mathrm{d}t\\ \boldsymbol{V}_{\mathrm{k}}\cos\gamma(\mathrm{d}\chi/\mathrm{d}t)\\ -\boldsymbol{V}_{\mathrm{k}}(\mathrm{d}\gamma/\mathrm{d}t)\end{pmatrix}=\frac{1}{m}\left\{\boldsymbol{L}_{\mathrm{kb}}\left[\begin{pmatrix}P_{x\mathrm{b}}\\ P_{y\mathrm{b}}\\ P_{z\mathrm{b}}\end{pmatrix}+\boldsymbol{L}_{\mathrm{ba}}\begin{pmatrix}-(D_0+D_p)\\ C_0+C_p\\ -(L_0+L_p)\end{pmatrix}\right]\right\}+\boldsymbol{L}_{\mathrm{kg}}\begin{pmatrix}0\\ 0\\ g\end{pmatrix}$$

2) 质心运动学方程

无人机质心运动学方程主要描述无人机位置变化率和速度的关系，其基本形式为

$$\mathrm{d}\boldsymbol{R}/\mathrm{d}t=\boldsymbol{V}_{\mathrm{k}}$$

式中，$\boldsymbol{R}$ 为无人机质心位置；$\boldsymbol{V}_{\mathrm{k}}$ 为无人机质心运动速度，即飞行航迹速度。

无人机质心运动学方程在地面坐标系下的形式为

$$\begin{bmatrix} \mathrm{d}x_{\mathrm{g}} / \mathrm{d}t \\ \mathrm{d}y_{\mathrm{g}} / \mathrm{d}t \\ \mathrm{d}z_{\mathrm{g}} / \mathrm{d}t \end{bmatrix} = \begin{bmatrix} V_{\mathrm{k}.xg} \\ V_{\mathrm{k}.yg} \\ V_{\mathrm{k}.zg} \end{bmatrix} = \boldsymbol{V}_{\mathrm{k}} \begin{bmatrix} \cos\gamma\cos\chi \\ \cos\gamma\sin\chi \\ -\sin\gamma \end{bmatrix}$$

2. 旋转运动方程

1) 旋转动力学方程

无人机旋转动力学方程主要描述无人机角加速度与作用力矩之间的关系，其基本形式为

$$\mathrm{d}\boldsymbol{H} / \mathrm{d}t = \boldsymbol{M}$$

式中，$\boldsymbol{M}$ 为无人机所受外力矩；$\boldsymbol{H}$ 为无人机动量矩，$\boldsymbol{H}=\boldsymbol{I}\cdot\boldsymbol{\omega}$($\boldsymbol{I}$ 为无人机惯性张量，$\boldsymbol{\omega}$ 为角速度)。

将各矢量在不同坐标系表示，即可得到旋转动力学方程在不同坐标系下的表示。在本体坐标系中，无人机角速度、外力矩表达形式比较简单，因此一般将无人机旋转动力学方程在本体坐标系中给出。

$$\begin{bmatrix} I_x(\mathrm{d}\omega_{x\mathrm{b}} / \mathrm{d}t) - I_{zx}(\mathrm{d}\omega_{z\mathrm{b}} / \mathrm{d}t) \\ I_y(\mathrm{d}\omega_{y\mathrm{b}} / \mathrm{d}t) \\ I_z(\mathrm{d}\omega_{z\mathrm{b}} / \mathrm{d}t) - I_{zx}(\mathrm{d}\omega_{x\mathrm{b}} / \mathrm{d}t) \end{bmatrix} = \begin{bmatrix} (I_z - I_y)\omega_{y\mathrm{b}}\omega_{z\mathrm{b}} - I_{zx}\omega_{x\mathrm{b}}\omega_{y\mathrm{b}} \\ (I_x - I_z)\omega_{z\mathrm{b}}\omega_{x\mathrm{b}} + I_{zx}(\omega_{x\mathrm{b}}^2 - \omega_{z\mathrm{b}}^2) \\ (I_y - I_x)\omega_{x\mathrm{b}}\omega_{y\mathrm{b}} - I_{zx}\omega_{y\mathrm{b}}\omega_{z\mathrm{b}} \end{bmatrix} + \begin{bmatrix} L_{\mathrm{roll}} \\ M \\ N \end{bmatrix} + \begin{bmatrix} 0 \\ Pe \\ 0 \end{bmatrix}$$

式中，$\omega_{x\mathrm{b}}$、$\omega_{y\mathrm{b}}$、$\omega_{z\mathrm{b}}$ 为本体坐标系下的角速度分量；I_x、I_y、I_{z} 为惯性矩；I_{zx} 为惯性积；L_{roll}、M、N 为无人机所受外力矩；P 为推进力；e 为推进力偏心距。

2) 旋转运动学方程

无人机旋转运动学方程主要描述无人机姿态变化率和角速度的关系，其在本体坐标系下形式为：

$$\begin{bmatrix} \mathrm{d}\phi / \mathrm{d}t \\ \mathrm{d}\theta / \mathrm{d}t \\ \mathrm{d}\psi / \mathrm{d}t \end{bmatrix} = \begin{bmatrix} \omega_{x\mathrm{b}} + \tan\theta(\omega_{y\mathrm{b}}\sin\phi + \omega_{z\mathrm{b}}\cos\phi) \\ \omega_{y\mathrm{b}}\cos\phi - \omega_{z\mathrm{b}}\sin\phi \\ (\omega_{y\mathrm{b}}\sin\phi + \omega_{z\mathrm{b}}\cos\phi) / \cos\theta \end{bmatrix}$$

虽然习惯上把角速度在本体坐标系下的分量成为滚转角速率、俯仰角速率和偏航角速率，但不等于滚转角、俯仰角和偏航角的变化率。

4.1.4 空气动力学模型

空气动力学特性的研究贯穿于无人机研究的始末。分析无人机气动特性不仅为无人机气动外形设计、翼型设计和优化提供必要的依据，也是无人机运动建模的基础。

作用在无人机上的空气动力可分解成为阻力 D、升力 L 和侧力 C。

气动阻力为

$$D = C_D \frac{1}{2}\rho V^2 S$$

式中，ρ 为大气密度；V 为空速；S 为无人机参考面积；C_D 为阻力系数，在小角度范围内，阻力系数可近似表示为

$$C_D = C_{D0} + C_{D\alpha}\alpha^2 + C_{D\beta}\beta^2 + C_{D\delta_e}\delta_e^2$$

式中，C_{D0} 为零升阻力；$C_{D\alpha}$、$C_{D\beta}$、$C_{D\delta_e}$ 分别为迎角α、侧滑角β、升降舵偏角δ_e 对阻力影响系数。

气动升力为

$$L = C_L \frac{1}{2}\rho V^2 S$$

式中，C_L 为升力系数，在线性范围内，升力系数可近似表示为

$$C_L = C_{L0} + C_{L\alpha}\alpha + C_{L\delta_e}\delta_e$$

式中，C_{L0} 为零迎角、无舵面偏转时升力系数；$C_{L\alpha}$、$C_{L\delta_e}$ 分别为升力系数对迎角 α、升降舵偏角δ_e 的导数。

气动侧力为

$$C = C_C \frac{1}{2}\rho V^2 S$$

式中，C_C 为侧力系数，在线性范围内，侧力系数可近似表示为

$$C_C = C_{C0} + C_{C\beta}\beta + C_{C\delta_r}\delta_r$$

式中，C_{C0} 为零侧滑角、无舵面偏转时侧力系数；$C_{C\beta}$、$C_{C\delta_r}$ 分别为侧力系数对侧滑角β、方向舵偏角δ_r 的导数。

作用在无人机上的空气动力力矩可分解为滚转力矩 L_{roll}、俯仰力矩 M 和偏航力矩 N。

滚转力矩为

$$L_{\text{roll}} = C_l \frac{1}{2}\rho V^2 Sb$$

式中，b 为机翼展长，作为侧向参考长度；C_l 为滚转力矩系数：

$$C_l = C_{l\beta}\beta + C_{l\delta_a}\delta_a + C_{l\delta_r}\delta_r + C_{lp}p\frac{l}{2V} + C_{lr}r\frac{l}{2V}$$

俯仰力矩为

$$M = C_m \frac{1}{2}\rho V^2 Sc_A$$

式中，c_A 为机翼平均气动弦长，作为纵向参考长度；C_m 为俯仰力矩系数：

$$C_m = C_{m0} + C_{m\alpha}\alpha + C_{m\delta_e}\delta_e + C_{mq}q\frac{c_A}{2V} + C_{m\dot{\alpha}}\dot{\alpha}\frac{c_A}{2V}$$

偏航力矩为

$$N = C_n \frac{1}{2}\rho V^2 Sb$$

式中，C_n为偏航力矩系数：

$$C_n = C_{n\beta}\beta + C_{n\delta_a}\delta_a + C_{n\delta_r}\delta_r + C_{nr}r\frac{l}{2V} + C_{np}p\frac{l}{2V}$$

这里出现的许多导数，称为空气动力学导数，每个导数都有深刻的物理含义，并且对无人机的飞行性能、操纵性、稳定性以及其他飞行品质有重要影响。

对于微型无人机而言，其空气动力学模型与常规飞行器空气动力学模型相比有着显著不同，表现出强烈的非线性，因为在低雷诺数情况下，无人机表面层流附面层发生分离或产生“分离泡”，导致阻力增大，如图 4.1.8 所示。低雷诺数微型无人机的非线性空气动力学特性增加了其飞行控制的难度。

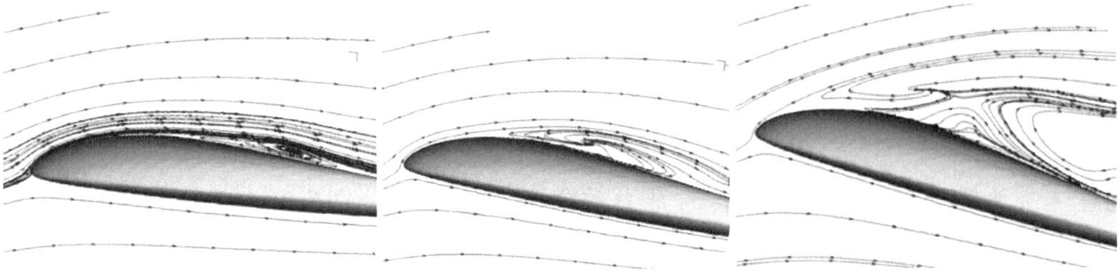

图 4.1.8　低雷诺数无人机附面层发生分离

4.2　飞行稳定性与操纵性

一架无人机，除了需要有足够的升力平衡重力、有足够的推力克服阻力，还必须具有良好的稳定性和操纵性，才能在空中飞行。稳定性和操纵性是无人机飞行品质研究的主要内容。

4.2.1　飞行稳定性

无人机飞行稳定性

1. 稳定性的一般性定义

处于平衡状态的系统在受到扰动作用后都会偏离原来的平衡状态。若系统在扰动作用消失后，经过一段过渡过程后，系统仍然能够恢复到原来的平衡状态，则称该系统是稳定的；否则，则称该系统是不稳定的，如图 4.2.1 所示。

(a)　　(b)

图 4.2.1　稳定与不稳定状态示意图

2. 稳定的一般性条件

欲使处于平衡状态的物体具有稳定性，其必要条件如下：

(1) 物体在受到扰动后能够产生稳定力/力矩，使物体具有自动恢复到原来平衡状态的趋势；

(2) 在恢复过程中同时产生阻尼力/力矩，保证物体最终恢复到原来平衡状态。

3. 飞行稳定性的定义

飞行稳定性是指处于平衡状态的飞行器，受外界干扰后不需要进行操纵干预，靠自身特性恢复原来状态的能力。外界干扰可以是飞行中气流的影响，飞行器重量、重心的改变，发动机推力的改变等。平衡状态指的是飞行器在飞行时，所有的外力与外力矩之和都等于零的状态。匀速直线运动就是一种平衡状态，如图 4.2.2 所示。

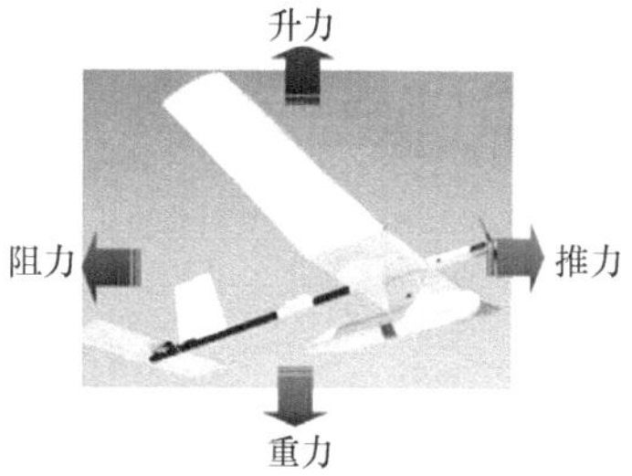

图 4.2.2　无人机飞行时受力示意图

4. 飞行稳定的条件

在飞行中，无人机由于外界瞬时微小扰动而偏离了平衡状态，这时若在无人机上能够产生稳定力矩，使其具有自动恢复到原来平衡状态的趋势，同时在无人机摆动过程中，又能产生阻尼力矩，那么无人机就能自动地恢复到原来的平衡状态，也就是说无人机具有稳定性；反之，若无人机偏离平衡状态后产生的是不稳定力矩，那么它就会越来越偏离原来的平衡位置，因而是不稳定的，也就是没有稳定性。

显然，为了保证飞行安全和便于操纵，无人机应当具有良好的稳定性。

5. 飞行稳定性的分类

通常将稳定性分成静稳定性和动稳定性。

静稳定性：如果无人机在受到外界干扰后，在最初瞬间所产生的是恢复力矩，使其具有自动恢复到原来平衡状态的趋势，则称无人机具有静稳定性；反之，若产生的是不稳定力矩，无人机便没有自动恢复到平衡状态的趋势，故称为静不稳定性。静稳定性只表明无人机在外界扰动作用后的最初瞬间有无自动恢复到原来平衡状态的趋势，并不能说明其能否最终恢复到原来的平衡状态。

动稳定性：如果无人机在外界瞬时扰动作用后，能自动恢复到原来的平衡状态，则称无人机具有动稳定性。动稳定性研究的是整个扰动过程的问题。

静稳定性和动稳定性之间有着非常密切的关系。一般来说，只要恰当地选择静稳定性，就能保证获得良好的动稳定性。

6. 飞行稳定性的分解

根据无人机运动的特性，可以将其飞行稳定性分解为纵向稳定性、航向稳定性和横向稳定性。其中纵向稳定性反映无人机的俯仰稳定特性；航向稳定性反映无人机的方向稳定特性；横向稳定性反映无人机的滚转稳定特性，如图 4.2.3 所示。

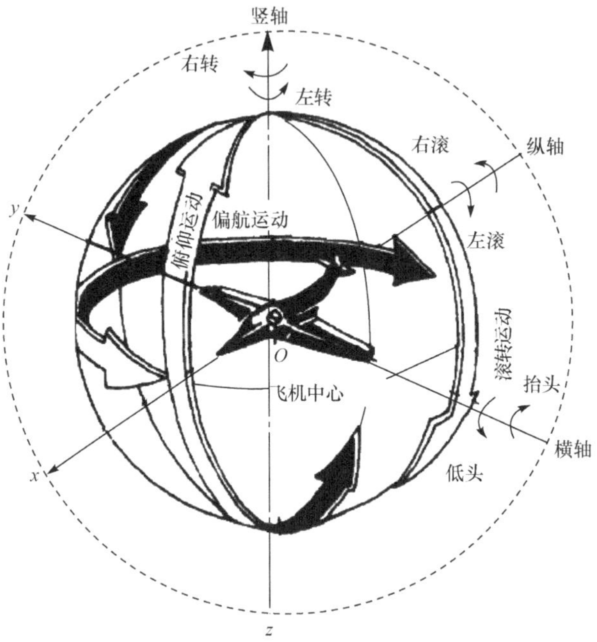

图 4.2.3　无人机稳定性分解

7. 飞行稳定性的分析

在对无人机总体布局、飞行控制系统设计过程中，通常需要对无人机的飞行稳定性进行定性分析。下面，以固定翼无人机纵向稳定性为例，来阐述飞行稳定性定性分析的方法。

如上所述，若无人机在飞行中受到微小扰动而偏离其纵向平衡状态，并在扰动去除瞬间，不经操纵就具有自动地恢复到原来平衡状态的趋势，则称无人机具有纵向静稳定性。

无人机是否有静稳定性，主要取决于其本身的特性，具体取决于平衡状态破坏后，无人机上产生的起稳定作用的力矩与起不稳定作用的力矩相互作用的结果。如果前者大于后者，无人机是静稳定的，反之，便是静不稳定的。

以常规布局固定翼无人机为例，假设飞行过程中其纵向受到微小扰动，导致迎角增大，无人机气动力随之发生改变，使得系统偏离平衡状态。

当迎角增大时，机翼升力也增大，升力增量的作用点(即整个机翼表面气动力对该点合力矩为 0)即机翼的焦点。对目前无人机上常用的翼型来说，焦点一般位于离翼型前缘大约 1/4 弦长的位置。同样，当迎角改变时，机身、尾翼等所引起的升力增量也作用在机身和尾翼的焦点上。

从图 4.2.4 可看出，由于机翼、机身的焦点都在无人机重心的前面，升力增量对重心形成一个使机头更加上仰的不稳定力矩，但平尾焦点远在重心之后，因此尾翼上的升力增量对重心形成的是使机头下俯的稳定力矩，若后者大于前者，无人机是静稳定的，反之，则是静不稳定的。可见，平尾的重要作用之一在于保证无人机具有纵向静稳定性。

整体而言，当迎角变化时，无人机各个部件的升力都要改变。无人机各个部件升力增量的合力的作用点称为无人机的焦点，换句话说，无人机焦点就是迎角变化而引起的整个无人机升力增量的作用点。一般情况下，机翼、机身、尾翼的焦点都不随迎角改变，无人机的焦点也不随迎角而改变。

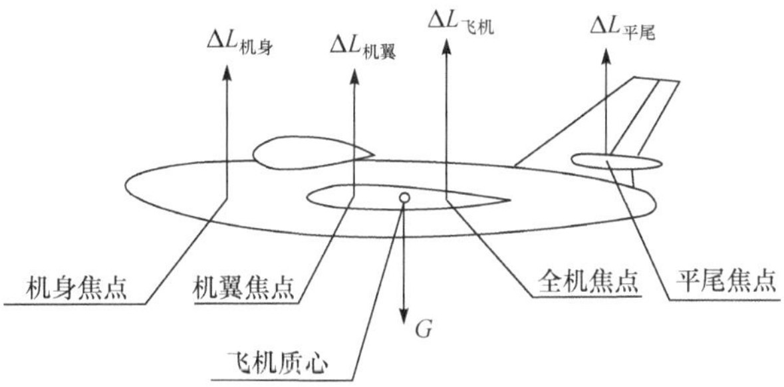

图 4.2.4 固定翼无人机焦点与升力增量

无人机重心和无人机焦点之间的相互位置，决定了无人机是否具有纵向静稳定性。

若无人机重心位于焦点之前，如图 4.2.5(a)所示，则在无人机受到外界扰动后，例如，迎角增加了 $\Delta\alpha$，那么在无人机的焦点上，就会产生一个向上的升力增量 ΔL，它对无人机重心形成使机头下俯的静稳定力矩 ΔM_{y1}，使无人机具有逐渐消除 $\Delta\alpha$ 而自动恢复到原来平衡迎角的趋势，即无人机是静稳定的。

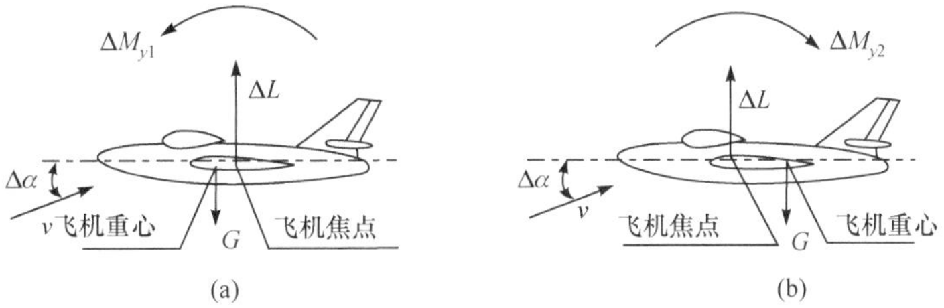

图 4.2.5 焦点对固定翼无人机纵向稳定性关系示意图

反之，若无人机重心位于其焦点之后，如图 4.2.5(b)所示，升力增量对重心所形成的是不稳定的上仰力矩 ΔM_{y2}，使无人机迎角越来越大而没有自动恢复到原来平衡迎角的趋势，因此无人机是静不稳定的。

由此可以得出一个重要结论：无人机的重心若位于无人机焦点之前，无人机具有纵向静稳定性；否则，无人机便不具备纵向静稳定性。

焦点的位置取决于机翼形状、机身长度，特别是机翼和尾翼的位置与尺寸。在进行常规固定翼无人机设计时，首先要合理地安排无人机重心的位置，并恰当地选择平尾的位置和面积等参数，以确保无人机的纵向稳定性。

现代无人机由于采用主动控制技术，允许无人机纵向静不稳定，即允许无人机重心位于焦点之后。对于不稳定的无人机，随着迎角的增加，平尾在飞行控制器的作用下向下偏转，增大低头力矩，使无人机保持纵向稳定。这样，设计无人机时就不一定把无人机重心配到焦点之前，尾翼也不要很大的面积，从而可以大大减轻无人机的重量，提高无人机飞行性能。

采用类似的方法，可以对固定翼无人机的航向稳定性与横向稳定性，以及其他类型无人机的稳定性进行分析，为无人机设计服务。

无人机的飞行稳定性不是越强越好，而是要与操纵性结合起来考虑，使其具有最佳的飞行品质。

4.2.2　飞行操纵性

无人机飞行时不仅需要具有一定的稳定性，还要求具有良好的操纵性。

操纵性是指无人机对操纵指令做出反应、改变其飞行状态的特性，也就是无人机按照飞行指令的意图做各种动作的能力。

操纵性的好坏与稳定性的大小密切相关。稳定性越大，也就是说无人机保持原有平衡状态的能力越强，则要改变它也就越不容易，操纵起来也就越费劲。若稳定性过小，则较小的操纵就能引起较大的状态变化，很难把握操纵量，容易造成操纵过量。因此，要正确处理好稳定性与操纵性之间的关系。

不管什么类型的无人机，都必须要有合适的操纵机制和操纵机构能实现对其飞行状态的改变，其中对无人机飞行姿态的改变最为关键。下面以常规布局固定翼无人机为例，来介绍其操纵的实现。

常规布局固定翼无人机飞行时的操纵主要通过三个主操纵面——升降舵、方向舵和副翼来实现。操纵手或者自动驾驶仪给出操纵指令，对操纵面进行偏转，使无人机绕其纵轴、横轴和竖轴转动，从而改变无人机的飞行姿态，如图 4.2.6 所示。

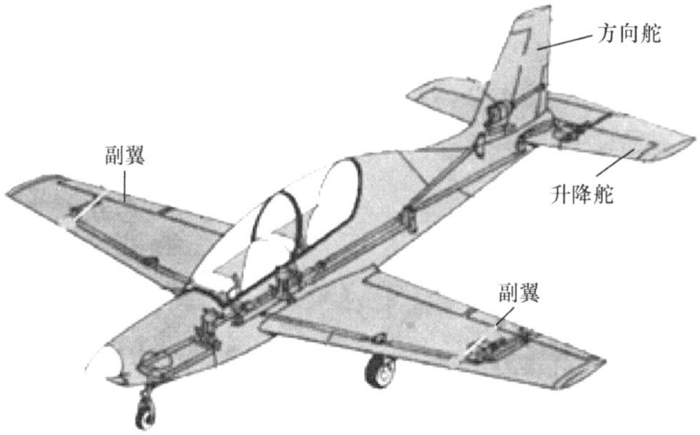

图 4.2.6　固定翼无人机主操纵面

如果操纵手或者自动驾驶仪给出适当的操纵指令使操纵面偏转，无人机很快做出反应，按指令的意图改变飞行姿态，那么，无人机就具有良好的操纵性。如果反应迟钝，那就是操纵性不好。

同稳定性一样，操纵性可分为纵向操纵性、航向操纵性和横向操纵性。

当操纵手或者自动驾驶仪给出指令偏转升降舵(或全动平尾、升降副翼)之后，无人机绕横轴转动而改变其迎角、速度等飞行状态的特性，称为纵向操纵性。

固定翼无人机的纵向操纵依靠升降舵或者全动平尾、升降副翼来进行。

在稳定飞行的情况下，操纵手或者自动驾驶仪给出指令，通过传动机构使升降舵或全动平尾向上偏转，使之产生一个向下的附加力 ΔL_1，ΔL_1 相对无人机重心 O 产生一个使无人机抬头的力矩 ΔM_{y1}；在 ΔM_{y1} 作用下无人机绕横轴 Oy 转动并抬头，迎角增大，导致无人机的升力系数 C_L 加大，升力随之增加并大于无人机重力，无人机开始爬升，如图 4.2.7 所示。

如果想让无人机低头下降，可以给出指令使升降舵向下偏转，从而改变尾翼的弯度(向上拱起)，使之产生一个向上的附加力 ΔL_2，ΔL_2 相对无人机重心 O 产生一个使无人机低头

的力矩 ΔM_{y2}，在 ΔM_{y2} 作用下无人机绕横轴 Oy 转动并低头，迎角减小导致无人机的升力系数 C_L 减小，升力随之减小并小于无人机的重力，无人机开始下降。

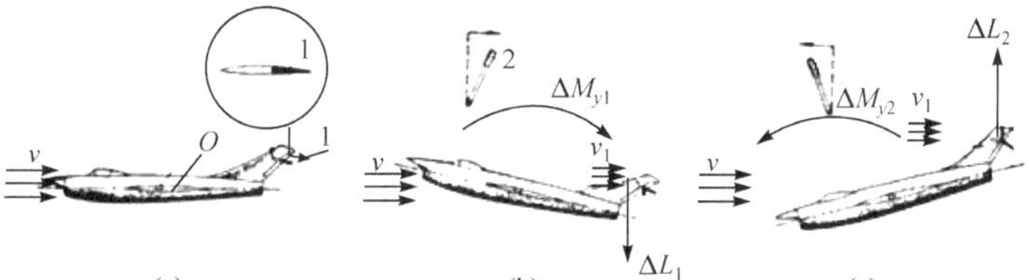

图 4.2.7　固定翼无人机升降舵操纵

对于无人机，可使用舵面偏角对操纵指令的响应特性来衡量其操纵性。

固定翼无人机由于布局设计的不同，使用的操纵面有所差异，但其操纵的基本原理都相同，即通过操纵面的偏转改变升力面上的空气动力，增加或减少的空气动力相对于无人机重心产生一个使其按需要改变飞行姿态的附加力矩。图 4.2.8 为不同类型的固定翼无人机操纵面形式。

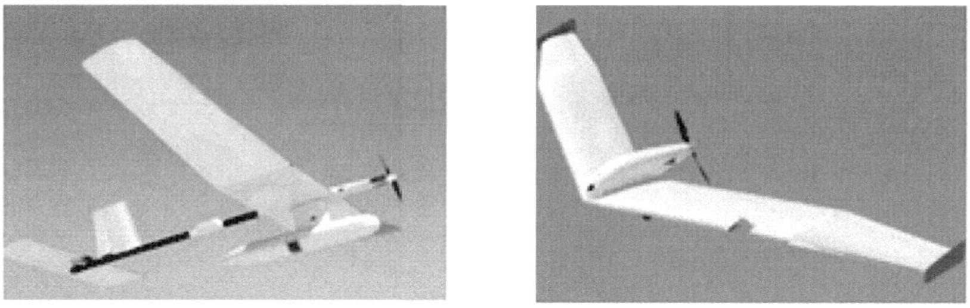

(a) 升降舵+方向舵　　(b) 升降副翼

图 4.2.8　不同类型的固定翼无人机操纵面形式

稳定性和操纵性是无人机飞行品质的重要组成。在无人机设计时要保证，一方面，稳定飞行时，无人机能保持所希望的稳定平衡状态；另一方面，在需要改变飞行状态时，操纵指令能快速、准确地使无人机产生所期望的飞行状态变化。

4.3　无人机飞行控制系统概述

4.3.1　飞行控制的若干基本概念

1. 控制

作为一种科技行为的控制，是指为了达到规定的目标，对元件或系统的工作特性所进行的调节或操作。控制，从其最传统的意义来说，就是“纠偏”，即按照计划标准衡量所取得的成果，并纠正所发生的偏差，以保证计划目标的实现。

2. 反馈

反馈是控制论的基本概念，是指将系统的输出返回输入端并以某种方式改变输入。反馈是系统与环境相互作用的一种形式。在系统与环境相互作用过程中，系统的输出成为输入的部分，反过来作用于系统本身，从而影响系统的输出。

根据反馈对输出产生影响的性质，可区分为正反馈和负反馈。前者增强系统的输出；后者减弱系统的输出。

通常，反馈的完整过程包括以下五步，即设定目标、测量状态、进行比较、分析调整以及实际执行。

3. 闭环

采用反馈的方法，将系统输出量的测量值与所期望的给定值相比较，由此产生一个偏差信号，利用此偏差信号进行调节控制，使输出值尽量接近于期望值，这样就形成了一个反馈控制系统，也叫闭环结构，如图 4.3.1 所示。

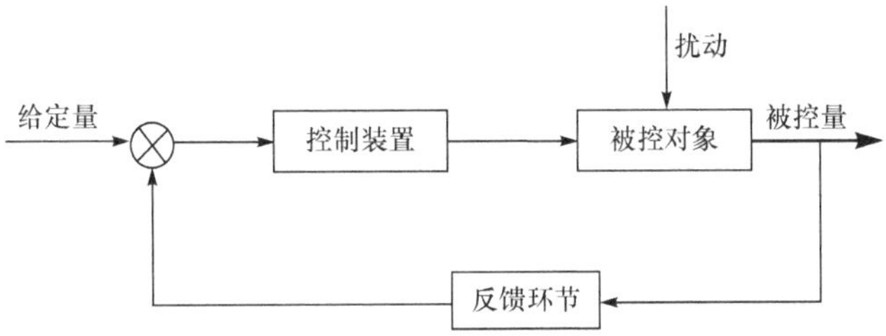

图 4.3.1 闭环结构示意图

4. 开环

相应地，开环结构是指不将控制的结果反馈回来影响当前控制的系统，也就是说，设定一个控制作用，然后就执行，不根据实际测量值进行校正，如图 4.3.2 所示。

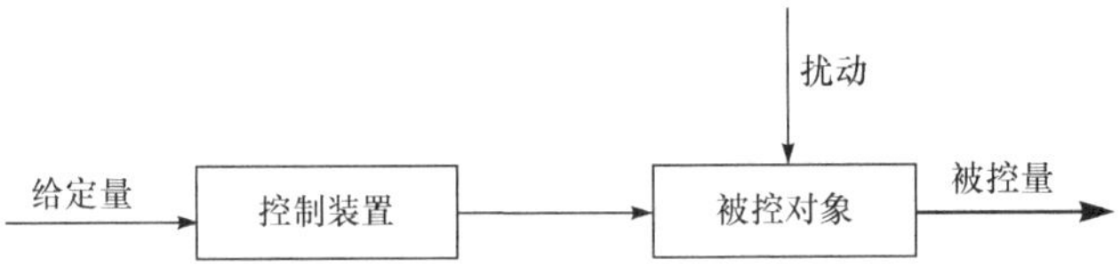

图 4.3.2 开环结构示意图

5. 动态过程

在数学上，动态过程用微分方程描述，控制过程就是在描述动态过程的微分方程的输入项和输出项之间建立一个关联，这样改变了微分方程本来的性质，如图 4.3.3 所示。

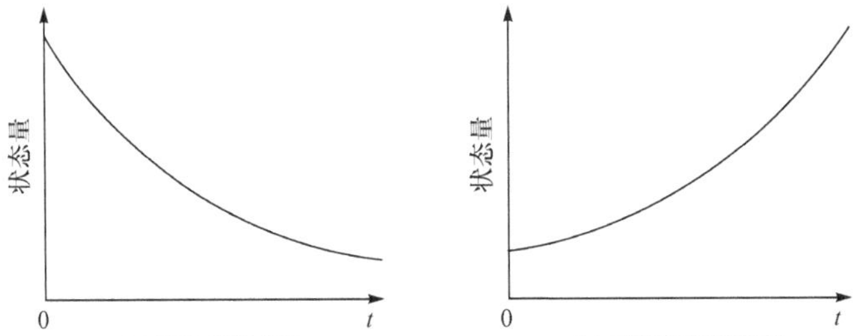

(a) 稳定单调变化 (b) 不稳定单调变化

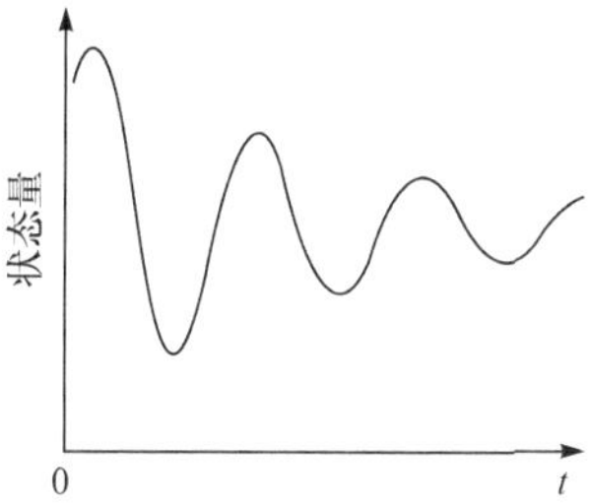

(c) 稳定振荡变化

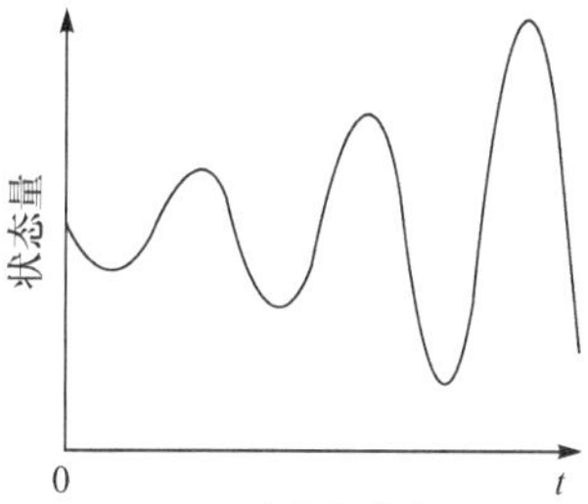

(d) 不稳定振荡变化

图 4.3.3　不同类型的动态过程示意图

6. 经典控制理论

按照发展的过程，通常把自动控制理论区分为经典控制理论和现代控制理论两个部分。以频率分析(也称频率域分析)为特色的控制理论称为经典控制理论。

经典控制理论的研究对象是单输入单输出的自动控制系统，特别是线性定常系统。

经典控制理论的特点是以输入输出特性(主要是传递函数)为系统数学模型，采用频率响应法和根轨迹法等图解分析方法，分析系统性能和设计控制装置。

经典控制理论的数学基础是拉普拉斯变换，占主导地位的分析和综合方法是频率域方法。

7. 现代控制理论

现代控制理论是建立在状态空间法基础上的一种控制理论。状态空间法是指将物理系统表示为一组输入、输出及状态的数学模式，而输入、输出及状态之间的关系可用许多一阶微分方程来描述。

在现代控制理论中，对控制系统的分析和设计主要是通过对系统的状态变量的描述来进行的，基本的方法是时间域方法。

现代控制理论比经典控制理论所能处理的控制问题要广泛得多，包括线性系统和非线性系统、定常系统和时变系统、单变量系统和多变量系统。它所采用的方法和算法也更适合于在数字计算机上进行。现代控制理论还为设计和构造具有指定性能指标的最优控制系统提供了可能性。

8. 智能控制理论

智能控制是指具有智能信息处理、智能信息反馈和智能控制决策功能的控制方式。一个系统如果具有感知环境，不断获得信息以减小不确定性，计划、产生及执行控制行为的能力，则称为智能控制系统。

智能控制研究对象的主要特点是具有不确定性的数学模型、高度的非线性和复杂的任务要求。

智能控制以控制理论、计算机科学、人工智能、运筹学等学科为基础，扩展了相关的理论和技术，其中应用较多的有模糊逻辑、神经网络、专家系统、遗传算法等理论和自适应控制、自组织控制、自学习控制等技术。

4.3.2　飞行控制系统的基本任务

一般来讲，飞行控制分为人工操纵和自动控制两种。本书中无人机飞行控制特指自动飞行控制，即通过飞行自动控制系统操纵舵面和油门杆或其他控制机构，自动控制无人机的飞行。

无人机飞行控制主要包括稳定和控制无人机的角运动(偏航、俯仰与滚转)以及无人机的重心运动(前进、升降与左右)。

无人机飞行控制主要采取反馈控制原理。无人机是被控制对象，飞行控制系统是控制器。无人机和飞行控制系统按负反馈的原则组成闭环回路(飞行控制回路)，实现对无人机的稳定与控制。在这个闭环回路中被控制量主要有无人机的姿态角、飞行速度、高度和侧向偏离等，控制量是气动控制面的偏角和油门或其他形式的操纵量。运用经典控制理论、现代控制理论或者智能控制理论可以分析和综合飞行控制回路，从而设计出无人机飞行控制系统。

无人机飞行控制系统是指能够稳定无人机飞行姿态，并能控制无人机自主或半自主飞行的控制系统，是无人机的大脑。无人机飞行控制系统是无人机完成起飞、空中飞行、执行任务和返场回收等整个飞行过程的核心，飞行控制系统对于无人机相当于驾驶员对于有人机的作用，是无人机最核心的技术之一。

4.3.3 飞行控制系统的发展历史

早期飞行器功能简单，由人工操纵即可完成飞行，如图 4.3.4 所示。相对于飞行控制系统而言，驾驶员主要存在有限的反应速度与感知能力、会紧张、容易疲劳等缺点，但也有着飞行控制系统一般所不易具备的学习能力和应付意外的能力。

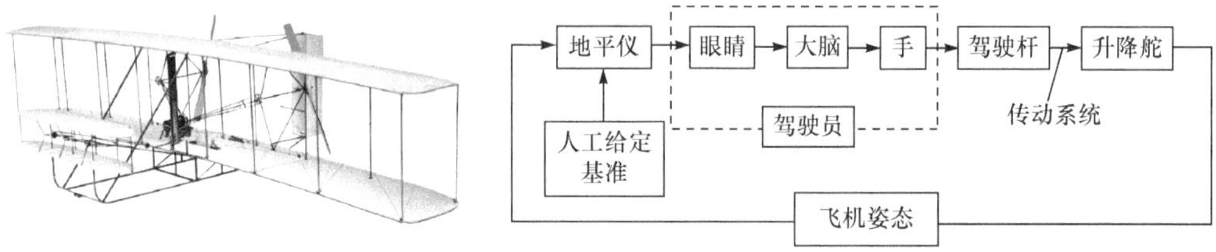

图 4.3.4 早期的飞行器人工操纵

1909 年，美国发明家埃尔默·斯佩里发明了一种陀螺仪装置以控制飞行器的稳定性，如图 4.3.5 所示，这便是现代惯性导航系统的前身。

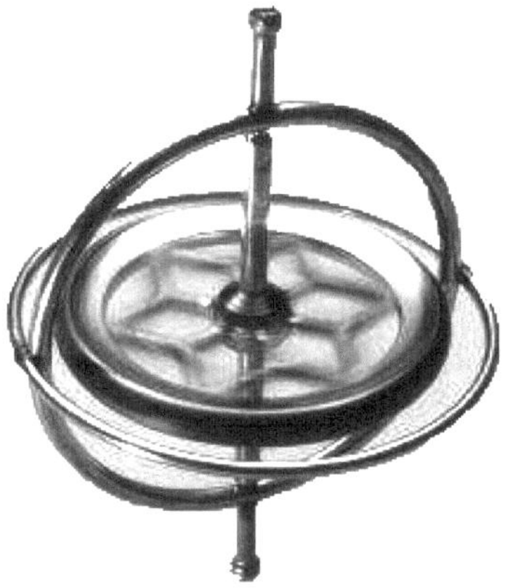

图 4.3.5 最早的陀螺仪装置

1912 年，埃尔默·斯佩里和他的儿子制成了世界上第一套自动驾驶仪，保持飞机平飞时的俯仰角和滚转角稳定。

20 世纪 20 年代起，人力操纵(机械操纵)得到长足发展，满足了飞机尺寸增大和性能提高的要求，主要体现在控制面的增多，助力器得到应用，如图 4.3.6 所示。

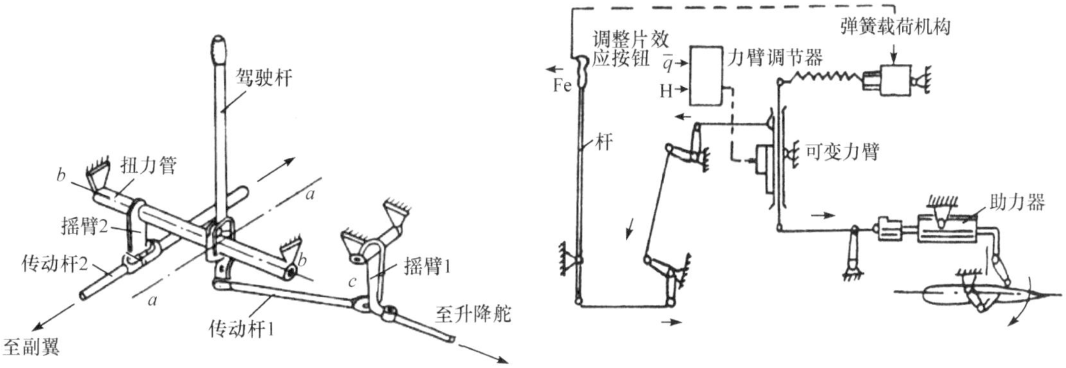

图 4.3.6　早期飞行器操纵中助力器的应用

控制理论在此时期迅速发展，形成了现在非常熟悉(仍在使用)的理论，各类稳定性理论、根轨迹法、时间向量法等。

二战期间，美国研制了 C-1 电气式自动驾驶仪，可实现对飞机的三轴姿态稳定。二战后期，德国研制了无人驾驶的飞行器——导弹，在这种全自动飞行的飞行器上，自动驾驶仪与机上其他装置相配合控制飞行的航迹(如定高、自动下滑等)，如图 4.3.7 所示。

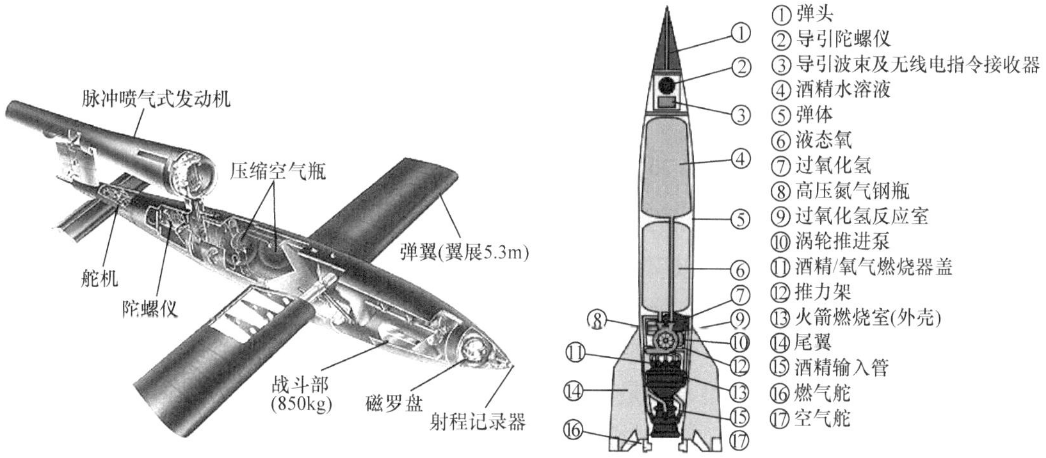

图 4.3.7　二战时期德国 V-1 导弹

1947 年 9 月，美国的 C-54 飞机完成了跨大西洋的自动飞行，从起飞到着陆实现了全过程的自动化，如图 4.3.8 所示。

20 世纪五六十年代以后，随着飞机飞行速度增加、飞行包线扩大，如图 4.3.9 所示，飞机本身特性变坏，发展了阻尼器、增稳和控制增稳系统。

阻尼器是一种提供运动的阻力、耗减运动能量的装置。阻尼器以飞机的角速度作为反馈信号，稳定飞机的角速度，相当于增大飞机的阻尼，抑制振荡，改善飞机的性能。阻尼器由速率陀螺、放大器和串联舵机组成。

图 4.3.8　最早实现跨大西洋自动飞行的 C-54

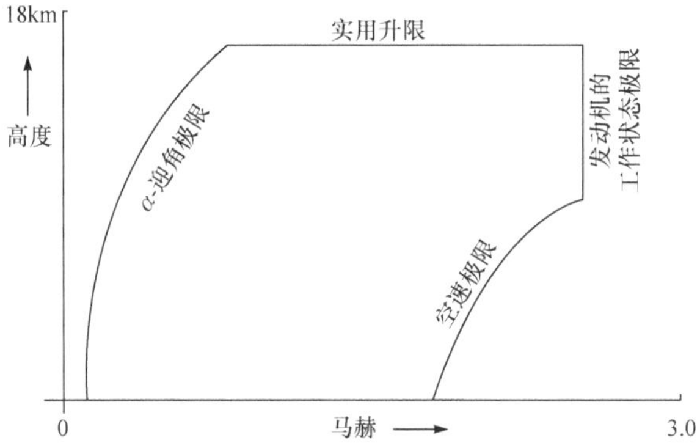

图 4.3.9　20 世纪五六十年代飞机飞行包线的扩大

飞机大迎角下飞行时，纵向静稳定性变差，静稳定性与迎角运动的时间常数成反比，迎角又与法向加速度有关，所以引入法向加速度负反馈信号可改善静稳定性。因此，将阻尼器和法向加速度传感器结合，就形成了增稳系统。

由于在增稳系统中引入了负反馈，会使传递系数减小，飞机操纵性变坏，控制增稳系统解决了这一矛盾。控制增稳系统是在增稳系统的基础上增加一个杆力传感器和一个指令模型。电气与机械通道并联，驾驶员操纵信号一方面通过机械链使舵面偏转某角度，另一方面通过杆力传感器输出指令信号，经指令模型与反馈信号综合后控制舵面偏转，总的舵面偏转为上述两舵偏角之和。控制增稳系统既能增加系统的稳定性，又能改善操纵性。

由此，飞机由能飞→改善飞行性能和飞行品质，形成飞行控制系统。飞行控制系统是飞机上各种功能的飞行控制分系统的组合，在一架飞机上通常只装备上述若干分系统，通常包括：

(1) 阻尼器、增稳或控制增稳系统；

(2) 自动驾驶仪；

(3) 高度与速度控制系统；

(4) 侧向航迹控制系统；

(5) 自动着陆系统；

(6) 迎角与侧滑角边界控制系统等。

20 世纪 70 年代以后，在控制增稳系统基础上，发展了电传操纵系统，开始在一些军用飞机和大型民用客机上取消机械操纵系统。

传统的飞行控制系统兼顾飞行员对飞机稳定性和操纵性的要求，但仍然有一定限制：

(1) 控制增稳系统的舵面操纵权限有限；

(2) 存在力反传问题；

(3) 结构复杂、重量重、战场生存能力低。

产生以上缺点的根本原因在于控制增稳系统中存在机械杆系，由此产生一个由电线代替机械杆系的设计，放弃机械操纵系统，采用完全由电气设备组成的电传操纵系统。

典型的电传操纵系统由传感器组(各种陀螺、加速度计等惯性测量器件和迎角传感器等大气测量器件)、输入设备、飞行控制计算机、舵机和电气传输线路组成。

电传操纵系统一般按照部件的电气特性分类。采用模拟传感器、模拟计算机和输入输出设备的系统称为模拟式电传操纵系统；采用数字传感器、数字计算机和输入输出设备的系统称为全数字式电传操纵系统。实际上现在使用的大多都是模拟传感器、数字计算机的半数字式电传操纵系统。

由于系统没有机械通道，结构简单，体积小，重量轻，不存在机械传动装置的摩擦、间隙、滞后等非线性不良影响，能显著提高飞机的操纵品质。由于没有机械通道，对飞行控制系统可靠性要求很高。

目前一般电传操纵系统提高可靠性的主要措施是采用余度备份系统。主要的传感器和飞行控制计算机都要留有几组完全相同且同时工作的系统，通过专门的余度管理计算机进行最后的输出。一般现代电传操纵系统都是四余度系统(图 4.3.10)，也有少数三余度系统。

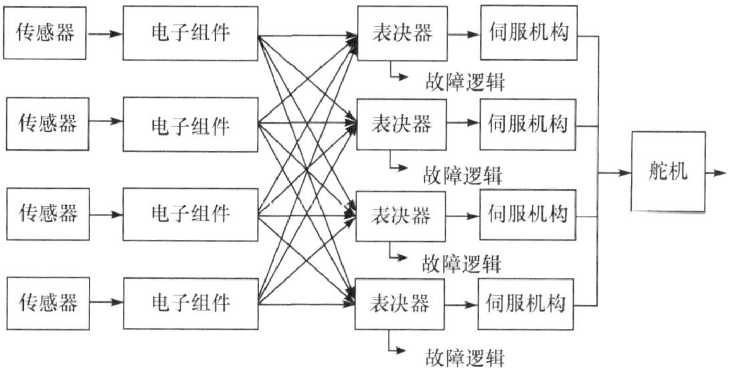

图 4.3.10　四余度电传操纵系统

电传操纵系统有一个重大缺陷，就是易受电磁干扰或电磁脉冲威胁，这些干扰不但来自飞机内部各种电子设备，而且处于飞机外部的传感器和导线如同机外“天线”，时时接收外部电磁噪声干扰，因此影响电传操纵系统工作的可靠性。

此外，因飞机结构越来越多地采用复合材料，电传操纵系统失去金属蒙皮的屏蔽保护，所以外部电磁干扰和雷电问题就更为突出。为此，光导纤维传输就显示出它的优点。

20 世纪 70 年代，又开始了光传操纵系统的研究。光传操纵系统是以光代替电作为传输载体，以光导纤维作为物理传输媒质，在计算机之间或计算机与远距离终端(如舵机等)之间传递指令和反馈信息的飞行控制系统。

1975 年，美国空军试验中心在 A-7D 飞机上利用光纤作为传输线。1979 年，洛克希德公司在一架喷气滑翔机上试验了光传操纵系统(图 4.3.11)，并取得成功。目前光传操纵系统的研究重点是开发各类光传感器、光处理器等。

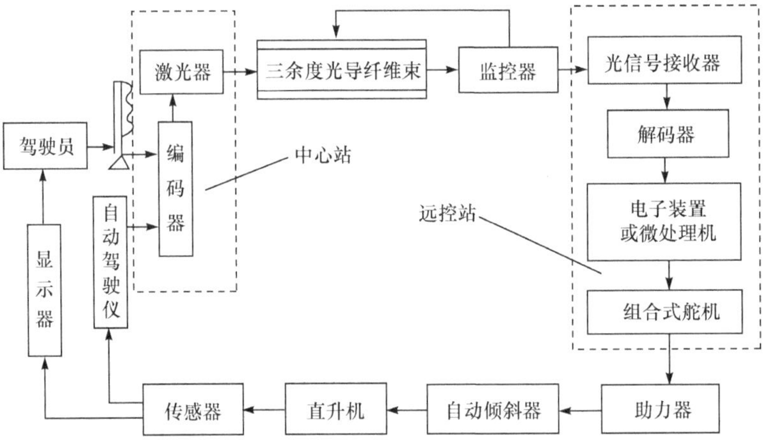

图 4.3.11　光传操纵系统结构示意图

现阶段飞行器设计中，气动/结构/控制融为一体，飞行器成为一个智能体。根据飞行条件和平台状态，将飞机平台的结构随控布局，系统资源重组，保证飞行平台的操纵性、机动性、隐身性、安全性等都能得到满足成为飞行控制研究的重点。目前飞行控制的主要研究方向有智能控制、结构重构、自修复、一体化智能控制等。

综上所述，飞行控制的发展历史可归纳为以下三方面。

(1) 控制系统在飞机设计过程中地位的变迁——由被动控制设计到主动控制设计。在早期的被动控制设计中，主要考虑气动力、结构和发动机三大因素，并在它们之间进行折中以满足飞机的技术要求，飞机本身必须是稳定的，飞行控制系统只处于被动地位，限制了飞行性能的提高，如图 4.3.12 所示。

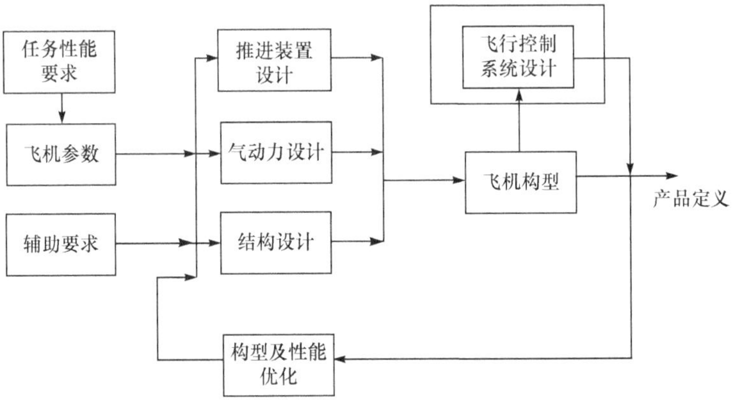

图 4.3.12　被动控制设计在飞机设计中的地位

在主动控制设计中，飞机设计的初始阶段即考虑飞行控制系统对飞机总体设计的影响，充分发挥飞行控制的潜力，如图 4.3.13 所示。

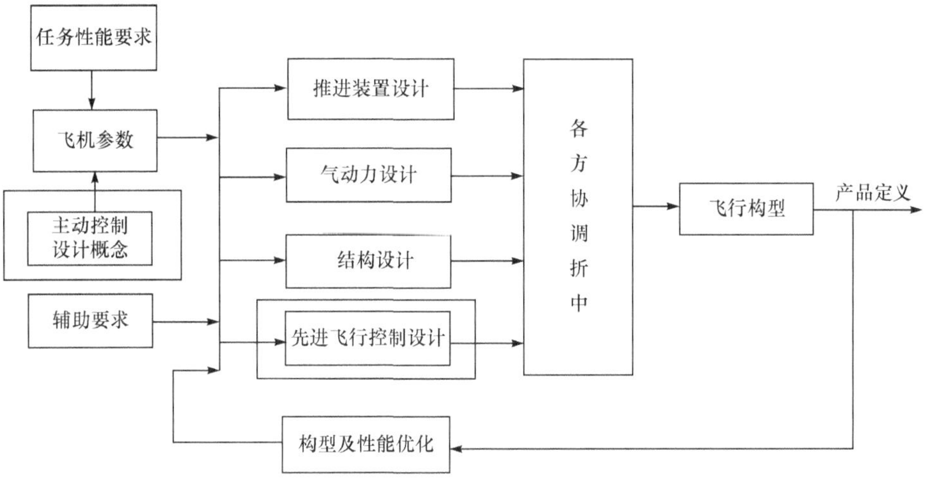

4.3.13　主动控制设计在飞机设计中的地位

(2) 控制信号传输介质的变化。控制信号的传输介质由机械结构、电信号发展为光信号，在传输速度、控制精度、可靠性等方面都有了极大进步，如图 4.3.14 所示。

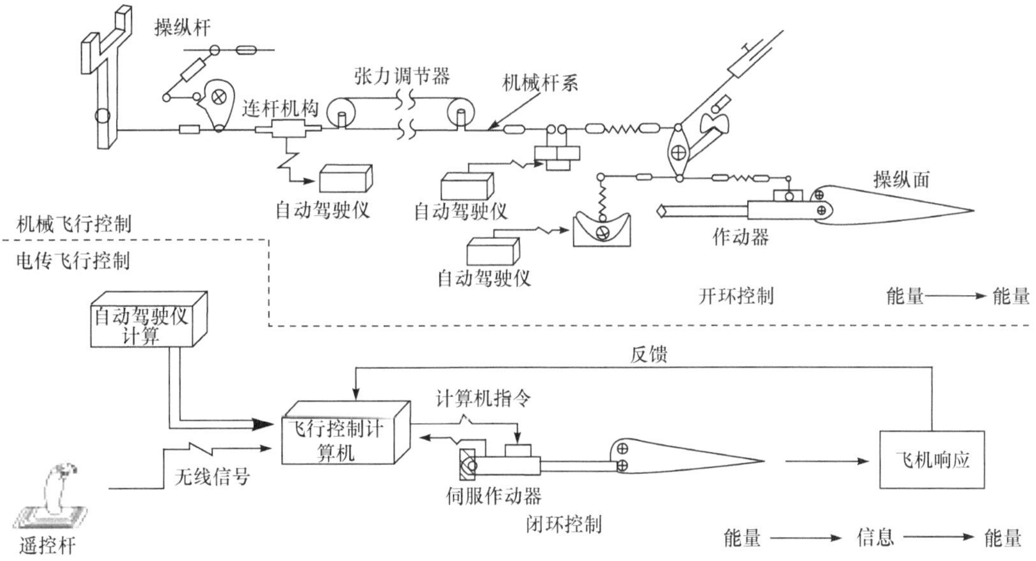

图 4.3.14　飞行器控制信号传输介质的变化

(3) 控制功能的变迁。为了适应飞行器飞行环境的扩展和飞行性能的提升，飞行控制系统由最简单的阻尼器发展到最先进的智能控制(阻尼器→增稳→控制增稳→主动控制→综合控制→智能控制)，实现了在控制理论、控制方式上的巨大进步。图 4.3.15 为综合控制示意图。

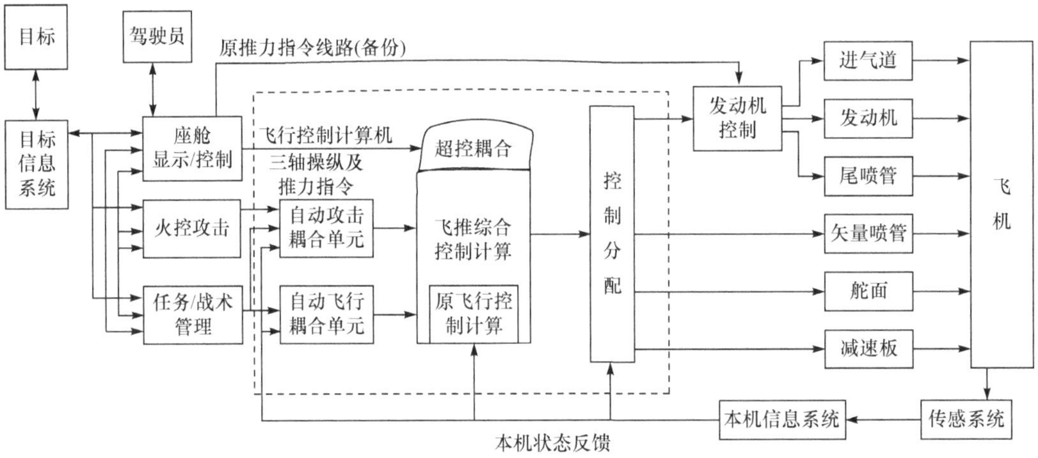

图 4.3.15　综合控制示意图

4.3.4　飞行控制系统基本组成与设计原理

1. 飞行控制系统基本原理与结构

飞行控制系统是无人机系统的核心部分。对于微小型无人机而言，由于在尺寸和载荷上受到限制，一般可将导航系统与飞行控制系统进行组合设计，构成飞行控制与导航系统。飞行控制与导航系统通过获取各类机载传感器信息，计算姿态角、角速度、高度、速度、位置等实时状态数据，反馈到各回路控制器，然后经过控制律解算得到执行机构控制量，以 PWM 波形式输出给执行机构，由此改变飞行器的飞行状态。

无人机的飞行控制系统包括机载控制系统与地面测控系统两大部分。其中机载控制系统包括飞行控制计算机、供电系统、传感器组件、执行机构系统、通信系统等。其主要功能如下。

(1) 传感器数据采集与处理：利用机载传感器实时测量无人机的飞行状态，如姿态角、姿态角速率、加速度、速度、高度和位置等状态量。

(2) 飞行控制律解算：飞行控制律涉及姿态控制、速度控制和高度控制。

(3) 控制量输出：飞行控制律解算得到的控制量通过对应的接口输出给舵机、电机等执行机构，所以飞行控制系统需具备足够的控制量输出接口和带负载能力。

(4) 与地面控制站进行实时通信：机载控制器根据地面控制站控制指令完成不同控制操作；接收来自地面控制站的控制参数数据并存储，做到在线实时调参等；将无人机重要数据发送给地面控制站，并实时显示以便于观察和监视。

地面测控系统主要包括地面站操作平台、数传模块。其主要功能如下：

(1) 构建友好的人机交互、任务设置界面。

(2) 不同飞行模式下，在线调整控制参数，并将其发送到飞行控制计算机上。

(3) 接收、储存飞行试验数据，并在操作界面显示当前飞行姿态及位置。

(4) 完成遥控器、加速度计、陀螺仪、磁强计在线校准。

图 4.3.16 给出了南京航空航天大学微型飞行器研究中心设计的一种无人机机载控制系统结构方案。

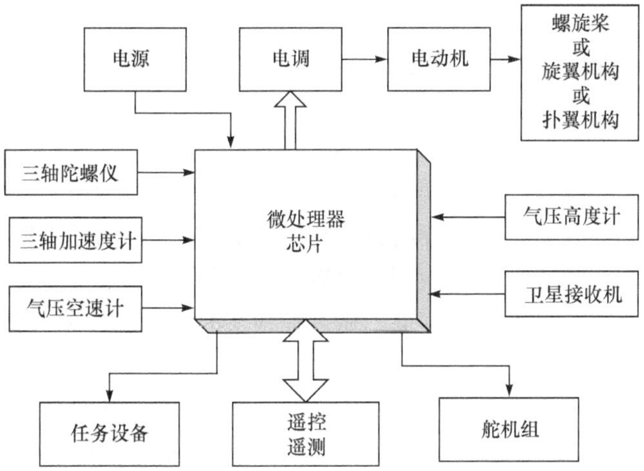

图 4.3.16　某型无人机机载控制系统结构方案

从图 4.3.16 可以看到，与机体直接连接的三轴陀螺仪和三轴加速度计等惯性传感器感受飞行器的运动角速率和加速度，以反馈飞行器运动姿态信息，同时用于导航姿态控制；气压空速计测试空速；气压高度计测试气压高度；卫星接收机用于测试飞行器的位置坐标；但飞行器的轨迹自动导航还需通过微处理器进行多传感器信息融合，最后控制电动机和舵机组才能完成。同时，飞行控制计算机还承担对遥控遥测机载设备的遥控指令输入和相关飞行参数输出，以及对任务设备管理的任务。

图 4.3.17 给出了南京航空航天大学微型飞行器研究中心设计的一种无人机地面测控系统结构方案。

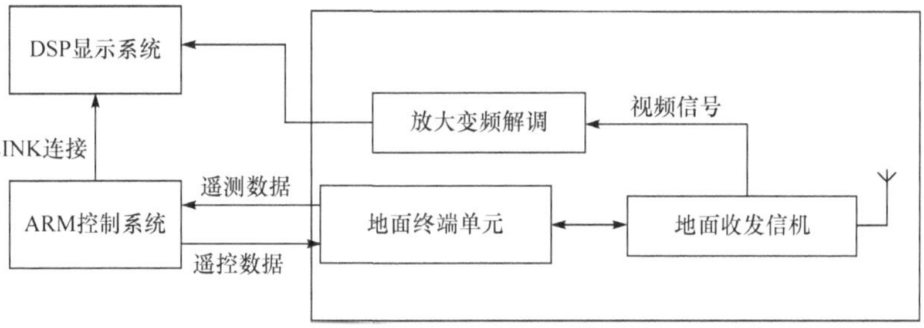

图 4.3.17　某型无人机地面测控系统结构方案

无人机地面测控系统从功能上看包括三部分：第一部分是接收测量部分，承担接收无人机的信息(包括状态、航迹)进行解码编译，实时监视当前无人机的飞行状态的任务；第二部分是控制部分，提供操作平台(如键盘、手柄等)，便于地面人员实时控制无人机的飞行和执行任务；第三部分是显示部分，负责实时显示飞行状态和相关参数，绘制无人机的航迹，对无人机传回的视频图像信号进行实时显示；上述飞行信息和图像信息还需存储备用。

2. 飞行控制系统硬件设计原理

由前面所述的功能介绍可知，要使无人机正常飞行，必须对其施加姿态控制、速度控制及高度控制。因此，飞行控制系统硬件须具备以下功能。

(1) 采集处理数据：利用机载传感器实时测量无人机的飞行状态，如姿态角、姿态角速率、加速度、速度、高度和位置等状态量；进行数据处理，对所测量状态量信息进行滤波、融合等数据处理。

(2) 飞行控制律解算：飞行控制律涉及姿态控制、速度控制和高度控制。

(3) 控制量输出：飞行控制律解算得到的控制量通过对应的接口输出给舵机、电动机等执行机构，所以飞行控制系统需具备足够的控制量输出接口和带负载能力。

(4) 与地面站进行实时通信：机载控制器根据地面站控制指令完成不同控制状态切换；接收来自地面站的控制参数数据并存储，做到在线实时调参；将无人机重要数据发送给地面站，并实时显示以便于观察和监视。

为了实现以上功能，无人机飞行控制系统需要以单片机、ARM、DSP 等微处理器进行嵌入式系统设计，辅助以电源模块、航姿测量模块、传感器组件、通信模块和执行机构模块等部分。

图 4.3.18 给出了南京航空航天大学微型飞行器研究中心设计的一种无人机飞行控制系统硬件结构方案。

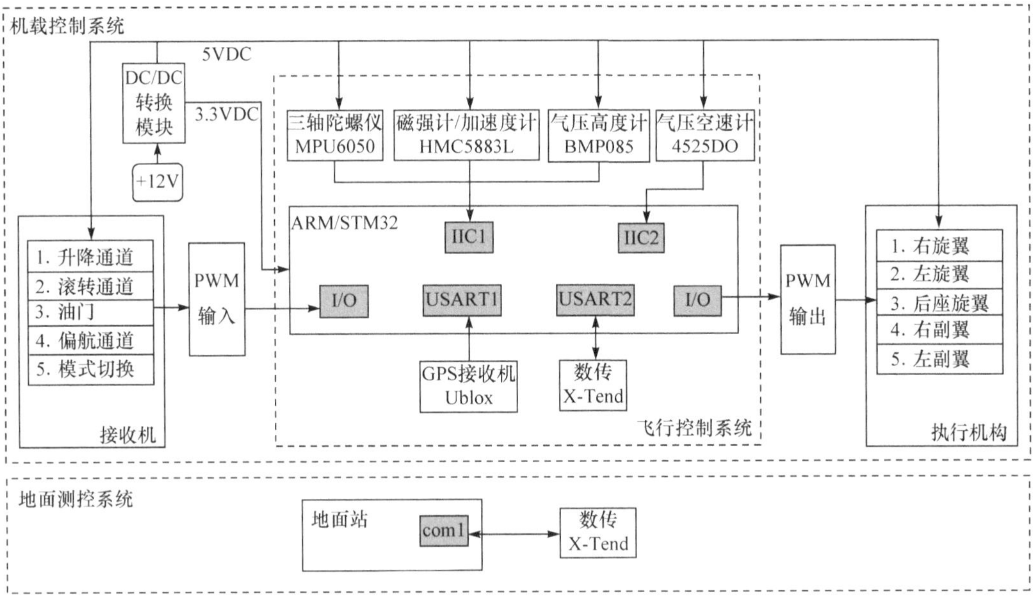

图 4.3.18 飞行控制系统硬件结构方案

本方案主要组成及功能如下：

(1) 机载电源模块负责飞行控制计算机和传感器组件等供电，提供 12V 稳定电压。

(2) 电压转换模块用以满足不同模块的不同电压值需求。

(3) 机载导航系统通过 IIC 和 USART 接收航姿模块中传感器测量的信号，并进行滤波处理得出位置、速度及姿态数据。

(4) 机载飞行控制系统通过 I/O 口接收来自接收机的遥控器信号，经由机载导航系统得出的位置、速度和姿态等数据，经控制律解算，给出控制指令。

(5) 舵机、电机等执行机构接收来自 I/O 口的控制指令。

(6) 地面测控系统可以通过无线数传接收来自机载控制系统的实时状态数据，并进行显示和储存。

3. 无人机飞行控制导航软件设计原理

根据无人机飞行控制与导航功能的需求，无人机飞行控制导航软件按其各部分功能可分为初始化、检测与处理、遥控指令处理、控制参数修改、飞行状态解算、控制律计算与执行、遥测数据更新、飞行数据记录等部分。典型的无人机飞行控制导航软件编制应遵循结构化设计的原则，采用模块化设计方法，使之运行可靠、方便修改、移植和维护，如图 4.3.19 所示。

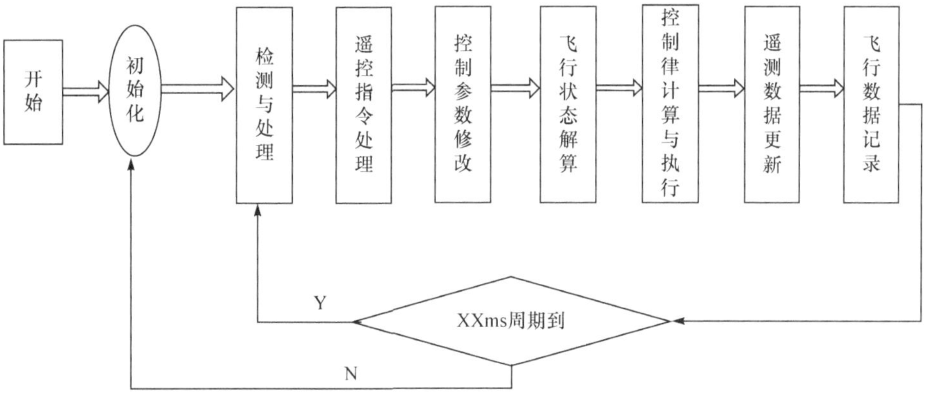

图 4.3.19　典型无人机飞行控制导航软件流程图

首先，对机载传感器信号进行系统级卡尔曼滤波融合。20 世纪 60 年代以来，组合导航系统开始采用卡尔曼滤波技术，即在两个(或两个以上)导航系统输出的基础上，利用卡尔曼滤波去估计系统的各种误差(称为误差状态)，因此，利用卡尔曼滤波进行组合的方法常称为最优组合方法。

图 4.3.20 给出了南京航空航天大学微型飞行器研究中心设计的某型无人机飞行控制导航软件方案，该方案采用惯性/卫星导航/磁向(INS/GPS/MAGN)组合导航技术，运用卡尔曼滤波器进行 GPS、MEMS 惯导系统速度和位置信息的融合，以 MEMS 惯导的误差方差为主

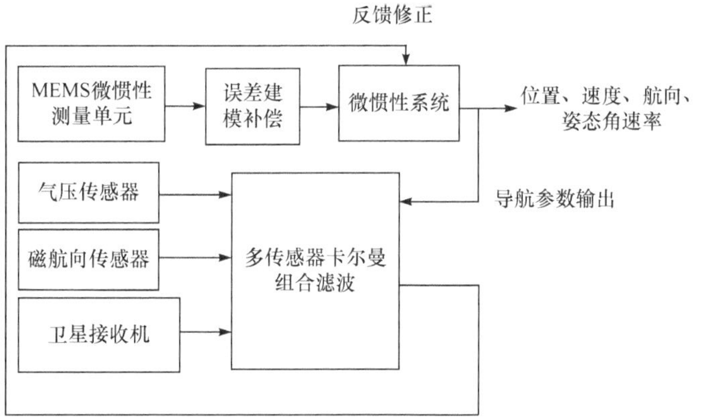

图 4.3.20　某型无人机飞行控制导航软件方案

状态方程，同时按 MEMS 微惯性测量单元的噪声特性进行状态扩充。无人机姿态估计采用基于 MEMS 惯导系统的姿态组合算法。捷联惯导系统采集 MEMS 陀螺仪和加速度计输出的角速度和比力信息，进行捷联姿态矩阵的递推和导航解算。为抑制低精度的 MEMS 惯导系统的误差积累发散，利用加速度计输出的比力信息，间隔性地进行水平姿态估计，并以此为观测量，建立卡尔曼滤波器，估计 MEMS 惯导系统的数学平台误差，修正系统姿态。

进一步，在多传感器信息和前述飞行力学分析基础上，建立无人机的飞行控制律。飞行控制系统的核心控制回路是以姿态角(俯仰角/滚转角)和角速率信号反馈为基础构成的内回路。在内回路的基础上，引入高度保持、航向控制、航迹控制等外回路。

根据无人机飞行动力学特性，飞行控制系统可分解为纵向运动控制和横侧向运动控制，控制律基于反馈的基本思想进行分层次设计构建，在具体实现时，引入适应无人机飞行特性的智能控制策略。

无人机飞行控制分为姿态控制与飞行轨迹控制两个层次。对无人机飞行轨迹控制需要以无人机的姿态控制为基础。

在无人机飞行姿态内回路工作的基础上，飞行控制系统根据偏航角和偏航距信息计算得到所需的满足轨迹控制需求的飞行姿态指令，进而实现对飞行轨迹的闭环稳定和控制。轨迹控制还包括航向控制、速度控制和高度控制。

无人机飞行控制系统中传感器和控制装置的性能与飞行器受体积和质量约束之间的矛盾突出。特别是微小型无人机，惯性矩小，受环境影响大，稳定性差，平台的稳定和导引对飞行姿态控制的要求很苛刻；微小型无人机本质的非线性、内部结构和参数的时变性、部分非模化动力学特性以及飞行环境的随机性等因素使控制问题更加复杂，这些因素决定了飞行控制问题将始终是无人机研究的核心问题之一。

无人机飞行控制系统设计应力求简洁高效。例如，固定翼无人机通常只有一对升降副翼，既起纵向控制作用，也起横向控制和航向控制作用，在同时需要飞行轨迹控制和受干扰稳定性控制时会发生耦合作用。为此，无人机飞行控制新方法正探索使用，如模糊控制、神经网络、遗传算法、模式识别和鲁棒控制等。

4.4 飞行控制律

4.4.1 飞行控制律的基本概念

无人机在类型、布局形式上具有多样性，如图 4.4.1 所示。不同类型、不同布局形式的无人机在操控方式上存在很大差异。但在无人机飞行控制中所涉及的控制思想与控制原理又具有一致性。

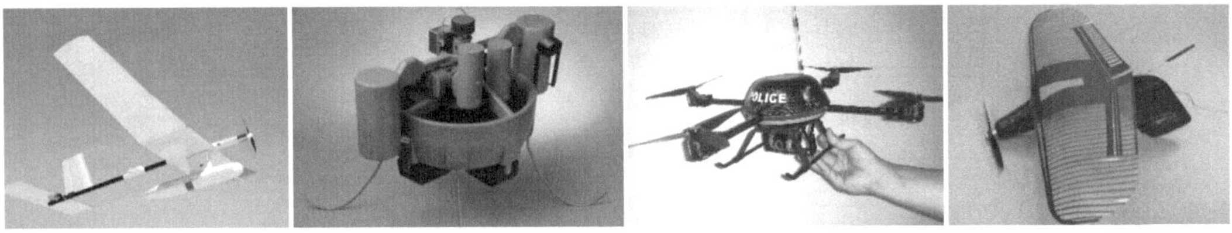

图 4.4.1　不同类型无人机

现有的无人机飞行控制大多采用反馈理论，即通过测量关心的变量，与期望值相比较，获得误差，用这个误差纠正调节飞行控制系统的响应。飞行控制的关键是，做出正确的测量和比较后，如何才能更好地纠正系统，这就需要设计合适的飞行控制律。

飞行控制律，即飞行控制系统形成控制指令的算法，描述了受控状态变量与系统输入信号之间的关系。

当无人机飞行状态得到正确测量后，与期望值进行比较，飞行控制律的作用就是根据两者的差异，来决定无人机执行何种操纵，以消除实际值与期望值之间的差异。

4.4.2 几种典型的飞行控制律设计

目前，无人机飞行控制律设计中普遍采用的有 PID 控制方法、模糊控制方法等。

1. PID 控制

在目前大部分的工程实际控制中，应用最为广泛的控制规律为比例、积分、微分控制，简称 PID 控制。PID 控制简单易懂，使用中不需精确的系统模型等先决条件，在无人机飞行控制中也得到广泛应用。

PID 控制器由比例单元、积分单元和微分单元组成。PID 控制的基础是比例控制；积分控制可消除稳态误差，但可能增加超调；微分控制可加快大惯性系统响应速度以及减弱超调趋势。

(1) 比例(P)控制：控制器的输出与输入误差信号成比例。当仅有比例控制时系统输出存在稳态误差。

(2) 积分(I)控制：在积分控制中，控制器的输出与输入误差信号的积分成正比。比例+积分(PI)控制器可以使系统在进入稳态后无稳态误差。

(3) 微分(D)控制：在微分控制中，控制器的输出与输入误差信号的微分成正比。飞行控制系统在克服误差的调节过程中可能会出现振荡甚至失稳。增加微分项能预测误差变化的趋势，这样，PI 控制器就能够提前使抑制误差的控制作用等于零，甚至为负值，从而避免了被控量的严重超调。

PID 控制使用中只需设定三个参数(K_p、K_i和 K_d)即可。

在很多情况下，并不一定需要全部三个单元，可以取其中的一或两个单元，但比例控制单元是必不可少的。

以固定翼无人机俯仰姿态控制为例，其最简单的 PD 控制律为

$$\delta_e = k_{11}\left(\theta_d - \theta\right) + k_{12}\omega_y$$

式中，δ_e 为升降舵偏角；θ_d 与 θ 分别为俯仰角期望值与实际测量值；ω_y 为俯仰角速率；k_{11} 与 k_{12} 分别为比例项系数与微分项系数，可由无人机动力学模型分析或操纵人员经验调试获得。

2. 模糊控制

模糊控制是基于模糊数学的基本思想和理论的控制方法，是一种反映人类智慧思维的智能控制。模糊控制无须知道被控对象的数学模型，构造容易，鲁棒性好。

人员操纵无人机飞行时，通过观察无人机飞行姿态与轨迹，对其飞行进行控制。当操纵人员获得观测数据时，根据所积累的知识和操纵经验，做出决策，并采取相应的控制动作。显然，这种决策过程不是通过精确的定量计算，而是依靠定性的或模糊的知识。

例如，在纵向姿态控制时，操纵人员所感知的只是纵向姿态的概念量，如“俯仰角非常偏大”，他使用这一概念与头脑中已有的控制经验和模式相匹配，得到“俯仰角非常偏大应该推杆使升降舵较大正偏”的推断，进而由飞行控制机构将“推杆使升降舵较大正偏”按照某定量值执行，从而完成整个飞行控制过程的一个循环。

无人机模糊飞行控制律设计步骤如下：

(1) 建立无人机各状态参数及控制量的模糊集合。

(2) 按照一定的模糊规则，确定模糊控制表，得到模糊关系。

(3) 根据模糊关系进行模糊运算，得到相应的模糊控制量。

(4) 根据一定的去模糊规则，将模糊控制量转化为精确数值，得到不同状态参数组合下的控制量，绘制模糊控制表面图。

以固定翼无人机俯仰姿态控制为例，在模糊控制律设计中，采用俯仰角实际值与期望值之间的偏差以及偏差变化率(当期望值不变时即俯仰角速率)作为状态参数，升降舵偏角为控制量。

(1) 建立状态参数及控制量的模糊集合。将状态参数(俯仰角偏差、偏差变化率)和控制量(升降舵偏角)按照一定精度在一定范围内进行模糊化处理，并以模糊集{PL,PM,PS,ZO,NS,NM,NL}的形式来描述。

(2) 建立模糊控制规则表，得到模糊关系。根据人员操纵经验，归纳出模糊控制规则表，即得到不同的状态参数组合到控制量的模糊推理，表 4.4.1 给出一种固定翼无人机俯仰姿态模糊控制规则。

表 4.4.1　一种固定翼无人机俯仰姿态模糊控制规则表

$\Delta\theta$ / δ / $\Delta\theta$	NL	NM	NS	ZO	PS	PM	PL
NL	×	×	PL	PL	PL	NM	NL
NM	PM	PS	PS	PM	PM	NM	NL
NS	PL	PM	PS	PS	PS	NM	NL
ZO	PL	PM	PS	0	NS	NM	NL
PS	PL	PM	NS	NS	NS	NM	NL
PM	PL	PM	NM	NM	NS	NS	NM
PL	PL	PM	NL	NL	NL	×	×

根据每条推理规则，求出相应的模糊关系：

$$\underline{R}_1, \underline{R}_2, \underline{R}_3, \cdots, \underline{R}_n$$

再根据模糊关系合成法则，建立总的模糊关系：

$$\underline{R} = \underline{R}_1 \vee \underline{R}_2 \vee \underline{R}_3 \vee \cdots \vee \underline{R}_n = \bigcup_{i=1}^{n} \underline{R}_i$$

(3) 根据模糊关系进行模糊运算，得到相应的模糊控制量：

$$\delta=\left(\Delta\theta\times\Delta\theta'\right)\cdot R$$

(4) 根据一定的去模糊规则,将模糊控制量转化为精确数值,得到模糊控制表面(图 4.4.2)。

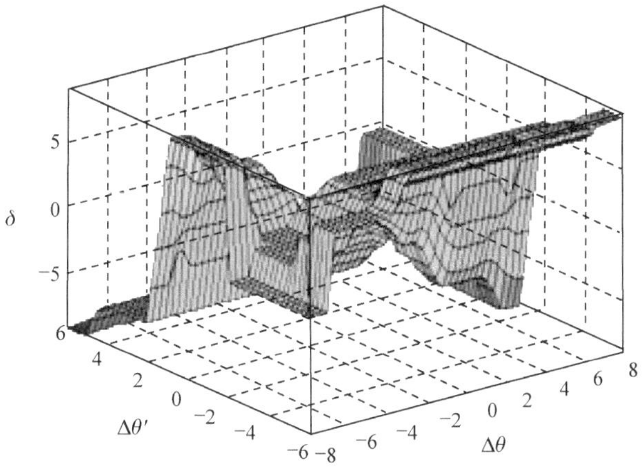

图 4.4.2　固定翼无人机俯仰姿态模糊控制表面

对于任意一组俯仰角偏差和偏差变化率组合，都可以获得相应的控制输出。在实际飞行中根据每一时刻的状态参数，能够实时地直接由控制规则表得到相对应的控制行为。

在离线状态下能够根据实际情况对控制规则表进行检验修正，使其符合控制的实际要求。

无人机的飞行控制任务复杂、控制对象特性差异巨大，需要根据实际情况选择 PID 控制、模糊控制或其他控制方法来设计无人机飞行控制律。

4.5　典型无人机飞行控制系统

4.5.1　固定翼无人机飞行控制系统分析

本节以南京航空航天大学微型飞行器研究中心设计的某型微型固定翼无人机为例，简要阐述其飞行控制系统设计。

1. 飞行器结构与操控原理

该固定翼无人机采用小展弦比无尾飞翼式布局设计，其总体布局如图 4.5.1 所示。

在本方案设计中，为了在限定尺寸内给无人机提供足够的升力，采用无机身的飞翼式布局设计。由于展长尺寸限制，固定翼无人机机翼展弦比需要远小于正常布局飞行器，在相同的最大尺寸限制下，其机翼面积也相对较大。无机身的设计减小了阻力，提高了无人机升力。同时，飞翼内部可放置各类机载设备，大大提高无人机机体内有限空间的利用效率。

在操控机构上，采用一对升降副翼，左右差动以提供滚转力矩，起到副翼的作用，左右同时上下偏动，以提供俯仰力矩，起到升降舵的作用。这样的组合为固定翼无人机提供了高效的飞行控制机构，如图 4.5.2 所示。

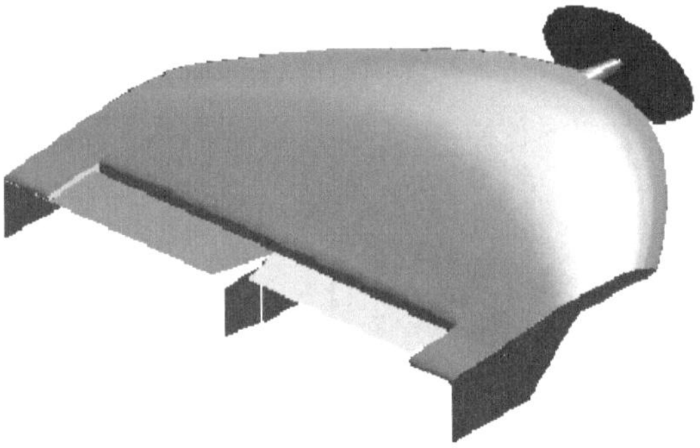

图 4.5.1　某型固定翼无人机总体布局设计

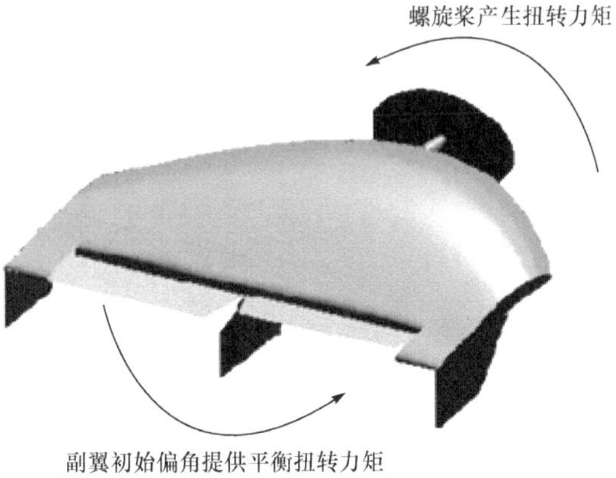

图 4.5.2　用副翼偏角抵消螺旋桨扭转力矩

动力装置上采用前置式拉力螺旋桨设计，在提供动力的同时，螺旋桨发动机的转动也会对无人机产生一个较大的滚转力矩。尺寸微小的小展弦比无人机转动惯量也相应较小，螺旋桨动力系统产生的滚转力矩对它的影响也相对较大，需要在飞行控制律时加以考虑。

虽然通过左右副翼的差动，可控制无人机滚转引起侧滑，从而实现其航向控制，但通过方向舵控制来实现横向稳定下的航向控制对于无人机自主飞行是更为有利的。

下置式翼梢小翼与方向舵设计，能够避开螺旋桨滑流影响。当无人机需要进行偏航控制而偏转方向舵时，下置式方向舵上的气动力将提供一个正耦合的滚转力矩，提高操纵性。此外，当无人机受外界扰动引起侧滑时，下置式翼梢小翼与方向舵能够提供一个反滚转力矩，也起到侧滑和滚转的正耦合作用，增加了航向稳定性，如图 4.5.3 所示。

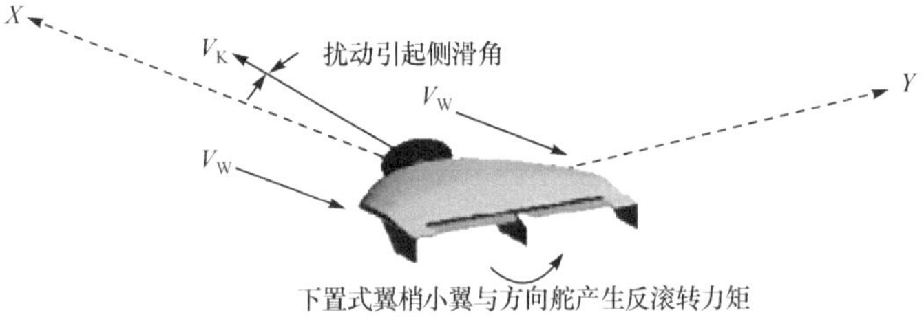

图 4.5.3　下置式翼梢小翼设计带来的侧滑和滚转的正耦合作用

2. 飞行控制系统结构

固定翼飞行器控制系统结构分为三个子系统，内层的子系统控制角速率，中间层控制姿态角，外层控制飞行轨迹。其中，内层和中间层起到机体稳定的作用。图 4.5.4 是典型的控制系统结构框图。

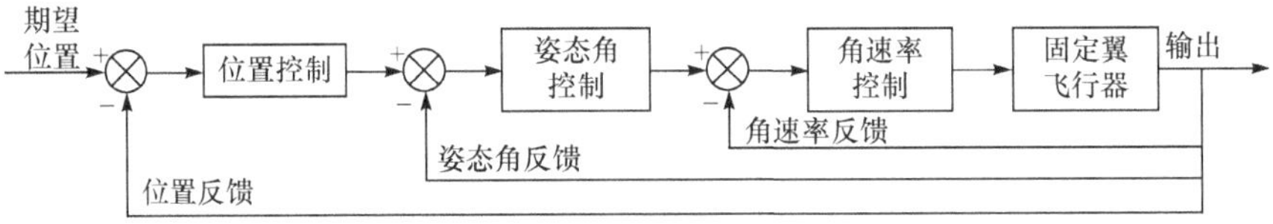

图 4.5.4　控制系统结构框图

4.5.2 固定翼无人机飞行控制系统设计

固定翼无人机利用升降舵、副翼、方向舵及油门来完成对飞机运动的控制。控制的目的就是使无人机的姿态和航迹参数满足期望的要求。按照负反馈控制原理，飞行控制系统需要通过传感器实时感知无人机的姿态和航迹参数，根据这些参数和控制任务的要求，按照一定的飞行控制律生成控制指令信号，再经过放大和调整，通过舵机，驱动升降舵、副翼、方向舵及油门进行相应的偏转。飞行控制系统主要由以下三个回路组成。

(1) 舵回路。飞机的执行机构称为舵机。舵机系统是一种随动系统(或称为伺服系统)，由舵机、传感器和放大器构成闭环系统，接收飞行控制系统发送来的控制信号，驱动舵面偏转。传感器主要有测速机、位置传感器等。

舵机主要有电动舵机、液压舵机和电液舵机三种。在电传操纵系统中，通常采用多余度舵机，提高执行机构的可靠性，保障飞行安全。

(2) 稳定回路。飞机的自动驾驶仪由舵回路、放大计算装置、传感器等部件组成。自动驾驶仪与执行机构、飞机组成稳定回路，用于稳定飞机的姿态运动(又称为角运动)。稳定回路又称为姿态控制回路。

(3) 制导回路。以稳定回路为内回路，加上重心位置传感器和飞机运动学环节，即组成制导回路，又称为轨迹控制回路。

飞行控制系统一般分为纵向控制器和横侧向控制器，且都由内回路和外回路组成。内回路，即姿态控制回路，用来增加系统的阻尼，进而增加系统姿态的稳定性，同时起姿态控制的作用；外回路，即轨迹控制回路。

无人机姿态控制的目的主要是稳定和控制飞机俯仰角、滚转角、偏航角的运动，主要通过操纵升降舵、副翼和方向舵来实现。飞机在各种高度巡航飞行、稳态爬升及进场下滑飞行时都要求保持相应的姿态，通过姿态控制达到控制所要求的飞行轨迹的目的。

无人机的轨迹控制主要包含飞行高度稳定和控制、水平航迹跟踪控制等。无人机的轨迹控制系统一般以姿态角控制系统为内回路。

横侧向控制的目的在于针对不同的运动模态采取不同的控制策略保证飞机的良好性能。横侧向的控制功能主要有：提高螺旋模态的稳定性；提高荷兰滚模态的阻尼；航向的协调控制以及协调转弯。

图 4.5.5 为捷联惯导系统导航计算原理图。

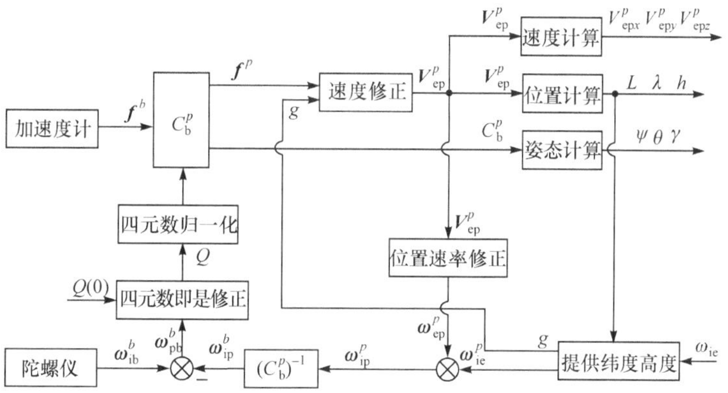

图 4.5.5 捷联惯导系统导航计算原理图

4.5.3 多旋翼无人机飞行控制系统分析

多旋翼无人机具有可垂直起降、可悬停等独特优势，是目前广泛应用于各个领域的无人机类型，本节以最为常见的四旋翼无人机为例，简要阐述其飞行控制系统设计。

1. 飞行器结构与操控原理

四旋翼无人机采用四个旋翼作为飞行的直接动力源，多采用轴对称布局。四个旋翼处于同一高度平面，两对旋翼旋转方向相反，旋翼 1 和旋翼 3 逆时针旋转，旋翼 2 和旋翼 4 顺时针旋转，每个旋翼直接连接在无刷直流电机上，电机对称地安装在飞行器的支架端，支架中间空间安放飞行控制设备和载荷，如图 4.5.6 所示。

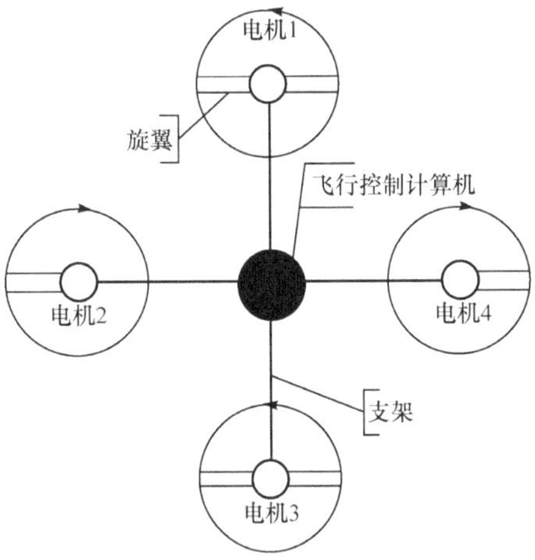

图 4.5.6 四旋翼结构图

由于四旋翼各个飞行姿态都是通过调节四个电机转速来改变旋翼转速从而改变升力实现的，而旋翼倾角保持不变，所以大大简化了机械结构，制造过程比较简单。但是四旋翼这种四个输入力、六个状态输出的欠驱动系统也决定了它的运动状态具有高度耦合特性，动力不稳定。若变化某个旋翼的转速，其他多个自由度上的运动都将受到影响，所以它的控制方法较为复杂。

(1) 垂直起降与悬停。同时增加或者减小四个旋翼的输出功率，会同等地增加或者减小旋翼的升力，如图 4.5.7(a)所示，箭头的粗细代表转速的快慢，当四个旋翼产生的总的升力大于或者小于四旋翼的重力时，飞行器会垂向上升或者下降；当升力等于重力时，飞行器悬停在空中。

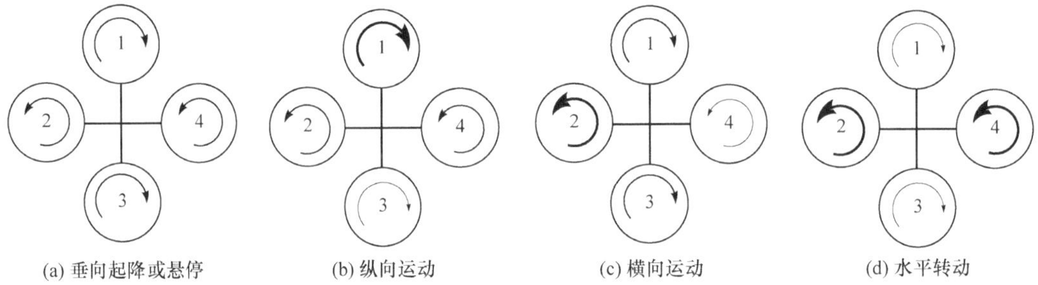

图 4.5.7 四旋翼飞行状态控制方式

(2) 纵向运动。增加后旋翼的输出功率，同时减小前旋翼的输出功率，左旋翼和右旋翼的输出功率保持一致，前后升力大小不一致会使四旋翼产生俯仰运动，此时，旋翼的升力会产生向前或者向后的分量，从而实现四旋翼的前飞或者后飞，如图 4.5.7(b)所示。

(3) 横向运动。四旋翼呈十字对称结构，所以横向运动原理与纵向运动原理一样，不再赘述，如图 4.5.7(c)所示。

(4) 水平转动。四旋翼的水平转动通过反扭矩来实现。以前后旋翼为一组，左右旋翼为一组，正常飞行状态下，两组旋翼的输出功率一致，转速一致，产生的反扭矩刚好相互抵消，所以四旋翼不会产生水平转动。当希望四旋翼产生水平转动时，通过调整两组旋翼的转速，增加其中一组的输出功率，同时减小另一组的输出功率，并且期望旋转的方向与转速增加的一组的旋转方向相反，这样，四旋翼就会在反扭矩的作用下产生水平转动，如图 4.5.7(d)所示。

2. 控制系统结构

单个四旋翼的控制目标是实现点对点的飞行，将四旋翼的控制系统分为内环控制和外环控制，内环针对欧拉角进行控制，外环不但针对三个线位移进行控制，而且输出期望的欧拉角信息，作为内环的反馈输入。四旋翼控制系统结构如图 4.5.8 所示。

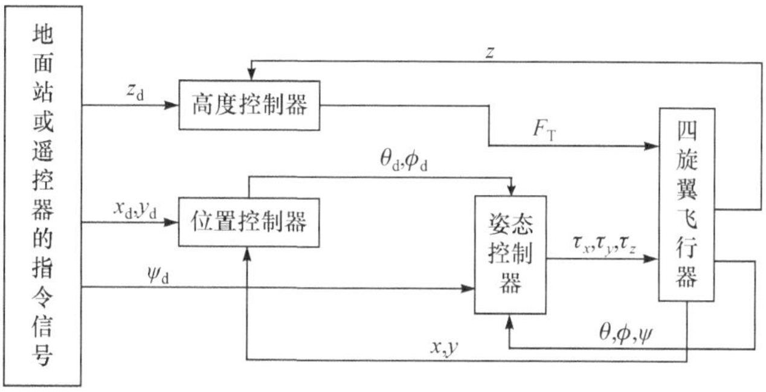

图 4.5.8 四旋翼控制系统结构图

4.5.4 垂直起降固定翼无人机飞行控制系统分析

将固定翼与旋翼无人机相结合，可设计多种新构型无人机，兼具固定翼无人机飞行速度快、航程远以及旋翼无人机起降性能好等优势。本节以南京航空航天大学微型飞行器研究中心设计的某型垂直起降固定翼无人机为例，简要阐述其飞行控制系统设计。

1. 飞行器结构与操控原理

本方案中垂直起降固定翼无人机在结构上将固定翼无人机与四旋翼无人机结合，布局如图 4.5.9 所示。

在飞行模式上，可分为固定翼模式、旋翼模式以及倾转过渡飞行模式(简称过渡模式)。无人机以旋翼模式起飞、降落和低速飞行，然后以过渡模式转换到固定翼模式，在固定翼模式下进行高速巡航。旋翼模式和固定翼模式的操纵采取常规操纵方案。过渡模式是一种变速、变结构的协调过程。在这一过程中，无人机控制在由气动舵面与推力螺旋桨组成的固定翼操控和四个旋翼不同差速组合操控的旋翼操控之间协调过渡。

图 4.5.9 飞行器结构图

2. 飞行控制系统方案

对于垂直起降固定翼无人机来说，飞行控制系统设计主要包括三部分：固定翼模式飞行控制、旋翼模式飞行控制和过渡模式飞行控制。固定翼模式飞行控制和旋翼模式飞行控制在前面已有介绍，本节主要针对过渡模式介绍其飞行控制方案。

1) 旋翼模式转固定翼模式飞行控制方案

由旋翼模式转固定翼模式，切换的过程中需要保持定高和姿态稳定，这就要求动力系统提供的总升力等于无人机重力。当模式切换开始时，GPS 和气压高度计共同测算并记录高度；增大固定翼油门，电机转速逐渐增大，推力螺旋桨提供推力增大，无人机前飞速度增大；通过调用两种模式下的 PID 高度控制通道，调节四旋翼油门输入信号，控制飞机的俯仰角(角速率)和飞行轨迹，保持飞行高度并调整飞行姿态；测量前飞速度，如果瞬时前飞速度(简称速度)仍小于巡航速度，则继续增大固定翼油门，如果瞬时前飞速度大于或等于巡航速度，关闭旋翼油门，进入固定翼模式，切换完成，如图 4.5.10 所示。

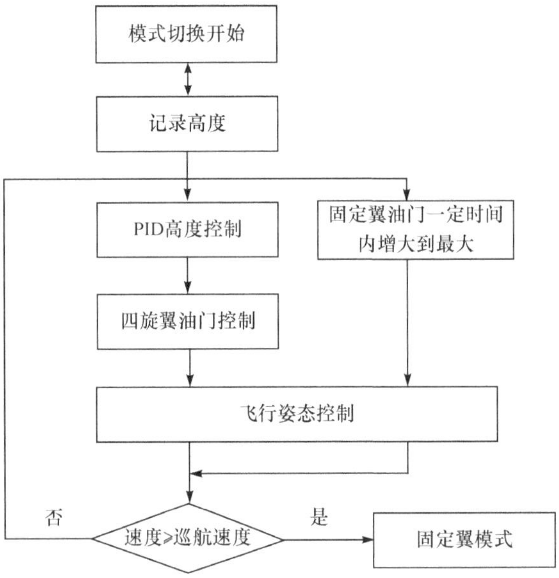

图 4.5.10　旋翼模式转固定翼模式飞行控制流程图

2) 固定翼模式转旋翼模式飞行控制方案

由固定翼模式切换至旋翼模式思路与前面相仿，首先由 GPS 和气压高度计共同测算并记录高度，减小固定翼油门，使推力电机转速下降，推力减小，从而降低前飞速度；通过调用两种模式下的 PID 高度控制通道，调节四旋翼油门输入信号，控制飞机的俯仰角(角速率)和飞行轨迹，保持飞行高度并调整飞行姿态；测量前飞速度，如果瞬时前飞速度大于或等于 2 m/s，则继续减小固定翼油门，如果瞬时前飞速度小于 2 m/s，关闭固定翼油门，进入旋翼模式，切换完成。选择 2 m/s 而不是 0，是因为固定翼速度较快，降至 0 所用时间较长，适当增加切换完成的速度，既在四旋翼控制范围内，又能缩短时间，如图 4.5.11 所示。

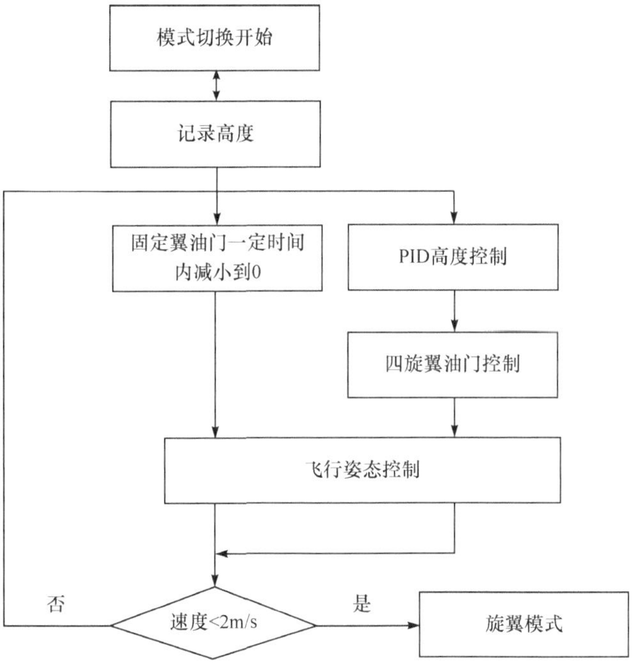

图 4.5.11　固定翼模式转旋翼模式飞行控制流程图

4.6　无人机集群系统控制技术

4.6.1　无人机集群发展概述

无人机系统经过几十年的发展，目前已经进入快速发展期。无人机种类越来越多，任务领域不断拓展，任务类型越来越广泛，已经逐步从安全性空域执行情报、监视与侦察任务向对抗性空域执行主流作战任务发展。

面临高度对抗性、高度不确定性、高度动态性的战场环境，无人机的作战样式已逐步从单平台作战向多平台集群作战方向发展。一方面，未来战场越来越复杂，单架无人机所能执行的任务能力有限，生存能力受到越来越大的挑战。多架无人机协同作战，通过相互的能力互补和行动协调，实现单架无人机的任务能力扩展以及无人机集群系统的整体作战效能提升。另一方面，无人机的自主能力不断提高，将逐步从简单的遥控、程控方式向人机智能融合的交互控制,甚至全自主控制方式发展,无人机将具备集群协同执行任务的能力。

目前，各国主流军用无人机大多以满足固有的任务功能与性能为设计要点，在作战模式上强调单架无人机的作战能力，这种固有构架与设计模式极大限制了现有无人机系统在战场上的生存能力和作战效能。

美国等国家已开始逐渐改变这类传统的无人机设计思路。在其他国家构建大型隐身察-打一体无人机的同时，美国反其道而行之构建小型无人机集群系统，希望以较低成本在多样作战环境下提供更高作战能力。无人机集群作战由大量小型无人机通过通信网络交互共同完成合作，具有资源配置机动灵活、作战成本低等特点，可满足未来强对抗环境中的作战需求。美国国防部在《无人机系统路线图 2005—2030》中指出，到 2025 年以后，无人机将具有集群战场认知能力，实现完全自组织作战。

2015 年 9 月 16 日，DARPA 发布了“小精灵”(Gremlins)项目(图 4.6.1)的招标公告，该项目中载机在防区外发射带有多种侦察载荷与电子战载荷的无人机集群来执行任务，并在集群完成任务后对幸存的无人机进行回收。2015 年 4 月，美国海军公布“低成本无人机集群技术”(LOCUST)项目(图 4.6.2)，研制可快速连续发射的高自主性无人机，通过集群战术对敌方进行压制。2015 年 5 月，美国空军也透露正在预研微型无人机集群，用于抵御和干扰敌方雷达系统或为某个区域布满多种传感器。2016 年 5 月，美国空军正式提出《2016—2036 年小型无人机系统飞行规划》，希望构建横跨航空、太空、网空三大作战疆域的小型无人机系统(图 4.6.3)，并在 2036 年实现无人机集群系统作战，即让大规模、低成本

图 4.6.1　美国 DARPA“小精灵”(Gremlins)项目

图 4.6.2　美国海军“低成本无人机集群技术”(LOCUST)项目

图 4.6.3　美国空军小型无人机系统

的小型无人机系统通过机间通信网络，实现集群侦察、打击、干扰等功能，以执行未来反恐维稳、远程突防、战机护航等作战任务。小型无人机系统还可以用于消耗敌方的高价值攻击武器，如地空导弹等，以其规模优势给敌方造成惨重的损失。

4.6.2 无人机集群关键技术

对集群的研究起始于 Grasse 在 1953 年对昆虫群落的行为研究。例如，蚂蚁个体结构和行为非常简单，但由这些简单个体构成的群体——蚁群却表现出了高度结构化的社会组织特性，能够完成远远超出个体能力的复杂任务。研究表明，蚂蚁有着奇妙的信息交互系统，其中包括视觉信号、声音通信和更为独特的信息素，基于这些复杂的系统，蚁群可以实现个体简单行为之间的相互协调，通过大规模集群的涌现机制，表现出明显的集群智能行为。目前通过模拟蚁群、鸟群、蜂群、鱼群等生物群体的行为(图 4.6.4)，逐渐形成了集群智能方法，以实现多平台分布式自组织控制，采用自底向上的数据驱动和建模策略，将简单对象构成大集合，通过简单智能主体的聚集协同来实现全局的智能行为，具有计算简单、鲁棒性好等诸多优势。

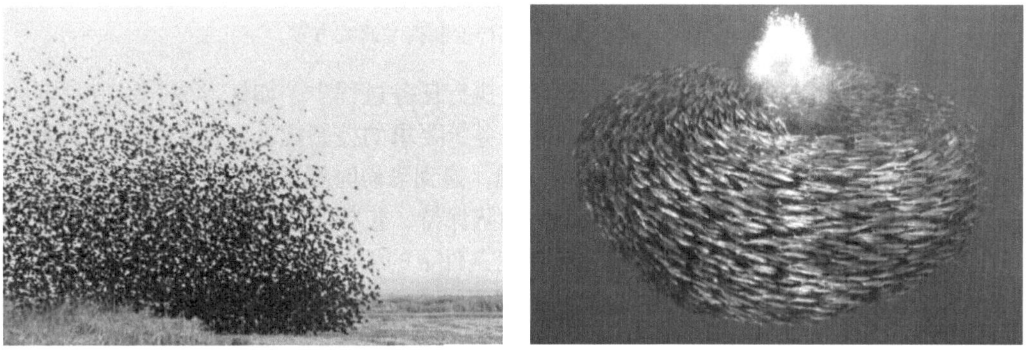

图 4.6.4　自然界中的各类生物集群行为

无人机集群控制是指一组具备部分自主能力的仿生无人机系统通过自组织、自协调来完成任务的过程。要实现无人机集群作战需要重点解决的关键问题包括大规模无人机管理与控制、多无人机自主编队飞行、集群感知与态势共享、集群突防与攻击等，如图 4.6.5 所示。

1. 大规模无人机管理与控制

复杂战场环境下，无人机集群执行作战任务时，通常需要出动数十架无人机，大规模无人机管理与控制技术需要解决基于智能体的无人机集群管理与控制体系构架、作战空域态势评估、自适应的宽带无线数据链网络构建以及人有限干预下的无人机集群管理与控制等技术。

2. 多无人机自主编队飞行

无人机集群作战必须具有多无人机自主编队飞行能力。一是要是实现多无人机自主编队控制；二是要实现集群感知与规避。多无人机自主编队控制是无人机集群执行任务的基础和最基本形式。

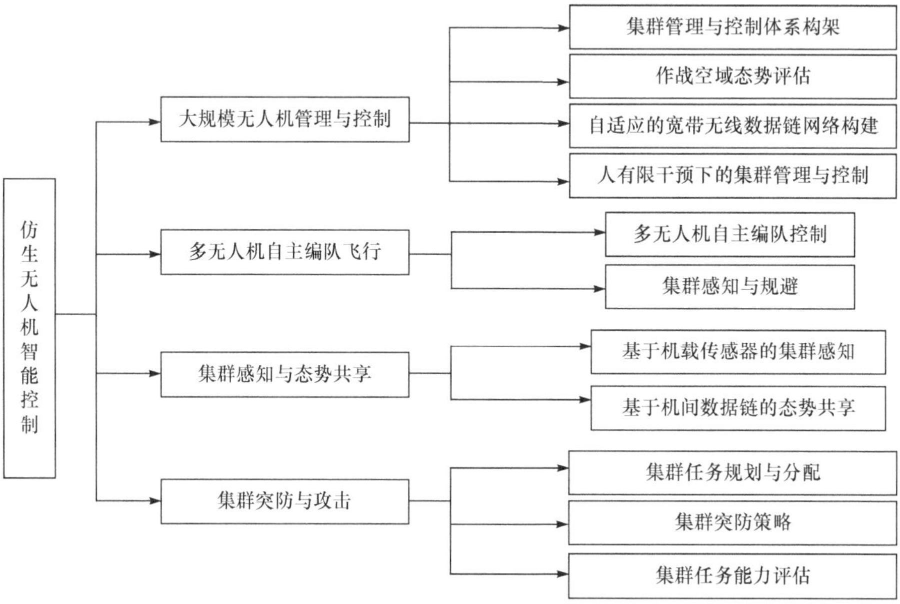

图 4.6.5　仿生无人机集群控制技术研究方案

多无人机自主编队控制是指无人机集群在执行任务过程中，如何形成并保持一定的几何构型，以适应平台性能、战场环境、战术任务等要求的控制技术。主要解决两个问题：一是编队构成/重构，包括飞行前编队生成问题，遇到障碍时编队的拆分、重建等问题，增加或减少无人机时的编队重构问题等；二是编队保持，包括飞行中编队保持问题，在不同几何形态间的编队切换问题，保持几何形态不变条件下的编队收缩、扩张、旋转控制问题等。

多无人机自主编队控制方法主要有领航-跟随法、虚拟领航法和行为控制法。集群感知与规避是提高无人机集群主动安全能力和生存能力的必要条件。无人机本身要具备机间局部环境感知能力，能够对周围集群内无人机进行状态估计与跟踪，从而实现对集群内它机轨迹的跟踪与避碰，保持集群编队构型，实现协同飞行。同时，集群对前方遇到的障碍要能够做出有效的反应，进行编队队形变换，通过障碍物后进行队形重构。常用的集群避障方法有人工势场法、模型预测法等。

3. 集群感知与态势共享

集群感知与态势共享是无人机集群控制与决策的依据。基于无人机机载传感器，实现集群战场态势感知，能够获得更广的观测范围、更高的定位精度以及更高的鲁棒性。基于机间数据链，实现态势共享，形成统一的通用作战视图，为集群作战奠定基础。相关技术主要包括协同目标探测、协同目标状态融合估计、协同态势理解与共享等。

4. 集群突防与攻击

集群突防与攻击是实现无人机集群作战的核心能力。无人机之所以构成集群协同作战，就是要面对高对抗的战场环境，提高系统的整体生存能力，在可能损失部分无人机的条件下，确保任务的完成率。在面临来自地面防空系统和空中敌方战机的高威胁环境中，无人机集群必须首先能够突破敌方的严密防空圈，到达任务区域，然后对目标发起协同攻击，确保摧毁敌方重要目标，实现既定的作战目标。

无人机集群在威胁环境执行作战任务，需要进行集群任务规划与分配。首先针对不同任务目标，指派最适合的无人机去完成，完成多机多目标的任务分配。针对预知的威胁，制定高效合理的集群突防策略。通过分析集群任务过程及任务特点，建立突防与攻击的任务规划数学模型，研究相应的规划算法，从而生成高效合理的任务计划，使得无人机集群执行不同任务的生存概率和作战效能达到最佳。在对抗、不确定以及时间敏感的环境中，随时可能出现突发情况，包括突发任务、突发威胁、平台毁损等，需要实时评估集群的任务能力，进行任务重新分配和重新规划，使无人机集群能够快速响应外界环境的变化，提高战术使用灵活性。

4.6.3 基于多源异构数据的飞行环境感知与定位技术

无人机编队要实现在复杂、未知环境下的飞行与任务目标，必须首先具备精确的环境感知与定位能力，即无人机在自身位置不确定的情况下，在完全未知的环境中，能依靠获得的各类信息来构建地图，并利用地图来实现定位和导航，如图 4.6.6 所示。

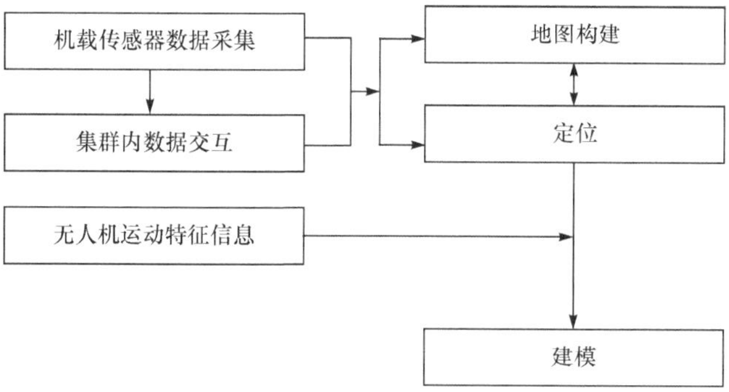

图 4.6.6　基于多源异构数据的环境感知与定位技术方案

地图用来在环境中定位，以及描述当前环境以便于规划航线；它记录以某种形式的感知获取的信息，与当前的感知结果相比较，以支撑对现实定位的评估。在定位评估方面，地图提供的帮助程度并不能直接影响感知的精度和质量。

地图构建是研究如何把从一系列传感器收集到的信息集成到一个一致性的模型上的问题。地图构建的核心部分是环境的表达方式以及传感器数据的求解。图 4.6.7 为基于无人机运动的未知环境地图构建。

图 4.6.7　基于无人机运动的未知环境地图构建

定位是在地图上估测机器人的坐标和姿势形态的问题，传感器的结果会作为定位算法的输入。由几何知识可知，对于 n 维的定位问题，任何传感输出必须包含至少一个多点定位和 $n+1$ 个判别方程。

地图构建和定位这两个核心问题之间相互关联耦合，必须同时求解。

基于各类数据形成的地图信息需要通过一定方式表达，对于无人机集群系统，必须建立三维数学模型。同时，作为建模的一部分，无人机本身的运动学特征也要考虑，用以提高在固有背景噪声下的传感精度。构建的动态模型需平衡不同传感器、不同局部误差模型给出的贡献值，并最终包含一个基于地图本身的锐利的可视化描述，这包括无人机集群的位置和方向等云概率信息。最终构建的地图信息以及定位信息将以这样一个动态模型形式得到表达。

4.6.4　微型无人机集群作战模式研究

纳米武器是武器系统超微型化的集成，纳米武器的出现使目前车载机载的电子战系统浓缩至可由微小型无人机携带，隐蔽性更好，安全性更高。

携带有纳米炸弹的无人机集群可组成一支特殊的“微型军团”，潜入目标内部，其威力足以炸毁敌方火炮、坦克、飞机、指挥部和弹药库等，如图 4.6.8 所示。

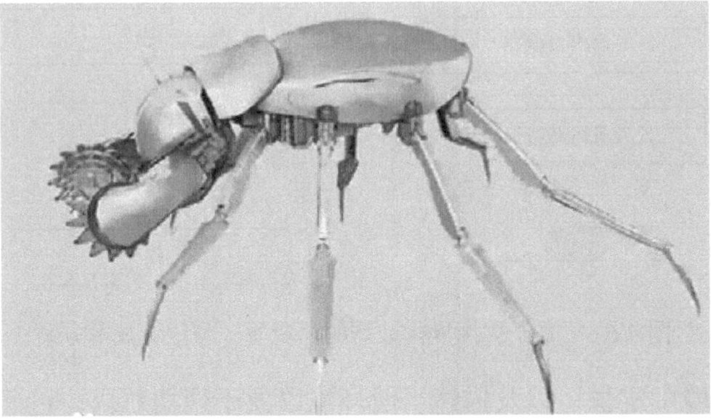

图 4.6.8　纳米昆虫炸弹概念图

微波炸弹是通过把微波束转化为电磁能，毁伤对方电子设施和人员的一种新型定向能武器。该武器系统由超高功率发射机、微波辐射器、大型发射天线和其他辅助设备组成。其工作原理是：高功率微波经过天线聚集成一束很窄、很强的电磁波射向敌方，依靠这束电磁波产生的高温、电离、辐射等综合效应，在目标内部的电子线路中产生很高的电压和电流，击穿或烧毁其中敏感元器件，毁损计算机中存储的数据，从而使敌方的武器和指挥系统陷于瘫痪，丧失战斗力。

按照功能的不同，微波炸弹可分为单脉冲和多脉冲两类，其中单脉冲微波炸弹可由微小型无人机携载和投放。当弹体接近目标时，会弹出一排天线，同时电容器开始放电，对外发射高功率微波。这种电磁脉冲可以轻易地从电力和通信管道进入地下掩体。无人机集群可针对攻击目标进行组网攻击，由电力、通信管道进入攻击范围，使其中依赖无线电、雷达、计算机、电网和电话等的现代武器系统，包括生化武器库及其生产车间在瞬间瘫痪。

这类集群式的微波攻击具有极强的穿透性与战斗力，即使装备电子对抗和隐身的高技术平台，也很难抵挡它的攻击。其破坏威力巨大且更干净、更准确，可以避免误伤平民和民用目标，也可以大大减少甚至避免攻击方自身的人员伤亡。

4.7 无人机自主避障技术

4.7.1 无人机对环境障碍物的感知

由于快速飞行无人机避障的安全技术十分复杂，目前大多采用多传感器信息融合技术来实现对环境迅速、准确的感知，及时规避控制飞行。多传感器信息融合技术中最常见的就是视觉传感器、测距传感器和惯性传感器的融合避障技术，如图 4.7.1 所示。

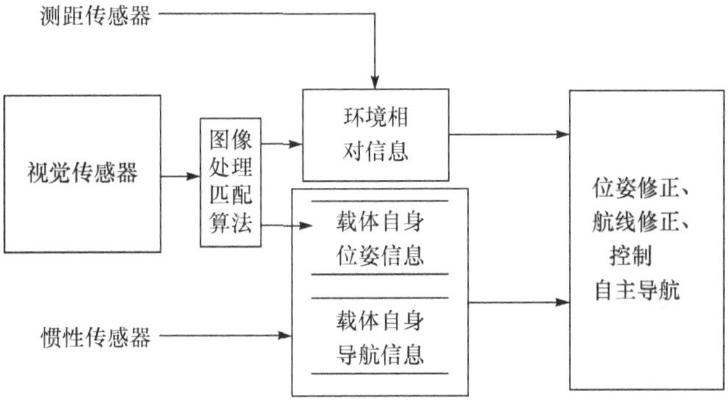

图 4.7.1 一种多传感器信息融合技术避障导航控制

用于无人机的传感器有两类，一类是感知无人机自身信息的传感器，如姿态陀螺、角速率陀螺、加速度计、温度传感器；另一类是无人机对外部信息的传感器，如气压传感器、地磁传感器、可见光传感器、红外传感器、紫外传感器、无线电传感器(包括卫星导航接收仪)、各种发射与接收双向信息的测距仪。第二类传感器中一部分也可用于测量无人机本身的状态，如三轴地磁传感器；另一部分可用于无人机的任务探测和无人机周围环境物体的特性(如距离、温度、色彩、形状)探测，这类传感器正是无人机感知环境和避障的重要手段，如可见光传感器、红外传感器、紫外传感器、多光谱传感器、激光测距仪、雷达测距仪、超声波测距仪等。

4.7.2 避障算法

避障问题已经成为无人机研究领域的热门话题，对无人机集群飞行而言，自主避障的意义尤为重要。无人机集群在实施定位与地图构建任务时，通常会估计出已观测障碍物的位置，但是并没有考虑障碍规避问题，严重影响了无人机的飞行安全和集群作战任务的完成。

人工势场法是一种常用的避障算法，它不需要利用图形表示规划空间，而是将物体的运动看作 2 种力作用的结果：一种是吸引力，它将运动物体拉向目标点；另一种是排斥力，它使运动物体远离障碍物和威胁源，这样物体总是沿着合力的方向运动。由于人工势场法结构简单，便于底层的实时控制，在实时避障方面应用广泛，但也存在局限性。为此，提出了一种改进的人工势场法，通过引入新的势场函数，解决无人机 SLAM(Simultaneous Localization And Mapping，即时定位与地图构建)的避障问题。

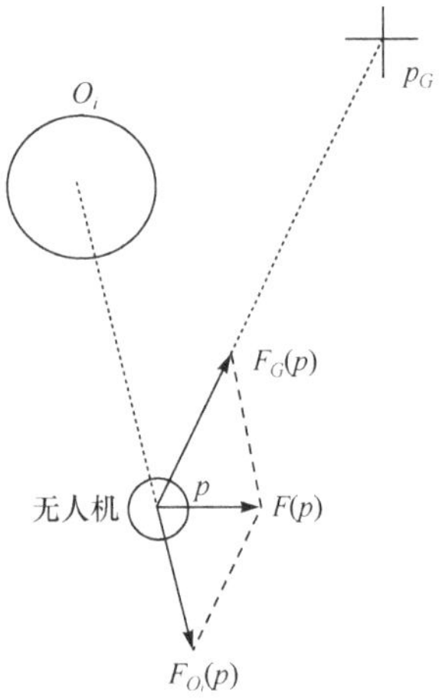

图 4.7.2　无人机在人工势场中的受力示意图

如图 4.7.2 所示，无人机的目标位置为 p_G，且环境中存在障碍物 $O_i\left(i=1,2,\cdots,n\right)$，$n$ 为障碍物的数目，无人机在位置 p 时的人工势场 Uart(p)可表示为目标势场 $U_G(p)$和障碍势场 $U_{O_i}(p)$的和，进而得出作用于无人机的抽象力 $F(p)$为

$$F_G(p)+\sum_{i=1}^{n}F_{o_i}(p)=-\nabla U_G(p)+\sum_{i=1}^{n}\left[-\nabla U_{O_i}(p)\right]$$

势场函数的选择比较灵活，一般具体情况具体设计。O.Khatib 建立的目标势场和障碍物势场函数如下：

$$U_G(p)=\frac{1}{2}(p-p_G)^2$$

$$U_{O_i}(p)=\begin{cases}\dfrac{1}{2}\eta\left(\dfrac{1}{\rho}-\dfrac{1}{\rho_0}\right)^2, & \rho\leqslant\rho_0\\ 0, & \rho>\rho_0\end{cases}$$

式中，η 为大于 0 的常数；ρ 为无人机到障碍物的最短距离；ρ_0 为设定的阈值。

通过最小化成本函数，由无人机的速度 $\boldsymbol{v}$ 和计算的成本函数的负梯度$\nabla\boldsymbol{c}$ 向量之间的关系，确定期望的无人机运动姿态，即设计避障行为的控制输入为

$$\gamma=\arccos\left(\frac{\boldsymbol{v}\cdot\nabla\boldsymbol{c}}{|\boldsymbol{v}||\nabla\boldsymbol{c}|}\right)$$

式中，无人机的速度大小为常值：

$$|v|=v_{\text{constant}}$$

$$\nabla c=-\left.\frac{\partial c}{\partial x_V}\right|_{x_V=\hat{x}_V}=\left.\left\{(x_g-x_V)-\sum_{i=1}^{n}\left[P_{ii}^{-1}(x_i-x_V)+(x_i-x_V)\right]\right\}\right|_{x_V=\hat{x}_V}$$

式中，x_g 为目标位置；x_V 为无人机位置；x_i 为第 i 个障碍物位置；P_{ii} 为方差矩阵中第 i 个障碍物对应的方差子阵；n 为无人机观测到的地标数目。

4.7.3　无人机避障控制过程

上述环境感知与规避的实现主要是由无人机控制系统来完成的。当无人机在预定航线计划下运行中遇到障碍物或飞行物冲突可能时，就需要重新规划航线，完成如下过程的控制(图 4.7.3)。

(1) 环境态势探测：无人机飞行应实时探测周围空间环境态势，检测航线途中是否有静态或动态障碍，通常利用视觉和测距仪获取空中可能存在碰撞威胁的目标，如建筑物、飞行器、浮空器等。这时无人机正常运行主要控制探测设备。

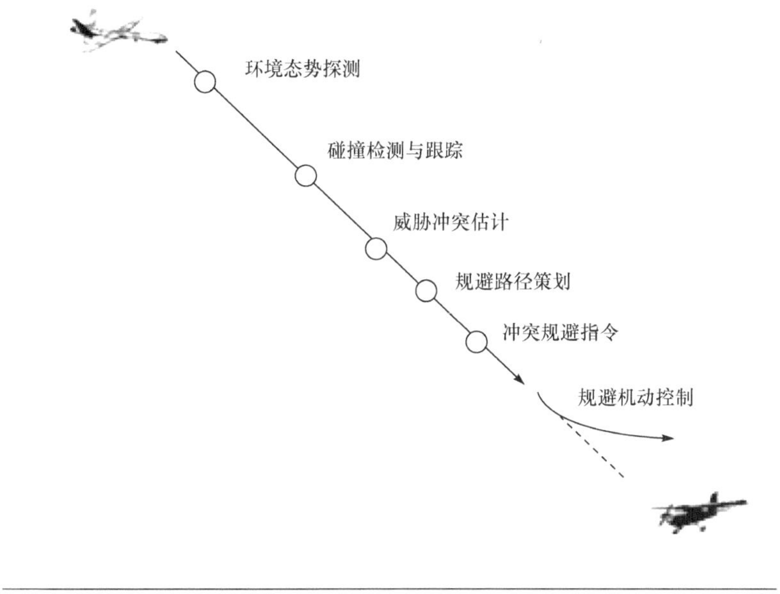

图 4.7.3　无人机自身轨迹重新规划与控制

(2) 碰撞检测与跟踪：发现目标体的相对位置或轨迹，通过感知信息，根据目标跟踪算法，实现对可能冲突物体运动状态估计和轨迹预测。这里主要由无人机感知与规避系统中的计算机分析计算结果。

(3) 威胁冲突估计：根据对可能碰撞目标的跟踪信息(位置和相对轨迹)，判断所跟踪目标是否存在碰撞威胁，评估无人机是否在符合安全距离标准下飞行。这里主要由无人机感知与规避系统中的计算机和飞行控制系统中的计算机交互分析给出结论。

(4) 规避路径策划：根据对可能碰撞目标的测量数据，包括遭遇场景可能碰撞物的几何关系、可能碰撞时间、碰撞点，同时考虑无人机本身属性、飞行性能的约束，给出规避路径，重新修正航线，设计出无人机规避飞行路线。这里主要根据预设在无人机感知与规避系统中计算机软件(含有避障分析软件和重新规划路线软件)实时规划新的运行路线。

(5) 冲突规避指令：给出修正运行开始时间、修正起始点，在新的规划路线导引下，无人机开始执行修改后的运行指令。在无人机到达开始修正路线的转折点时，启动飞行控制系统开始执行规避指令。

(6) 规避机动控制：根据新的避障决策路径，控制无人机的舵面和动力，执行转弯规避机动，直至进入恢复路线。这主要由飞行控制系统控制机动飞行。

第 5 章　无人机的结构特性分析

进入 21 世纪，无人机在现代战争中显示出越来越重要的作用，同时无人机在民用领域的应用也越来越广泛，因此无人机的研制与应用引起了各国政府和研究机构的高度重视，无人机的发展进入了一个崭新的时代。

与有人驾驶飞机相比：①无人机尺寸更小，不需要留出驾驶舱位空间；②可以节省人员培训费用，飞行员的培训费用相当高昂，如果换成无人机，只需要少量操纵人员在地面驾驶台操作即可，无人员损耗问题；③智能化科技日趋成熟，只要程序合理，基本不会出现操作失误，杜绝飞行员因操作失误造成的损失。

因此无论是在国防领域还是在民用领域，无人机的应用越来越广泛。

5.1　无人机的结构特点

从表面上看，无人机体积小、质量轻，从使用上看，无人机成本低、使用灵活，所以无人机在现代国防领域和民用领域的应用越来越广泛。

1. 体积小，质量轻

由于无人机不需要提供人员的活动空间，相比于有人飞机，无人机的体积要小得多。此外由于不需要提供人员的生存保障系统，无人机的质量比有人飞机要轻 30%～40%。表 5.1.1 中给出了三种典型大展弦比飞机的性能参数，一架是美国 20 世纪 50 年代初研制的 U2 高空侦察机(图 5.1.1)，另外两架是美国 90 年代研制的 MQ-1A“捕食者”无人机(图 5.1.2)和 RQ-4“全球鹰”无人机(图 5.1.3)。这三种飞机的作战任务基本相同，气动布局基本相似，但大小略有不同。但是从数据对比上可以看出，任务相同时，无人机的体积更小，相同大小的飞机中无人机的性能更高。

表 5.1.1　U2、MQ-1A、RQ-4 飞机的性能参数对比

性能参数	U2 高空侦察机	MQ-1A“捕食者”无人机	RQ-4“全球鹰”无人机
翼展/m	24.38	14.85	35.4
总重/kg	13154	1020	11622
燃油重量/kg	4350	295	>7000
最大巡航高度/m	27430	7620	20000
最大飞行速度/(km/h)	810	217	650
最大航程/km	5700	3704	25945
续航时间/h	8	24	41
研制时间/年	1954	1994	1995

图 5.1.1　U2 高空侦察机

图 5.1.2　“捕食者”无人机

图 5.1.3　“全球鹰”无人机

2. 设计载荷小，结构强度低

由于无人机在程序控制下自主飞行，只要程序设计科学合理，就可以杜绝由于空气紊流或飞行员误操作引起的大过载，从而可以降低无人机的设计载荷。例如，常规的通用飞机的设计过载一般在 3.8g，但是对于无人机，就可以考虑 2.5g 或者更小。

由于无人机无人员伤亡风险，在结构设计时，可以为了减轻无人机结构质量，有意识地减小结构的安全系数，例如，从 1.5 减小到 1.3 或者更低。结构的强度性能也可以适当提高，例如，从 A 基准提高到 B 基准。这些设计准则的变化，导致同等级别下无人机的设计载荷比有人机能少 40%或者更多。

另外无人机不需要设计人员进出通道，结构自身的完整性好，开口少，结构传力直接，关键结构的应力集中问题不严重，对机体疲劳寿命的要求低。

3. 工艺简单，加工设备要求低

随着新材料、新工艺的应用，先进复合材料结构在无人机上得到了广泛应用，目前常用的复合材料结构一般采用浸渍基体树脂的增强纤维预浸带，根据设计要求，逐层铺贴在按需制件形状预先加工好的模具上，再经过热压工艺将基体树脂固化成型。因此由多个零组件通过紧固件机械连接装配而成的复杂形状大型结构件，如加筋壁板，可以采用共固化、二次固化或二次胶接等工艺整体成型，最近又发展了缝合、编织等纺织预成型件/树脂转移模塑成型等整体成型工艺，以便大大减少机械加工和装配工作量，这种材料加工方法能够大幅度减重和降低制造成本。

如图 5.1.4 所示，该复合材料机翼采用整体成型工艺，机翼的上下蒙皮首先在模具表面上预成型，然后在上下蒙皮上布置模具，固定预先成型的桁条、肋以及梁，然后在热压罐中一次成型，根据结构设计要求，分别成型后的机翼上下蒙皮壁板采用机械连接或机械连接和胶接混合连接的方法形成机翼整体结构。该成型方法工艺简单，可以大大减少机械加工和装配工作量，因此能够大幅度减重和降低制造成本。

图 5.1.4　复合材料整体机翼结构

某复合材料机身也可以采用整体成型工艺，首先把预成型的框在模具上固定好，然后根据结构设计内容在模具上固定好桁条和加强梁，接着把机身的蒙皮铺层逐层铺放在机身表面，最后把铺设好的机身结构放入固化炉中固化成型。这种成型工艺结构设计简单，连接件少，机身结构表面光滑，结构重量轻。

4. 使用维护方便，寿命周期费用低

成本与飞机质量基本上成正比。在使用维护方面，飞行员与飞机的数量比例大约为 1.3∶1。而无人机这个比例相反，一个操纵人员可控制多架无人机，也没有训练飞机空勤人员和保持其技术所需要的昂贵训练费用；对机体疲劳寿命(即允许使用年限或次数)要求低，估计单价有可能比同级别有人飞机低 70%。

无人机也可以无维护式存储。导弹与无人机之间的竞争主要在寿命周期费用上。若使用可发射导弹的中型无人攻击机，预计在寿命周期内执行 15 次任务，采用无维护式存储，与同样作战效能一次性使用的“战斧”式巡航导弹相比(单价约 140 万美元)，其效费比要高得多。

5.2　无人机的结构分类

由于无人机结构体积小、设计载荷小，和有人飞机结构相比，无人机要求结构简单、重量轻，这样能携带更多的有效载荷和燃油，能飞行更远的距离和更长的时间。目前常见的无人机结构主要可以分为四种类型：①桁架结构；②梁式结构；③半硬壳式结构；④夹层结构。

1. 桁架结构

桁架结构具有结构简单、受力集中、重量较轻、加工方便、工艺成熟的特点，广泛地应用在各种场合，如高压输电线塔、大型场馆的穹顶、早期双翼式飞机的骨架、轻型直升机尾梁结构(图 5.2.1)，还有近期实现长航时飞行的阳光动力 2 号太阳能飞机，其机翼的翼肋和机身的骨架采用的都是桁架结构再加上蒙皮薄膜结构(图 5.2.2)。对于飞行器结构，如果把

图 5.2.1　轻型直升机上应用的桁架尾梁结构

桁架结构直接暴露在外面，一是无法产生有效的气动载荷，二是迎风阻力较大，会损耗非常多的发动机推力，因此一般会在桁架结构的表面蒙上质量很轻的薄膜，这样可以形成光顺的气动表面，产生气动载荷，减小飞行阻力。但桁架结构布局也有非常明显的缺点，就是结构内部空间无法有效利用，无法装载大质量的设备和有效载荷。

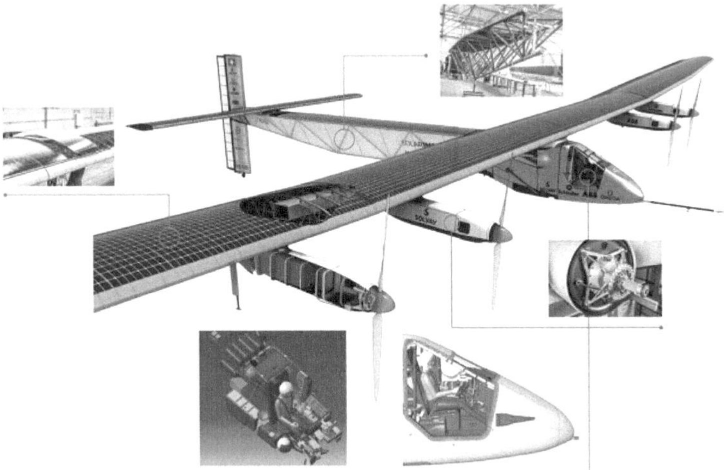

图 5.2.2　阳光动力 2 号太阳能飞机中的桁架结构

2. 梁式结构

随着飞行器速度提高，飞行阻力也显著提高，为了大幅度减小飞行阻力，无人机的表面积要求大幅度减小，因此桁架结构不能满足结构布局的性能要求，无人机的机体结构从桁架结构过渡到梁式结构。梁式结构和桁架结构的区别在于受力材料更加集中，这样就可以利用高强度材料，减小受力材料的体积，从而减小无人机结构的表面积，同时可以减轻结构质量。图 5.2.3 所示的八旋翼飞行器的支臂，就是采用高强度碳纤维管梁式结构减小飞行器的飞行阻力的。图 5.2.4 所示的无人直升机的尾梁采用的也是梁式结构，同样图 5.2.2 中阳光动力 2 号太阳能飞机的机翼结构采用的就是梁式结构，仔细观察就可以发现在其机翼内部布置了一根矩形管状复合材料梁，这种结构可以利用梁的弯曲特性，对大展弦比机翼的巨大弯矩提供足够的弯曲刚度支持，同时管状的闭室结构具有相当大的抗扭刚度，因此可以对机翼的扭转变形提供扭转刚度支持。

图 5.2.3　八旋翼飞行器的支臂采用梁式结构

3. 半硬壳式结构

梁式结构受力集中、刚度特性好，但是由于无人机上的承力梁还要和其他结构相连，如果梁结构上的弯曲载荷很大，就会造成根部连接耳片上的载荷很大，无法满足耳片自身的强度要求。这时就需要增加耳片接头数量，降低单个耳片接头的连接载荷，例如，从单

图 5.2.4　无人直升机的尾梁采用梁式结构

梁式结构过渡到双梁式、三梁式或者多梁式结构，接头数量的增加虽然可以降低连接耳片的强度，但是会导致结构重量增加，并且结构连接协调更加困难。这时就需要改进结构传力形式，由原来的梁式结构的集中传力改为半硬壳式结构的分布传力。另外半硬壳式结构局部刚度大，变形小，可以满足无人机高速飞行时对气动表面的光顺性要求。

一种典型的半硬壳式结构如图 5.1.4 所示，其受力分析模型如图 5.2.5 所示，机翼的蒙皮和桁条作为整体，形成一个刚度很大的承力结构，机翼的弯矩主要由半硬壳式结构整体传递。到了机翼根部，机翼连接接头不再是集中的耳片连接，而是分布的多钉螺栓连接，这样机翼蒙皮上的弯曲载荷可以通过分布式连接螺栓传递到中央翼结构上。由于没有集中连接，结构上没有参与区，结构的传力特性更好，重量更轻。

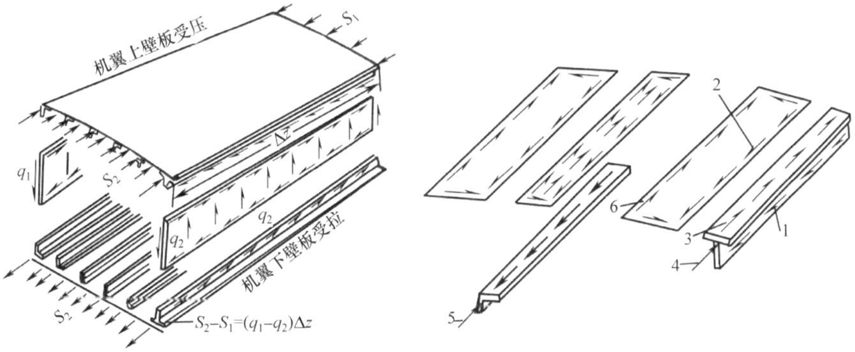

图 5.2.5　半硬壳式结构

1-梁腹板传给缘条的剪流；2-缘条传给蒙皮的剪流；3-蒙皮对梁缘条的支反力；
4-梁缘条内的轴向力；5-长桁内的轴向力；6-蒙皮上的剪流

4. 夹层结构

对于一些受力面积大，但传力载荷小的平面结构，如蒙皮结构或者腹板结构，它不能通过增加材料来提高结构自身的变形刚度，这样结构会很重，这时可以考虑采用夹层结构。夹层结构的特点是上下面板很薄，用于传递载荷，而芯层结构高度相对较大，但内部疏松，质量很轻，主要用于支持上下面板，以提高上下面板的横向弯曲刚度。这样一块质量很轻的夹层结构就可以用在载荷很小的传力部位，如蒙皮或腹板，一方面满足结构传力的需要，另一方面结构重量很轻。图 5.2.6 所示的不同复合材料夹层结构广泛地应用到各种无人机上。

图 5.2.6　复合材料夹层结构

5.3　结构传力分析的基本方法

5.3.1　传力分析的概念

当支承在某基础上的一个结构受某种外载荷，分析这些外载荷如何通过结构的各个元件逐步向支承它的基础传递，此过程称为结构的传力分析。

为什么要进行传力分析呢？结构在所有载荷作用下必须是平衡的。例如，机翼上作用有分布气动载荷和各接头传来的集中载荷，这些外载荷可通过机翼的各受力构件相互平衡。由此可见，无人机结构的绝大部分元件都是为了合理地传递载荷而布置的。因此为了设计出符合最小重量等要求的满意结构，必须首先弄清楚各种结构中载荷的传递规律。然而，力在结构中的传递并不是一个简单的过程，要进行多次转化。在传力中各元件的作用是极其复杂的。由于传力过程具有重要性和复杂性，有必要对它进行仔细的研究。

实际的无人机结构一般都是高度静不定的复杂结构。从受力的角度看，结构中有主要部分(如主要受力翼盒、舱段)和主要元件(如翼梁、翼肋、长桁、蒙皮、接头等)以及次要部分(如机翼前后缘)和次要元件(如连接角片、垫片等)。在传力分析中，着重研究参加总体传力的主要部分和主要元件的传力情况。

对实际结构进行传力分析的基本方法有三步。

(1) 对实际结构进行合理简化，略去次要元件和次要部分。例如，可略去机翼的前缘或后缘，只考虑翼梁或墙之间的翼盒段的受力情况，或者略去不参与传力的部分，只考虑参与传力的结构。通常这种简化可以把结构简化为静定的或只有一、二次超静定的结构。这步简化工作非常重要，因为通过这步简化，可以把一个高度超静定的复杂结构转化为一个宏观受载静定的结构，然后利用基本力学方法对其进行分析。由此可见，传力分析不可能给出精确的量的概念，而只是通过定性的或粗定量的分析来研究结构的传力特性，进而研究结构型式和主要元件的布置等问题。

(2) 对简化了的具体结构和各元件之间的连接关系进行仔细分析，把实际的连接形式合理地简化成铰支、固支等集中连接或分散连接等典型连接形式，以便对其传力能力进行分析。上述简化在定性分析时一般应以偏安全为宜。第二步简化是第一步简化的继续，达到能利用力学分析中已有的受力模型对其进行组合表达的程度。

(3) 依次选取结构的各个部分为分离体。根据与该分离体相连的其他元件的受力特性和相互间的连接情况，由静力平衡条件求出作用在此分离体上的外载(作用力)和支反力，这样就能很好地了解力在结构中的传递情况。

5.3.2 结构传力特性的基本规律

一般的结构按传力特性可分两大类：静定结构和超静定结构。

1. 静定结构的传力特性

静定结构中力的分配是确定的，只与结构的几何尺寸和力的作用位置有关，与元件本身的刚度(几何剖面、物理性能)无关。根据静力平衡方程即可确定静定结构中各元件所受的力。

如图 5.3.1 所示的桁架结构，作用力 P 在两杆中的力分配始终是一定的，不因改变杆的面积或材料而变化。

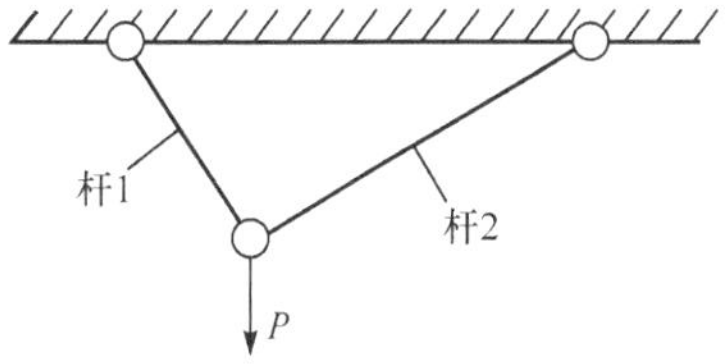

图 5.3.1 静定结构中的载荷分配

2. 超静定结构中，约束支持条件对传力的影响

在超静定结构中，力的分配不仅与结构的几何尺寸和力的作用位置有关，还更主要地与元件的边界约束支持以及自身刚度有关。

规律 1：在其他条件相同时，力向限制变形多(支持刚度大)的支持点传递得多。

如图 5.3.2(a)所示的梁 AB，一端固支，一端铰支，中间作用力 P，梁的抗弯刚度 EJ 等于常数。解一度静不定问题得

$$R_A = \frac{11}{16}P = 0.69P$$

$$R_B = \frac{5}{16}P = 0.31P$$

可见，向固支端传递的力较多。

规律 2：力的传递与支持点的刚度有关，力向限制刚度大的支持点传递得多。

将上例 B 点垂直方向的约束改为一个弹簧，弹性系数 $C>0$，其他条件不变，如图 5.3.2(b)所示。解超静定问题得

$$R_B = \frac{5P}{16\left(1+\dfrac{3EJ}{L^3}C\right)} < \frac{5}{16}P$$

再看图 5.3.2(c)所示的等剖面梁，两端固支在不同支持刚度的 A、B 点上。设 P(作用在梁中点 D)力引起 A、B 两点的反力为 R_A、R_B、M_A、M_B。

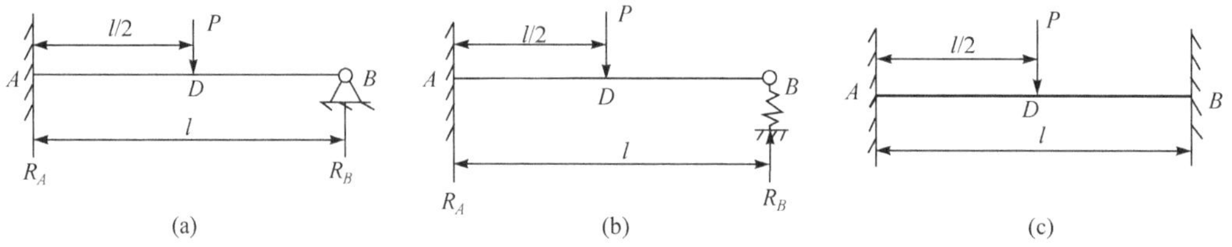

图 5.3.2 超静定结构中支持刚度对传力的影响

当 A、B 两点支持刚度一样时，$R_A=R_B$，$M_A=M_B$；当 A 点刚度比 B 点刚度大时，因为 D 点要求位移同样多，才能使 DA 与 DB 在 D 点保持连续。因此，向 A 边传递的力较多。

由此可见，超静定结构的刚度应包括元件本身的刚度和边界约束支持刚度。

3. 超静定结构中力的刚度分配法

超静定结构中，力在各元件中的分配除满足静力平衡方程外，还必须同时根据变形协调条件才能求出各元件所受的力，即力的分配还与各元件本身的刚度和支持刚度有关。在一定条件下(如机翼变形应符合平剖面假设)，结构中各个元件可直接按照其本身刚度比例来分配它们共同承担的载荷，这种正比关系称为刚度分配法。在定性分析中，往往应用刚度分配法来研究力在静不定结构中的传递规律。

这里所说的刚度是指元件(构件)的结构刚度，它是指元件在载荷作用下抵抗变形的能力，即元件产生单位变形所需的外载荷值。一个结构(元件)有各种变形：伸长、转角或扭角等，相对应的刚度就是拉伸刚度、弯曲刚度和扭转刚度。

用刚度分配法分配载荷的具体方法如下：在图 5.3.3(a)中，两杆并排在一起受拉，若两杆受拉后的拉伸变形量相同，即 $\Delta l_1 = \Delta l_2$，可得

$$\frac{P_1 l_1}{E_1 F_1} = \frac{P_2 l_2}{E_2 F_2} \tag{5.3.1}$$

根据定义，杆的拉伸刚度 $K=EF/L$，E 为弹性模量，F 为截面积，L 为长度，则式(5.3.1)可改为

$$\frac{P_1}{K_1} = \frac{P_2}{K_2} \tag{5.3.2}$$

所以

$$\frac{P_1}{P_2} = \frac{K_1}{K_2} \tag{5.3.3}$$

此式意味着两杆分担的拉力可直接按其刚度比分配。

与此类似，根据机翼的构造情况，对于中等以上展弦比的机翼，除机翼根部、开口区以及集中力作用处等局部区域外，一般可以认为，平剖面假设基本成立。因此，当机翼中有几根梁同时受广义力 P 作用时(图 5.3.3)，各梁剖面的广义位移一致，则在各种形式载荷作用下，静不定结构中各元件分担的载荷均可按式(5.3.4)计算：

$$P_i = \frac{K_i}{\sum K_i} P \tag{5.3.4}$$

式中，K 为与广义力 P 相对应的刚度，下标 i 表示各元件，可分别计算如下。

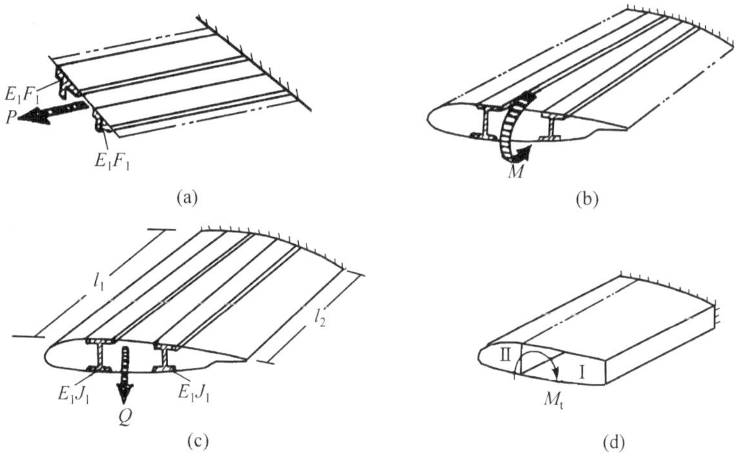

图 5.3.3　静不定结构中力按刚度分配

对图 5.3.3(b)，广义力为弯矩，广义位移为转角，则刚度为

$$K=\frac{EJ}{l} \tag{5.3.5}$$

对图 5.3.3(c)，广义力为剪力，广义位移为挠度，则刚度为

$$K=\frac{3EJ}{l^3} \tag{5.3.6}$$

对图 5.3.3(d)，广义力为扭矩，广义位移为扭角，则刚度为

$$K=\frac{GJ_t}{l} \tag{5.3.7}$$

式中，J 为剖面惯性矩；J_t 为剖面扭转系数；G 为盒段材料剪切模量。

前面已经提到，上述方法应用是有条件限制的，对于超静定结构，并不是在任何情况下都能用刚度分配法得到比较精确的结果。但是可以采用上述方法大致得到力在超静定结构中的分配规律，并且可以有意识地应用上述规律解决部分元件载荷过大的问题，如单梁式结构变为双梁式结构，或者双梁式结构变为多梁式结构等。

4. 结构传力合理的判断标准

传力分析为复杂结构的传力设计提供了一种简单高效的分析方法，但是为了更宏观地从结构布局角度判断结构传力设计的合理性，提出评价结构传力合理性的三条标准：

(1) 结构传力路线短；

(2) 结构材料利用率高；

(3) 结构综合利用性好。

以上三条标准往往是互相影响的，应该综合考虑。

5.4　机翼结构的内力分析

为了说明传力分析的使用方法，这里以典型的机翼结构为例介绍传力分析在机翼结构设计中的应用。

5.4.1　作用在机翼上的外载荷

当无人机在空中飞行时，作用在机翼上的载荷有：①以吸力和压力形式直接作用在蒙皮上的分布气动力；②分布在机翼整个体积上的机翼结构的质量力和装载物的质量力；③其他部件的集中质量力和支反力。机翼在这些载荷的作用下处于平衡状态。

但是无人机在空中飞行的姿态千变万化，在对无人机载荷进行设计时，就需要一种方法能有效确定机翼的临界载荷，这种方法就是机翼结构设计的强度规范。在机翼结构设计的强度规范中给出了机翼载荷需要考虑的设计情况，以及每一种设计情况对应的载荷大小/方向、翼弦和翼展方向(简称展向)的分布规律。

机翼气动载荷沿展向的分布如图 5.4.1 所示。在计算机翼升力沿展向的分布时，通常从无人机左右对称面开始算起，且假设机身部分的升力和被其覆盖的机翼部分的升力相同。

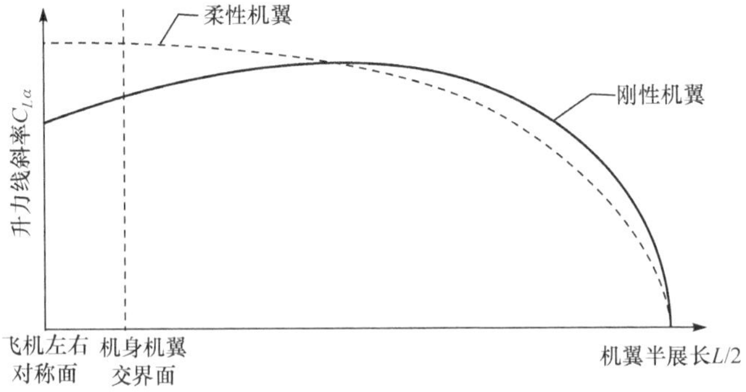

图 5.4.1　机翼气动载荷的展向分布

设单位长度翼展上的设计气动载荷为 q_b，可以用 $q_y/\cos\beta$ 表示(图 5.4.2)，其中 $\beta=\arctan(q_x/q_y)$，对于工程计算，β很小，可以取 $\cos\beta=1$。一般假设无人机的全部升力由机翼产生，于是有

$$q_b l = n_d G K_s \tag{5.4.1}$$

式中，q_b 为单位翼展上的气动载荷；n_d 为设计过载系数；l 为机翼翼展；K_s 为气动力沿机翼展向的分布不均匀系数。在近似计算中假定气动力分布沿机翼翼展不变，由式(5.4.1)得

$$q_b = \frac{n_d G}{S} b \tag{5.4.2}$$

式中，S 为机翼面积；b 为平均气动弦长。

机翼剖面上气动载荷的合力作用点叫压力中心，它在翼弦上的位置 x_p 由式(5.4.3)确定：

$$\frac{x_p}{b} = -\left(\frac{\partial m_z}{\partial c_y} + \frac{m_{z0}}{c_y}\right)_{\text{sec}} \tag{5.4.3}$$

式中，m_{z0} 为零升力矩系数。对于对称翼型，$m_{z0}=0$，并且机翼的压力中心与焦点重合，即 $x_p = x_F$。焦点位置可以近似地根据图 5.4.3 确定。

机翼的质量力包括机翼结构的质量力和安装在机翼上的动力装置、起落架及装载物(如燃油、外挂等)的质量力。

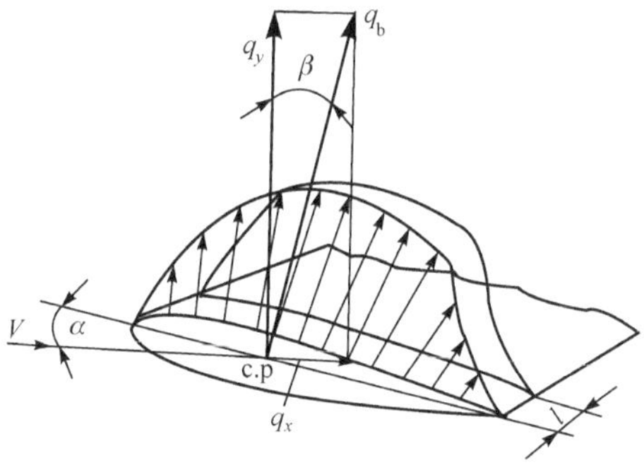

图 5.4.2 气动力沿机翼弦向的分布

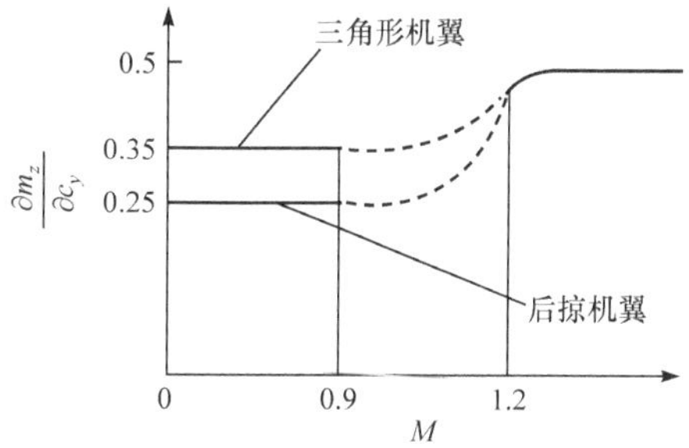

图 5.4.3 机翼焦点与飞行马赫数的变化关系

机翼结构的质量力为气动力的 8%～15%，也是分布力，它们按与空气动力同样的规律分配，质量力的合力作用点称为质心，用 c.m 表示，其在翼弦上的位置 x_m 一般位于距前缘 40%～50%的弦长处。机翼上分布的气动载荷和质量载荷可以用一个当量载荷代替：

$$q = q_b - q_w = q_b(1-\bar{m}_w)$$

式中，$\bar{m}_w = q_w / q_b$，q_w 为机翼结构的分布质量力。

当量载荷作用点距前缘的距离为

$$x_{eqi} = (q_b x_p - q_w x_m)/q \tag{5.4.4}$$

安装在机翼内或悬挂在机翼上的各部件和装载物的质量力为 $q_i = nG_i$，其中 G_i 为部件或装载物的重量。这些力作用在部件或装载物的质心上，通过与机翼结构的连接点以集中力的形式传递到机翼上。

5.4.2 机翼结构的内力图

为了简化分析，这里用沿翼展的分布载荷 q 来表示作用在机翼上的外载荷，如图 5.4.4 所示，图中 c.g 为机翼结构剖面刚心，c.p 为机翼分布载荷的压心。机翼结构可近似看成一根支持在机身上的薄壁管梁，分布载荷 q 作用在机翼的压心线上，机翼在 q 作用下以刚心(c.g)轴为扭转中心产生弯曲变形和扭转变形，见图 5.4.5。

将机翼作为一个悬臂梁，在分布力 q 和集中力作用下，从机翼的翼尖到翼根各个剖面将产生剪力 Q、弯矩 M 和扭矩 M_t，它们称为机翼各剖面上的内力。为计算机翼的强度，必须知道各个剖面上的剪力 Q、弯矩 M 和扭矩 M_t，即必须要有它们的内力图。在绘制内力图时把机翼作为受分布的空气动力载荷 q_b、质量载荷 q_w 和集中力作用下的双支点外伸梁(支点在机身上)。这些力由机身的反力 R 来平衡(图 5.4.6)。

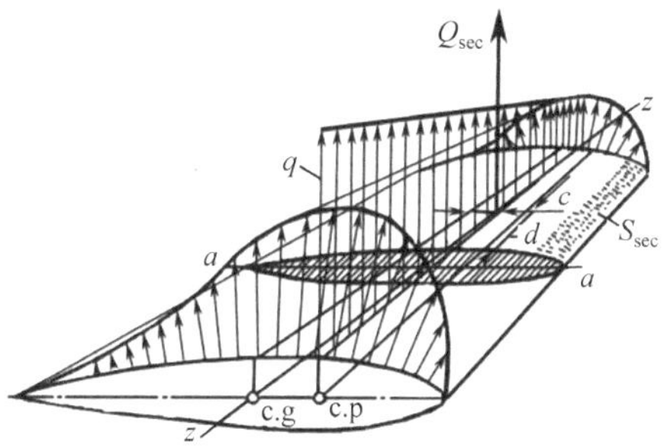

图 5.4.4 气动载荷沿翼展和翼弦方向的分布

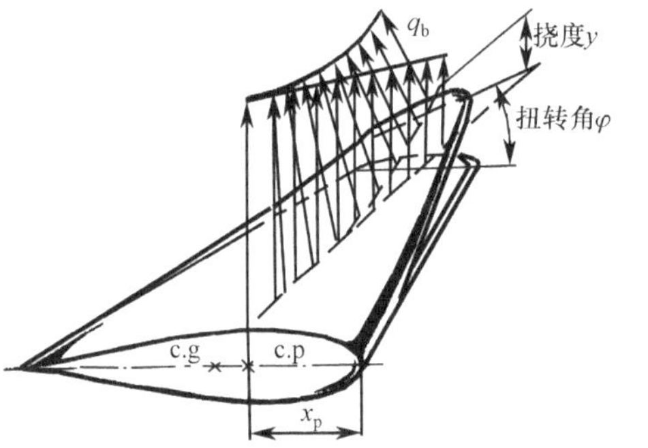

图 5.4.5　机翼在气动载荷作用下的变形

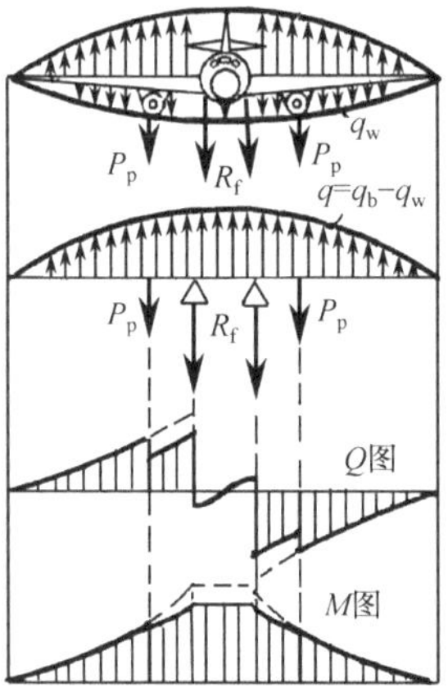

图 5.4.6　机翼的内力图

5.5　机翼结构的主要受力构件

5.5.1　蒙皮

蒙皮形成机翼表面，其功用为维持机翼外形，直接承受气动载荷并把它传递到机翼的纵向和横向受力构件上；在机翼扭转时蒙皮受剪；蒙皮还承受部分总体弯矩 M。由于无人机的体积变化和飞行速度变化差距很大，机翼蒙皮的质量占机翼质量的比例是 10%～40%。

无人机最简单的蒙皮是薄膜，如图 5.5.1 所示，质量轻薄，没有刚度，但为了保证蒙皮前缘的气动外形，一般在前缘位置布置一层略有刚度的蒙板，起到翼型维形作用。

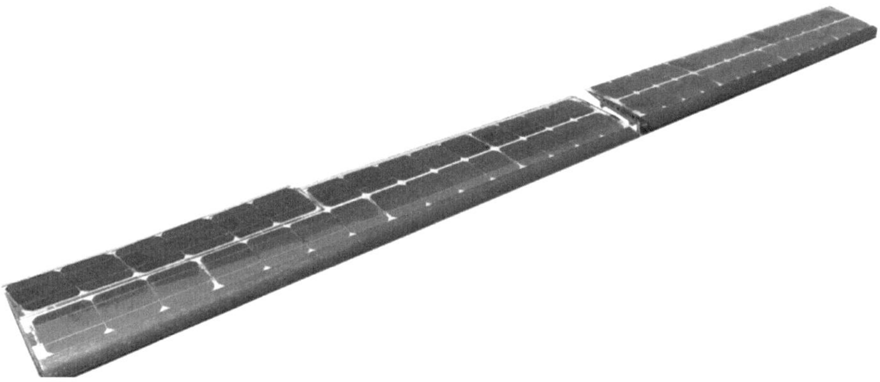

图 5.5.1　太阳能机翼的薄膜蒙皮

薄膜蒙皮的优点是制造方便、铺设简单，但缺点是抗冲击性能差，稍微一点冲撞，就会导致机翼结构出现损坏，后期维修比较麻烦。

第二种选择是采用泡沫蒙皮，如图 5.5.2 所示，采用泡沫蒙皮的优点是局部刚度大，抗冲击性能好，即使局部有损伤，也可以通过透明胶带快速修补。缺点是泡沫材料内部是全填充的，无法放置有效载荷，内部空间无法利用，而且只适用于体积小、飞行速度很低的无人机，无法承受较大载荷。

随着无人机体积的增加和飞行速度的提高，第三种选择是采用玻璃纤维制造的整体蒙皮结构，如图 5.5.3 所示的轻型飞机，其机翼和机身蒙皮都采用玻璃钢材料整体加工成型。采用玻璃钢材料的优点是蒙皮刚度大，表面光顺性好，可适用于不同范围的结构选择。

图 5.5.2　泡沫材料制作的无人机

图 5.5.3　玻璃钢材料制作的轻型飞机

如果无人机的速度达到了亚声速或更高的速度，蒙皮材料一般选择高强高模的碳纤维复合材料。碳纤维复合材料的弹性模量是玻璃钢材料弹性模量的三倍，所以对整体刚度和变形要求严格的结构，一般都选用碳纤维复合材料作为蒙皮的结构材料，图 5.1.4 所示的机翼结构就是采用碳纤维复合材料。

5.5.2　桁条

桁条是蒙皮的纵向支持构件，一般应用在半硬壳式蒙皮结构中。它承受局部空气动力引起的剪力，较强的桁条一般都参与总体受力，此时它承受由机翼弯矩引起的轴向力。

桁条质量与机翼质量之比与结构形式有关，梁式机翼中桁条质量占比为 4%～8%，而单块式机翼中桁条质量占比为 25%～30%。

桁条的强度主要取决于机翼总体受弯时引起的桁条上的轴向力，轴向力的大小取决于

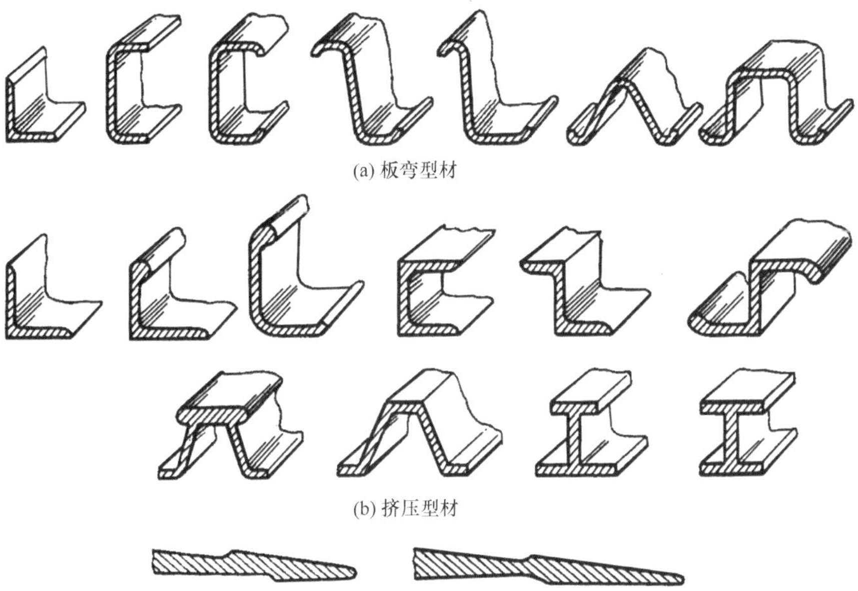

(a) 板弯型材

(b) 挤压型材

(c) 尾缘桁条

图 5.5.4　桁条型材的剖面形状

机翼的结构形式、桁条横截面的形状和面积。桁条受压后可能会产生局部失稳或总体失稳现象，在考虑总体失稳问题时，由蒙皮和翼肋分别在其各自平面内对桁条提供支持。

桁条按剖面形状可分为开口型和闭口型；按制造方法可分为板弯型材(图 5.5.4(a))和挤压型材(图 5.5.4(b))。图 5.5.4(c)给出了保证机翼后缘刚度的尾缘桁条的剖面形状。这里所列出的型材不仅可以用于桁条，而且可以用于翼肋、隔框和翼梁的缘条以及加强支柱。

5.5.3 翼梁

翼梁的主要外载荷是各翼肋传来的剪力。结构上翼梁要与机身固接，以承受机翼的弯矩。翼梁质量与机翼结构质量之比也取决于机翼的结构形式，梁式机翼中翼梁质量占比为 23%～50%，单块式机翼中翼梁质量占比为 7%～11%。

腹板式翼梁由腹板和缘条组成，缘条常采用 L 形或 T 形的板弯或挤压型材，与用板材制造的腹板连接成翼梁(图 5.5.5)。腹板上常有竖向的加强支柱，以提高腹板的抗剪稳定性(图 5.5.6)。因为腹板式翼梁具有良好的结构性能，所以在大型无人机上中得到了广泛应用，图 5.5.7 给出了三种腹板式翼梁的典型例子。

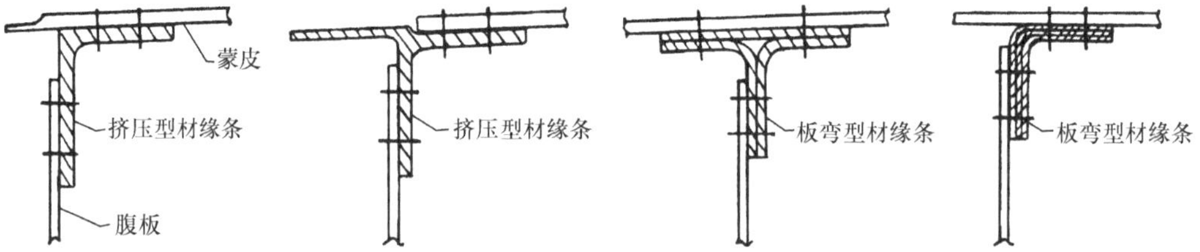

图 5.5.5 翼梁的典型缘条剖面

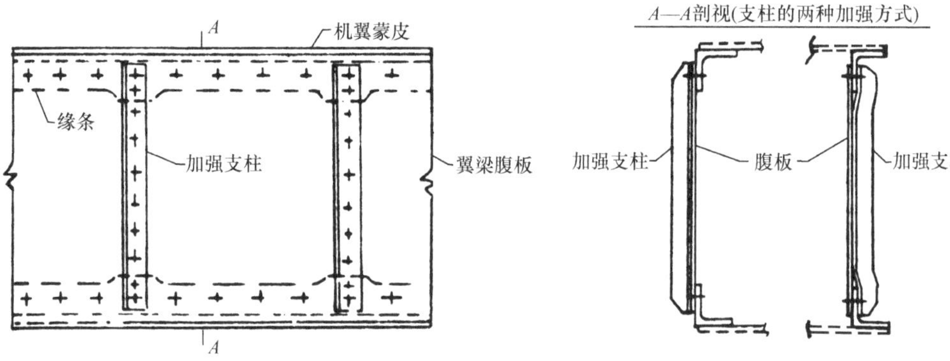

图 5.5.6 翼梁的典型构造

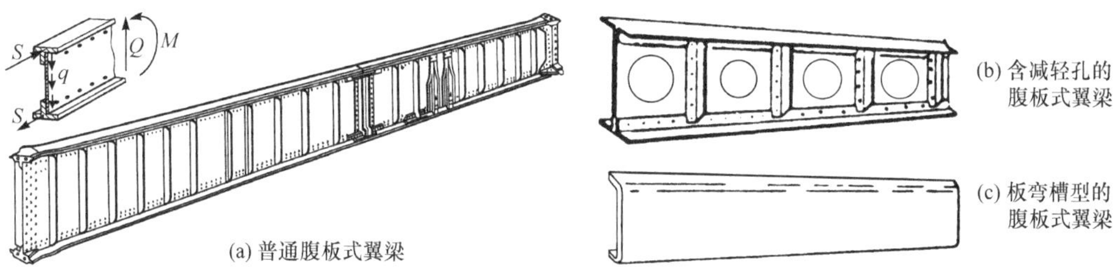

图 5.5.7 三种腹板式翼梁的典型例子

翼梁上承受的剪力 Q 使腹板受剪，产生剪流 q；由剪力引起的弯矩 M 使梁缘条受拉伸或压缩，产生轴力 S。而由梁腹板和机翼蒙皮壁板形成的闭室可以承受机翼的总体扭矩 M_t。

由于材料性能的提高，现代一些小型航模无人机往往采用高强度碳纤维管作为机翼的主梁，不仅可以大幅度提高航模无人机的弯曲刚度，还可以降低机翼制造的复杂性，结构模型如图 5.5.8 所示。

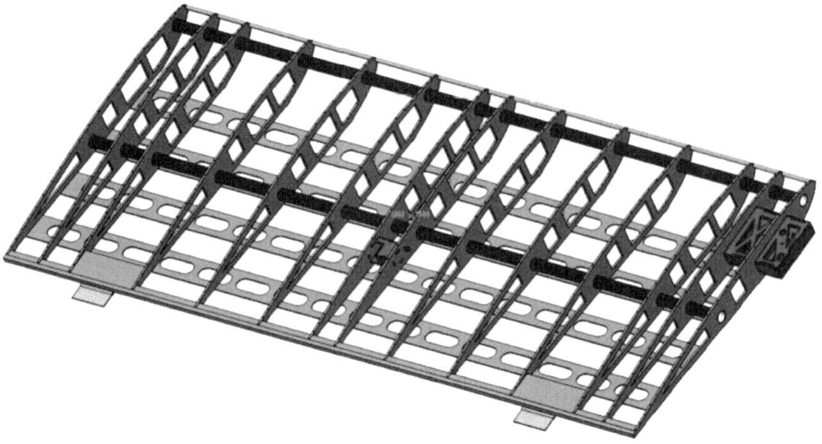

图 5.5.8　碳纤维管作为机翼的主梁

5.5.4　纵墙

纵墙也是机翼的纵向受力构件，从构造上看，纵墙与翼梁相似。纵墙与翼梁的区别在于与机身的连接，翼梁与机身固接而纵墙与机身铰接，因此纵墙不能将弯矩传递给机身，而只能传递剪力，从结构形式上看纵墙根部的缘条截面积越来越小。图 5.5.9 为最常采用的纵墙结构形式和剖面形状。

5.5.5　翼肋

翼肋按其功用和构造型式可分为普通翼肋和加强翼肋，其结构形式可分为构架式、腹板式、围框式和整体式。通常，翼肋根据机翼上梁(或墙)的数量分段制造，各段通过翼梁或纵墙腹板及蒙皮互相对接起来。

翼肋质量占机翼质量的 8%～12%。

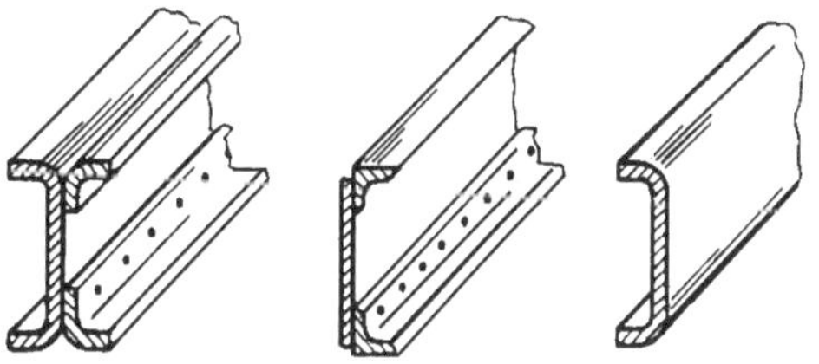

图 5.5.9　纵墙结构形式和剖面形状

1. 普通翼肋

普通翼肋不参与机翼的总体受力，它的主要功用是维持机翼剖面形状和承受局部气动载荷。翼肋为蒙皮和桁条提供支持，除承受它们传来的局部气动载荷外，还提高了它们的抗失稳能力。翼肋又受翼梁和蒙皮的支持。在气动载荷作用下，翼肋在自身平面内承受弯曲和剪切。从翼肋的受力特性上看，它也是梁，它的缘条和与缘条相连的蒙皮一起承受弯曲引起的轴向力，而腹板受剪切。

普通翼肋通常采用构架式、腹板式和围框式。构架式翼肋主要用于小型低速无人机，例如图 5.2.2 中阳光动力 2 号太阳能飞机机翼结构中的普通翼肋采用的就是构架式翼肋。腹板式翼肋用于大型高速无人机，典型的腹板式翼肋由翼肋缘条、腹板和垂直加强筋条组成，为了减轻重量，在腹板上往往开有减轻孔，见图 5.5.10。

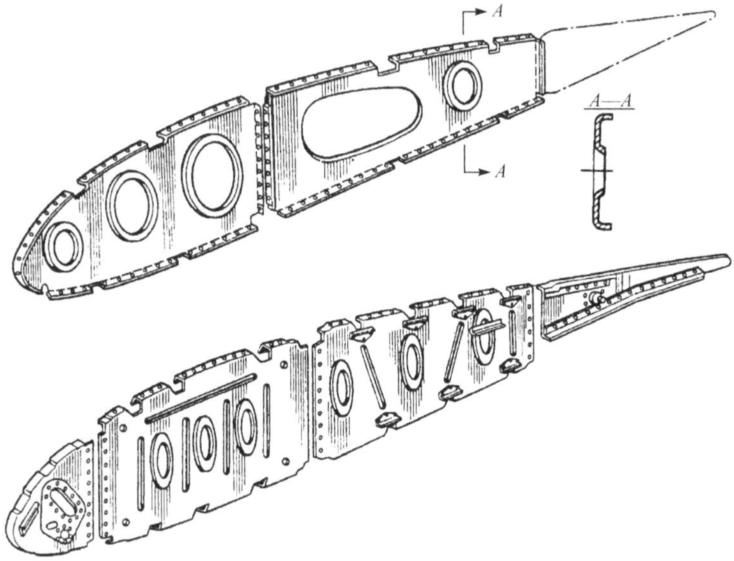

图 5.5.10　腹板式翼肋结构方案

2. 加强翼肋

加强翼肋除了起普通翼肋的作用，还具有以下三个功能：一是可以承受与机翼相连的其他部件(如起落架支柱、发动机、挂架、襟翼、副翼及机翼上其他活动部分的悬挂接头等)传来的集中载荷(力和力矩)，并将它们扩散成分布剪流传递到由翼梁(或墙)和蒙皮组成的翼盒上；二是可以将某种形式的分布剪流转换成另一种形式的分布剪流，如机翼大开口处的端肋、梁式机翼的根肋等；三是可以布置在机翼后掠角、上下反角等的纵向构件转折处，以重新分配载荷。

加强翼肋通常采用腹板式或整体式，也可能采用二者的组合形式，如图 5.5.11 和图 5.5.12 所示。

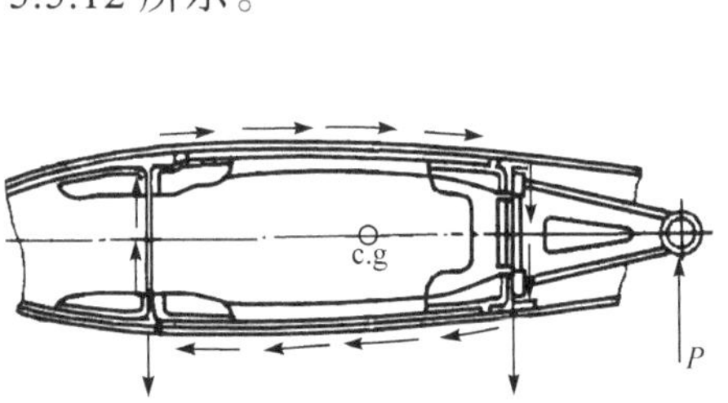

图 5.5.11　整体式加强翼肋

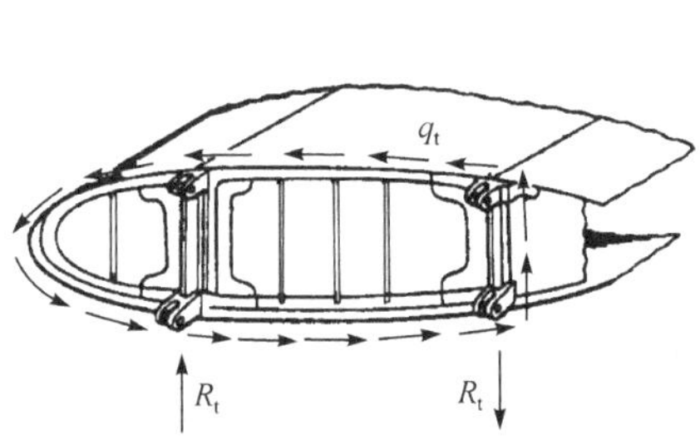

图 5.5.12　腹板式加强翼根肋

腹板式加强翼肋的腹板和缘条较强，腹板上不开孔，并用角材支柱加强。在与桁条连接处，一般肋缘条不开口，而是切断桁条，再通过翼肋将桁条对接。有的加强翼肋采用整体制造。

5.6　直机翼结构的传力分析

5.6.1　直机翼的结构形式

各种无人机机翼的外形、材料和外载差别很大，其相应的结构设计也有很大不同。但是不管怎样，机翼从总体上看是一个扁平悬臂梁结构，其结构形式分为三类，即梁式、单块式和多腹板式，见图 5.6.1。

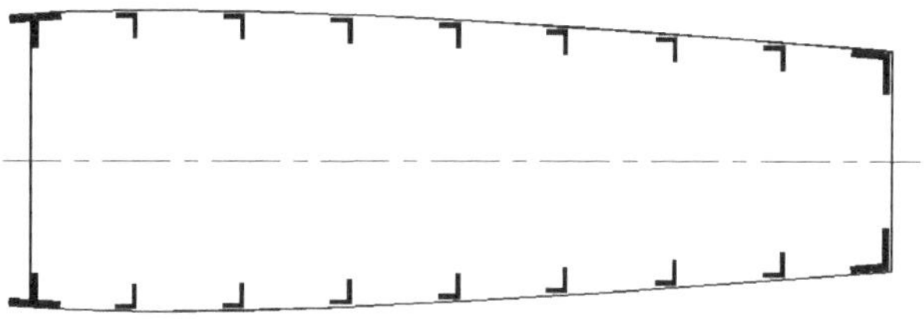

(a) 梁式机翼承力剖面

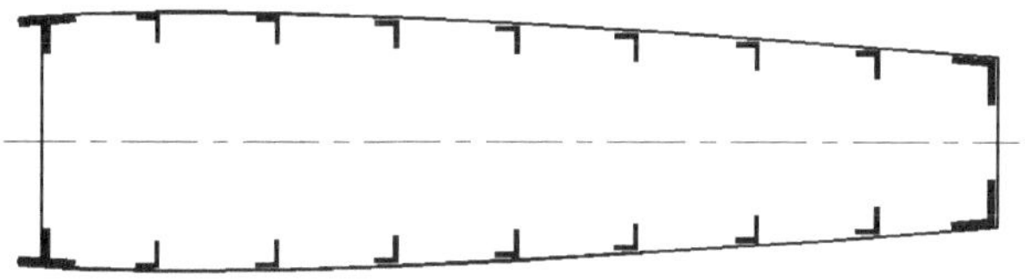

(b) 单块式机翼承力剖面

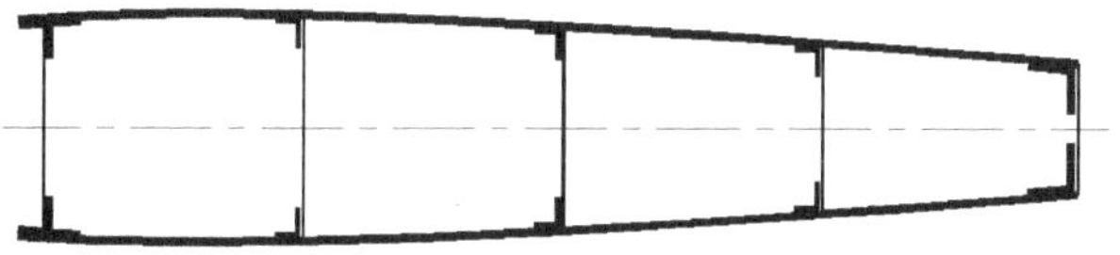

(c) 多腹板式机翼承力剖面

图 5.6.1　三种机翼结构的典型剖面

1. 梁式机翼

如果机翼的总体弯矩主要由翼梁承受，则称为梁式机翼。而根据梁的数量，又进一步可分为单梁式、双梁式和多梁式机翼。图 5.6.2 为典型的双梁式机翼结构。在梁式机翼中，翼梁是最主要的受力构件，而蒙皮较薄，桁条较弱，或者没有桁条，机翼与机身通过翼梁根部的集中接头连接，连接简单、方便，便于拆卸和维护。但由于梁式机翼主要依靠翼梁承受弯矩，当机翼翼型厚度较小时，其材料利用率降低，其结构的破损安全性能也较差。

2. 单块式机翼

在单块式机翼中，一般布置 2 或 3 根缘条较弱的翼梁或用纵墙代替翼梁，桁条多且较强，蒙皮较厚。其主要结构特点是由蒙皮、桁条和梁缘条组成的上下壁板具有较强的面内抗拉、压及剪切能力，成为机翼的主要受力构件。图 5.6.3 为典型的单块式机翼结构。

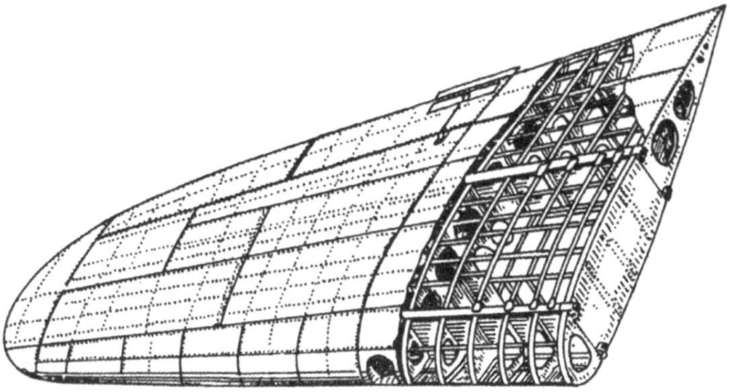

图 5.6.2　典型双梁式机翼结构

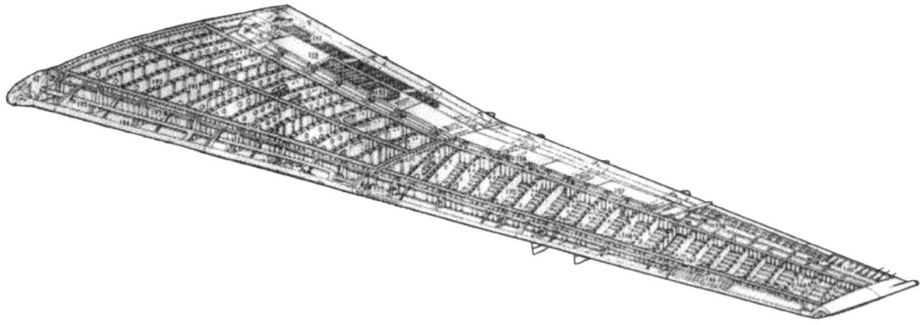

图 5.6.3　典型单块式机翼结构

单块式机翼比梁式机翼的刚度特性好；由于结构分散受力，能更好地利用剖面的结构高度，因而在机翼厚度较小时材料的利用率较高，重量较轻；同时其比梁式机翼生存力强。它的缺点是不宜大开口；同时为了充分发挥单块式机翼的传力特点，在它的设计分离面处必须采用周缘连接形式，因而构造较复杂，装配也比较困难。

在条件允许时，单块式机翼应尽量设计成整体贯通机身(即有中央翼盒)，以更有利于传递和平衡外翼的载荷。然而，当无人机为中单翼布局时，往往由于与机身内部布置的矛盾，机翼难以贯通机身，而只能用多个集中接头与机身连接，因此势必使翼根处的相当一部分材料不能充分利用，致使重量有所增加。

3. 多腹板式机翼

多腹板式机翼较多应用于高速薄翼无人机上，其结构特点是蒙皮厚，一般为变厚度蒙皮，并有较多的墙；翼肋较少，一般仅有根肋、尖肋和集中载荷作用部位的加强翼肋；主要由上下厚蒙皮承受弯矩。多腹板式机翼蒙皮厚而几乎无加筋，而多梁式机翼的蒙皮较薄而有加筋；多腹板式机翼主要由蒙皮传递弯矩，且传给中央翼，而多梁式机翼主要由梁传递弯矩，且通过接头传给机身框。与梁式、单块式机翼相比，其结构材料分散性更大。一般地说，多腹板式机翼的刚度大，但相对而言，其构造较复杂、装配工艺难、与机身连接接头多等缺点更为严重。图 5.6.4 为典型的多腹板式机翼结构。

图 5.6.4　多腹板式机翼结构

5.6.2　气动载荷的传递

机翼结构传力分析的目的是了解外载荷在机翼结构中的传递顺序和机翼各构件在传力过程中的受力情况，这有助于更好地理解机翼上每一个构件的用途，并为结构设计提供决策依据。双梁式结构是机翼结构最典型的形式，见图 5.6.5，其传力分析是学习掌握结构传力分析的基础，对于其他结构形式的传力分析具有重要的借鉴意义。

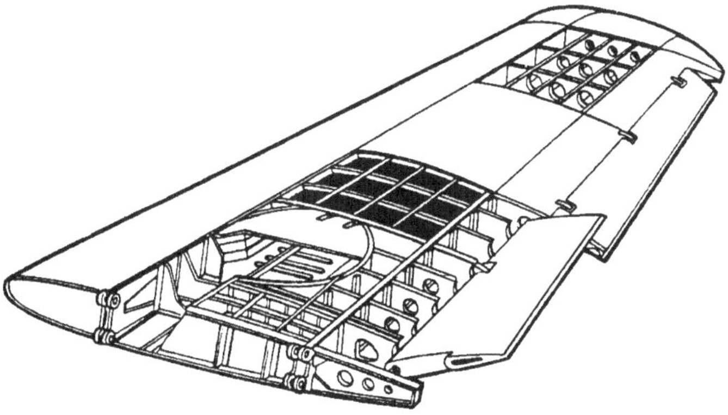

图 5.6.5　典型的双梁式机翼结构

确定了机翼上的载荷以后，分析这些载荷的传递顺序和机翼各构件的受力情况，弄清楚载荷是如何传递到其固定接头上的，这有助于更好地理解机翼上每一个构件的用途。

1. 蒙皮的初始受力

蒙皮支持在桁条和翼肋上，以压力和吸力形式承受气动载荷的作用(图 5.6.6(a))。如果蒙皮很薄，则蒙皮主要受拉伸，产生沿蒙皮厚度均匀分布的正应力(图 5.6.6(b))。如果蒙皮较厚，则蒙皮呈现横向弯曲，产生弯曲应力。

一般蒙皮以分散连接形式与桁条、翼肋连接，若气动载荷是吸力，则桁条和翼肋通过铆钉受拉对蒙皮提供支撑；若气动载荷是压力，蒙皮将直接压在桁条和翼肋上。因此蒙皮就把外载以法向分布力的形式传给了桁条和翼肋(图 5.6.7)。

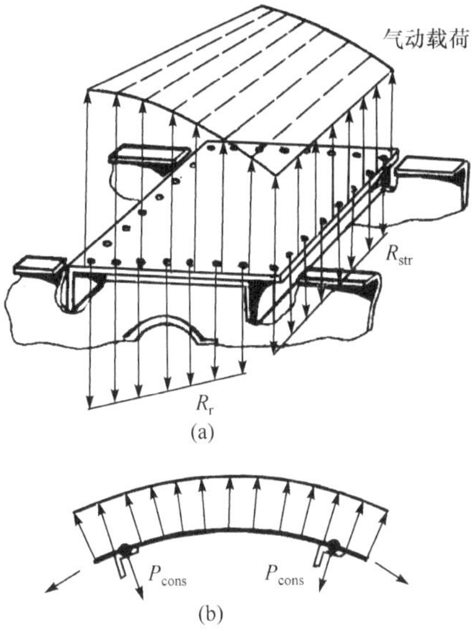

图 5.6.6　蒙皮将初始气动载荷传到翼肋和桁条上

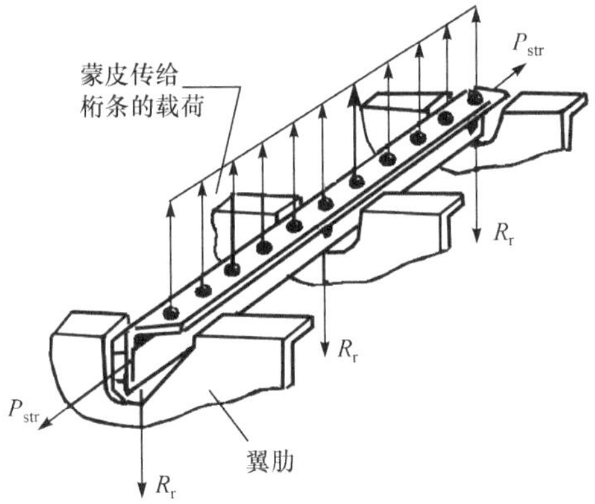

图 5.6.7　桁条将载荷传递到翼肋上

2. 桁条将载荷传给翼肋

桁条与翼肋的连接方式多种多样，见图 5.6.8。采用何种方式连接主要取决于结构的受力、工艺、批量等情况，通常桁条与翼肋用角片相连。桁条可看作支持在翼肋上的多支点连续梁，承受来自蒙皮的分散载荷，并以较小的集中力 P_{str} 传给了翼肋，见图 5.6.7。

3. 翼肋将载荷传给蒙皮和翼梁腹板

从实际构造看，翼肋的腹板通过铆接(或胶接、焊接)与翼梁腹板连接，翼肋缘条与其周缘的蒙皮连接。因此，翼肋可看作被支持在一个由蒙皮和翼梁组成的多闭室盒式梁中，由其提供翼肋承载的支反力，限制翼肋在外载荷作用下的上下平移和相对于刚心的转动。

图 5.6.9 所示的第 i 个翼肋承受从蒙皮直接传来的载荷 R_{ri}(分布载荷)和从桁条传来的载荷 P_{stri}(小集中力)。近似认为这些载荷的合力ΔQ_i作用在该翼剖面的压心(c.p)上，且垂直于翼弦线。ΔQ_i将按翼梁抗弯刚度 EJ 分配到翼梁腹板上。因为剖面压心与刚心(c.g)并不重合，故载荷ΔQ_i 相对于剖面刚心还将形成一个力矩ΔM_{ti} (即相对于机翼的扭矩)，扭矩ΔM_{ti} 由蒙皮和梁腹板组成的剖面闭室承受。ΔQ_i 通过翼肋端部与梁腹板的连接紧固件传递，紧固件受剪；ΔM_{ti}通过翼肋上下缘条与蒙皮的连接铆钉传递，连接铆钉受剪切。对翼肋本身，其腹板以承受剪切为主，而缘条受拉伸或压缩。

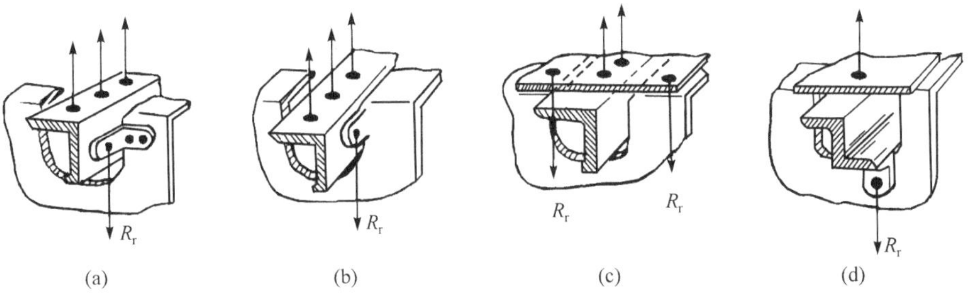

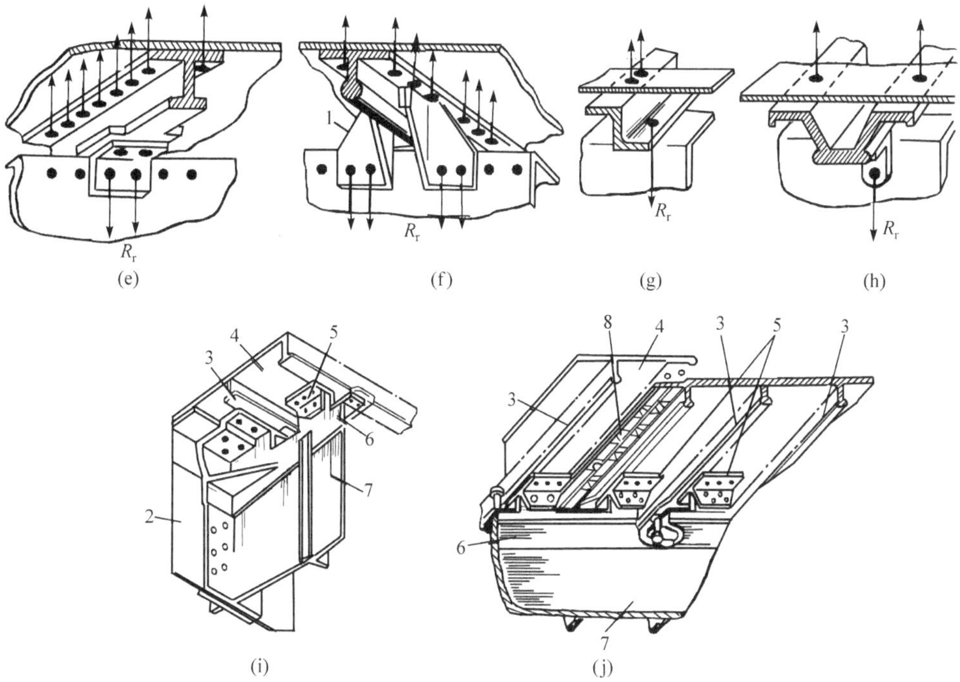

图 5.6.8　蒙皮、翼肋和桁条之间的互相连接方式

1-补偿片；2-梁；3-壁板筋条；4-整体壁板；5-角撑；6-加强角片；7-翼肋；8-对接接头

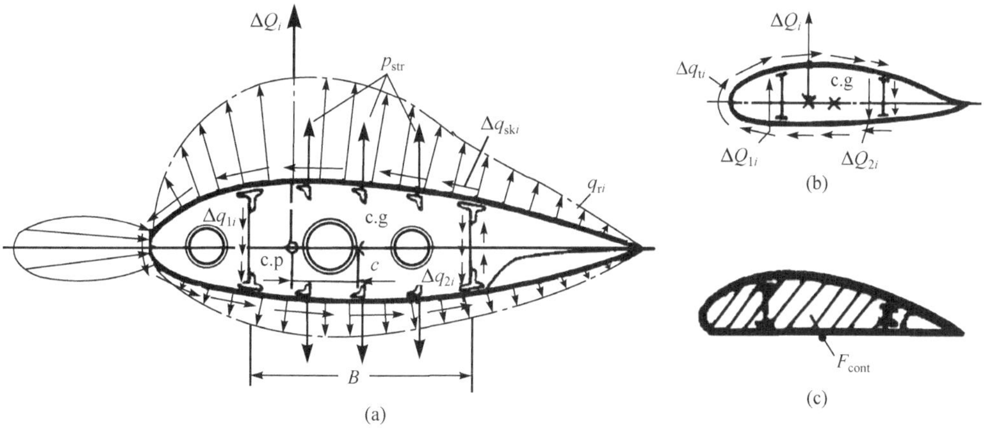

图 5.6.9　翼肋承受由蒙皮和桁条传来的载荷并将此载荷分配到翼梁腹板和蒙皮上

第 i 个翼肋上的载荷ΔQ_i形成了前后梁腹板上的剪流合力ΔQ_{1i}和ΔQ_{2i}，因刚心与压心不重合引起的扭矩产生了剪流Δq_{ri}。换种说法，翼肋支持在前后梁腹板和蒙皮上，载荷ΔQ_i垂直部分传给了前后梁腹板，扭转部分以剪流形式传递给了蒙皮。从第 i 个翼肋传递到蒙皮上的剪流为

$$\Delta q_{ti}=\frac{\Delta M_{ti}}{2F_{\text{cont}i}}=\frac{\Delta Q_i c_i}{2F_{\text{cont}i}} \tag{5.6.1}$$

式中，$F_{\text{cont}i}$为蒙皮和前后梁腹板形成的闭室面积；c_i为翼肋剖面上刚心和压心之间的距离。

机翼在剪力 Q 的作用下发生弯曲。此时如果剖面相对于刚性轴不转动，则两个翼梁的

挠度是相同的，因此，它们承受的载荷与其抗弯刚度成正比：

$$\frac{\Delta Q_{1i}}{\Delta Q_{2i}}=\frac{(EJ)_1}{(EJ)_2} \tag{5.6.2}$$

$$\Delta Q_i=\Delta Q_{1i}+\Delta Q_{2i} \tag{5.6.3}$$

$$\Delta Q_{1i}=\Delta Q_i\frac{(EJ)_1}{(EJ)_1+(EJ)_2} \tag{5.6.4}$$

刚心相对于前梁腹板的位置 x_{g} 可以按式(5.6.5)求出：

$$x_{\mathrm{g}}=B\frac{(EJ)_2}{(EJ)_1+(EJ)_2} \tag{5.6.5}$$

式中，B 为两翼梁之间的距离。

已知刚心的位置，就可以求出该剖面上的扭矩ΔM_{t}：

$$\Delta M_{\mathrm{t}i}=\Delta Q_i(x_{\mathrm{p}}-x_{\mathrm{g}})=\Delta Q_i c \tag{5.6.6}$$

翼肋的腹板与翼梁腹板、翼肋的上下缘条与蒙皮通常通过铆接连接，因此它们对翼肋的所有支反力都可以看作分布力。由此，翼梁对第 i 个翼肋的反作用剪流Δq_{ji}和蒙皮对第 i 个翼肋的反作用剪流 $\Delta q_{\mathrm{sk}i}$ 分别为

$$\begin{cases}\Delta q_{ji}=-\Delta Q_{ji}/H_{ji}, & j=1,2\\ \Delta q_{\mathrm{sk}i}=-\Delta q_{\mathrm{r}i}\end{cases} \tag{5.6.7}$$

图 5.6.10 给出了翼肋内力图。

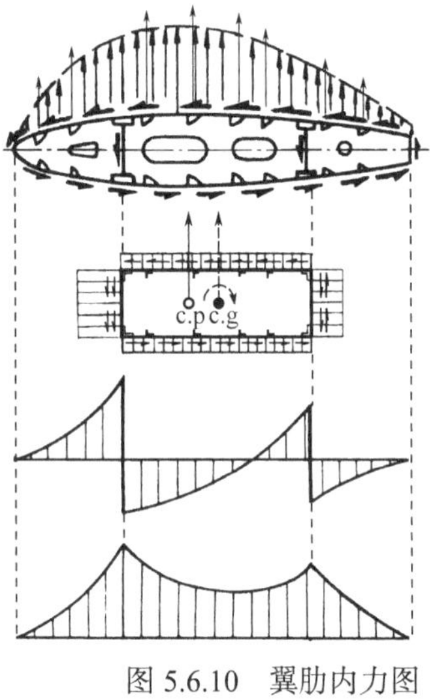

图 5.6.10 翼肋内力图

4. 翼梁将载荷传给接头

翼梁在根部与机身隔框用固定接头相连。翼梁腹板承受从翼肋传来的剪流。以前梁腹板为例，第 i 个翼肋传来剪流 Δq_i，并从翼尖到翼根逐步累积，最终由翼根部的连接接头提供支反力 Q 来平衡，见图 5.6.11(a)和(b)。

为分析翼梁腹板的受力情况，从其上取出两个翼肋之间的腹板加以研究，见图 5.6.11(c)。假设翼梁腹板为纯剪板，根据剪力平衡原理，需要翼梁的缘条提供一个支反剪力 q。这一支反剪力使翼梁缘条中产生拉压轴力，在正过载情况下，翼梁上缘条受压，下缘条受拉，这种轴力沿着展向向机翼大梁接头累积，最后由机身框提供的支反力 R 与之相平衡。

由于翼梁腹板与很多翼肋相连，翼梁腹板上每经过一个翼肋，就增加一个剪力的作用，剪力沿翼梁长度方向向翼梁根部进行阶梯式的累积，图 5.6.11(a)给出了翼梁的力平衡图和内力图。

由于机翼的蒙皮和翼梁的上下缘条通过铆钉等紧固件连接在一起，翼梁缘条在拉或压轴力载荷作用下将产生拉伸或压缩变形，这种变形将带动机翼蒙皮发生变形，并引起长桁

中产生轴力。这种因变形协调而引起的蒙皮和长桁参与拉压承载的过渡区域称作参与区，见图 5.6.12。在梁式机翼的根部，机翼的蒙皮和长桁在展向可以是自由的，因此长桁中的轴力又通过蒙皮反传给翼梁的根部缘条，长桁中轴力分布与翼梁缘条完全不同，且不同位置长桁上的轴力也不同。

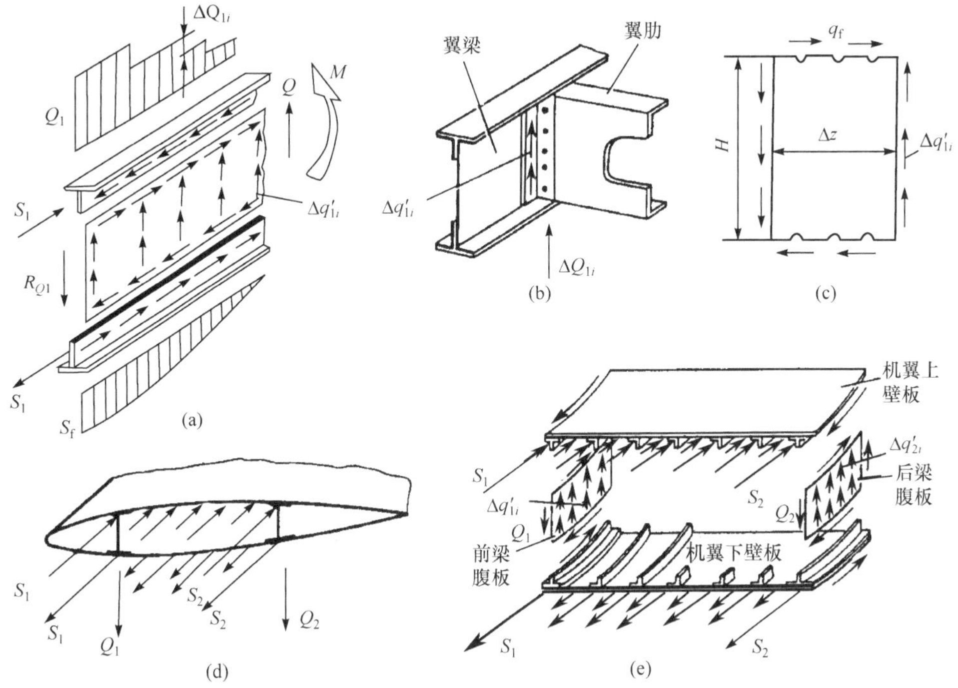

图 5.6.11　翼梁腹板和缘条(机翼壁板)受载图

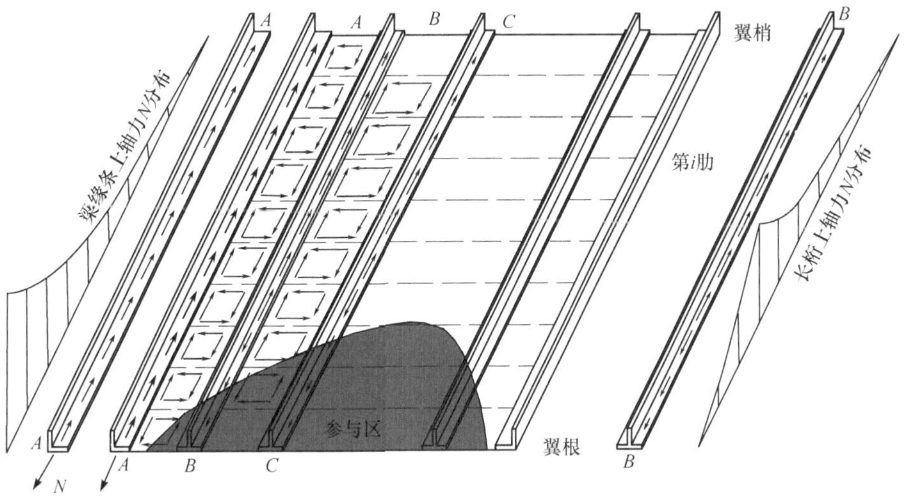

图 5.6.12　双梁式机翼蒙皮的参与区

5. 蒙皮的总体受载及扭矩在根肋处的转换

由翼肋传递到蒙皮闭室上的剪流形成沿翼梁阶梯式累积的扭矩，该扭矩由蒙皮和后墙形成的闭室承受。从第 i 个翼肋“流到”蒙皮上的闭环剪流简化为 $\Delta M_{ti}=\Delta q_{ti}2F_{conti}$，它力图使该剖面相对刚心转动。因此这个载荷引起机翼的总体扭转变形。扭矩从翼梢向翼根累积，在机翼根部剖面处的扭矩为 $M_{tr}=\sum \Delta M_{ti}$。这一扭矩在机翼根部剖面由接头支反力 $R_t=M_{tr}/B$ 来平衡(图 5.6.13)。

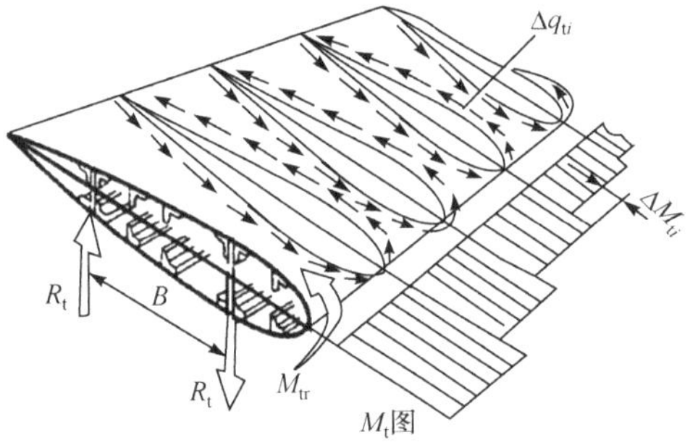

图 5.6.13　机翼受扭图

在 M_t 作用下，机翼蒙皮受剪。因而机翼扭转的总体变形是机翼上蒙皮单元剪切变形的累积。

由于蒙皮是以剪切形式承受扭矩 M_t 的，为使扭矩能以闭环剪流 q_t 的形式沿蒙皮传递，必须满足以下条件。

(1) 蒙皮应是封闭的，周边不应有开口，切向应力沿闭室周边传递。如果周边有开口，开口处应进行结构补偿。

(2) 为将机翼根部剖面处的扭转力矩传递到机翼与机身连接接头上，蒙皮应支持在根部加强翼肋上，由该肋将 M_{tr} 转换为力偶 R_t。

(3) 在使用载荷作用下，蒙皮不应失稳(它取决于蒙皮厚度 δ_{sk} 和蒙皮的支持条件——翼肋和桁条的间距)。

(4) 蒙皮应有足够的厚度，使机翼盒段的抗扭刚度满足设计要求。

6. 气动载荷传递过程框图

综合以上的分析过程，以框图形式给出梁式机翼气动载荷的传递过程，如图 5.6.14 所示。

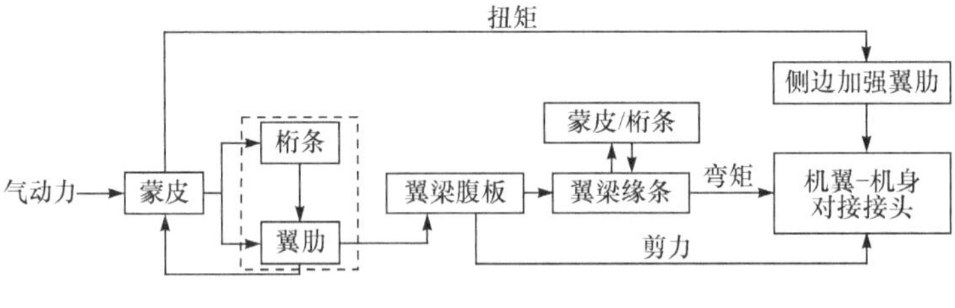

图 5.6.14　梁式机翼气动载荷传递过程框图

5.6.3　集中载荷的传递

机翼除承受分布的气动载荷外，还要承受其上安装的各种部件、附件、装载、外挂等通过连接接头传来的集中载荷。然而机翼是一种薄壁结构，这类结构的特点之一是承受集中力的能力极差。因此，在受集中力时，必须在力的作用点处布置相应的构件扩散所受的集中力。例如，当传递展向集中力时，可布置辅助梁等纵向构件来扩散集中力，而在传递位于翼肋平面内的集中力(位于垂直面内的或弦向的)时，须布置加强翼肋，用以扩散集中力，使之转化为分布剪流。

以加强翼肋传递垂直面内的集中力为例，图 5.6.15 是副翼悬挂接头处加强翼肋的力平衡图和内力图。设副翼支臂转轴处作用有载荷 P，在 P 的作用下，该肋有垂直向上和绕剖面刚心(即机翼扭转刚心)转动两种位移趋势,因此其载荷传递完全与普通翼肋上气动载荷的传递相同。将 P 转化为作用在该翼剖面刚心上的力 P 和附加力矩 $M_t=P\cdot a$。根据前后梁的抗弯刚度，可以求出支反力 Q_1 和 Q_2，扭矩引起的剪流为 $q_t=M_t/(2BH)$，其中 B、H 的定义见图 5.6.15。

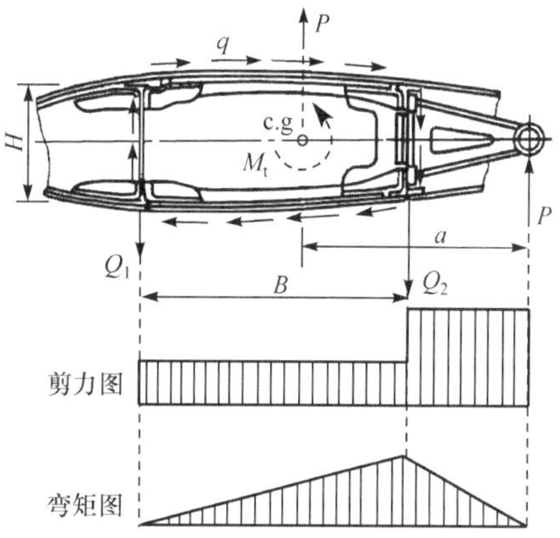

图 5.6.15　加强翼肋的力平衡图和内力图

加强翼肋本身的剪力和弯矩往往都较大，因此其腹板和缘条通常都比较强。另外在后梁处内力最大，且连接空间安排比较困难，因此此处的结构连接设计比较重要。

通过传力分析，可以大致了解机翼各个主要元件的受力特性和受力大小，然后可以采用基本的力学理论，如工程梁理论，对其进行定性分析，建立初步的力学分析模型，并用有效的力学方法对其进行分析计算，确定其结构形式、结构尺寸，估算其力学性能，为后面进一步的细节计算打下基础。

传力分析直接决定后面结构分析计算力学模型是否合理，如果传力分析判断失误，会导致结构传力路线错误，引起载荷应力集中，导致结构增重，性能下降。

第 6 章　无人机结构设计

6.1　无人机结构设计的基本要求及其分析

无人机结构
的设计要求

6.1.1　无人机结构设计的基本要求

在对无人机结构进行设计时，设计人员应当使所设计的无人机结构满足技术要求中规定的基本要求。这些基本要求可概括为气动要求、重量要求、使用维护要求、工艺要求和低成本要求。这些要求既相互矛盾又相互促进。在结构设计中，如何全面考虑这些要求，设计出理想的结构，是结构设计人员的基本功。

(1) 气动要求。当结构与气动外形有关时，结构设计应使结构构造的外形能满足规定的外形准确度要求和表面质量要求。这些要求主要与气动阻力和升力特性有关。为了保证无人机能够达到预定的气动性能指标，机翼、尾翼和机身不容许有过大的变形，其表面保证符合粗糙度要求。

(2) 重量要求。结构设计应保证结构在承受各种规定的载荷状态和使用环境条件下，具有足够的强度、刚度和稳定性，避免结构在使用过程中产生有害的残余变形，出现不能容许的气动弹性问题和振动问题，具有足够的寿命。在满足上述条件的前提下，应使结构的重量尽可能轻。

这一条要求可以概括为强度(刚度)-重量要求，也可简称为最小重量要求。

(3) 使用维护要求。为了确保无人机各个部分能安全可靠地工作，需要在规定周期内，以最便捷的方法检查各个指定的部位，如果发现故障或损伤，则需要进行修理或更换。

良好的维修性可以提高无人机的可靠性和安全性，降低无人机的使用和保障成本。为了使无人机具有良好的维修性，在结构上往往需要布置合理的分离面与各种开口，在结构内部要求安排合理的检修通道。

(4) 工艺要求。要求结构的工艺性好，即加工要快，成本要低。对于无人机结构，要求尽量采用整体成型技术和结构整体件，尽量采用低成本制造技术。

当然在确定结构工艺时，还需要结合产品的产量、机种、需求的迫切性与加工条件综合考虑。

(5) 低成本要求。为了提高无人机的经济性，在结构设计时需要充分贯彻低成本设计思想，即采用低成本材料、低成本试验、低成本制造和高使用/储存寿命的三低一高要求，确保无人机达到最大的使用价值。

6.1.2　对无人机结构设计基本要求的分析

上述五个基本要求是互相联系、互相制约的，有些还是相互矛盾的。当然在处理得好时，在某些情况下也会相互促进。因此需要分析这些要求之间的相互关系，分清主次，综合考虑。

1) 气动要求是一种“前提性”要求

“前提性”要求是指设计出的结构必须满足气动要求，并在满足气动条件的前提下，要求结构重量尽量轻、使用方便、工艺性良好等。对于结构设计人员来讲，这方面的考虑主要来自于经验以及后期的试验验证。在制定结构方案时，要能考虑到这一点，并基于经验或统计数据使其能得到满足。

例如，在机翼与尾翼的前缘一般不布置桁条而只布置翼肋，这是因为前缘形状对气动阻力和升力的影响较大。加上桁条后，前缘在受到气动力作用下的变形后截面的形状特性较差(图 6.1.1)。

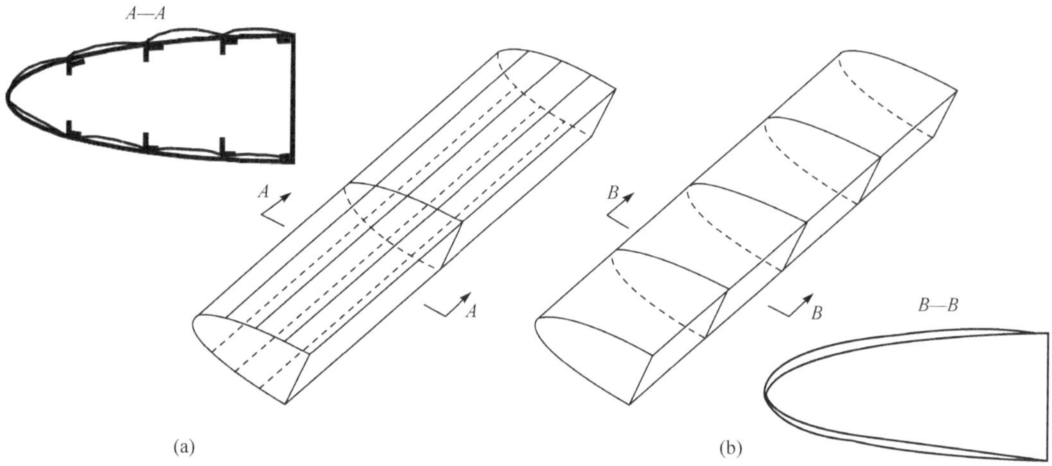

图 6.1.1　翼面前缘变形

2) 使用维护要求也是一种“前提性”要求

无人机的类型和使用特点规定了其使用维护要求。结构要有与之相应的“开敞性”，即在结构上必须有相应的设计分离面、开口和通道，以保证维护人员有接近内部装载或内部结构的通道，并使相应结构的拆装迅速可靠。

由于存在这些分离面和开口，结构重量要有所增加。对于结构设计人员来讲，在结构设计时需要综合考虑分离面和开口的位置、大小与形状。

3) 工艺要求是一种“条件性和发展性”要求

“条件性”是指结构的工艺性好坏要结合无人机的生产条件，如产品数量、产品工期、加工条件等。“发展性”是指结构加工条件的进步预期。现代数字化制造技术发展十分迅猛，3D 打印、数控加工等柔性制造可快速实现复杂零构件的生产。因此在工艺性方面要求结构设计人员熟悉本产品的加工条件和相应的加工成本，了解加工工艺的发展趋势，做到以最小的代价实现最大的产出。

当然，需要强调指出，虽然考虑气动要求、使用维护要求和工艺要求在整个结构设计中所占的时间不多，但它们却很重要，必须认真对待，而且应该在开始考虑方案时就加以重视，把它们处理好。

一个优秀的设计人员应在设计初期就综合考虑各种要求，并予以满足，应尽量发挥这些要求相互协调的一面，而减少它们相互矛盾的一面。设计人员应尽量了解现代加工的生产条件，经常与工艺人员协商，尤需注意在设计方案确定前，就应该先征求工艺人员的意见。设计人员与工艺人员的紧密配合、相互协作、相互促进，是设计人员必须具备的基本素质之一。

4) 重量要求是无人机结构设计的主要要求

任何一种无人机的结构设计最基本的要求之一是“结构重量尽可能轻”。因为在同样的性能指标下，无人机结构重量减轻 1%可使无人机总重量降低 3%～5%，能耗可减小 3%～4%。因此结构减重对于无人机设计具有十分重要的意义。“为减轻每一克重量而奋斗”是无人机结构设计的一个重要理念。

6.2 无人机结构的选材方法

6.2.1 常用的无人机结构材料

目前无人机的应用范围很宽，有多旋翼的娱乐型无人机，有小型的航模遥控无人机，有相对较大的军用侦察型或察-打一体无人机，也有速度较高或者超声速的大型无人机或试验无人机。无人机飞行速度不同，则无人机的气动布局和飞行载荷就会差别很大。一般情况下，无人机的飞行速度越大，其结构设计的难度就越大，目前无人机广泛采用的结构材料有：①铝合金；②钛合金；③高强度合金钢；④航空木材；⑤塑料；⑥复合材料。

材料是无人机结构的基础，结构所用材料的性能很大程度上影响所设计的结构能否满足无人机的使用技术要求。面对上述所列各种类别的结构材料，如何选择正确合理的材料，直接影响无人机的性能和成本。在具体应用中，为了规范设计，在方案论证阶段应根据使用技术要求制定出选材的具体原则、候选材料的范围和选材判据，作为选材的指导性文件，并随着设计工作的深入及时完善。

结构选材的一般原则如下。

(1) 在满足结构完整性要求下尽量选用价格低的材料，成本的计算应考虑下列内容：材料成本、工艺成本和维修成本。

(2) 在满足使用要求的前提下尽量选用已有使用经验的“老”材料，并且有可靠且稳定的供应渠道。

(3) 所选材料应具有良好的工艺性和可加工性。

(4) 所选材料应满足结构使用环境要求：

① 材料的使用温度应高于结构最高工作温度，在最严重的工作环境(如湿/热)下其力学性能不能显著下降，长期工作环境下其力学性能稳定；

② 具有适当的韧性，对外来物冲击损伤、分层等缺陷/损伤不敏感；

③ 具有较高的开孔拉伸和压缩强度、较高的连接挤压强度；

④ 耐燃油、耐介质、耐自然老化/砂蚀/雨蚀等方面性能良好。

(5) 具有与相关材料很好的匹配性。

(6) 环境保护要求的投资费用小。

6.2.2 结构选材依据

在选择结构材料时要考虑一系列的因素：材料成本、加工方法、均质性、力学性能在使用温度范围内的稳定性、耐久性等。但是，最主要考虑的是材料要在最轻的重量下提供必需的强度和刚度。

比强度就是比较各种材料的强度和重量特性的归一化参数。

假如一个零件的截面积是 F，长度是 l，零件材料的密度是 ρ，则其质量为 $m=Fl\rho$。在给定变形情况下，面积 F 是由作用的载荷 P 和许用应力 σ_b 所决定的。在受拉情况下：

$$F = P/\sigma_b \tag{6.2.1}$$

式中，σ_b 为材料拉伸时的强度极限。将 F 代入 m 的表达式中得

$$m = \frac{Pl}{\sigma_b/\rho} \tag{6.2.2}$$

显然，在外载 P 和杆长 l 一定时，要使杆的质量 m 最小，比值 σ_b/ρ 应该最大，称比值 σ_b/ρ 为材料的拉伸比强度。

不同变形情况下比强度的表达式是不一样的。在拉伸时为 σ_b/ρ，在压缩总体失稳时为 E/ρ，在受剪切时为 τ_b/ρ，在剪切总体失稳时为 $\sqrt[3]{E}/\rho$，在弯曲和扭转时分别为 $\sigma_b^{2/3}/\rho$ 和 $\tau_b^{2/3}/\rho$，在重复受载时为 σ_{max}/ρ。比强度越大，零件的重量就越小。

与材料的重量和刚度相关的归一化参数是比刚度——弹性模量与密度之比 E/ρ。

由材料力学可知，在载荷 P 作用下杆的变形为 $\Delta L = PL/(EA)$，引入刚度约束 $\Delta L \leqslant [\delta]$，其中 $[\delta]$ 为许用变形。可得到 $A \geqslant PL/(E[\delta])$，杆的重量为

$$W = LA\rho \geqslant \frac{PL^2/[\delta]}{E/\rho} \tag{6.2.3}$$

对于选材问题，要使 W 取最小值，E/ρ 应取最大值。也就是说，对于给定的拉压杆的变形问题，E/ρ 决定了其重量，因此定义 E/ρ 为杆的比刚度。

表 6.2.1 中给出了常用无人机结构材料的重量特性。

表 6.2.1 常用无人机结构材料的重量特性比较

材料		$\rho/(kg/m^3)$	σ_b / MPa	E/GPa	$\sigma_b/\rho/(10^{-3}(m/s)^2)$	$E/\rho/(10^{-6}(m/s)^2)$
铝合金	变形铝合金	2700	400～550	72	148～204	26.5
	铸造铝合金	2700	200～500	72	74～185	26.5
钛合金	变形钛合金	4500	900～1300	120	200～290	26.8
	铸造钛合金	4500	630～860	120	140～190	26.8
结构钢	碳素钢	7800	420～650	210	54～83	27
	合金钢	7800	800～1600	210	102～206	27
	不锈钢	7800	840～1200	210	108～154	27
	高强度钢	7800	1600～2400	210	206～306	27

续表

材料		ρ/(kg/m³)	σ_b / MPa	E/GPa	$\sigma_b/\rho/(10^{-3}(m/s)^2)$	$E/\rho/(10^{-6}(m/s)^2)$
复合材料	玻璃纤维/环氧树脂	1850～2120	1200～1700	45～70	755～800	24～33
	碳纤维/环氧树脂	1280～1600	1400～2500	140～240	1093～1563	109～150
	Kevlar/环氧树脂	1300～1600	450～600	25～30	346～375	19～20
	硼纤维/环氧树脂	2000	1400～1800	200～270	700～900	100～135
	碳纤维/双马树脂	1550～1610	1500～2700	125～135	968～1677	80～84
航空木材	轻木	160	12	0.6	75	3.75
	桐木	283	19	4.3	67	15.2
	松木	430	33	8.0	77	18.6
	层板	570	30	6.0	53	10.5
塑料	光敏树脂	1200	50	2.6	42	2.2
	尼龙	1100	70	2.2	64	2.0
	聚酯薄膜	1400	180	6.0	129	4.3

在结构中采用复合材料后可以大大地减轻结构重量。目前已开始广泛采用碳纤维、芳纶(如 Kevlar)、玻璃纤维、硼纤维以及其他与基体混合的材料。

玻璃纤维复合材料适合制作工作温度不超过 150℃的受拉结构件，如制作桁条、翼肋和调整片、补偿片、较小尺寸副翼和舵面的蒙皮。

碳纤维/环氧树脂复合材料具有较高的弹性模量，大约是铝合金的 2 倍。用它可以制造蒙皮、壁板以及无人机结构中的主要骨架元件。这种结构可以非常可靠地在 200℃以下工作。碳纤维/双马树脂复合材料甚至在 300℃时还可以保持很高的强度特性。

在聚合物基复合材料中，硼纤维/环氧树脂复合材料的强度和刚度是最高的，其弹性模量是铝合金的 3.0～3.5 倍。除此之外，它的动、静态耐久性很高，蠕变量和沿纤维方向的变形量小，导热和导电性好。同碳纤维/环氧树脂复合材料相比，它的压缩强度提高了 2.0～2.5 倍。用硼纤维/环氧树脂复合材料可以制造蒙皮壁板、主要受力构件，可用于加强金属受力构件——梁、加强肋、壁板等。硼纤维/环氧树脂复合材料在 200～300℃保持较高的力学性能。

用碳纤维、硼纤维增强的金属基复合材料具有较好的力学性能。例如，铝基硼纤维增强复合材料，密度ρ=2600～2700kg/m³，拉伸强度和弹性模量分别为 σ_b=1100～1200MPa 和 E=220～240GPa。比强度 σ_b/ρ = 410×10³～450×10³(m/s)²，是铝合金的 2 倍多。能保持其力学性能的温度范围高达 450℃。除此之外，金属基体比聚合物基体能更好地承受剪切载荷。

由于复合材料的比刚度较高，将其用在无人机的承载翼面结构上，可减轻 40%的结构重量，这样可以改善无人机的颤振特性。

碳纤维、硼纤维/环氧树脂复合材料的缺点是韧性差，剪切强度低，特别是硼纤维增强复合材料由于价格昂贵，其使用受到了限制。

在选择结构材料时还应该考虑到在重复载荷作用下材料强度的变化。所有材料的强度在重复载荷作用下会急剧下降，但各种材料强度的下降程度是不一样的。载荷重复的次数越多，应力越集中，强度下降的程度越大。

图 6.2.1 给出了各种工程材料的强度-密度特性图。在设计选材时，根据不同的受载和变形情况，如拉伸破坏时比强度为σ_b/ρ，杆件受压总体失稳破坏时比强度为$\sqrt{E}/\rho$，受剪破坏时比强度为τ_b/ρ，受剪总体失稳破坏时比强度为$\sqrt[3]{E}/\rho$，在弯曲和扭转时比强度分别为$\sqrt[3]{\sigma_b^2}/\rho$和$\sqrt[3]{\tau_b^2}/\rho$，选择对应的比强度表达式作为选材指导线，筛选比强度最大的结构材料。比强度越大，零构件的重量就越小。

对于刚度问题(包括稳定性问题)，可采用图 6.2.2 进行选材，对于疲劳断裂等问题也可采用相似的办法选材。

在选择结构材料时还应该考虑到在重复载荷作用下材料强度的变化，不同种类的材料抗疲劳性能有很大差别。重复载荷的应力应变水平越高，材料的疲劳寿命就越低。因此，对于结构寿命控制件要选择抗疲劳性能好的材料，并合理地控制应力水平。

对于工作环境极其复杂的结构，选择材料时还要考虑材料的热强度性能、抗腐蚀性能、阻尼特性、老化性能等因素。

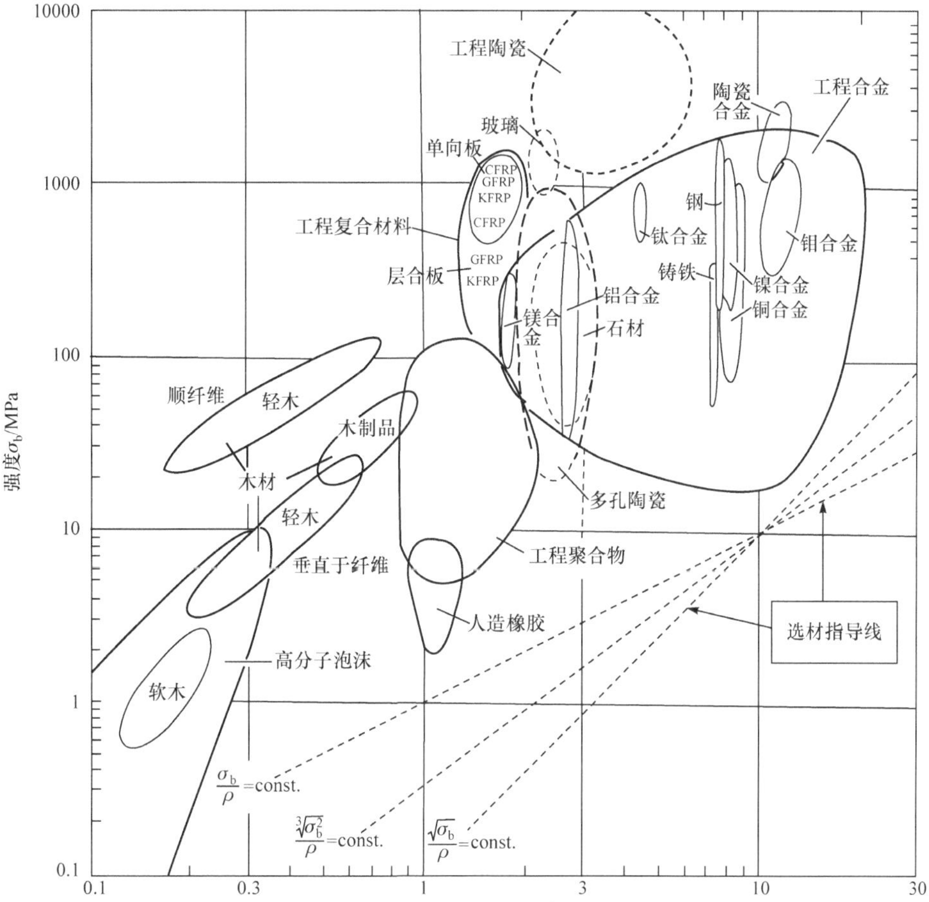

图 6.2.1　材料的强度-密度特性图

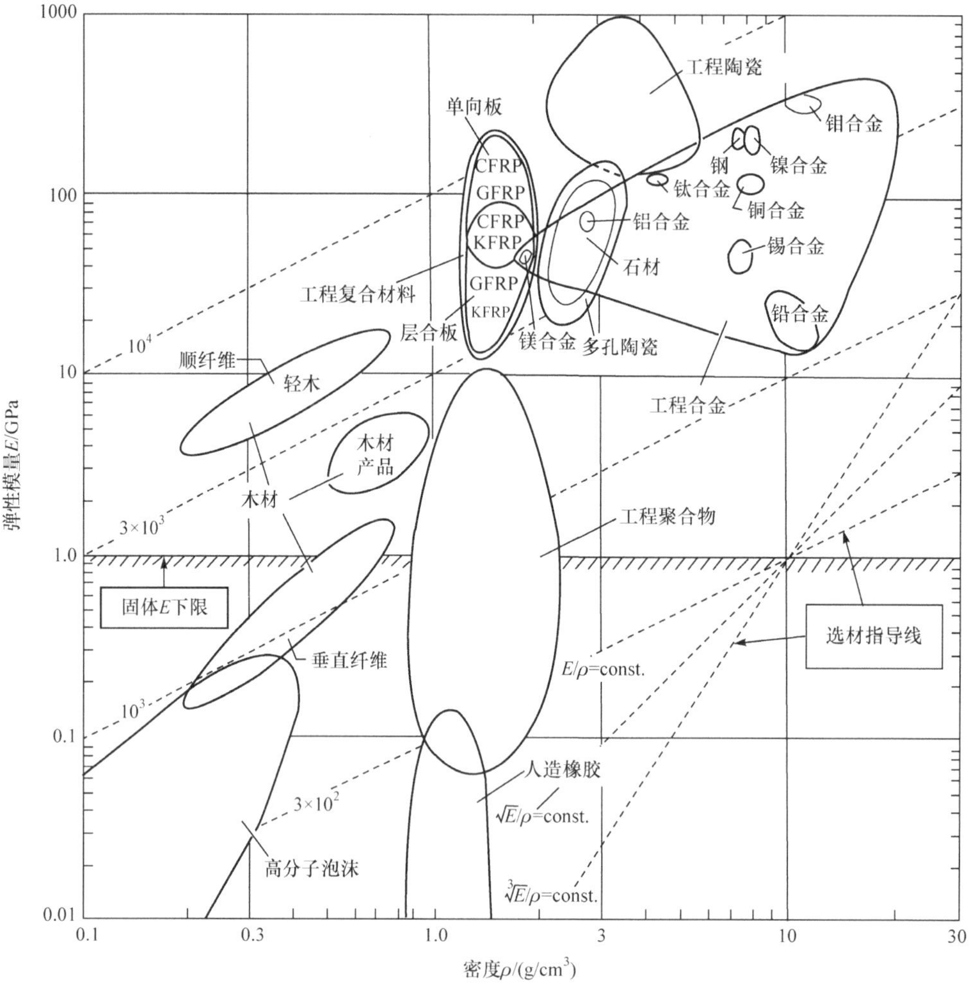

图 6.2.2　材料的刚度-密度特性图

6.3　先进复合材料在无人机结构上的应用

在高技术局部战争的推动下，未来战争的作战环境和作战模式都将发生突飞猛进的变化，因此为了使无人机能够满足实战需求的增长和扩展，需要进一步提高无人机的生存能力和作战效能，而先进复合材料(Advanced Composite Materials，ACM)技术将在无人机的结构设计和生产制造中发挥举足轻重的作用，势必是制约无人机发展的关键核心技术之一。

6.3.1　先进复合材料的基本特性和应用优势

ACM 是指以碳纤维、芳纶、碳化硅纤维等高性能增强材料与耐高温树脂、陶瓷、金属等高性能基体材料组成的复合材料，其比强度($\geqslant 4\times10^5(m/s)^2$)和比模量($\geqslant 8\times10^7(m/s)^2$)不低于铝合金，可用于加工主承力结构和次承力结构。ACM 自 20 世纪 60 年代中期问世以来，就开始广泛用作各种飞行器的结构材料。经过 50 多年的技术发展，ACM 已经逐步实现了从非承力、次承力构件，到尾翼主承力构件，再到机翼与机身主承力构件的规模化应用，已经成为继铝、钢、钛合金之后的第四大航空结构材料。和传统金属材料相比，ACM 具有比强度和比模量高、热膨胀系数小、抗疲劳能力和减振能力强、可设计性好、吸波隐蔽性好等特性，因此将其应用于军用无人机上，可以大大改善和提高无人机的综合性能。据统计，目前世界上各种先进军用无人机的机身结构上大幅度地使用 ACM，占结构总重的 60%～80%，并可起到减重 25%～30%的效果，促进了无人机的轻量化、小型化、大运载化和高机动化。总体来说，ACM 在军用无人机上的大量应用具有以下几个方面的优势。

1. 高强耐损性

ACM 较之金属和非金属常规结构材料具有优异的轻质高强性，例如，碳纤维复合材料的密度仅有钢的 1/5、铝的 3/5，但其比强度却是钢的 5 倍、铝的 4 倍，因此与相同的金属制件相比，以碳纤维复合材料为代表的 ACM 应用于军用无人机上可有效地减轻机体重量，减少燃油消耗，加大航程航时，从而提高无人机的运载能力和机动性能。同时，ACM 具有较高的自振频率和振动阻尼特性，因此有很强的吸振能力，可以使无人机在高空飞行时快速恢复为平稳状态，减小突发事故的发生概率。此外，大多数金属材料的疲劳极限是其拉伸强度的 30%～50%，而 ACM 的疲劳极限可达其拉伸强度的 70%～80%，并且 ACM 呈渐变式的疲劳断裂，其内部铺层方式不同的纤维增强材料可协同地承担各方面的载荷，因此可及时对无人机的关键结构部件进行无损探测和修补维护，延长无人机的使用寿命。

2. 电磁隐蔽性

ACM 具有特殊的电磁性能，一方面，在 ACM 内部加入具有吸波、透波性能的纤维材料(如 PBO 纤维)和无机颗粒(如铁氧体、$BaTiO_3$ 等纳米颗粒)，或者在其表面喷涂隐身涂料，从而可以减少无人机的雷达、红外线、光电等观测特征，提高无人机的生存力和作战效能；另一方面，通过对无人机的机体构造进行优化设计，在机体中引入各种特殊的异型吸波、透波复合结构，或在机身表面及各连接处进行光滑处理，降低雷达散射截面值(Radar Cross Section，RCS)，提高无人机的电磁隐蔽性。2011 年，美国诺斯罗普·格鲁曼公司和美国海军联合试飞了 X-47B 舰载无人攻击机，其外翼由铝合金部件和碳纤维/环氧树脂复合材料蒙皮组成，由于采用符合空气动力学的棱角和舵面设计，并将副翼、襟翼等各种传动面都制成综合面，减少了机体的表面缝隙，因此 X-47B 具备优异的雷达和红外低可视特征，表现出良好的隐身性能和战场生存能力。

3. 整体成型性

ACM 可以加工成蜂窝状、泡沫状、格栅状、点阵状等多种形式的层压板结构，并且可以在多个层次上进行尺寸优化、形状优化、拓扑优化等结构优化，因此 ACM 具有很强的可设计性和加工成型性。在军用无人机的结构设计和制造生产中，可以充分利用 ACM 的结构/功能一体化设计和整体成型特性，大量地减少机体零部件的数量，从而可节省装配工序，缩短生产周期和降低制造成本。此外，采用机身整体制造结构和气动弹性剪裁技术，可以大幅度地提高无人机的损伤容限性能、隐身性能等综合使用性能。2002 年，美国海军装备了波音公司制造的X-45无人战斗机，其机身和机翼采用碳纤维/环氧树脂复合材料，由于采用大面积整体成型技术，减少了不必要的翼身连接部件，增加了机体结构连接的可靠性。特别的是，X-45的机翼可以从机身上拆下，不使用时可存放20年，而使用时可在30min以内完成机翼的安装，因此具有装配快速、维护方便、执行任务费效比高等优点。

6.3.2 先进复合材料在军用无人机上应用的发展现状

1995年，美国诺斯罗普·格鲁曼公司为美国空军研制了“全球鹰”高空长航时无人侦察机。该机长为13.4m，翼展为35.5m，最大起飞重量为11610kg，除机身主体结构为铝合金以外，机翼、尾翼、后机身、雷达罩、发动机整流罩等部件均采用ACM制成，ACM的用量约占结构总重的65%。“全球鹰”的机翼用高模碳纤维/环氧树脂预浸料制造，用以满足弯曲刚度的需要；蒙皮用50%的单向带和50%的其余铺层制造，用以满足扭转刚度的需要；前后缘则用Hexcel公司提供的Nomex芯材制造，且均为蜂窝夹层结构。2003年，诺斯罗普·格鲁曼公司为美国海军研制了X-47A“飞马”无人攻击机。该机采用类似风筝的纯飞翼气动布局，是一架高度翼身融合且无垂尾的无人机，机长和翼展均约为8.5m，机翼前缘后掠角为55°，后缘前掠角为35°，无人机空重为1740kg，全用ACM制成，充分发挥了ACM大面积整体成型的优点，是一款真正意义上的全复合材料无人机。X-47A的机体结构有6个操纵表面、2个升降副翼和4个“嵌入面”，其中“嵌入面”是一种小型的可收式控制表面，用以代替分段方向舵，提供方向安定性，并具有较小的RCS。此外，以色列的“先锋”和“搜索者”、英国的“不死鸟”、南非的“秃鹫”均为全复合材料无人机，且多数以碳纤维复合材料为主，并混杂有以玻璃纤维和芳纶为增强材料的ACM。

1995年，美国洛克希德公司、马丁公司和波音公司联合研制出了世界上第一种隐身无人机(“蒂尔”-3，又名“暗星”)。该机采用奇特的外形设计，机头呈半圆形，机身扁平，机翼硕大，机体全部用ACM制造，大展弦比机翼用全胶接方式连接，并且机体下方涂覆黑色材料，而机体上部则装有FJ44涡扇发动机的进气口和二元喷管，如此设计可以减弱对雷达波的反射和向下的红外辐射，提高无人机的隐身能力。2010年，英国BAE系统公司推出了一款高科技隐形无人机——“雷电之神”，整个机身除主梁和发动机机舱使用金属材料外，其他部分均由碳纤维和石墨复合材料等ACM构成，不易反射雷达波。另外，机身整体外形光滑圆润，不易反射雷达波；机翼前缘的包覆物后部有不规则的蜂巢式空穴，可以吸收雷达波；机翼后掠角较大，并且后半部呈W形，减少雷达波的反射；而机翼前缘及整个机体还全部涂覆一层特制的吸波材料，这在很大程度上进一步降低了探测雷达的回波。近年来，由法国领导、欧洲多国参与研制了“神经元”(NEURON)多用途无人战斗机。该机机长约10m，翼展约12m，全重约6000kg，飞行速度约0.8Ma。“神经元”无人机采用飞翼布局，以钛、铝合金为骨架，外层则大量使用碳纤维/环氧树脂复合材料等ACM，具有高度的低可探测性。与西方国家相比，我国无人机的研究与应用起步较晚，并且航空航天领域的ACM技术与国外的先进水平相比也存在着相当大的差距，但是我国无人机近些年已经走上了颇具特色的全面发展道路，并取得了相当大的成果和进步。“翔龙”无人机是我国新一代高空长航时无人侦察机，全机长为15m，翼展为25m，结构设计采用罕见的菱形联翼布局，使得该机具有结构结实、抗坠毁能力强、抗颤振能力好、飞行阻力小、航程远等优点。“翔龙”无人机大量采用了 ACM，机身上曲线连续而光滑，机身尾部背鳍上装有 ACM 发动机舱，使得其 RCS 大约为 $1m^2$，具有极高的隐身性能。我国的另一款隐身无人战斗/侦察机——“暗剑”无人机，于 2007 年 6 月在巴黎国际航空航天展上正式亮相，机体外表为黑色，表明大量应用 ACM，并且在气动布局上采用硬性三角主翼搭配密切耦合前控制小翼的外形，使其具备强大的隐形能力。同时，“暗剑”无人机的双 V 形垂尾和鸭式前翼的结构设计，反映出这将是一款具备超声速、超高机动能力和低空探测性的新型无人战斗/侦察机。

6.3.3 先进复合材料在军用无人机上应用的关键技术

虽然 ACM 在无人机上得到了广泛应用，但在高性能军用无人机的结构设计、制造生产、检测维护等过程中还存在许多亟待解决的问题，尤其是军用无人机在瞬间多变的战场上将要执行各种复杂的战略、战术特种任务，从而对 ACM 的应用提出了更加严苛的技术要求。具体而言，需要突破以下几个方面的关键技术。

(1) 低成本制造技术。无人机相对于有人飞机的一大技术优势就是制造成本低，因此从无人机的结构设计和制造生产出发，大力发展低成本材料技术、低成本设计技术以及尤为重要的低成本制造技术，将会显著地扩大 ACM 在无人机上的应用范围。目前，国内外无人机研制厂家已经普遍地将关注点由 ACM 的性能转入低成本制造技术，由此也开发出自动带料铺层、自动纤维缠绕、树脂传递模塑(RTM)、预浸料、电子束固化等低成本制造技术。美国波音公司研制的 X-45A 无人战斗机中，机身采用了低温固化预浸料，而机翼采用了泡沫树脂夹芯(Foam Matrix Core，FMC)技术，大大降低了机翼的生产制造成本，较常规方法的生产制造成本可降低 50%。

(2) 结构设计一体化集成技术。在无人机的设计中要综合考虑外形构造、机械强度、气动特性、安全性能等方面的交叉耦合关系，从而在无人机的设计、制造、测试、使用和维护等方面需要开展多个层次上的一体化集成结构设计，以便保证无人机不仅具有良好的空气动力学性能，而且具有稳定的电磁兼容性和较高的雷达隐身特性。ACM 在军用无人机上的使用，一方面为结构设计一体化的实现提供了更加广阔的操作空间，这是因为基于数字化和自动化技术，可以对 ACM 进行气动弹性剪裁设计和大面积整体成型；另一方面，结构 ACM 和功能 ACM 可以进一步复合成结构/阻尼、结构/隐身、结构/防热等结构/功能一体化 ACM，并且可在 ACM 的内部嵌入智能材料，提高无人机的自诊断、自适应和自修复能力。

(3) 损伤容限失效评估技术。相比于有人飞机，无人机不需要考虑人的生理承受能力，可以设计较低的安全系数(1～1.5)，并且可以设计较大的过载荷系数(15～20g)，但是对于以 ACM 为主体结构的无人机，尤其是大面积整体成型 ACM，往往容易由微观损伤演变成宏观失效，并且由于成型工艺的不稳定性，加大了 ACM 的质量控制难度，因此建立 ACM 的损伤容限失效评估模式，确定 ACM 的疲劳寿命和无人机的使用寿命，积累相关的性能数据和使用经验，以及制定新的计算准则和设计规范，将对无人机的结构设计、生产制造、试飞验证等方面具有积极的指导作用。

6.4 无人机结构的选型方法

6.4.1 确定结构形式的基本参数

无人机结构一般都是典型的薄壁轻质结构，其受力特性以弯曲和扭转为主。以机翼结构为例，机翼结构在气动载荷作用下，将产生较大的弯曲变形和一定的扭转变形，其中弯矩是机翼结构的主要载荷。从这个角度看，机翼结构可以简化成固定在机身上的悬臂梁。为了衡量弯矩的相对大小和悬臂梁结构的材料利用率，引入两个确定结构形式的基本参数。

1. 相对载荷 $\bar{M}$

一般地，机翼剖面由三部分组成：前缘、承力盒和后缘。典型的机翼剖面的前缘占弦长 b 的 10%～15%，后缘占弦长 b 的 25%～35%，承力盒约占弦长 b 的 60%，见图 6.4.1。为了提高材料的利用率，应该将材料布置在承力盒段并置于结构高度最大的地方。

机翼某剖面的相对载荷 $\bar{M}$ 为该机翼剖面处的弯矩 M 与该剖面承力盒宽度 B 和有效高度 H_{eff} 的比值：

$$\bar{M} = \frac{M}{H_{\mathrm{eff}} B} \tag{6.4.1}$$

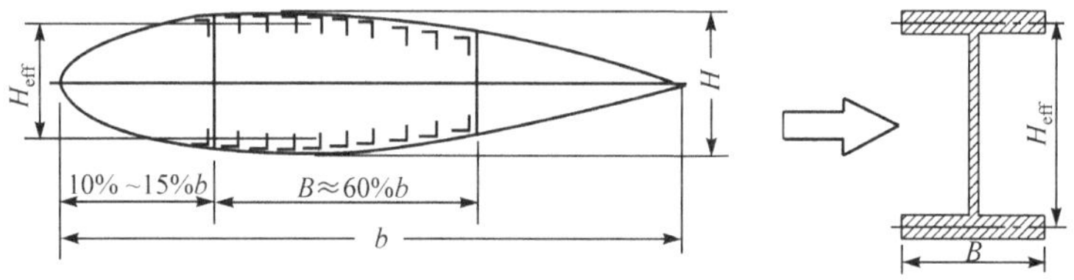

图 6.4.1 典型机翼剖面

实际机翼结构设计时将机翼上下蒙皮的截面积等效为宽度为 B 的平板，其间距为 H_{eff}，相对载荷 $\bar{M}$ 为上下蒙皮单位宽度上作用的力(图 6.4.1)。如果平板厚度为 t，那么 $\bar{M}/t$ 就是机翼上下蒙皮的应力近似值。

机翼的相对载荷实际上反映的是机翼蒙皮上的平均载荷集度。相对载荷越大，就意味着平均载荷集度越大，在同等应力条件下，蒙皮厚度越大；在蒙皮厚度不变的条件下，意味着蒙皮的应力越高，对材料强度的要求就越高。

在机翼结构设计时，可以以此作为强度估算的依据；如果材料的破坏强度为 σ_{b}(如果失稳应力 σ_{cr} 小于 σ_{b}，则取 σ_{cr} 为破坏强度)，那么 $\bar{M}/\sigma_{\mathrm{b}}$ 可以作为机翼上下表面结构厚度的初始值。

2. 有效高度比 $\bar{H}_{\mathrm{eff}}$

机翼某结构剖面的有效高度比 $\bar{H}_{\mathrm{eff}}$ 定义为该剖面承力盒的有效高度 H_{eff} 与该机翼剖面

的最大高度 H 的比值：

$$\bar{H}_{\mathrm{eff}} = \frac{H_{\mathrm{eff}}}{H} \tag{6.4.2}$$

有效高度比 $\bar{H}_{\mathrm{eff}}$ 是材料利用率的度量，$\bar{H}_{\mathrm{eff}}$ 越接近 1，材料利用率就越高。$\bar{H}_{\mathrm{eff}}$ 也是材料分散性的一种度量，梁式机翼的材料分散程度较低，$\bar{H}_{\mathrm{eff}}$ 约为 0.8；单块式机翼或多腹板式机翼的 $\bar{H}_{\mathrm{eff}}$ 约为 0.9。机翼盒段的有效高度 H_{eff} 也称为机翼的有效厚度 c_{eff}。

梁式、单块式和多腹板式机翼结构的典型剖面如图 5.6.1 所示。在计算梁式机翼的相对载荷或有效高度比时，通常认为距翼梁附近 25δ 宽的蒙皮参与受弯(δ 为蒙皮厚度)，同时要考虑参与区的影响，如果是单梁单墙结构，在参与区只考虑梁的承弯能力。

单块式机翼的蒙皮较厚，能够承受正应力，在计算相对载荷或有效高度比时，蒙皮全部计入，但如果机翼和机身之间是集中连接，要考虑参与区的影响。多腹板式机翼的蒙皮更厚，机翼的弯矩主要由蒙皮承担。

6.4.2 确定结构形式的协调关系

1. 相对厚度与最大飞行速度

机翼相对厚度 $\bar{c}$ 主要由飞行速度确定。在亚声速飞行时，$c_{y\max}$ 随着 $\bar{c}$ 的增加先变大后减小；高亚声速飞行时，减小 $\bar{c}$ 可以提高临界马赫数，延缓激波的产生；超声速飞行时，减小 $\bar{c}$ 可明显降低波阻，因此，对于高速飞机，应降低翼型的相对厚度。

图 6.4.2 是 98 架飞机机翼的相对厚度 $\bar{c}$ 和最大飞行速度 $V_{\max}$ 之间的关系图。可以看到亚声速飞机机翼的相对厚度在 15%左右，大多采用梁式结构；跨声速飞机机翼的相对厚度在 10%左右，大多采用单块式结构；而超声速飞机机翼的相对厚度在 5%左右，大多采用多腹板式结构。

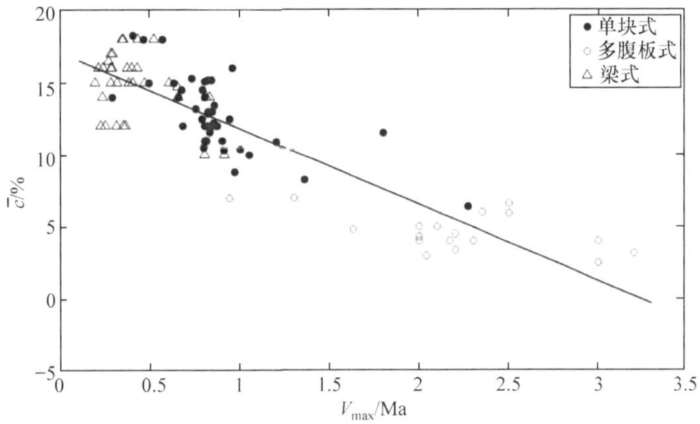

图 6.4.2 98 架飞机的 $\bar{c}$ 与 $V_{\max}$ 的关系图

2. 相对厚度与相对载荷

统计分析了 99 架飞机的相对载荷与机翼结构形式的关系，见图 6.4.3，得到了不同机翼结构形式的相对厚度 $\bar{c}$ 和相对载荷 $\bar{M}$ 的取值范围。当相对厚度 $\bar{c}$ 在 12%～18%、相对载荷 $\bar{M}$ 小于 1×10^5kg/m 时，宜采用梁式结构；当相对厚度 $\bar{c}$ 在 10%～15%、相对载荷 $\bar{M}$ 大于 1.5×10^5kg/m 时，宜采用单块式结构；当相对厚度 $\bar{c}$ 小于 8%、相对载荷 $\bar{M}$ 大于 1×10^5kg/m 时，宜采用多腹板式结构。

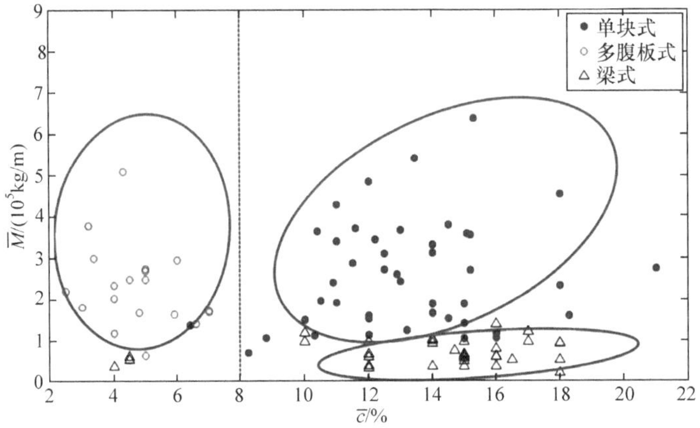

图 6.4.3　不同结构型式和 $\bar{M}$ 及 $\bar{c}$ 的关系

3. 机翼结构参与区系数

参与区内的蒙皮受力是一个逐渐参与的过程，梁式机翼侧边肋剖面处的蒙皮受到的轴向力为零，更多的仅是为了满足扭转和稳定性要求。按等强度的观点，参与区内蒙皮厚度可以相应地变得很薄，但实际上由于承受局部气动力、维持剖面形状的需要及工艺制造等因素，机翼根部参与区蒙皮厚度并未减小。因此从飞机结构设计的观点看，参与区内蒙皮的材料利用率很低，从而造成了结构不必要的增重。

为了研究各机翼结构形式根部连接方式的不同引起的参与区与机翼结构形式的关系，定义机翼结构参与区系数 ζ 为机翼根部参与区面积 S_c 与机翼总面积 S 的比值：

$$\zeta=\frac{S_c}{S} \tag{6.4.3}$$

ζ 表征了参与区面积占机翼总面积的百分比。参与区系数 ζ 越小，机翼蒙皮壁板的利用率越高，反之亦然。

根据传统梁式机翼根部参与区面积的计算方法，计算了 99 架飞机的参与区系数，结合图 6.4.3 的数据，给出确定机翼结构形式的判据(图 6.4.4)如下。

(1) 当相对厚度 $\bar{c}$ 小于 8%、相对载荷 $\bar{M}$ 大于 1×10^5kg/m 时，宜采用多腹板式结构；当相对厚度 $\bar{c}$ 在 12%～18%、相对载荷 $\bar{M}$ 小于 1×10^5kg/m 时，宜采用梁式结构；当相对厚度 $\bar{c}$ 在 10%～15%、相对载荷 $\bar{M}$ 大于 1.5×10^5kg/m 时，宜采用单块式结构。

(2) 对于机翼根部的相对载荷 $\bar{M}$ 在$(1～1.5)\times10^5$kg/m 的情况，如果 ζ/H 大于等于 0.2，宜采用梁式结构；如果 ζ/H 小于 0.2，则宜采用单块式结构。

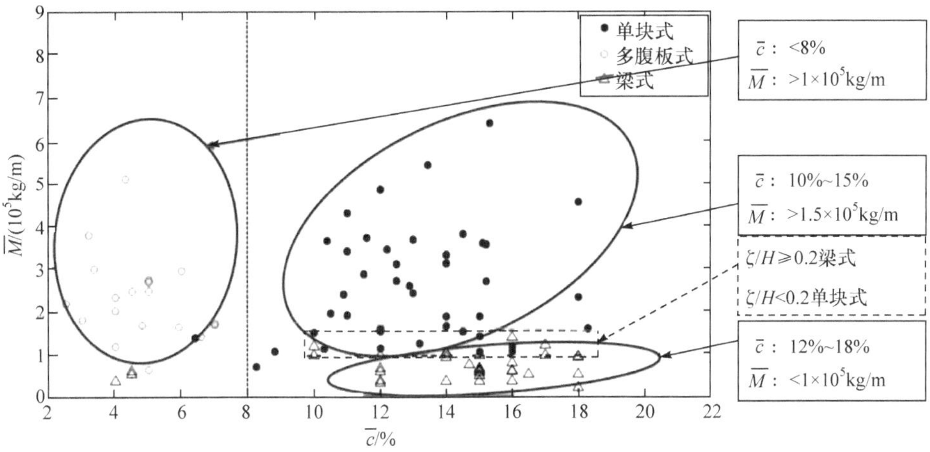

图 6.4.4　机翼结构选型参数

4. 选择机翼结构形式的注意事项

必须注意的是，上述三个指标只是在选择结构形式时参考的一个方面。实际上结构形式的选择在很大程度上是受飞机总体布局影响的，还需考虑的主要因素如下。

(1) 起落架在机翼上的布置对结构形式选择有直接影响。当起落架必须固定在机翼上，并需把整个起落架(包括轮子)收藏在机翼内时，机翼根部就必定大开口。机翼只能选用梁式(或至少在开口部位需采用梁式)。

(2) 机翼与机身的相对位置及机身内部布置会影响机翼-机身的对接形式，并进而影响机翼结构形式(至少在翼根部分)的选择。例如，F-104 的机翼是中单翼，机身由于部位安排的限制不容许有中央翼通过，也不能安排很多个集中接头，因为这样就要在机身内部布置很多加强框，对机身结构重量不利。因此，F-104 机翼在根部就由 13 个墙转成 5 根梁在机身侧边与框连接。

(3) 机翼整体油箱。若机翼结构作为整体油箱，则在设计中还要解决密封、开口等特殊的问题。一般采用整体油箱的机翼结构采用单块式机翼结构。

6.4.3　主要受力构件布置的基本原则

受力构件布置的基本原则可以用来指导主要受力构件的布置。在受力构件布置之初，为使受力构件布置更为合理，应充分合理地运用以下四个基本原则。

1. 加强构件的综合利用

加强构件是结构的主要受力构件，其重量在整个结构中占有很大比例。加强构件的综合利用有利于减轻重量，因为有些载荷不是在同一状态中同时作用的(如起落架的载荷只在起飞、着陆时才出现；而有的载荷只在飞行时才有)。即使是同时作用的载荷，在一个加强构件上所引起的重量增加，也往往比用两个加强构件分别承载时增加的重量要少。因此在布置受力构件时，应尽量考虑加强构件的综合利用。例如，图 6.4.5 中的 25 号加强框既要用于和机翼连接，同时对炸弹提供支持，实现一框多用。

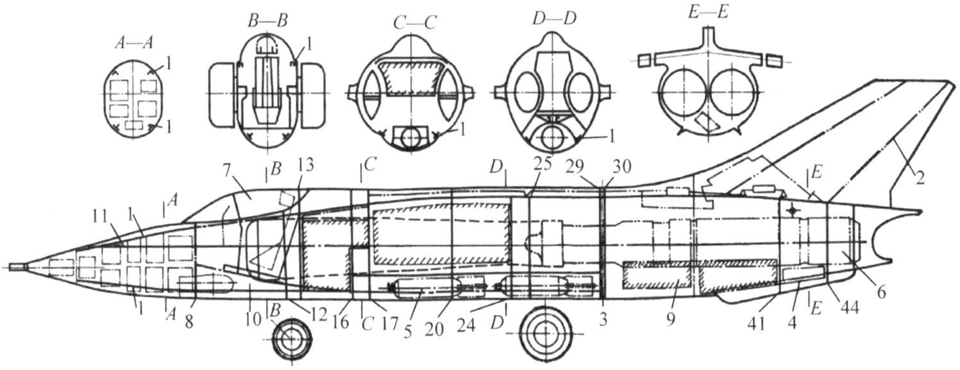

图 6.4.5　某强击机机身内部布置与主要受力构件的布置

1-前机身桁条；2-垂尾安定面的后梁轴线；3-机身设计分离面；4-减速伞舱；5-炸弹舱；6-发动机；7-驾驶舱；8、12、13、16、17、20、24、25、29、30、41、44-加强框(其中，24 号为机翼主梁对接框，17 号为机翼前梁对接框，41 号为全动平尾对接框，44 号为与平尾和垂尾相连的加强框，29 号、30 号为工艺分离面加强框)；9-油箱；10-前起落架舱；11-设备舱

2. 传力路线最短原理

只要能够实现结构的既定功能，结构越简单越简洁越好。在超静定结构中，载荷沿着传力路线最短的构件传力最多，因此在超静定结构中，设法使载荷沿着传力路线最短的方向传递得多一些(如可以有意识地调整构件刚度)，这样可提高整个结构的传力效率，以减轻结构重量。这是在结构设计中应加以运用的一个基本原则。

3. 载荷按刚度分配原则

利用超静定结构中载荷按刚度分配的基本原理，人为地改变构件之间的刚度比例和各构件的支持刚度，来改变力在结构中的传递路线，对力的传递进行合理的分配，可以得到比较合理的结构，以减轻重量。

载荷在各构件中的分配还和它们的支持刚度有关。在各构件本身结构刚度相同的假设条件下，支持刚度大的构件将分配到较大的载荷。可以设想，一根结构刚度很大的梁，如果支持刚度非常弱，则由于它的支持点不能承受很大的载荷，梁的结构效率就不能充分发挥。对机翼中的梁来说，其支持刚度就是它对接的加强框的结构刚度，其中还包括对接接头本身的影响。

由此可知，通过人为地控制各构件本身的结构刚度和支持刚度，可以使整个机翼结构中的载荷分配得更为合理。这种设计思想对于指导设计人员进行超静定结构的设计有一定帮助。当然改变与机翼连接的各加强框的刚度将影响这些框的重量特性，因此布置机翼主要受力构件时要同时考虑与其有关的机身结构，考虑其总的重量特性。

4. 多路传力的结构设计原则

目前的飞机结构基本上都要求按照破损安全设计准则来设计，破损安全设计准则最重要的一条是，主要传力路线必须是多路的。破损安全结构在使用过程中允许出现局部损伤，但结构仍然保持足够的强度和刚度，直到下次检查发现其损伤。例如，DC-8、康维尔-880、三叉戟、VC-10 等飞机机翼采用三梁、四梁结构或多辅助梁的单块式结构。当三根梁或四根梁中任何一根梁断裂时，机翼仍能承受使用载荷，提高结构工作的可靠性。当机翼结构采用单梁式或双梁式结构时，梁缘条应设计成重接件。图 6.4.6 是波音-707 飞机机翼的蒙皮分块情况和翼梁重接件。通过采用蒙皮弦向分成 6 块、加强蒙皮纵向对缝处的结构元件、合理配置长桁和蒙皮的截面积比值(即刚度比)等措施，来达到破损安全的目的。

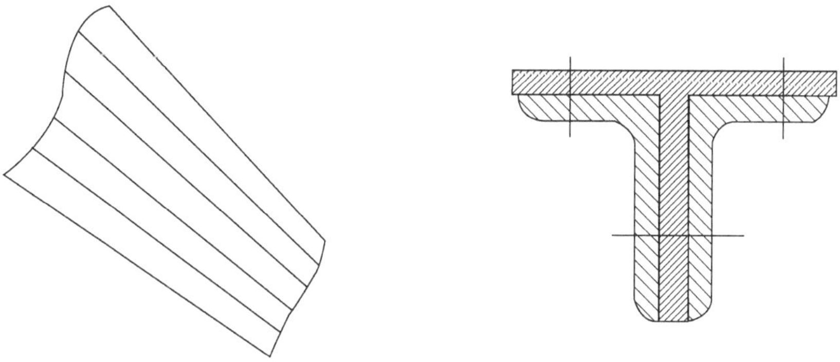

图 6.4.6　波音-707 飞机机翼的蒙皮分块情况和翼梁重接件

6.4.4　机翼受力构件布置的步骤

一般地，机翼结构的受力主要依靠机翼盒段，前缘闭室在传递扭矩时起一部分作用，前后梁之间的主盒段同时传递弯矩和扭矩，剪力主要依靠梁/墙的腹板传递。因此对于在强度和刚度要求下的机翼结构问题，可以将较大展弦比(如展弦比 $\lambda>5$)的机翼结构简化为一个薄壁管梁，如图 6.4.7 所示。

对于如图 6.4.7 所示的机翼结构模型，可以采用如下步骤来确定机翼结构主要受力构件的尺寸分布。

(1) 根据机翼上的气动载荷和质量载荷，画出剪力图 $Q(z)$、弯矩图 $M_x(z)$和扭矩图 $M_z(z)$。

(2) 选用结构材料和确定最小尺寸要求。

(3) 计算机翼承力盒段的有效高度 H_{eff} 和相对载荷 $\bar{M}$，按照强度准则，计算出蒙皮的厚度分布 $t(z)$。

(4) 按刚度分配原则，计算出前后梁腹板上的剪力 $Q_1(z)$和 $Q_2(z)$，其中 $Q(z)=Q_1(z)+Q_2(z)$。

(5) 按剪切强度准则，计算出前后梁腹板的厚度 $t_1(z)$和 $t_2(z)$。

(6) 进行扭矩作用下的尺寸 $t(z)$、$t_1(z)$和 $t_2(z)$的校核，如果不满足要求，则更新之。

(7) 将蒙皮厚度 $t(z)$的 1/3 左右作为加筋长桁和梁缘条的截面积，并按经验配上普通肋。

(8) 进行刚度计算，如果翼尖的挠度或扭转角超出设计要求，则增加蒙皮厚度。

(9) 进行腹板的剪切稳定性计算，如果稳定性不满足要求，则通过加强减轻孔或加立柱的办法提高其稳定性，若稳定性仍然不满足要求，再增加腹板厚度。

(10) 进行上蒙皮压剪稳定性计算，如果稳定性不满足设计要求，首先通过调整加强长桁的尺寸或改变普通肋的间距来提高蒙皮的稳定性，若仍然不满足设计要求，再增加蒙皮厚度。

机翼结构主要构件的设计变量众多，为满足机翼结构的强度、刚度、稳定性、寿命等不同的设计要求，需要进行系统全面的考虑。

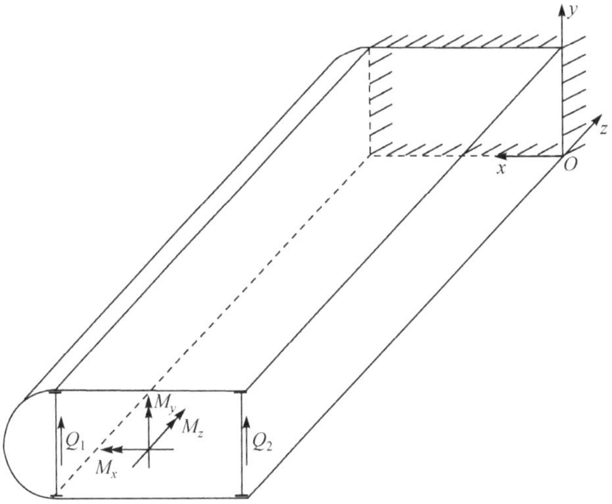

图 6.4.7　机翼盒段结构模型

6.5　多旋翼无人机的结构设计

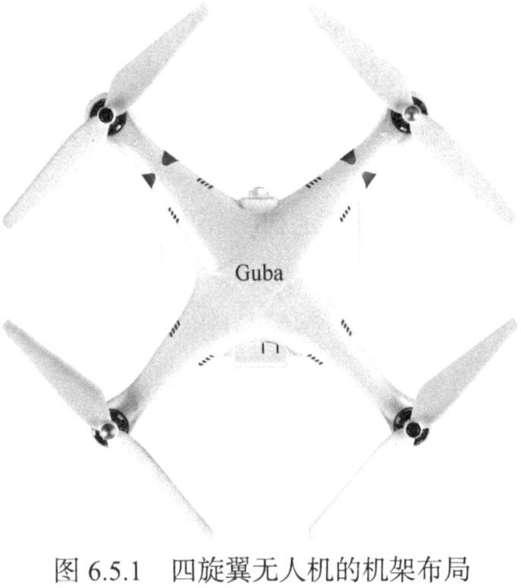

图 6.5.1　四旋翼无人机的机架布局

近年来随着无人机市场的发展，多旋翼无人机以优良的操控性和可垂直起降的方便性等优点迅速获得了广大消费群体的关注，成为最为热销的无人机产品。多旋翼无人机相较于其他无人机具有许多得天独厚的优势，与固定翼飞机相比，它可以垂直起降，可以定点盘旋；与单旋翼直升机相比，它没有尾桨装置，机械结构简单、安全性高、使用成本低。常见的多旋翼无人机有四旋翼、六旋翼、八旋翼，多旋翼无人机的最大特点就是具有多对旋翼，并且每对旋翼的转向相反，用来抵消彼此反扭矩，图 6.5.1 就是比较简单的多旋翼机架布局形式。

多旋翼机架是多旋翼无人机的承载平台，多旋翼无人机的所有设备都安装固定在机架上面，支架数量也决定了该无人机为几旋翼无人机。多旋翼机架的设计要求就是结构简单，外形合理，便于安装，坚固稳定，拆装方便。因此多旋翼机架设计需要从功能、装配、工艺、美观和受力等多种角度考虑，其中支架的强度和刚度是机架结构设计的最基本要求。

由于多旋翼支架主要用于固定多旋翼无人机的电机和螺旋桨，如果支架刚度不足，螺旋桨在高速转动时会产生不利的共振或气动弹性问题，直接影响多旋翼无人机的使用安全。因此多旋翼支架设计首先要保证螺旋桨旋转具有足够大的刚度，在结构上一般采用高强度的碳纤维复合材料，结构形式有管梁形式或者桁架形式，如图 6.5.2 和图 6.5.3 所示。

图 6.5.2　管梁支架形式的八旋翼飞行器

图 6.5.3　桁架支架形式的四旋翼飞行器

多旋翼机身主要用于固定各系统设备，缓冲无人机起飞着陆时的冲击载荷，有时还需要提供相应的保护装置以保护无人机和可能接触到的操纵人员。多旋翼机身设计主要从安装方便、结构牢固、质量轻的角度考虑，有时也需要考虑外形美观，采用的结构有板式结构(图 6.5.2 和图 6.5.3)或硬壳式结构(图 6.5.1)。

总体来说多旋翼机架结构载荷较小，结构强度较高，一般主要考虑在满足结构振动响应的前提下进行结构减重设计。但结构振动设计相对比较复杂，并且较小的减重效果对多旋翼无人机的性能影响不大，所以一般采用试验设计的方法验证多旋翼机架结构设计的安全性和可靠性。

6.6　小型航模无人机的结构设计

小型航模无人机的特点是体积小、飞行速度低，其最大飞行速度一般在 5～15m/s。由于体积小，速度低，其设计载荷一般要远远小于材料的许用强度。为了减轻结构质量，这类无人机一般都采用薄膜或泡沫类轻质材料作为机体的气动面，如果弯曲刚度不足，就在薄膜或泡沫材料中植入高强度的梁结构以提高结构的弯曲刚度。

例如，图 6.6.1 所示的扑翼无人机的扑翼结构就是用碳纤维管+薄膜的结构形式，由碳纤维管提供刚度支持，并在根部连接在机身的驱动机构上实现扑翼的运动，而薄膜用于提供升力面，产生空气动力。

对于图 5.5.2 所示的泡沫无人机，其机翼的刚度由泡沫和嵌入泡沫中的碳纤维管保证。泡沫材料主要保证机翼的弯曲压缩刚度，而弯曲拉伸刚度主要由嵌在机翼泡沫中的碳纤维管提供。

图 6.6.1　扑翼无人机扑翼结构

6.7　无人直升机的结构设计

无人直升机结构的基本组成部分包括机身结构、旋翼系统、起落架装置和尾桨。无人直升机的结构设计就是依据无人直升机总体设计确定的构型、外形气动布局和总体参数要求，依据结构静力、动力性能的相关理论进行设计、分析与试验，最终形成满足总体性能要求的无人直升机平台，提供满足无人直升机任务载荷搭载所需的飞行平台。

无人直升机结构设计有两个明显特点：一是复合材料的广泛应用，其用量远远超过固定翼飞机；二是无人直升机结构设计不仅要考虑与固定翼飞机相同的低周疲劳问题，也要考虑无人直升机所特有的高周疲劳问题。

结构设计的目标是确保使用技术要求和总体方案对结构提出的安全、寿命、重量、空间、可靠性、维修性、成本、先进性和工艺性等方面的要求得到实现。

结构布局设计是机身结构设计的起点，设计前应尽可能参考和研究成熟的并经过考验的结构布局形式。合理地设计结构传力路线，使传力路线最短。对传递集中载荷的连接件，除按规范要求进行设计外，应特别注意过渡区域的设计，并控制结构参数，减少力传递过程中产生的附加力和附加力矩。对处于高周疲劳的结构区域，必须考虑由动力响应而引起的疲劳设计问题。

结构选材时应尽可能选用比强度、比刚度高的材料，以减轻重量，提高结构效率。为降低设计风险，一般应将新技术采用比例控制在 15%～20%。

结构设计应考虑有良好的工艺性。根据总体、气动特性的要求，明确结构设计基准，一般情况下，无人直升机结构设计以骨架为基准，如果有特殊气动要求和采用复合材料机体形式，则可以考虑以蒙皮外形为基准。

无人直升机飞行速度小，过载小，气动载荷相对较小，同时机身形状比较粗大，总体静强度比较容易满足，机体应力水平较低，结构设计的重点在集中载荷的传递、扩散和主要承力构件的设计。

无人直升机机身的结构布局形式有桁架结构、薄壁结构、复合材料夹层结构，在薄壁结构中又可以进一步细分为薄壁梁式结构、半硬壳式结构和硬壳式结构。这些结构形式的选择主要依据机身结构承受的载荷以及总体设计要求。

桁架式机身结构利用杆件传递载荷，如图 6.7.1 所示，在与其他部件有连接的地方做成空间桁架的节点，并设计传递集中力的对接接头。桁架中的杆件以轴向力的形式承受载荷，受力比较均匀，材料利用率高，因此桁架式机身重量轻，便于承受集中载荷，缺点是气动阻力大。

图 6.7.1　桁架式机身结构

薄壁式机身结构主要由筋条加强的蒙皮传递载荷，其中承受集中载荷的地方要布置加强框，其他地方布置普通框；普通框只承受框平面的载荷，垂直于框平面的载荷由桁条承受；蒙皮形成闭室传递扭矩，如果需开口，需布置加强措施，其外形如图 6.7.2 所示。

图 6.7.2　薄壁式机身结构

随着复合材料技术的迅速发展，现代无人直升机机身结构广泛采用复合材料整体成型技术制造，图 6.7.3 就是采用复合材料整体成型技术制造的机身舱盖骨架，这种结构形式的优点是整体性好，结构强度高，重量轻。

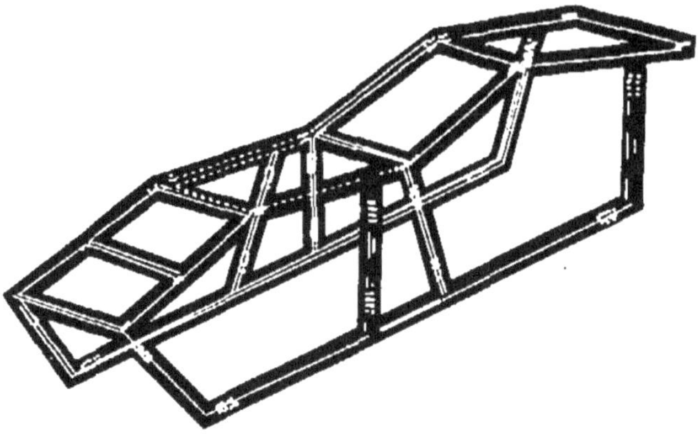

图 6.7.3 复合材料整体机身舱盖骨架结构

6.8 低速无人机的结构设计

由于飞行减阻的需要，低速无人机的机翼结构关键是设计好机翼内部的梁，设计方法完全可以采用材料力学中的工程梁理论，根据机翼的连接形式和加工方法，确定机翼梁的剖面形式和结构材料，然后根据机翼的设计要求，优化梁剖面的结构尺寸。为了保证机翼外形准确，还需要沿翼展向布置若干个肋，肋的间距一般不要太大，以免两肋之间的薄膜蒙皮失去支持刚度。

无人机的机身结构形式多种多样，从最简单的一根直杆，到具有流线型外形的腔体结构，其外形设计主要根据机身内部装载的需要，装载的东西多，机身体积就相对较大，如果没有装载，那机身结构就非常简单。如果机身是直杆结构，一般就采用高强的碳纤维管，结构重量轻，刚度大，效费比高。如果机身是薄壁腔体结构，内部一般采用轻质结构形成骨架，外表面则蒙着柔性的薄膜，以减小气动阻力。典型的低速无人机结构布局如图 6.8.1 和图 6.8.2 所示。

图 6.8.1 双尾撑式低速无人机

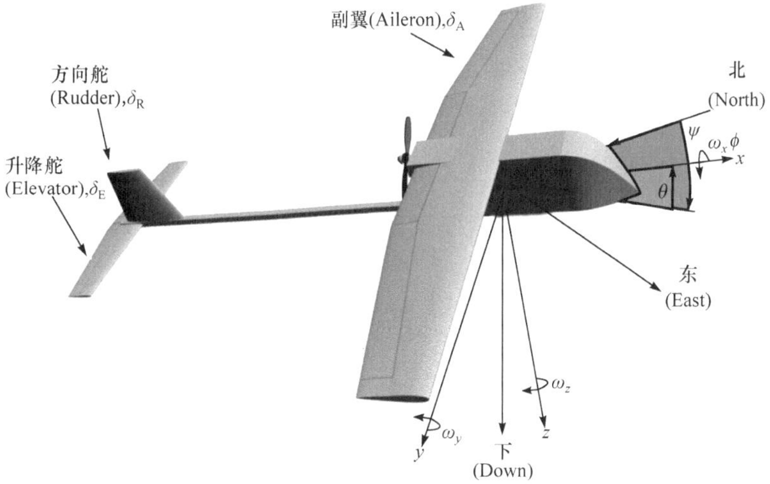

图 6.8.2 单尾撑式低速无人机

6.9 高速无人机的结构设计

高速无人机是现代无人机发展的重点，许多先进设计技术和先进材料都最先在无人机上开展应用，然后推广到其他飞行器上。从结构上看，高速无人机虽然无人驾驶，体积小，但是由于其飞行速度高，特别是一些高超声速无人机，其飞行速度达到 6～8Ma，并且伴随非常严重热载荷，因此对结构设计也提出了很高要求。

现代高速无人机由于飞行速度大，相对载荷高，应力大，结构材料一般都采用高强高模的先进复合材料并辅以整体成型工艺，这样可以显著发挥先进复合材料的重量优势，降低无人机的结构重量，目前先进无人机结构重量系数追求的目标是要小于 20%。

高速无人机主要分为机翼结构、机身结构和其他。其中机翼结构一般都设计成采用碳纤维复合材料整体成型的盒段结构，这种结构刚度大，重量轻，工艺简单，并且可采用气动剪裁设计，结构形式如图 5.1.4 所示。

为了提高机翼的结构刚度，扩大机体内部容积，现代先进高速无人机都采用飞翼布局和翼身融合技术，如图 6.9.1 和图 6.9.2 所示，这种布局可以有效提高机翼根部的结构高度，降低根部连接的结构应力，从而减轻结构质量。

图 6.9.1 X-47A 无人机结构

高速无人机的机身结构首先满足内部装载要求，然后根据内部布置需要，结合翼身融合技术，设计机身结构的布局形式。如图 6.9.1 和图 6.9.2 所示，机身首先满足机翼连接传力的需要，在连接机翼的部位，结构强度要高，刚度要大。而在非连接机翼部位，由于机身载荷相对较小，这时为了减轻结构质量，可以大范围地采用复合材料夹层结构，既能提高蒙皮刚度，也可以减轻结构质量。图 6.9.3 所示的“暗星”无人机的机身结构就采用复合材料夹层结构，达到既能满足结构刚度要求又能起到隐身作用的目的。

图 6.9.2　X-47B 无人机结构

图 6.9.3　“暗星”无人机

6.10　超轻型太阳能无人机的结构设计

不同于其他无人机，太阳能无人机需要设计大面积的蒙皮表面用以铺放太阳能电池，因此太阳能飞机的尺寸和体积一般都较大。太阳能无人机靠太阳能发电，其能量相对较小，因此太阳能无人机的飞行速度一般都较低。从结构角度看，太阳能无人机是一种大型的超轻型无人机。但是为了提高能量利用效率，减小飞行阻力，太阳能无人机一般都采用大展弦比气动布局形式。由于是大展弦比的外形，机翼结构的相对弯曲刚度较小，机翼翼尖的变形很大，如图 6.10.1 所示，在飞行状态下的 Helios 太阳能无人机的翼尖变形达到机翼半展长的 30%。在这种条件下，飞机极容易发生颤振，导致机翼结构空中破坏。

为了保证飞机安全，降低气动弹性问题的危险性，大展弦比机翼(图 6.10.2)在设计上一般都采用高强高模的碳纤维或石墨纤维复合材料，采用合理的承力结构，合理布置机翼的质量分布，通过气动弹性设计，降低大展弦比机翼发生气动弹性问题的可能性。例如，图 6.10.3 所示的阳光动力 2 号太阳能飞机的机翼结构就采用高性能的碳纤维复合材料，通过材料性能的提升保证大展弦比机翼结构既有足够的强度和刚度，又能降低机翼结构质量。

图 6.10.1　飞行状态下的 Helios 太阳能无人机

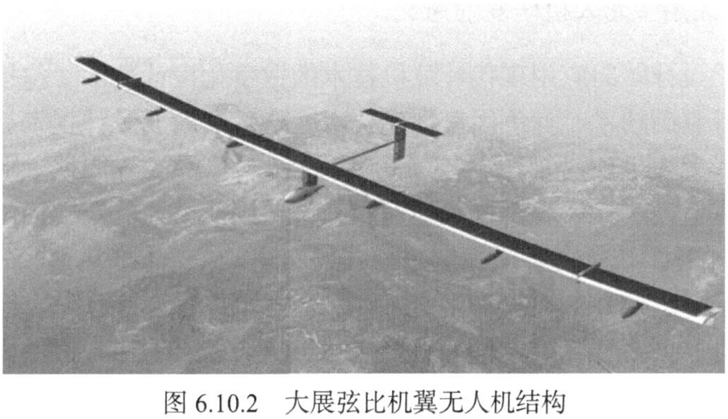

图 6.10.2　大展弦比机翼无人机结构

图 6.10.3　阳光动力 2 号太阳能飞机

第 7 章　无人机的制造技术

无人机设计与制造技术已不可分割。现代设计模式根据产品在整个生命周期中功能和市场竞争(时间、质量、价格)的需要，考虑生态环境和资源效率，应用科学知识和现代技术，经过设计人员创造性的思维、规划和决策，制定先进的产品设计方案，并通过先进制造方法，使产品开发方案付诸实施。无人机采用先进制造技术才能保证产品的重量、缩短生产周期、降低生产成本。现代先进制造技术是不断汲取机械设计、工艺技术、电子、信息、材料、能源及现代管理等方面的科技成果，系统地应用于市场分析、产品设计、制造工程、检测监控、生产管理和质量保证、售后服务等产品全生命周期的制造全过程，实现优质、高效、低耗、清洁、灵捷生产，是取得具有市场竞争能力的经济技术综合效果的关键技术。

7.1　无人机的 CAD 技术

7.1.1　CAD 技术应用于无人机研发的意义

从传统的经验设计转向应用现代计算机技术的数字化设计技术，包括绿色产品设计技术、优良性能设计基础技术、竞争优势创建技术、全生命周期设计技术等，以上的设计准则和方法都已融入无人机现代研发中。为了缩短无人机产品开发周期、降低生产成本，采用了各种各样的制造模式。计算机技术的发展为这些制造模式的应用提供了有力的支持，CAD 技术的引入更是加快了各种敏捷制造模式的实现。

计算机辅助设计(CAD)技术在 20 世纪得到了蓬勃的发展。随着 CAD 从二维绘图走向三维建模，以鼠标、键盘和二维屏幕为主要交互工具的 CAD 在人机界面与设计过程方面存在的局限影响了设计技术的进一步发展。传统的 CAD 二维绘图(图 7.1.1)存在的主要缺陷有：设计者对产品数字模型的三维交互必须通过一系列二维交互操作来完成，设计过程烦琐且冗长。在 60 多年的发展历程中，CAD 经历了二维图形到三维图形(图 7.1.2)、几何造型到参数化特征造型、工程绘图到产品全生命周期数字化定义、计算机辅助到计算机集成等一系列技术变革，理论上日趋成熟，应用不断完善，极大地提高了人们的创新设计能力。虚拟现实(Virtual Reality，VR)技术是一种三维计算机图形技术与计算机硬件技术发展而实现的高级人机交互技术。虚拟现实技术将 CAD 延伸与发展为基于虚拟现实的 CAD(VR-CAD)。在沉浸式的虚拟环境中，设计者通过直接三维操作对产品模型进行管理，以直观自然的方式表达设计概念，并通过视觉反馈感知产品模型的几何属性、物理属性与行为表现，促进了设计者直觉、想象力与创造力的充分发挥。

虚拟制造的实质是“在计算机中的制造”，即在计算机中完成制造全过程的模拟和演示，以便检验涉及全过程的正确性、可制造性、优化设计方案，从而缩短产品的研制周期、

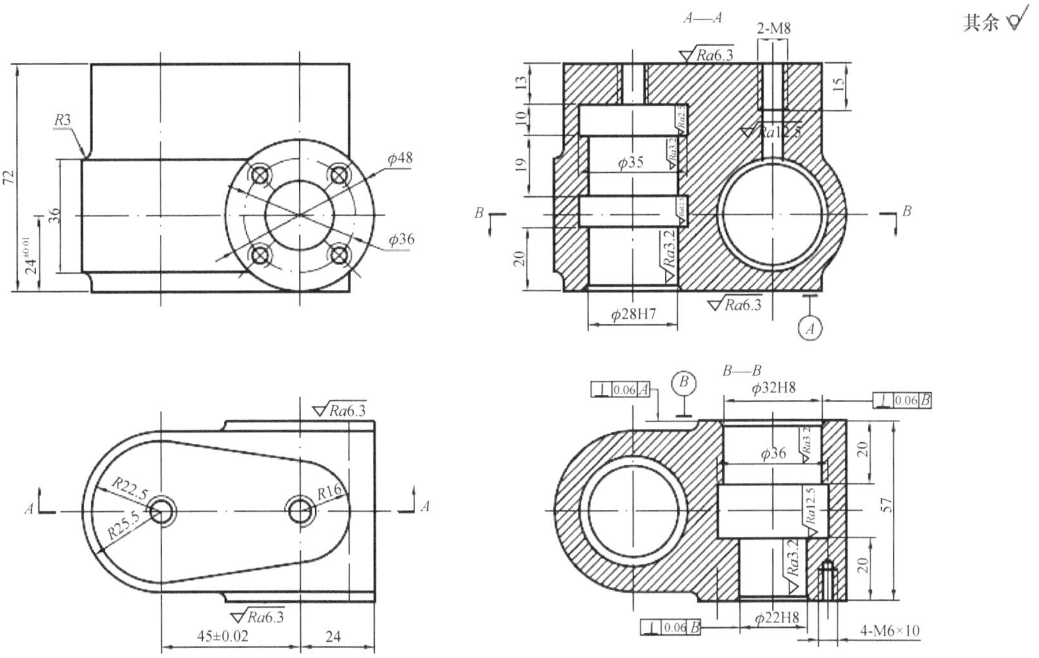

图 7.1.1　传统的 CAD 二维图纸设计

降低产品成本和开发风险。基于虚拟现实的 CAD 满足了设计技术发展的内在要求，进一步推动了产品设计向虚拟化方向发展。在虚拟环境中，产品模型从交互与行为表现上均高度接近于实物产品。设计者无须通过实物样机就能对产品设计结果进行多角度、全方位的分析与验证，以确保产品的可制造性、可装配性、可使用性、可维护性与可回用性，从而为实现“零样机产品开发”提供强有力的支持，实现产品设计与制造技术的一次革命性飞跃。

图 7.1.2　CAD 三维图形设计

7.1.2　无人机的 CAD 无图纸设计技术

无人机是具有复杂曲面形状的产品。在飞机工厂里，传统上采用模线样板法表示和传递自由型曲线曲面的形状。模线员与绘图员用均匀的带弹性的细木条、有机玻璃条或金属条通过一系列点绘制所需要的曲线即模线，依此制成样板作为生产与检验的依据。在曲面上没有模线控制的部分取成光滑过渡。传统设计方法设计制造周期长，制造精度低，互换协调性差，不能适应现代航空工业的发展。

无人机产业为了提高产品竞争力，力争在最短时间内生产出能满足客户需求的产品，提高产品质量。实施 CAD 无图纸设计技术就是最有效的途径。人们寻求用数学方法唯一地定义自由型曲线曲面的形状；将形状信息从模拟量传递改变为数值量传递。随着计算机的出现，采用数学方法定义自由型曲线曲面才达到实用的地步。在这种情况下，无图纸设计技术便应运而生了。航空工业是最早采用 CAD 技术的部门之一，如波音公司运用飞机外形设计程序和交互式计算机绘图系统，开始设计图纸和独立地完成工程图纸，然后把表示工程图纸的数据存储在计算机的存储器内，直接传送给制造部门使用，率先实现了无图纸制造过程。

无图纸设计技术就是设计人员利用计算机设计无人机及其零部件，并且把所设计的图形数据直接传输到制造部门进行加工。由于略去了传统设计绘图、描图、晒印、分发等环节，工厂将大幅度降低管理成本，节约工作场地。无图纸设计技术能充分利用网络资源，使工程信息快速、准确到达工厂生产一线的各个环节，最大限度地实现设计与制造的并行，可望达到设计周期与制造交付周期的缩短和高度并行。

采用无图纸设计，将可保证数据源的唯一有效性，极大地缩短飞行器设计、更改和发图的周期，使工程更改和贯彻能更迅速地实施，降低设计成本。三维设计的工程表达更加直观明了，零件几何信息和制造信息的可视化便于设计与制造人员从美学和功能方面理解零件的结构与制造信息，与传统的二维图样相比，零、组、部件的工程信息能被更快速、准确地解读。设计师把精力全部放在提高三维模型的几何品质和三维工程标注的优化上，延长了有效设计时间，三维模型的品质将极大地提高，省去了由于二维图样和三维模型矛盾带来的大量反复的技术更改的时间。图 7.1.3 为一个六旋翼无人机机体结构的 CAD 设计。

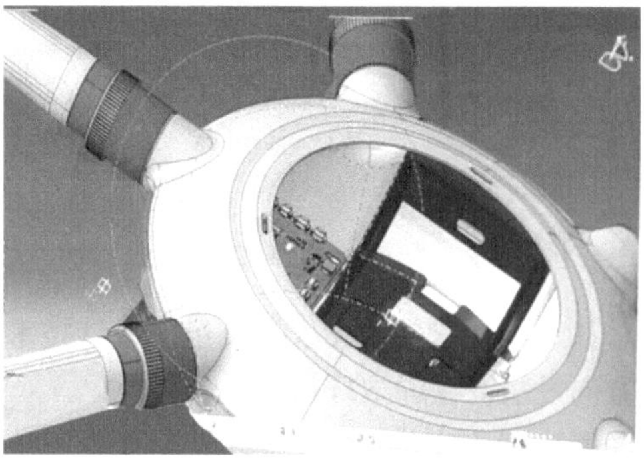

图 7.1.3　一个六旋翼无人机机体结构的 CAD 设计

7.1.3　无人机的 CAD 无图纸制造技术

由于三维模型是高度面向制造的信息模型，直接应用三维模型，生产人员不必花大量时间解读零件的几何形状、装配关系及制造信息，直接应用三维模型和相关文档便可开展相关工作，可节约 90%以上的找图、查阅的时间，便于工艺审查工作及生产准备工作的开展，大幅度提高劳动生产率，缩短制造周期。

7.2　无人机的数控加工技术

7.2.1　计算机数控加工

目前计算机数控(CNC)加工技术应用十分广泛，已成为一种重要的无人机零件机械制造加工方法。为满足小批量的生产要求，常常需要根据不同的用户需求，迅速、高效、低成本地构筑面向用户的制造方案。基于 PC 的开放式 CNC 系统正是适应这个发展方向而产生的。开放式 CNC 的特点如下：软件模块化，提高 CNC 性能无须改写软件；实现模块化、标准化；系统功能实现多元化；运动执行部分可使用标准化、通用化的伺服接口。

DNC 分布式数字控制以计算机技术、通信技术、数控技术等为基础，把数控机床与上层控制计算机集成起来，从而实现数控机床的集中控制、管理以及数控机床与上层控制计算机间的信息交换，如图 7.2.1 所示。它是现代化机械加工企业实现设备集成、信息集成、功能集成的一种新方法，是制造业自动化的重要模式。数字化的产品研发设计和网络化制造技术的应用使得企业的生产方式发生了根本性的变化，尤其是网络技术的应用使得企业内部局域网的功能由管理决策层延伸到制造加工层，整体信息化的集成使企业的CAD/CAM/CAPP 等数字设计模块和数控加工设备的联系变得更为紧密，企业的信息传输和利用更为有效，从而为实现网络数控的信息集成和设备有效管理奠定了基础。

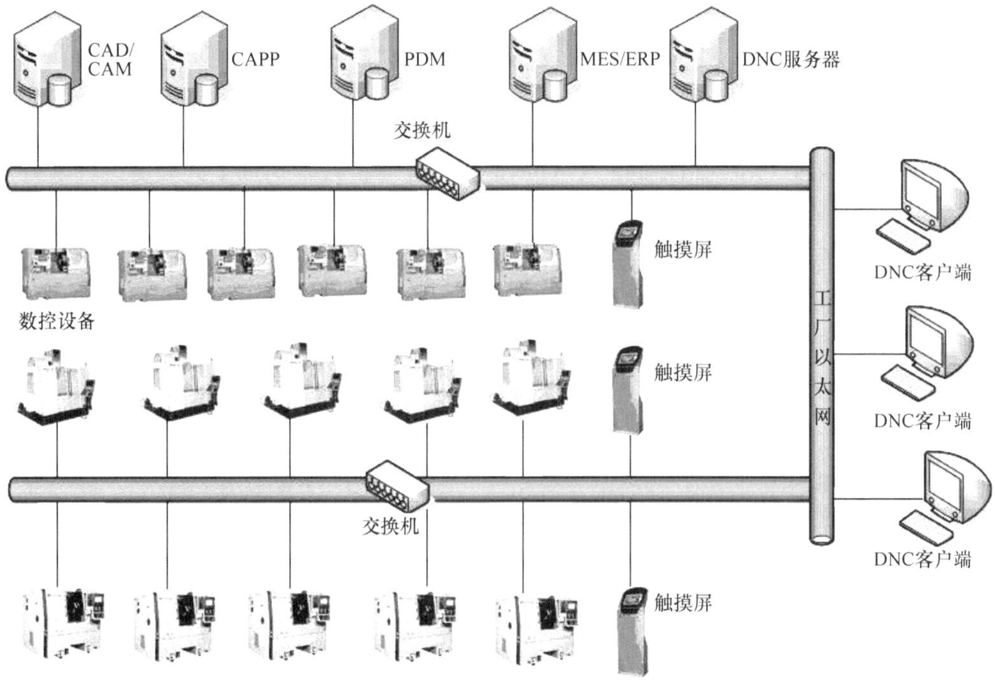

图 7.2.1　DNC 分布式数字控制制造系统组成

基于 DNC 的网络制造系统(图 7.2.2)实现了制造系统网络化、远程通信功能：操作者直接在机床控制面板上就可得到服务器上的程序清单，且多台机器可同时上传、下载信息，

图 7.2.2　基于 DNC 的网络制造系统

互不影响并可直接调用。基于 DNC 的网络制造系统也实现了数控加工信息的数据库管理：能够对数控程序的各种信息(如程序号、零件号、刀具清单、实验数据、机床和编程信息、相关工艺卡片及图形文件等)进行归档管理。DNC 技术为实现基于网络制造系统的先进制造技术打下坚实的基础，提高了设备的使用效率。基于 DNC 的网络制造技术是未来先进制造技术发展的方向之一，是利用计算机软、硬件及网络环境，实现产品数字开发全过程的技术，可大大提高企业的产品研发能力，缩短产品开发周期，降低开发成本，极大地提高企业的竞争能力。

7.2.2 计算机辅助工艺设计

工艺设计是数控制造的基础技术，是联系设计与制造的纽带和桥梁。计算机辅助工艺设计(Computer Aided Process Design，CAPP)是利用计算机技术辅助工艺人员设计零件从毛坯到成品的制造方法，是将企业产品设计 CAD 数据转换为产品制造 CAM 数据的关键性环节。它以人为中心，根据产品设计数据，人机交互地由计算机自动地生成产品加工法和工艺规程，即将产品设计信息与制造环境提供的所有可能的加工能力信息进行匹配与优化的过程，是建立包括工艺卡片生成、工艺内容存储及工艺规程检索在内的计算机辅助系统。图 7.2.3 为用于集成系统的 CAPP 系统功能结构。

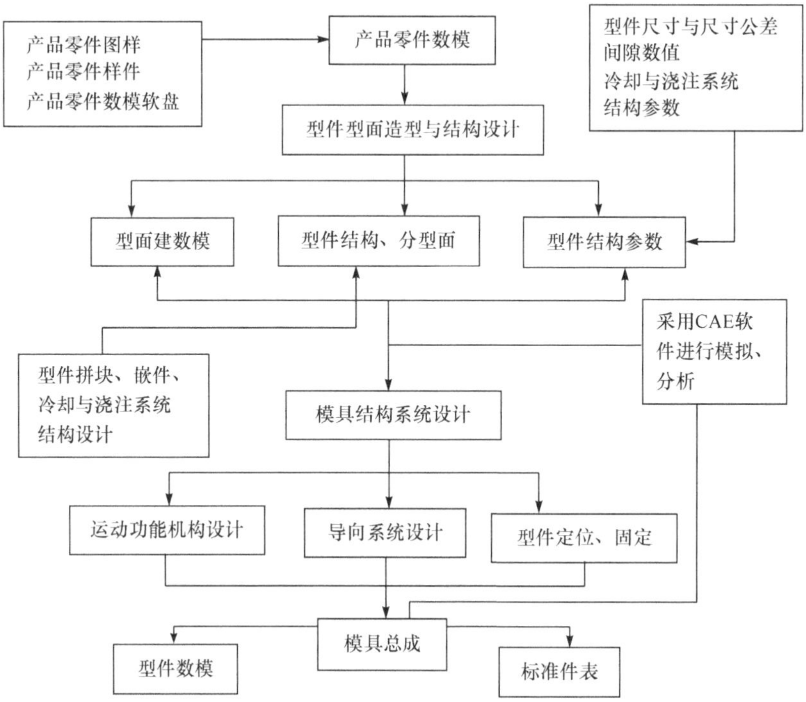

图 7.2.3 用于集成系统的 CAPP 系统功能结构

CAPP 系统不仅可以提高工艺设计质量，减轻工艺设计人员繁重的重复劳动，使其将主要精力投入企业新产品、新工艺和新技术的研究与开发上，还可以提高工艺设计的规范性、一致性，从而有利于工艺设计标准化的推进。现在 CAPP 技术正朝着集成化、智能化、工具化和并行化发展。

先进的无人机研发企业以计算机系统和数字式生产设备等为基本手段，使产品和工装的设计/生产/检验完全基于数字化的信息传递与处理，真正实现了“无纸化”设计生产，取得了良好的效果。

7.3 复合材料结构制造技术

由于减轻重量在无人机研发中至关重要，而复合材料具有比强度、比模量高，抗疲劳、耐腐蚀、成型工艺性好以及可设计性强、适合各种复杂曲面结构造型等特点，现已成为无人机最主要的结构材料之一。复合材料分为树脂基复合材料、金属基复合材料、陶瓷复合材料和碳-碳复合材料以及它们相互混合构成的复合材料等。

先进树脂基复合材料(如碳纤维树脂复合材料)具有高比强度和比模量、抗疲劳、耐腐蚀、可设计性强、便于大面积整体成型以及特殊电磁性能等特点，相比铝合金，可以实现15%～30%的减重效益。先进树脂基复合材料在性能、设计、制造方面有别于传统材料的基本特点，主要体现在复合效应、性能的可设计性、多功能兼容性和材料与构件制造的同步性等。

复合材料性能的可设计性主要表现为可通过改变材料组分、结构、工艺等来调控复合材料性能，赋予复合材料性能设计以极大的自由度；可以按照工程结构的使用要求，选择适当的组分材料和调整增强纤维的取向，使设计的结构重量轻、安全可靠和经济合理。

复合材料与构件制造的同步性表现在，与一般传统材料产品不同，复合材料不是经机械加工制造，而是构件成型与材料制造同时完成。

依据不同类型的复合材料、不同形状的构件以及对构件质量和性能的不同要求，先进树脂基复合材料可采用不同的成型工艺。

7.3.1 热压罐成型技术

热压罐成型技术是目前国内外先进树脂基复合材料最成熟的成型技术之一，复合材料机翼、尾翼等大量承力构件都采用热压罐成型技术制造。热压罐成型技术有许多优点是其他工艺无法完全替代的：①可制备高纤维体积含量复合材料；②固化温度场和压力场均匀，复合材料构件质量和性能稳定性优异；③成型模具简单；④适于制备较大面积、较复杂结构的高质量复合材料构件。但热压罐成型工艺同时存在能源消耗较大、设备投资成本较高以及制件尺寸受热压罐尺寸限制等问题。图7.3.1为大型热压罐示意图。

热压罐成型技术从最初的铺贴、裁剪主要依靠手工发展到和预浸料激光定位铺贴、自动裁剪等自动化、数字化技术相结合，明显提高了预浸料铺贴、裁剪的精度，进而提高了复合材料的制造效率和构件质量。

7.3.2 缝合技术

缝合技术是指采用缝合线使二维织物构成准三维立体织物或使分离的数块织物连接成整体结构的技术。该技术又称为缝纫(Sewing)技术、穿刺(Stitching)技术。传统的简单三维层板复合材料具有各向异性程度高、层间强度低、层间断裂韧性差、冲击损伤容限低等缺陷，从而限制了其在许多轻型结构中的应用。然而，通过增强织物厚度方向的缝合却可以大大改善增强复合材料的层间性能。另外，缝合技术也可用于缝制大型构件，实际应用的构件多为复杂的异形件，这些异形件有些可以采用三维整体编织工艺一次织造出来，而

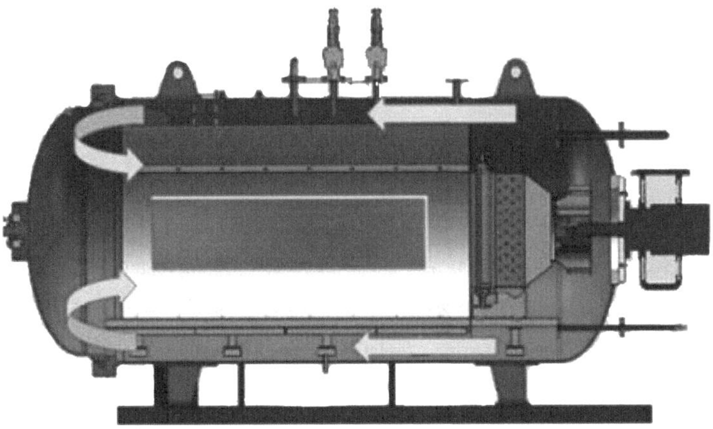

图 7.3.1　大型热压罐示意图

有些不可能一次编织成型，缝合连接立体织物能有效地解决这个问题；将缝合后的立体织物通过 RTM 或 RFI 浸渍固化，便可得到大型的整体结构缝合复合材料。

复合材料的增强织物结构通常都是三维结构，所以使用传统的双边缝合技术从被缝合件的两边进行缝合有许多的限制。为了克服双边缝合技术的缺点，许多国家都把创新点放在了单边缝合上，如德国发明的 OSS 单边缝合技术，特别适合于缝合 T 形和 L 形等结构件。图 7.3.2 为几种缝合法。

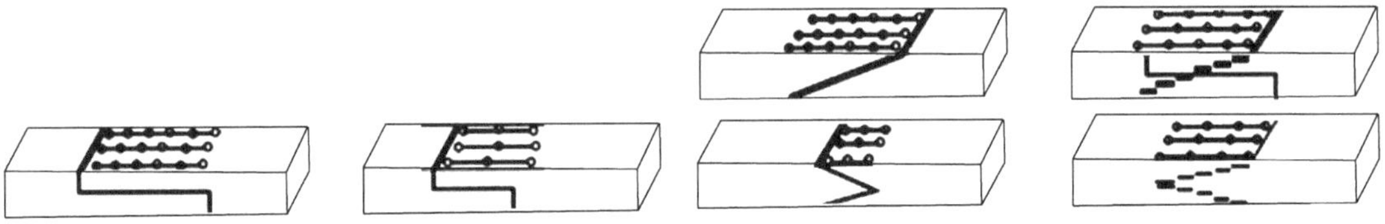

(a) 单搭接缝合连接　(b) 双搭接缝合连接　(c) 斜面搭接缝合连接　(d) 阶梯形搭接缝合连接

图 7.3.2　缝合法

缝合技术具有如下优点。

(1) 缝合工艺具备多样性，如铺层方向、铺层距离和纤维织构可以调整，可以由预浸带经缝合—固化而成型，也可以由预成型织物经缝合—浸润—固化而成型。

(2) 缝合可用于局部增强，尤其对自由边的缝合可大大降低层间垂直应力，减少自由边脱层。

由于缝线承受了大部分载荷而且减少了周围树脂的应力集中，可以显著提高层间强度。

7.3.3　RTM/RFI 成型技术

树脂传递模塑(Resin Transfer Molding，RTM)成型技术通过在压力注入或/和在真空辅助条件下，将具有反应活性的低黏度树脂注入闭合模具中并排除气体，同时浸润干态纤维结构，在完成浸润后，树脂通过加热引发交联反应完成固化，得到复合材料构件。目前已经有多种形式的 RTM 成型技术，如真空辅助 RTM(VARTM)、压缩 RTM(CRTM)、树脂渗透模塑(SCRIMP)、真空渗透(VIP)、结构反应注射(SRIM)、真空辅助树脂注射(VARI)等十多种方法。RTM 成型技术适合多品种、中批量、高质量复合材料构件制造，具有公差小、表面质量高、生产周期短、生产过程自动化适应性强、生产效率高等优点。

RTM 成型技术的一个关键是树脂流动过程模拟技术。通过树脂流动过程的数值模拟，可以了解树脂在模具内的流动状态，进而指导和优化模具设计，缩短研制周期，提高成型质量，如图 7.3.3 所示。

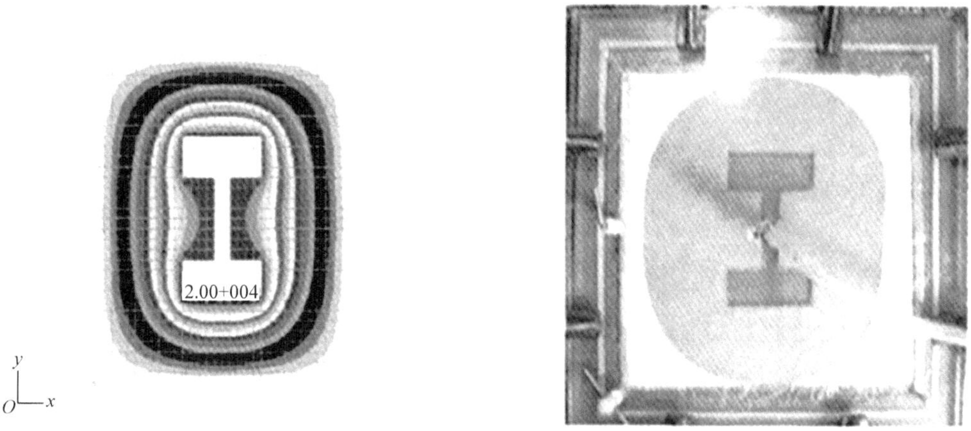

图 7.3.3　工字平板二维树脂流动过程模拟及验证结果

树脂膜熔渗(RFI)成型技术是复合材料低成本制造新工艺之一。其原理是在模具表面铺设树脂膜和纤维预成型体后，在加热状态下使树脂膜熔融，通过抽真空产生负压作用(或加上一定的外压)，使熔融树脂渗入纤维预成型体彻底浸润纤维，并排除树脂与模腔内的气体，最终固化制得复合材料制件。RFI 成型技术制备的产品具有纤维含量较高、孔隙率较低的优点，尤其适用于大型复合材料构件的制备。

RTM 成型技术需两面刚性模具，而 RFI 成型技术只需一面刚性模具，RFI 成型技术较 RTM 成型技术成本更低，也更易实现。

7.3.4　纤维缠绕铺放技术

纤维缠绕会较大地增加承力件的强度。为满足复杂构型大中型零件机械化自动化制造的需求，20 世纪 80 年代末期出现了纤维缠绕铺放技术。该技术是在缠绕技术和铺放技术的基础上发展起来的。由于缠绕技术不能实现纵向(0°方向)的纤维缠绕及局部的增厚增强，而铺放技术可以实现 0°方向的纤维铺放及局部的增厚增强，因此，纤维缠绕铺放技术一出现，立即在飞机结构中得到广泛应用，如图 7.3.4 所示，图中 Z-纤维即一种缠绕形式的纤维。

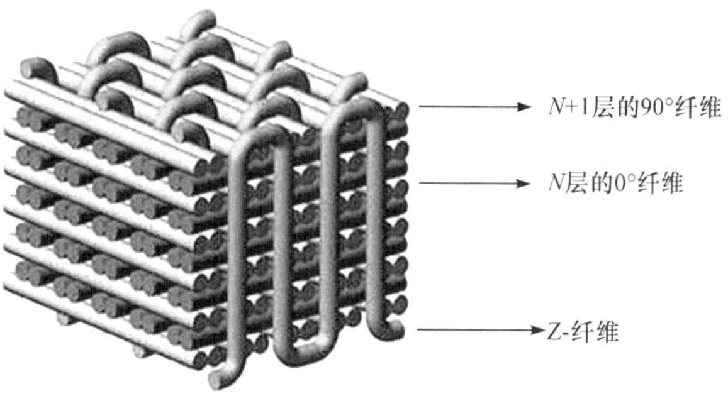

图 7.3.4　纤维缠绕铺放技术

自动铺放技术包括预浸料自动铺放技术和纤维自动铺放技术，前者适合铺放形状相对比较简单的复合材料构件，后者可以铺放形状复杂的复合材料整体结构。自动铺放技术具有铺放效率高、纤维取向偏差小、铺层间隙控制精度高以及材料利用率高等优点，已广泛应用于复合材料机翼壁板、尾翼壁板等大型复合材料构件的制造。纤维自动铺放技术是在自动铺放和纤维缠绕基础上发展起来的。纤维自动铺放技术特别适于制造形状复杂的零件，具有制造效率高、材料利用率高、零件质量好、生产成本低、可整体成型复杂形状复合材料构件等特点，如图 7.3.5 所示。

(a) 机身铺放

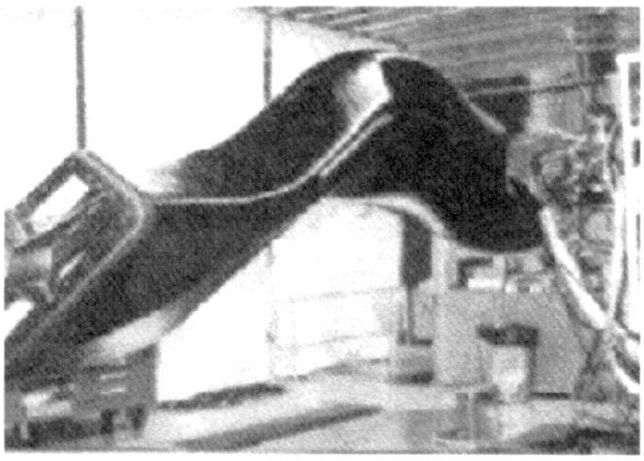

(b) 进气道自动铺放

图 7.3.5　纤维自动铺放技术

7.3.5　真空辅助树脂渗透成型技术

真空辅助树脂渗透(Vacuum Assistant Resin Infusion，VARI)成型技术利用真空的吸附将低黏度液体树脂渗透到预制件的各个部分，适用于常温和使用温度不高的大型壁板结构件的生产，如低速飞机壁板等。该项技术可大幅度降低复合材料结构的制造成本。VARI 成型技术作为一种高性能、低成本的非热压罐成型技术在航空航天领域受到广泛的重视，并被 CAI 计划作为一项关键低成本制造技术。VARI 成型技术是在真空压力下，利用树脂的流动、渗透实现对纤维及其织物浸渍，并在真空压力下固化的成型方法。其主要特点是成本低、产品孔隙率低、性能与热压罐成型技术接近、适合制造大型结构件等。对于大尺寸、大厚度的复合材料制件，VARI 成型技术是一种十分有效的成型方法，而采用以往的复合材料成型工艺，较大的模具选材困难，而且成本昂贵、制造十分困难，尤其是大厚度的船舶、汽车、飞机等结构件。因此，VARI 成型技术具有巨大的应用前景。

目前国内航空复合材料的主要制备技术仍然是预浸料/热压罐成型技术，这种成型技术可保证复合材料具有优异的面内性能，但成本较高。VARI 成型技术与传统的成型技术相比，不需要热压罐，仅需要一个单面的刚性模具(其上模为柔性的真空袋薄膜)，用来铺放纤维增强体，模具只为保证结构型面满足要求，简化了模具制造工序，节省了费用，而且仅在真空压力下成型，无需额外压力，有助于降低成本。图 7.3.6 为小型 VARI 成型设备。

VARI 成型技术作为小型无人机降低复合材料成本的一种重要方法，必将使先进复合材料得到更广泛的应用，如图 7.3.7 和图 7.3.8 所示。

图 7.3.6　小型 VARI 成型设备

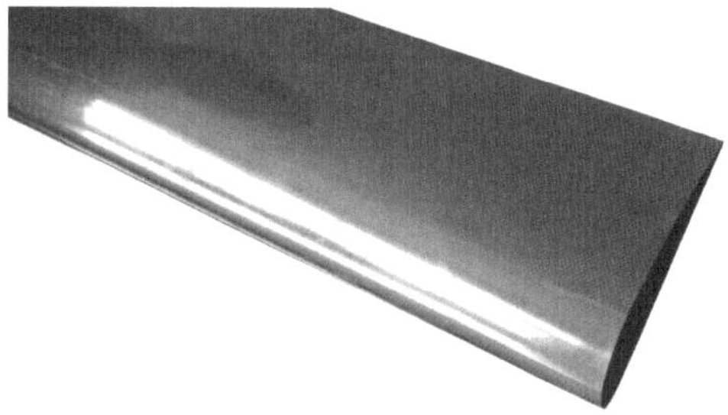

图 7.3.7　碳纤维复合材料机翼结构

7.3.6　复合材料胶接技术

胶接技术可用于连接不同材料、不同厚度的两层或多层结构。胶接结构重量轻，密封性能好，抗声振和颤振的性能突出。胶层能阻止裂纹的扩展，具有优异的疲劳性能，此外胶接结构制造成本和维修成本低。采用胶接代替铆接可使机身质量减轻 20%，强度提高 30%。复合材料胶接结构、蜂窝胶接结构及钣金胶接结构在大型飞机上的应用前途宽广。应用胶接的钣金结构、蜂窝结构和复合材料结构来制造飞机机身壁板、整体油箱、机翼的零部件、直升机旋翼、舱门、地板等，可显著减轻结构质量，改善疲劳和抗腐蚀性能，节油提速增加航程，同时降低成本，因而胶接在飞机制造业中占有极其重要的地位，获得迅速发展，如图 7.3.9 所示。

图 7.3.8　多旋翼无人机机身成型

图 7.3.9　梁与壁板的胶接成型

先进的胶接技术主要包括采用耐久的胶黏剂、抑制腐蚀底胶、防腐密封涂层，磷酸阳极化表面处理，耐腐蚀芯材断裂力学测试技术等。1979 年波音公司分别对新老胶接体系制作的蜂窝构件在模拟飞机使用环境条件和工作应力下做了试验(温度 60℃，相对湿度 100%，循环应力 4.1kN/m)，老胶接体系经 168 次循环后蜂窝构件进水，这是应力加速了水的扩散，导致胶接壁板进水失效。而用新的胶接体系制作的蜂窝构件经 8000 次循环，尚没有发生进水现象，证明了新胶接体系的耐久性有了很大提高，其寿命可超过 20 年。

复合材料胶接技术主要包括胶黏剂选择及复验、胶接预装配、胶接表面处理、胶接装配、固化成型、出炉修整、无损检测和最终检验等工序。复合材料胶接技术应具备的主要条件包括为了确保胶接品质而设计的胶接装配环境条件和用于产品胶接装配的零件及工艺装备等。

7.4 无人机结构的 3D 打印制造技术

7.4.1 非金属材料 3D 打印成型技术

3D 打印机通过读取文件中的横截面信息，用液体状、粉状或片状的材料将这些截面逐层地打印出来，再将各层截面以各种方式黏合起来从而制造出一个实体。这种技术的特点在于几乎可以造出任何复杂形状的物品，尤其是机械加工无法制造出的腔体内部复杂零件。3D 打印成型技术还特别适合新型和试验阶段无人机零件，特别是一些加工难度大的复杂形状零件。

打印机打出的截面厚度(即 Z 方向)以及平面方向(即 X-Y 方向)的分辨率是以(像素每英寸 dpi)或者微米来计算的。一般的厚度为 100μm(即 0.1mm)，也有部分打印机如 ObjetConnex 系列、3D Systems 公司的 ProJet 系列可以打印出 16μm 薄的一层。而平面方向则可以打印出跟激光打印机相近的分辨率。打印出来的“墨水滴”的直径通常为 50～100μm。用传统方法制造出一个模型通常需要数小时到数天，根据模型的尺寸以及复杂程度而定。而用 3D 打印成型技术则可以将时间缩短为数小时，当然它是由打印机的性能以及模型的尺寸和复杂程度而定的。

传统的制造技术(如注塑法)可以以较低的成本大量制造聚合物产品，而 3D 打印成型技术则可以以更快、更有弹性以及更低成本的办法生产数量相对较少的产品。一个桌面尺寸的 3D 打印机就可以满足设计者或概念开发小组制造模型的需要。

(1) 立体平版印刷(SLA)技术。多采用计算机对模型进行分层，并将各分层截面及堆积路径信息进行逐层堆积，直到得到相应的 3D 实体模型。材料多为塑料、树脂等。这种方法打印速度快、能实现较高的自动化加工程度，形成实体的形状复杂，精度较高。

(2) 熔融层积成型(FDM)技术。这种技术也是利用层积的方式，逐层打印，多用于打印小塑料件。

(3) 选区激光烧结(SLS)技术。多用选区激光烧结技术对每层金属粉末在计算机控制下按照一定的路径进行烧结，层层堆积成型。这种方法工艺简单，材料可为金属，主要用于模具的快速成型。

(4) 激光成型(DLP)技术。类似于立体平版印刷技术，不过它的加工速度更快。材料多为塑料。

7.4.2 金属材料 3D 打印成型技术

20 世纪 80 年代后期开始，美国首先由约翰·霍普金斯大学、宾夕法尼亚州立大学和 MTS 公司联合对钛合金 3D 打印成型技术进行了研究，并取得把成果命名为“钛合金的柔性制造”技术。近年来，金属3D打印成型技术取得了长足的发展，到2016年全球金属3D打印机销量飞速增长40%左右，目前，国外金属3D打印成型技术先进代表公司有德国Trumpf公司和美国POM公司。它们已经取得很多实质性的进展，比如，对钛合金叶片进行修复打印，力学性能已达到锻件水准，可以应用到民用和军用飞机上。

20世纪90年代，国内西北工业大学、北京航空航天大学就开始对金属3D打印的研究，在钛合金和生物医疗方面有了一定的成就；清华大学在EBSM技术方面也取得了突破；南京航空航天大学主要研究SLM技术，在SLM技术的硬件系统、工艺特性和成型件力学性能等方面部分达到或接近国际先进水平。近年来，如GE中国研发中心的工程师仍在埋头研究3D打印成型技术，他们用3D打印机成功“打印”出了航空发动机的重要零部件。与传统制造相比，这一技术将使该零件成本缩减30%、制造周期缩短40%，如图7.4.1所示。

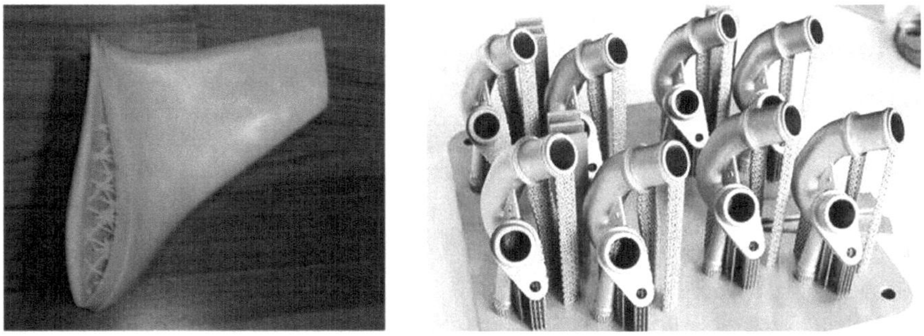

(a) 非金属材料3D打印成型翼梢小翼　　(b) 金属材料3D打印成型复杂零件

图7.4.1　3D打印成型

金属3D打印的关键技术是难熔金属的3D打印，如钨、钼、铼等材料熔点高(钨熔点是3410℃)，要把它们制成用于3D打印的球形粉末十分困难。但同时这些难熔金属又具有良好的耐高温、耐腐蚀性等特点。材料方面的瓶颈问题是控制超细3D打印难熔金属球形粉末的材料纯度、球形度、球化率以及批次稳定性等指标。

另外，金属3D打印的主要难点是打印尺寸范围有限，效率较低，打印时间长。因此，需要通过合理的实时加工监控系统及相应的先进打印技术提高其打印尺寸范围、打印速度和精度。

7.5　小型无人机的手工制作方法

自己动手设计和制作小型无人机不但是航空技术专业学生实践教学培训的环节，也是很多其他专业学生十分感兴趣的“课外作业”。如何真正设计和制造出无人试验样机，如何能使所制作的无人机飞起来，这正是有兴趣研制无人机的学生所需要知道的。

7.5.1　手工制作材料

1. 结构骨架材料

小型无人机的手工制作借用传统的航模制作方法。进行试验验证的小型无人机结构骨架材料通常是航模用的“木材”。

1) 轻木

轻木重量轻，有一定的强度。

(1) 桐木。桐木是最常用的模型材料，尤其是泡桐，具有密度小、相对强度大、变形小、容易加工的特点。翼肋、蒙皮、腹板、机身后段等应选用较轻的材料。

(2) 松木。松木常用的是东北松。东北松纹理均匀，木质细密，比较轻，不易变形，易于加工并富有弹性，是制作模型中细长受力件的好材料。

2) 层板

层板有较高的强度，常用作机身隔框、上反角加强片等，以及机翼根部的翼肋、加强肋、隔框和加强片等。层板的重量比轻木要重得多。

(1) 椴木。椴木是最常用的层板材料，除上述用途外，还用于硬壳机身、螺旋桨和发动机架。

(2) 桦木。桦木材质坚硬，纹理均匀紧密，密度较大，是制作螺旋桨的好材料，还可制作发动机架等受力件。

2. 选材要点

应选择材质均匀、纹理平直、无疤节、密度小的材料，以达到保证强度和减轻重量的要求。

木料在使用时要考虑强度、刚性等特性。早在 800 多年前我国宋朝时期，建筑工匠李诫就将建筑用材料截面高度与宽度比定为 3∶2。到了 18 世纪末 19 世纪初，英汤姆士•杨研究发现材料截面高度与宽度比为 3.46∶2 时，刚性最大；高度与宽度比为 2.8∶2 时，强度最大；高度与宽度相等时，弹性最大。在使用时根据模型的大小、结构来选择合适材料。

7.5.2 手工制作工具

小型无人机结构手工制作的常用工具有模型剪、笔刀、锉刀、台钳、砂纸、胶水、镊子和补土等。

将零件剪下后，要将零件上多余的流道削去，就要用到笔刀。砂纸打磨工序保证外形曲面协调光滑。砂纸号数越大就越细，建议购买 800、1000、1200 号水砂纸。使用台钳加持木板，不能太紧，以免变形。通常在加工板的两侧可以加垫两块木板，保护加工板。

7.5.3 手工加工的基本方法

无人机木材结构手工加工的基本方法如下。

(1) 裁割。将加工图形绘制在木板上(或将图纸贴在木板上)，然后根据图形轮廓，将木片多余的部分裁去。

(2) 刨削。制作较大模型机身或三维模型时，需要用刨削的方法修整表面，提高工作效率和制作质量。

(3) 拼接。用于木片的加宽和加长，注意拼接后要保持平整，不宜弯曲变形。

(4) 打磨。打磨时要顺木纹方向，用力要均匀、先重后轻，并选择合适的砂纸进行打磨。

(5) 弯曲。主要方法有火烤、水煮、冷弯。模型制作中经常要碰到细小零件，运用平头尖嘴钳和弯头尖嘴钳做弯曲加工比较方便。

(6) 补土。一些模型由于开模在组合后会产生缝隙，这时就需要使用补土来填补。

7.5.4 非金属材料的机床加工

1. 木板的激光切割加工

对于木材层板或轻木，可以事先绘制好平面图形(如利用 AutoCAD)，然后输入控制激光切割机的计算机中，操作计算机切割程序，由激光切割机完成平板的切割加工，如图 7.5.1 所示。

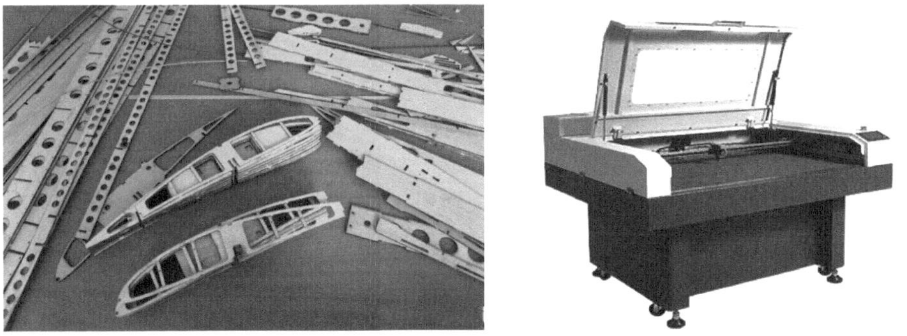

图 7.5.1　加工材料与激光切割机

2. 复合材料或塑料的雕刻加工

对于复合材料板材或塑料板材，可以事先绘制好平面图形(如利用 AutoCAD)，然后输入控制雕刻机的计算机中，操作计算机雕刻程序，由雕刻机完成塑料和复合材料板的雕刻加工，如图 7.5.2 所示。

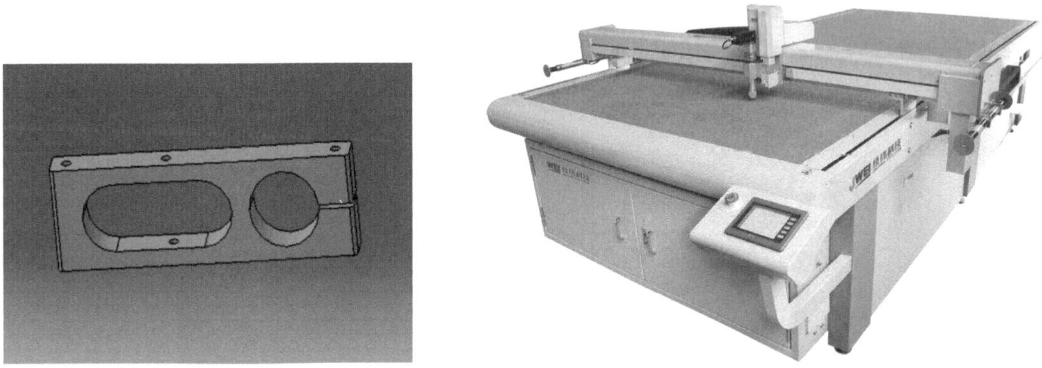

图 7.5.2　加工材料与雕刻机

7.5.5 无人机部件的加工

1. 翼肋的加工

根据机翼的平面形状和翼型，精确画出机翼沿展向若干个站位截面的翼肋外形，然后画出各翼肋截面的翼梁孔和减轻孔，以及画出翼肋上下为安装桁条的凹槽(图 7.5.3)。

如有激光切割机，木材翼肋可用激光切割成型。复合材料翼肋可用雕刻机切割完成。

翼肋的加工通常需要制作样板。常用 1mm 厚层板(或松木片、铝片)，首先将正确标准翼型画在上面，并在前中后打三个小孔，再画上标准翼梁、各桁条的前后缘位置。如果用木板制作，要在四周边缘涂上颜色，要防止加工翼肋时伤到样板边缘。加工方法是，将两块木板夹在台钳上，用力粗削多余的部分，翼型粗加工后，利用锉刀或砂纸将翼板打磨出所需翼型。为了确保翼型的精度，可制作卡板进行翼型检查。精加工时要不断检查，要求上下弧线全部与样板相同，注意不要磨伤样板，如图 7.5.3 所示。

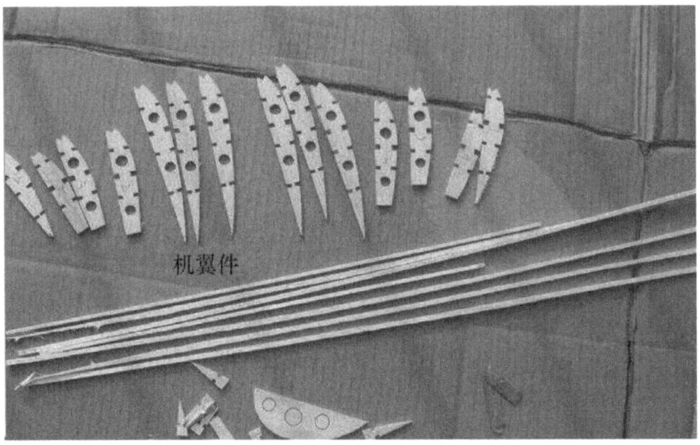

图 7.5.3　翼肋的加工

2. 机翼的加工

手工制作的翼梁通常采用上下梁，主要为槽形梁、工字梁、箱形梁等形式。槽形梁使用较多；箱形梁抗弯强度更大，常用于受力较大的根翼肋和上反角的胶接处。胶合时不要高出或低于翼肋。制作腹板时，应注意材料的纹理要一致，连接处缝隙要小，不能出现大缺口。将各站点翼肋与展向桁条粘接，再粘接加强板。然后粘接前、后缘蒙皮。机翼中间部分用航模纸或薄轻木板粘接为蒙皮。留有与机身连接的梁孔(单梁或双梁)。有的机翼先安装好与机身连接的梁，再粘接中间部分蒙皮，如图 7.5.4 所示。

图 7.5.4　机翼的加工

3. 多面体机身的加工

小型无人机机身通常有构架式机身、硬壳式机身、薄壳式机身等形式。构架式机身重量轻，但强度较差，在制作时也常常用强度较高的蒙板作蒙皮，增强其强度。

多面体机身主要通过机身各截面框的形状来保证机身的纵向曲面变化。

注意机身与机翼、尾翼连接处的框设计和连接，如图 7.5.5 所示。

图 7.5.5　多面体机身的加工

4. 曲面体机身的加工

曲面体机身主要选择能弯曲并有一定韧性的板材。利用机身各截面框的形状来保证机身的曲面变化，如图 7.5.6 所示。

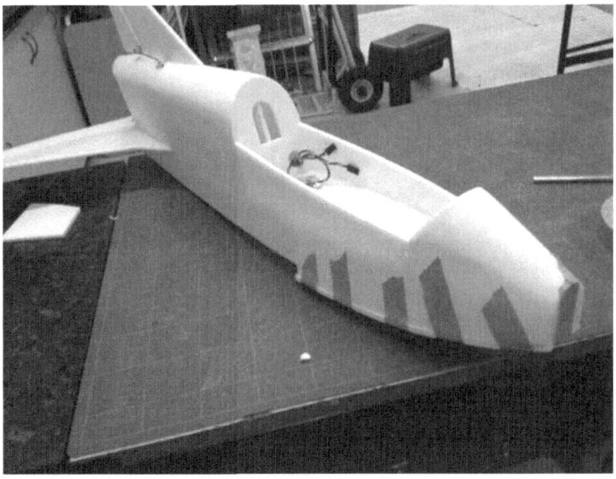

图 7.5.6　曲面体机身的加工

5. 尾翼的加工

以平板为翼型的尾翼主要加工出尾翼的平面形状，这只适合低速小型无人机，如图 7.5.7 所示。

有曲面翼型的尾翼的加工方法与机翼相同，先加工翼肋和桁条，再制作整体尾翼，如图 7.5.8 所示。

图 7.5.7　尾翼的加工(一)

图 7.5.8　尾翼的加工(二)

6. 多旋翼机架结构的加工

板型多旋翼机架结构通常用雕刻机加工，如图 7.5.9 所示。

管材+板型多旋翼机架结构通常用螺栓连接加工，如图 7.5.10 所示。

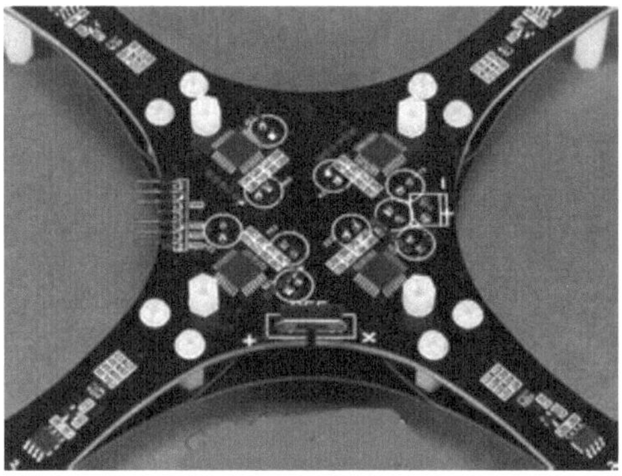

图 7.5.9　多旋翼板型机架结构的加工

图 7.5.10　多旋翼管材+板型机架结构的加工

7.6　无人机的装配技术

7.6.1　大型无人机的装配技术

由于大型无人机的结构复杂，零件及连接件数量多，大多数零件在自身重量下刚度较小，而无人机的外形又有严格的技术要求，故在无人机制造过程中采用大量的工艺装备以满足设计、制造技术要求。传统的无人机装配需要制作大量的型架和夹具。尤其是复杂的曲面体部件装配，需要设计和制造复杂的模型样板及其相应的装夹具。无人机外形的准确度取决于无人机装配的准确度。各部件本身的装配精度和部件之间连接精度都对无人机整体的外形有重要影响。此外，结构件的残余应力和装配过程中受力的变形也都对无人机几何形状的准确性造成影响。

较大批量的无人机装备可采用三维数字化装配工艺设计。装配工艺设计在对无人机产品结构分析的前提下，在现有制造能力(车间、设备、工艺方法、标准、人力)的基础上，制定装配流程，确定装配方法，并定义各装配环节所需要的制造资源。在无人机数字样机基础上进行的装配工艺设计过程的主要任务如下。

1) 全机设计分离面与工艺分离面的划分

在数字化协同工作平台的支持下，根据数字样机在三维数字化装配工艺设计环境下进行全机工艺分离面的划分,结合 EBOM 确定各工艺装配部件、段件需要装配的零组件项目，构建工艺大部件模型，如图 7.6.1 所示。

图 7.6.1　“全球鹰”无人机部件装配工艺分离面

2) 装配工位的划分与装配流程设计

在工艺分离面划分的基础上，对每个工艺大部件进行初步装配流程设计，划分装配工位，确定在每个工位上装配的零组件项目，在三维数字化装配工艺设计环境下构建各装配工位组件装配的工艺模型。确定装配工艺基准和装配定位方法，并制定出全机各工位之间关系的装配流程图。

3) 构建产品装配结构树

将产品三维数模的数据按工艺分工导入三维数字化装配工艺设计环境中，构建产品装配结构树，并且把每个零件的三维数模(立体图)与结构树相关联。

4) 装备设施资源设计

根据装配工装、夹具的订货技术要求，工装部门以三维数模的形式设计以下资源：

(1) 装配型架(图 7.6.2)、对合型架、精加工型架、补铆夹具等；

(2) 工作平台、托架、吊挂、工作梯、推车等；

(3) 专用工具等。

图 7.6.2 部件结构装配型架

5) 详细装配工艺设计

在装配指令划分基础上，依据段件装配工艺模型进行详细的装配工艺过程设计，定义该过程所需要的标准件，在三维数字化装配工艺设计环境下确定该装配工艺过程零组件、标准件、成品等装配顺序，明确装配工艺方法、装配步骤，并选定该装配过程所需要的工装、夹具、工具、辅助材料等一系列的制造资源，形成用于指导生产的装配指令。在这里将零件和工步关联，将工装与工位关联。

6) 三维数字化装配工艺装配过程仿真

对于无人机结构零件数量多、装配关系复杂的情况，在装配工艺过程设计中就难免会有各种工艺设计错误或工艺设计不合理的情况。如果这些错误在产品实际装配过程才发现，就会造成大量的产品、资源返工和工艺修改，甚至整个工艺布局和装配流程的调整，给制造周期、生产成本等都将带来不可估量的损失。因此，三维数字化装配工艺装配过程仿真是在实施产品实物装配以前对装配工艺进行验证的最佳方法，时间短、费用低。

(1) 装配干涉的仿真。在虚拟环境中，依据设计好的装配工艺流程，通过对每个零件、成品和组件的移动、定位、夹紧、装配过程等进行产品与产品、产品与工装的干涉检查，当系统发现存在干涉情况时报警，并给出干涉区域和干涉量，以帮助工艺设计人员查找和分析干涉原因。沿着模拟装配的路径，检查在移动过程中零件的几何要素是否与周边环境有碰撞。在三维环境中，检查过程非常直观。

(2) 装配顺序的仿真。虽然装配顺序设计遵循先里后外的原则，但实际装配时就发现有零件装不上去，无奈只有拆除其他零件，来先装这个零件。在虚拟环境中，依据设计好的装配工艺流程，对产品装配过程和拆卸过程进行三维动态仿真，验证每个零件按设计的工艺顺序是否能无阻碍地装配上去，以发现工艺设计过程中装配顺序设计的错误。

7.6.2 小型无人机的装配技术

随着无人机应用领域的迅速扩展，市场对无人机产品的需求趋向多样化，因此传统结构形式的无人机装配技术不能满足企业快速反映市场的需求。尤其是小型无人机机体结构具有多样性和复杂性，不同机型或不同布局无人机的机体结构所需的装配工艺必然有所不同。传统工装设计理念中，一套装配工装只适用于同一结构形式的无人机部件装配，无法满足无人机多品种、小批量、研制周期短的需求。因此，采用通用性或柔性变换的装配工具，以满足人工装配或半自动装配无人机的需求，达到缩短无人机装配制造周期和降低生产成本的目的。

1. 小型无人机的装配定位技术

小型无人机装配工装应尽量做到具有通用性、经济性和模块化设计，即在通用性装配工装上实现类似机型、不同部件(如框、梁、肋、壁板)的变动定位、快速安装和拆卸。工装、夹具通过模块化设计，以便对多种类似结构部件装配，适当调整模块工具位置，定位和压紧装配件，并保证型架安装精度及维持整体外形，从而缩短无人机装配制造周期、降低工装设计制造成本。

模块化的工装结构可分为静态框架工装结构和动态卡板工装结构。无人机装配的静态框架工装结构通常由支撑底座、转动机构、标准框架和连接件等几大模块组成，主要用于无人机大部件等基本形状不变的部件装配。无人机装配的动态卡板工装结构通常有部件外形卡板、横卡板、接头定位器、钻模板等模块。部件外形卡板通过标准连接件精确定位并固定在标准框架上。在产品装配过程中，部件外形卡板能支撑框架和蒙皮，同时是保证部件、组件气动外形的重要装置。当更换产品时，通过更换少量部件外形卡板，来满足不同机型部件(如框、梁、肋和蒙皮)的定位和装配需求，如图 7.6.3 所示。

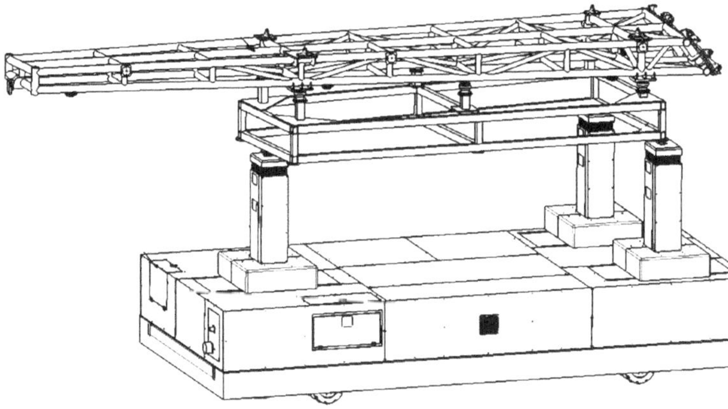

图 7.6.3　模块化结构装配型架

2. 小型无人机结构装配的连接技术

小型无人机机构部件之间的连接通常有以下几种方式。

1) 螺栓、螺纹连接装配

固定翼无人机整体结构装配的关键是部件之间的连接，重点是机翼、尾翼与机身的连接，通常用连接件与螺栓连接。连接件主要包括标准定位销和紧固螺栓，用以定位和紧固不同部件的连接；管状折叠结构用螺纹与螺管连接，如图 7.6.4 所示。

图 7.6.4　小型无人机结构装配连接

2) 胶接装配

小型无人机装配胶接主要是蒙皮与梁、肋、腹板以及复合材料蒙皮中的梁槽及框构成的骨架进行胶接。

通常小型无人机胶接装配需要进行预处理与预装配。在零件胶接前必须进行预处理，可对胶接表面采用砂磨—清洗—干燥的处理方法。注意，表面处理中切勿损伤材料纤维。用干净细棉布蘸取少量酒精或丙酮反复擦洗表面，自然晾干或用冷、热风吹干所有胶接面后再进行胶接。涂胶应均匀，涂抹时应沿一个方向涂抹，以避免胶液中裹入空气。涂胶结束后，将由梁、肋、腹板及框板等构成的骨架与机体蒙皮板件按定位器定位，组装在合拢模具中，定位并用夹具夹紧。预装配是指对产品初步装配情况进行检查修补，检查零件间的协调关系和胶接面的贴合程度，并进行必要的修配，将周边的余胶清理干净，以满足精度和质量要求。完成胶接装配后，应将胶接组装件及合拢模具整套放置在室温高于 23℃的环境中,进行室温固化。最后，对下架装配部件还需进行检测，如图 7.6.5 所示。

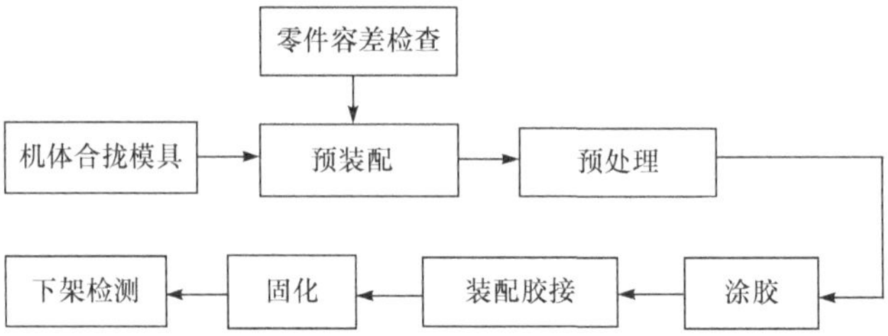

图 7.6.5　胶接装配的工艺过程

3. 小型无人机的系统装配

(1) 电动机或活塞发动机装配，重点是与机身的连接，通常用定位件和螺栓连接。

(2) 螺旋桨装配，主要是与发动机的匹配、螺旋桨方向和螺旋桨的动平衡。

(3) 飞行控制系统通常装置在机身中，注意防止飞行控制模块、GPS(或北斗)与其他电气件之间的电磁干扰。固定翼无人机通常需安装升降舵、方向舵、副翼的舵机。

(4) 无线传输系统包括执行飞行器信息传输和任务设备信息传输模块。有的无人机采用两个传输模块：飞行器信息数字传输模块和摄像设备图像数字信号(近距离也可采用模拟信号)。目前已有小型无人机采用图数一体传输模块。

(5) 地面站是一个独立系统，包括地面遥控、遥测和信息显示与处理系统。

7.6.3 无人机的检测技术

先进的产品不仅依赖于先进的设计和先进的加工技术，而且与检测技术有很大关系。复合材料检测日益成为检测的重点和难点。纤维增强复合材料具有导电性差、热导率低、声衰减高的特点，在物理性能方面呈显著的各向异性，使得它对波传播所引起的作用与普通金属材料相比具有很大的差异，因而其无损检测技术与金属大不相同。复合材料构件的成型过程是极其复杂的，其间既有化学反应，又有物理变化，影响性能的因素甚多，许多工艺参数的微小差异会导致其产生诸多缺陷，使产品质量呈现明显的离散性，这些缺陷严重影响构件的力学性能和完整性。由于复合材料结构制造质量具有离散性，必须通过严格的检测来鉴别产品的内部质量状况。

复合材料结构中的缺陷类型一般包括孔隙、夹杂、裂纹、疏松、分层、断裂、纤维与基体界面开裂、纤维卷曲、富胶或贫胶、纤维体积分数超差、铺层或纤维方向误差、缺层、铺层搭接过多、厚度偏离、磨损、划伤等，其中孔隙、分层与夹杂是最主要的缺陷。材料中可能只有一种类型的缺陷，也可能同时存在几种类型的缺陷。缺陷产生的原因是多种多样的，有环境控制方面的原因，有制造工艺方面的原因，也有运输、操作以及使用不当的原因，如外力冲击、与其他物体碰撞和刮擦等。对缺陷产生原因进行准确分析，可以有针对性地采取预防控制措施，减少缺陷形成的概率，保证结构质量和性能满足要求。

对于复合材料中的微观破坏和内部缺陷，用常规的机械与物理方法一般不能满足检验精度要求，也不能采用破坏性实验方法进行检测，必须对其进行无损检测，即在不损坏结构使用性能的前提下，采取一定的手段，检测其特征质量，确定其是否达到工程使用要求。无损检测是检验产品质量、保证产品使用安全、延长产品寿命必要有效的技术手段。可应用于航空复合材料结构中的缺陷无损检测技术很多，重点介绍以下几种。

(1) 目视检查法。目视检查法是使用最广泛、最直接的无损检测方法。它可以检查出褪色、表面划伤、裂纹、起泡、表面久压、起皱、橘皮、凹痕、富胶、贫胶等缺陷；尤其对透光的玻璃钢产品，可用透射光检查出内部的某些缺陷和定位，如夹杂、气泡、疏松、搭接的部位和宽度、蜂窝芯的位置和状态、镶嵌件的位置等。另外，利用反射光可以观察到表面不平和其他缺陷。

(2) 声阻法。声阻法又称机械阻抗分析法，它通过测量结构件被测点振动力阻抗的变化来确定是否存在异常的结构。声阻仪是专为复合材料与蜂窝结构件的整体性检测发展起来的便携式检测仪器，可检测出板-板胶接结构(或复合材料)件或蜂窝结构的单层、多层板分离区域。此方法操作简单，效果很好，能满足设计和使用要求。

(3) 射线检测技术。对于先进复合材料，射线检测仍然是最直接、最有效的无损检测技术之一，特别适合于检测先进复合材料中的孔隙和夹杂等体积型缺陷，对垂直于材料表面的裂纹也具有较高的检测灵敏度和可靠性，对树脂聚集与纤维聚集也有一定的检测能力，也可测量小厚度复合材料铺层中的纤维弯曲等缺陷，但很难检测复合材料中最为常见的分层缺陷，对平行于材料表面的裂纹也不敏感。

(4) 超声检测技术。超声检测技术主要包括脉冲反射法、穿透法、反射板法、共振法、阻抗法等，它们各有特点，可根据不同的材料结构选用合适的检测方法。对于一般小而薄、结构简单的平面层压板及曲率不大的复合材料构件，宜采用水浸式反射板法；对于小而稍厚的复杂结构件，无法采用水浸式反射板法时，可采用喷水脉冲反射法或接触带延迟块脉冲发射法；对于大型复杂材料结构件，宜采用水喷穿透法或水喷脉冲反射法。复合材料的多层结构使得声波在材料中的衰减较大，而航空航天领域的先进复合材料构件多为薄形结构，所引起的噪声和缺陷反射信号的信噪比低，不易分辨，在选择合适的检测方法时应进行全面、细致的考虑。

(5) 微波检测技术。微波在复合材料中穿透能力强、衰减小，适合于复合材料的无损检测。它可以克服常规检测方法的不足(如超声波在复合材料中衰减大、难以检测内部较深部位缺陷，射线检测对平面型缺陷灵敏度低等)，对复合材料结构中的孔隙、疏松、基体开裂、分层和脱黏等缺陷具有较高的灵敏度。

第 8 章 无人机系统的任务载荷和信息传输设计

无论是军用无人机还是民用无人机，都需要携带各种载荷设备，执行特殊的任务。无人机系统设计不仅是无人机平台设计，而且与任务要求密切相关。因此，军用或民用无人机系统应根据专门的任务目标来设计最适合的无人机平台，包括无人机的类型、布局、载荷能力、续航时间、执行特殊任务的要求等。军用无人机除侦察以外，攻击型无人机需要配置的打击性武器、电子干扰器、电子欺骗信号发生器等。民用无人机的任务载荷也在不断地发展，除最常见的航拍以外，航测、农业植保、电力巡检、桥梁检测、灾情救生、消防、环境污染采集、大气分析、物流空运、森林防火等载荷设备都有其特殊性。

对于这些执行专业任务的无人机系统，不仅需要适合的任务执行设备，而且需要设计这些任务设备的控制装置，如侦察云台、火控瞄准装置、干扰控制装置、喷洒控制装置、自动跟踪系统、目标定位控制系统、投放系统，还要考虑与无人机平台的匹配。

此外，实时了解和掌握无人机任务设备执行的情况与数据，也是无人机系统设计的关键技术，这就是无人机信息的无线传输技术。本章主要介绍无人机的侦察设备和数据链信息传输的基本设计。

8.1 侦察无人机系统的任务载荷应用设计

8.1.1 侦察无人机系统设计总则

侦察无人机(又称无人侦察机)是目前使用最广泛的无人机。航拍无人机有时也能作侦察使用，但两者是有区别的。首先，航拍仅指用摄像机进行光学成像拍摄，而侦察不仅进行光学摄影，还有很多要执行的侦察任务。其次，航拍多数用于消费、电视制作和新闻报道，侦察不仅是指对有针对性的目标进行摄像，还需要对目标定位或跟踪，对目标测量、识别和分析。此外，对侦察无人机还有一些特殊要求，如隐蔽性、侦察高度、侦察范围、侦察时间、实时传输、传输距离等。

1. 无人机的任务规划

无论无人机是侦察固定目标还是侦察不确定目标，在无人机起飞前都要进行任务规划。首先要预装飞行地图，确定无人机执行任务的地理范围。然后在飞行地图上规划飞行路线，包括平面飞行轨迹、沿线飞行高度设定、悬停或盘旋点区，以及沿途飞行速度的变化。

对于具有多种侦察传感器的无人机，还需确定本次任务执行何种侦察设备探测，或者几种侦察设备同时探测。另外，需设定是全程侦察还是到达特定区域再侦察，这就需要预设侦察设备工作时间。如果执行不确定目标点侦察任务，一旦发现目标(完成预定侦察任务)，可以临时改变原来的规划飞行路线，及时遥控指令使无人机返回目的地。

2. 无人机的任务控制

无人机在飞行期间(尤其在目标任务区域执行期间)需要协调无人机机体飞行控制与任务装置(如侦察云台)控制。在地面站上可以显示无人机的位置、航向、高度、姿态、速度和动力余量。通过侦察图像，可以观察到侦察云台相对地面角度和镜头距离(尤其是变焦摄像机)。通常可以通过两名操纵人员来分别控制无人机飞行和侦察云台转动，锁定目标。有的无人机具有短期内自动锁定目标的功能(如当地面站操纵人员点选出目标时，侦察云台可以自动转动使镜头对准目标)。

3. 无人机的任务执行

无人机的任务执行首先要探测到目标。通常，搜索目标有点搜索、区域搜索和路径搜索三种方式。点搜索通常指已能确定目标所在坐标位置，通过无人机侦察确定目标实际点坐标。区域搜索指估计目标所在范围，通过无人机搜索发现目标，并确定目标的位置。路径搜索指沿公路、铁路、河流、小路、电缆去发现行进中的目标或隐藏的目标。

侦察目标的识别与定位有多种方式。一种是在无人机空中装置中预设目标形状图像(如房屋、车辆、装备、人员)，无人机在空中自动识别或匹配目标，从而捕获目标，并计算确定目标的坐标位置。这个自动确定目标过程也可以在地面站上进行，即在地面站上预设目标形状图像，通过与从无人机上传回的实时图像匹配，来得到目标点的位置信息。

另一种是地面站操纵人员通过传回的实时视频图像，发现感兴趣的目标，在地面站显示屏上点击目标，通过实时计算立即给出和显示目标点的坐标数据(包括平面坐标和高度)。

上述两种方法都需要无人机传回的图像具有足够的分辨率、图像传输的实时性和图像的快速处理分析程序。

8.1.2 侦察任务设备类型

1. 可见光摄像机与照相机

可见光摄像机是侦察无人机最基本的任务设备。

可见光摄像机通常由镜头、图像传感器、声音传感器、A/D 转换器和控制器等部分组成。目前，无人机所用的可见光摄像机为适应无人机轻量化、微型化、高质量图像等要求，正在迅速变化和发展。

早期民用无人机直接采用市场货架的通用商品摄像机集成作为侦察/航拍无人机的任务设备。市场上的通用商品摄像机结构复杂、功能繁多、重量大。对无人机任务来说，通用商品摄像机的许多功能并非必需，也难于从地面遥控操作。于是，各种针对无人机的专用摄像装置应运而生。由于专用设计的摄像机尺寸可控制、重量减轻、成本降低，更受到各种无人机青睐，以便满足各种无人机云台的设计和承载能力的要求。

无人机摄像从标清摄像机向高清摄像机发展。摄像机的“标清”、“高清”和“超高清”是根据摄像每帧图像的分辨率来划分的。标清是标准清晰度(Standard Definition)的简称，是指物理分辨率在 720p 以下的一种视频格式。720p 是指视频的垂直分辨率为 720 线逐行扫描。物理分辨率达到 720p 以上则称为高清(High Definition，HD)。关于高清的标准，国际上公认的有两条：视频垂直分辨率超过 720p 或 1080i 视频宽纵比为 16∶9。HDTV 的扫描格式共有 3 种，即 1280p×720p、1920i×1080i 和 1920p×1080p，我国采用的是 1920i×1080i/50Hz。图 8.1.1 为高清摄像机成像原理。

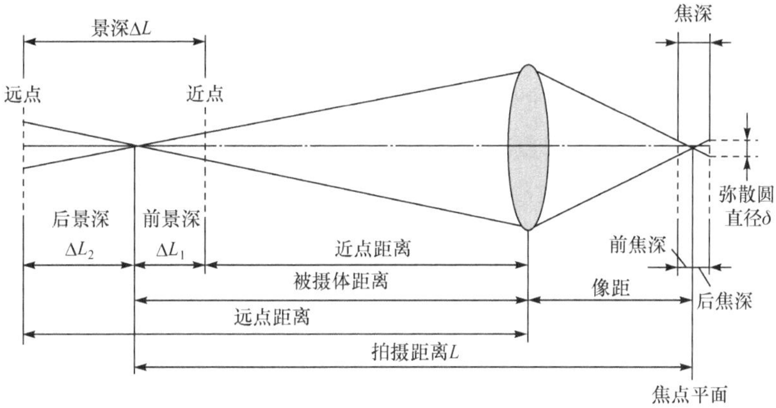

图 8.1.1　高清摄像机成像原理

无人机可见光摄像机出于侦察质量不断提高的要求，已从标清摄像机向高清摄像机发展，而且具有低照度功能(如月光级 0.01lx)。目前无人机摄像机常用的像素分辨率如下。

标清图像分辨率(像素)：640×480，720×576。

高清图像分辨率(像素)：1280×720，1920×1080，2560×1920，3096×2080。

目前，视频实时传输已实现 4K(分辨率为 3840×2160(像素))；静态图像传输已达到 1400 万像素以上。

侦察无人机不但希望获得全局性清晰视频图像，而且希望获得与目标有关的细节高清图像，因此目前多采用光学变焦镜头的摄像机，无人机的电动变倍镜头有 10 倍、20 倍、30 倍、36 倍等多种倍率。

2. 红外热成像仪

在夜间以及恶劣气候条件，采用红外热成像仪可以对各种目标(如人员、车辆等)进行监控。红外热成像仪还可用于防火监控。由于红外热成像仪是反映物体表面温度而成像的设备，因此除夜间可以作为现场监控使用外，还可以作为有效防火报警设备，在大面积的森林中，火灾往往是由不明显的隐火引发的。这是毁灭性灾难起源，用红外热成像仪空中巡视作为防火监控是一种新手段。

人眼能够感受到的可见光波长为 0.38～0.78μm。通常将比 0.78μm 长的电磁波称为红外线。自然界中，一切物体都会辐射红外线，因此利用探测器测定目标本身和背景之间的红外线差，可以得到不同的红外图像。而温度越高则红外辐射越强，因此又称为热图像。同一目标的热图像和可见光图像是不同的，它不是人眼所能看到的可见光彩色图像，而是目标表面温度分布图像，或者说，热图像是人眼不能直接看到目标的表面温度分布。红外热成像仪就是将目标温度分布数据变成人眼可以看到的代表目标表面温度分布的热图像。自然界所有温度在 0K(−273.15℃)以上的物体都会发出红外线，红外线(或称热辐射)是自然界中存在最为广泛的辐射。红外热成像还有一个特点，大气、烟云等吸收可见光和近红外线，但是对 3～5μm 和 8～14μm 的红外线却是透明的。因此，这两个波段称为红外线的“大气窗口”。利用这两个窗口，在完全无光的夜晚，或在烟云密布的恶劣环境，能够清晰地观察到前方的情况。正是由于这个特点，红外热成像技术可用在安全防范的夜间监视和森林防火监控系统中。采用红外热成像技术，探测目标物体的红外辐射，并通过光电转换、信号处理等手段，将目标物体的温度分布图像转换成视频图像的设备，称为红外热成像仪。红外热成像仪可分为致冷型和非致冷型两大类。致冷型红外热成像仪热灵敏度高，结构复杂，早期多用于军事领域。而非致冷型红外热成像仪热灵敏度虽低于致冷型红外热成像仪，但其性能已可以满足多数军事领域和几乎所有民用领域的需求。由于不需要配备致冷装置，因此非致冷型红外热成像仪性价比高于致冷型红外热成像仪。采用非致冷方式的热成像摄像装置，可开发出低功耗、高分辨率、大阵列、微型化的可变焦热成像摄像机。非致冷型红外热成像仪不用主动发射红外线，可在完全无光照环境(如深度黑夜)下拍摄较清晰的视频图像。图 8.1.2 为红外热成像仪设计原理及实例。

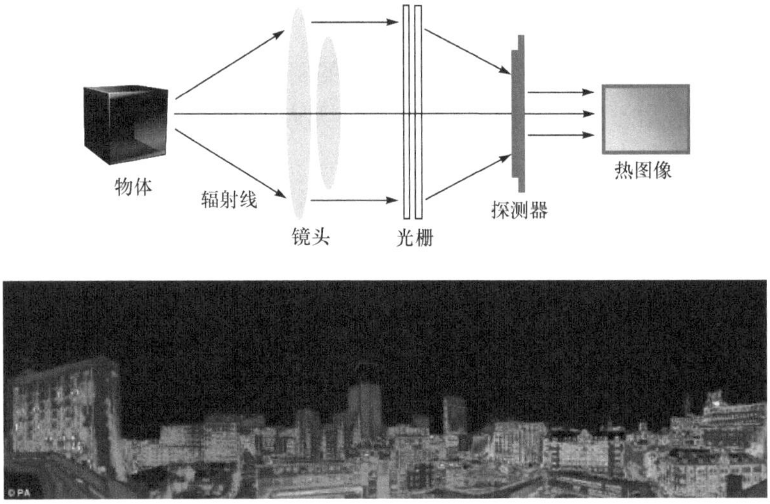

图 8.1.2　红外热成像仪设计原理及实例

3. 合成孔径雷达成像仪

为了能够在能见度极低的气象条件下得到类似光学成像较高分辨的图像，发明了一种利用雷达信号的合成孔径雷达成像(Synthetic Aperture Radar，SAR)技术。

合成孔径雷达就是利用雷达与目标的相对运动把尺寸较小的真实天线孔径用数据处理的方法合成一个较大的等效天线孔径的雷达，就是利用一个小天线沿着长线阵的轨迹等速移动并辐射相参信号，把在不同位置接收的回波进行相干处理，从而获得较高分辨率的成像雷达，如图 8.1.3 所示。

合成孔径雷达可分为聚焦型和非聚焦型两类。合成孔径雷达工作时按一定的重复频率发、收脉冲，真实天线依次占一个虚构线阵天线单元位置。把这些天线单元接收信号的振幅与相对发射信号的相位叠加起来，便合成一个等效合成孔径天线的接收信号。若直接把各单元信号矢量相加，则得到非聚焦合成孔径天线信号。

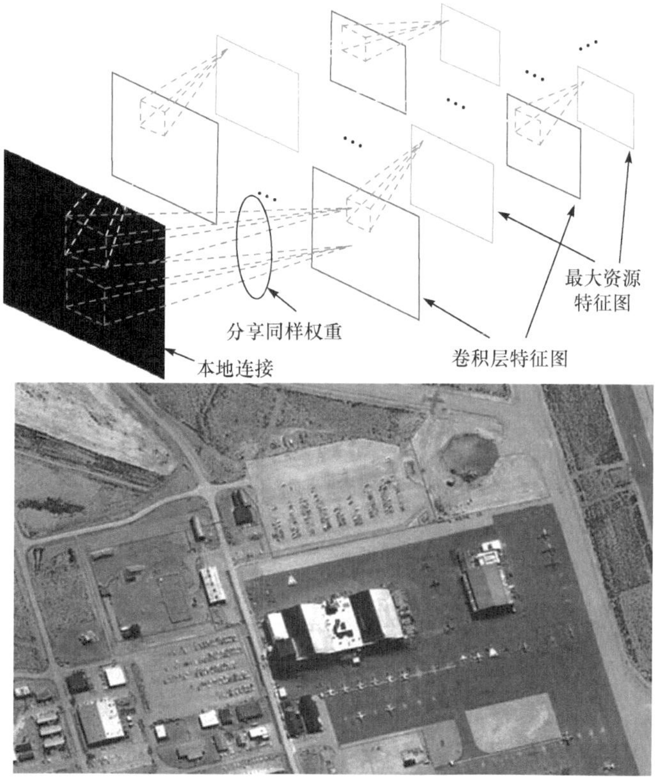

图 8.1.3　合成孔径雷达成像原理及实例

若在信号相加之前进行相位校正，使各单元信号同相相加，则得到聚焦合成孔径天线信号。地物的反射波由合成线阵天线接收，与发射载波作相干解调，并按不同距离单元记录在照片上，然后用相干光照射照片便聚焦成像。这一过程与全息照相相似，差别只是合成线阵天线是一维的，合成孔径雷达只在方位上与全息照相相似，故合成孔径雷达又可称为准微波全息设备。

4. 多机倾斜摄影三维成像

目前主流的显示技术都是基于二维平面上所显示的图像。航空摄影已经不满足平面摄像，希望获得三维目标体图像。

多机倾斜摄影三维成像是目前无人机采用的新型摄影技术。多机倾斜摄影三维成像技术通常采用 5 个镜头，同时获取下部和前、后、左、右四个倾斜方向(倾斜角均为 40°)的影像数据，配合惯导系统获取高精度的位置和姿态信息。5 个镜头并非同时曝光，而是按照不同的重叠度设置生成不同的曝光顺序，以一定顺序依次曝光，如图 8.1.4 所示。

要想获得三维图像还需要对倾斜影像信息进行数据处理。在采集每个目标体的 4 个角度倾斜影像后，将经过处理的惯导数据赋予每张倾斜影像，使得它们具有在虚拟三维空间中的位置和姿态数据，进行量测计算。再通过对影像进行质量检查、影像纠正、量测同名点、正射矫正、大地面镶嵌、创建数据仓库等步骤后，将所有的影像纳入一个统一的实景影像系统中，如图 8.1.5 所示。

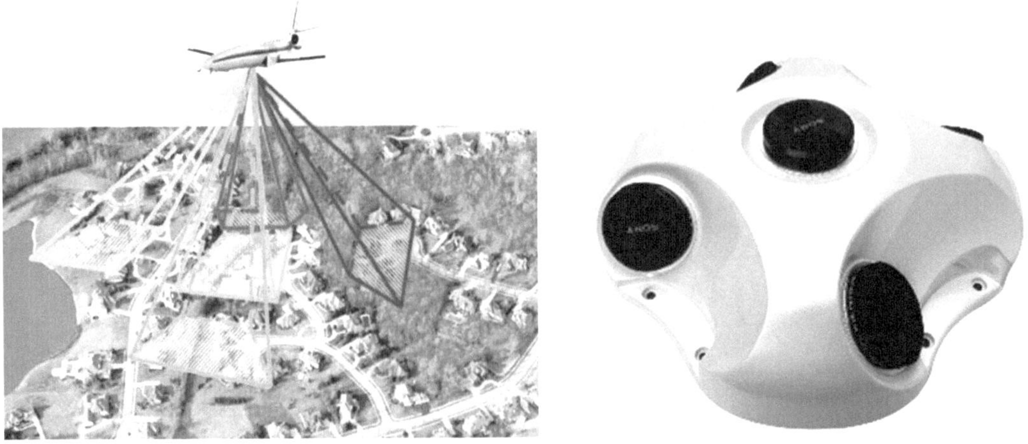

图 8.1.4　多机倾斜摄影与相机

图 8.1.5　多机倾斜摄影三维成像

8.1.3　新型侦察设备技术

1. 激光雷达

合成孔径雷达具有不受光照和气候条件限制的优点，但是在低空探测时，易受地表杂波的干扰。于是，提出一种以激光为光源的探测技术。激光(Light Amplification by Stimulated Emission of Radiation，LASER)原意就是“通过受激发射光扩大”。激光通常是通过对特定的原子、分子系统(增益介质)进行泵浦激励，利用它们对噪声光子的受激辐射放大过程，在谐振腔选模协助下，得到的光束输出。

激光雷达作为探测器有两种：一种是以测量目标位置为主的激光雷达，另一种是激光成像雷达。激光的波长是微米(10^{-6}m)量级，激光雷达就是利用激光光源的光波作为信息的载体去探测、获取其他手段难于探测、观测到的目标的信息。

激光雷达不但能获得目标的距离信息，而且可以获得目标的形状，如图 8.1.6 所示。其工作原理是，设法提取和利用目标返回信号的差别及其所包含的多维信息，经过处理再恢复出被探测目标的形体。具体地说，由激光器发射具有一定峰值功率的光脉冲，通过一个扫描光学系统对激光光束准直，并在一定空间范围内按一定规律扫描。扫描器每扫到一定位置，就发射光脉冲。接收器几乎同时接收目标返回的回波脉冲，通过每个回波脉冲获得目标信息。

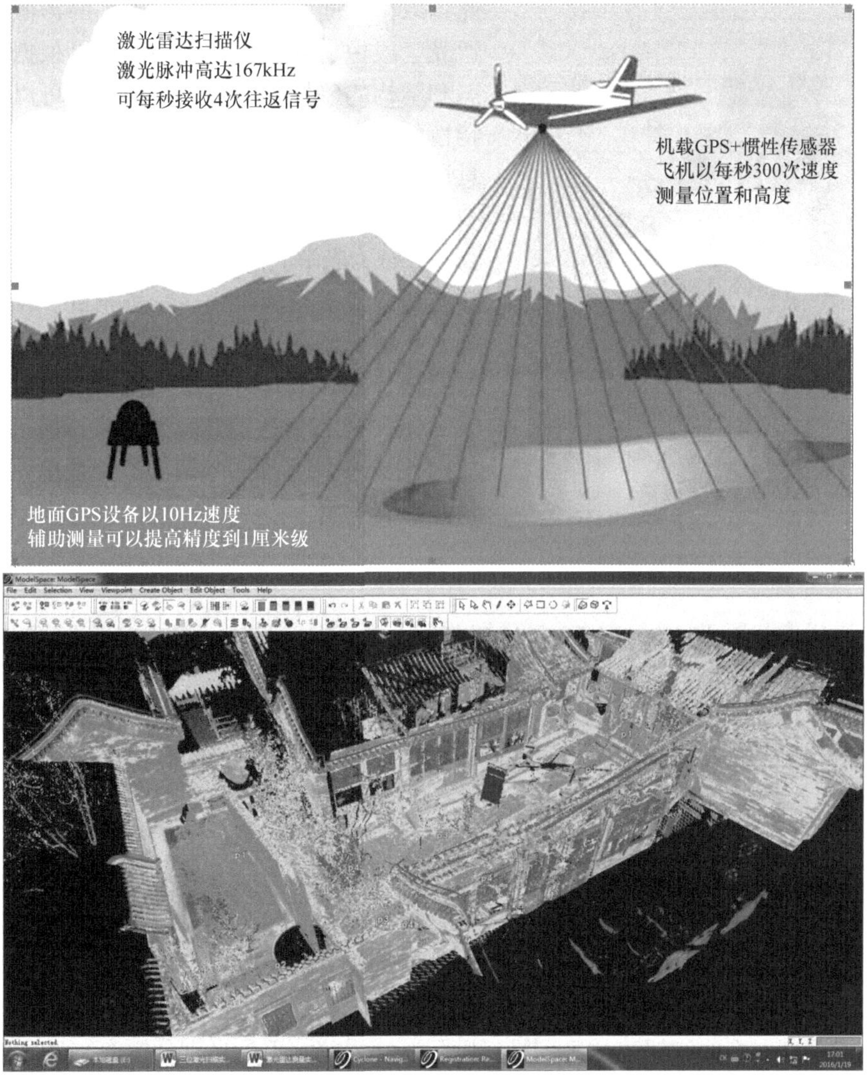

图 8.1.6 激光雷达获取目标信息

2. 多光谱成像仪

无人机侦察系统有时需要比高清图像更精细的分辨能力，尤其是高空侦察或获取目标的精细特征，于是多光谱成像技术开始应用到无人机侦察中。

多光谱成像技术就是把入射的全波段或宽波段的光信号分成若干个窄波段的光束，然后把它们分别成像在相应的探测器上，从而获得不同光谱波段的图像。实际使用时，要更有效地提取目标特征并进行识别，探测系统需要精细的光谱分辨能力，可用成像分光技术将地物辐射电磁波分割成若干个较窄的光谱段，以摄影或扫描的方式，在同一时间获得同一目标不同波段彩色信息的影像，如图 8.1.7 所示。

多光谱成像的原理在于：不同地物有不同的光谱特性，同一地物则具有相同的光谱特

图 8.1.7　多光谱成像

性。不同地物在不同波段的辐射能量有差别，因此可取得不同波段图像上有差别的影像。相比普通光学成像，多光谱成像不仅可以根据影像的形态和结构的差异识别地物目标，还可以根据光谱特性的差异判别地物目标，从而扩大了侦察的信息量，获得比常规方法更为丰富的图像。

多光谱成像仪多数属于被动工作，按其工作方式可以分为光学成像和扫描成像两大类。光学成像又有分幅式多光谱相机、全景相机、狭缝式相机等。扫描成像有光机式扫描仪、成像光谱仪、成像偏振仪等。多光谱成像仪的基本组成通常包括光学会聚单元(由透镜、反射镜或扫描镜等部件组成)、分光单元、探测与信号预处理单元、信息记录或传输单元。

3. 高光谱成像仪

高光谱成像起源于 20 世纪 70 年代初的多光谱成像，它将成像技术与光谱技术结合在一起，在对目标的空间特征成像的同时，对每个空间像元经过色散形成几十乃至几百个窄波段以进行连续的光谱覆盖。同传统光学成像技术相比，其所获取的图像包含丰富的空间、辐射和光谱三重信息。高光谱遥感成像具有不同于传统遥感成像的新特点。

(1) 波段多，可以为每个像元提供十几、数百甚至上千个波段。

(2) 光谱范围窄，波段一般小于 10nm。

(3) 波段连续，有些传感器可以在 350～2500nm 的太阳光谱范围内提供几乎连续的地物光谱。

(4) 数据量大，随着波段数的增加，数据量呈指数增加。

(5) 信息冗余增加，由于相邻波段高度相关，冗余信息也相对增加。

高光谱遥感与多光谱遥感的区别是：国际遥感界的共识是光谱分辨率在$\lambda/10$ 数量级的遥感信息称为多光谱(Multispectral)遥感，这样的遥感器在可见光和近红外光谱区只有几个波段；而光谱分辨率在$\lambda/100$ 数量级的遥感信息称为高光谱(Hyperspectral)遥感；随着遥感光谱分辨率的进一步提高，在达到$\lambda/1000$ 数量级时，遥感即进入超高光谱(Ultraspectral)阶段。也就是说，高光谱波段较多，谱带较窄(如 Hyperion 有 233～309 个波段，MODIS 有 36 个波段)，而多光谱相对波段较少。高光谱遥感比多光谱遥感的光谱分辨率更高，但光谱分辨率高的同时空间分辨率会降低。

8.2　任务信息传输系统设计

8.2.1　无人机系统的数据链

无人机数据链是无人机系统的重要组成部分，是空中飞行器与地面站联系的纽带，如

图 8.2.1 所示。数据链是无人机与外部设备联系及开展各种业务的中枢，它主要把地面的遥测信号发送给无人机，同时把无人机飞行参数传感器得到的遥测信息和机载任务传感器获取的任务信息传输到地面站。先进的无人机数据链是一个多模式的通信系统，需要能够感知其工作区域的电磁环境特征，并根据环境特征和通信要求，实时动态地调整通信系统工作参数(包括通信协议、工作频率、调制特性和网络结构等)，达到可靠通信或节省通信资源的目的。

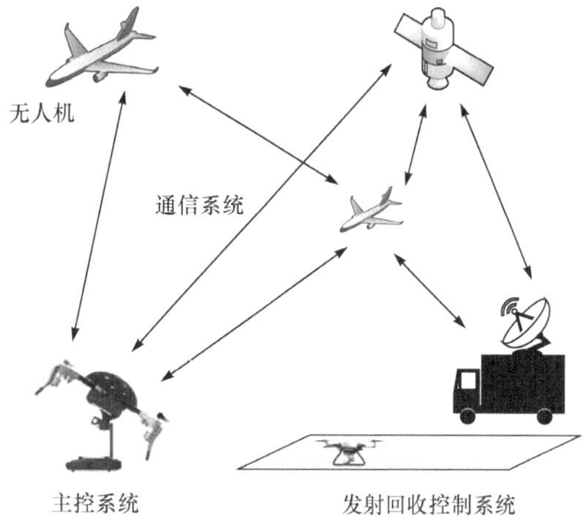

图 8.2.1　无人机系统的数据链

1. 无人机数据链的分类

数据链是在数字通信技术发展的基础上，利用各种先进的调制解调技术、纠错编码技术、组网通信技术和信息融合技术等形成的一类满足指挥控制系统计算机之间数据通信需求的新型技术。

对于无人机而言，建立数据链就是在无人机与无人机、无人机与主控系统、无人机与发射回收控制系统之间组网以实现数据交换，或通过其他中继站在无人机系统内建立起信息网络，实现信息的传输交换和处理。

随着无人机活动范围的扩大，无人机通信的需求已经超出了视距范围，对传输数据量的要求也逐步提高。特别是对于指挥控制系统，当传输视频图像、探测信号等数据时，需要能支持大数据量传输的宽带通信链路。

无人机数据链根据与其交换信息的平台类型，主要可以分为以下类型。

(1) 点对点数据链。这种方式是在两架指定无人机之间或在无人机与中继站(机载、陆基和舰载等战术数据系统以及卫星)之间建立数据链接。主要有以下几种形式：无人机与无人机之间的数据链；无人机与中继站之间的数据链；无人机与地面站之间的数据链。

(2) 网络数据链。各无人机上都安装数据链，彼此之间组成网络数据链，可以互相通信并进行数据交换。同时，机上计算机和作业区内各种指挥控制系统、操作平台的计算机系统组成数据传输/交换和信息处理网络。协同网络是网络数据链的重要组成部分，今后必将得到迅速发展。

无人机数据链按照数据的传输方向，主要可以分为以下形式。

(1) 上行链路。上行链路主要完成地面站到无人机遥控指令的发送和接收。

(2) 下行链路。下行链路主要完成无人机到地面站的遥测数据以及红外或电视图像的发送和接收，并根据定位信息的传输，利用上下行链路进行测距。

2. 无人机数据链的功能

无人机数据链是实现信息链式运动的桥梁，是快速获取信息、提高无人机反应能力和彼此之间协同作业能力，从而实现无人机智能化的关键设备。因此，数据链技术应用在无人机中具有重大作用和重要意义。它可以帮助无人机实现通信、指挥控制和精确制导三个方面的功能。从某种程度上说，无人机没有数据链，就无法构建完整的数字化模式，也就无法在各个环节实现从平台到网络的转型。

通常，针对不同型号的无人机系统会专门定制多功能合一的无人机数据链，主要包括近场起降控制单向链路、地面远程遥控遥测双向链路以及任务载荷的双向链路等。无人机数据链可实现无人机的遥控、遥测、跟踪定位和任务载荷信息传输，完成对无人机和机载任务设备的远距离操控以及任务载荷信息的实时监视、记录及分发。机载设备安装于无人机上，通过机载数据接口单元完成与机上电气设备接口，利用丰富的接口形式与不同的任务载荷、定位系统、飞行控制系统等设备交互；地面固定测控系统完成对远距离视距范围内单架无人机的测控和载荷信息传输；机动测控设备可以完成近距范围内无人机的应急控制。

无人机数据链具有以下主要功能。

(1) 系统自检功能。

(2) 组网功能，配备网络接口，支持网络协议。

(3) 主从站控制切换功能。

(4) 传输速率的选择切换功能，适应无人机的远近程遥控遥测功能。

(5) 串口扩展功能。

(6) 对无人机的自主跟踪功能。

(7) 信息传输具备信道纠错和抗干扰能力。

(8) 飞行控制、载荷、链路控制指令和状态信息以及图像码流的存储功能。

(9) 手持遥控器控制信号合路转发功能。

8.2.2 无人机先进数据链特征的设计

无人机高度依赖于数据链，这使它们很容易受到干扰，其通信资源也容易受到动能武器攻击。对通信系统的高度依赖还需要具备比有人驾驶飞机更大的主动传输功率，这就使得无人机更易受到敌方防空系统的探测、跟踪和攻击。无人机数据链要能在复杂环境下连续工作，并保持稳定的性能。实现无人机数据链健壮和安全，应从以下几方面特征加强设计。

(1) 抗干扰能力。可采用调频系统提高抗干扰能力。如跳频组合能力越高，抗干扰能力越强，一般的设备能做到几十、几百个跳频组合，性能优异的设备能做到 6 万个以上的跳频组合。

(2) 数据加密功能。使用加密算法提高数据传输的可靠性，防止数据泄密。

(3) 高速传输能力。无人机数据链属于远距离传输的范畴，数据传输速率达到 115200bit/s，属于高速率。

(4) 低功耗、低误码率和高接收灵敏度。由于无人机大多采用电池供电，而且要求的数据传输距离远，所以要求设备的功耗低(即低发射功率)、接收灵敏度高(灵敏度越高传输距离越远)。一般的指标是在 10^{-6} 误码率的要求下，接收灵敏度达到 -10^{6}dBm。

(5) 低截获概率。发展一种有效的低截获概率战术数据链是军用无人机系统的重要需求。一个安全性高的无人机及其地面站，必须对低截获概率战术数据链性能进行详细分析和设计，以便减少外部的潜在威胁。

设计低截获概率无人机需要从以下几方面着手：①数据链的数据率峰值需求取决于传感器数据速率，传感器资源可用于提供无人机控制所需的态势感知以及情报搜集。设计低截获概率返回链接特征来支持该数据速率，可以找出无人机的低截获概率链接的弱点。②低截获概率的另一种重要设计是波形。在无线电频率、功率和频谱效率之间进行折中。在低截获概率应用方面最好选择需要较小功率和能接收较低频谱效率的波形。③选择具有同样增益的大孔径相控阵天线。

(6) 抗欺骗性。无人机上行链路中的欺骗干扰是指通过伪造真实上行链路信号，以较低功率对无人机实施有效干扰的新兴技术。随着电子对抗技术的快速发展，欺骗干扰逐步成为无人机上行链路面临的重要威胁。

首先需要研究无人机上行链路的特点，分析欺骗干扰的作用机理，以便针对性提出可靠的抗欺骗干扰方案，使无人机上行链路具备抗该欺骗干扰的能力。一种抗欺骗干扰方案是，在信号处理层面的捕获跟踪阶段和信息处理层面的数据比特阶段进行抗欺骗设计。在捕获跟踪阶段，通过无人机捕获到的相关峰个数来检测欺骗干扰存在与否，同时跟踪所有超过捕获门限的信号，并根据信号功率将信号分类为真实上行链路信号和欺骗信号，再设计连续欺骗干扰消除算法，对欺骗信号进行欺骗消除处理。在数据比特阶段，无人机采用所提的认证技术对接收的数据比特进行认证，若认证不通过，则重新进行信号分组、欺骗消除等处理，直到认证通过。所提方案可以使用软件实现而不需要额外的硬件开销，且复杂度低、可靠性好，满足无人机计算能力较弱的特点以及上行链路的高实时性要求。采用在信号处理阶段对欺骗干扰信号进行处理和在信息处理阶段对真实信息进行认证的方法，是一种避免对无人机欺骗干扰的有效手段。

8.2.3 无线信息传输装置

无人机上的数据链系统主要负责目标、环境和协同这三个方面信息的传递与交换。它一般包括操控平台上的数据链舱、控制面板、机载数据链和遥控测试设备等。

无人机数据链系统框图如图 8.2.2 所示。通常无人机数据链系统由两部分组成：一部分装在无人机上，另一部分装在控制站上。控制站一般都在地面上设置，所以有时统称地面控制站(个别也有舰载或机载控制站)，而将系统的机载部分称为机载测控设备。

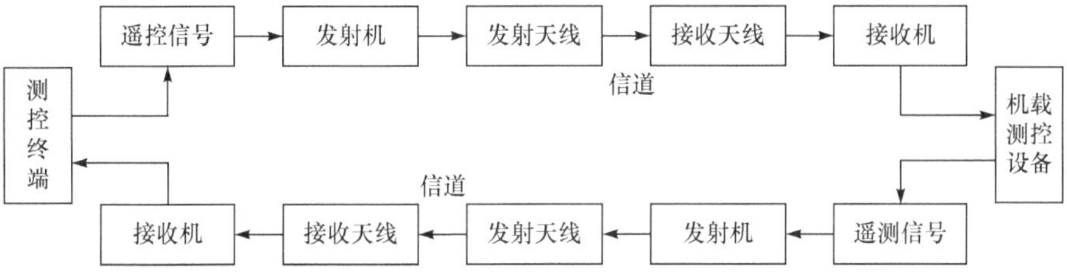

图 8.2.2　无人机数据链系统框图

无人机数据链往往需要传输多路信号，可采用多级调制的方式，如图 8.2.3 所示。

一个实现音视频与飞行控制遥测信息融合的发射数据链通常采用 OFDM 方式进行数字调制(图 8.2.3)。主载波调制器、发射机和转换器合称为发射端。接收端设备包括转换器、

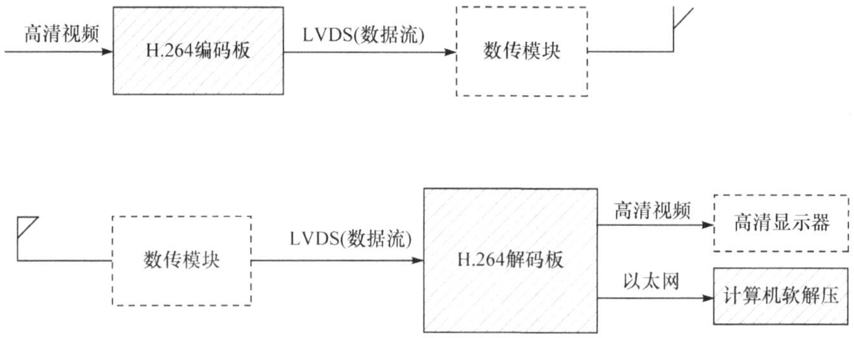

图 8.2.3　以高清视频传输为例的数据链框图

接收机、主载波解调器和分路设备(分路器和各副载波解调器)。接收端中的转换器用来将电磁波信号转换为电信号，并送给接收机。接收机通常由低噪声高频放大器、混频器和中频放大器组成。整个接收机等效于一个带通滤波器，同时假设该接收机的传输函数是理想和归一化的，即在带宽内传输函数等于 1，在带宽外传输函数等于 0。

8.2.4　地面测控与显示装置

一个承担专业任务的无人机系统必然有比较完整的地面测控设备，通常称为地面站。无人机系统的地面站应具有以下功能(图 8.2.4)。

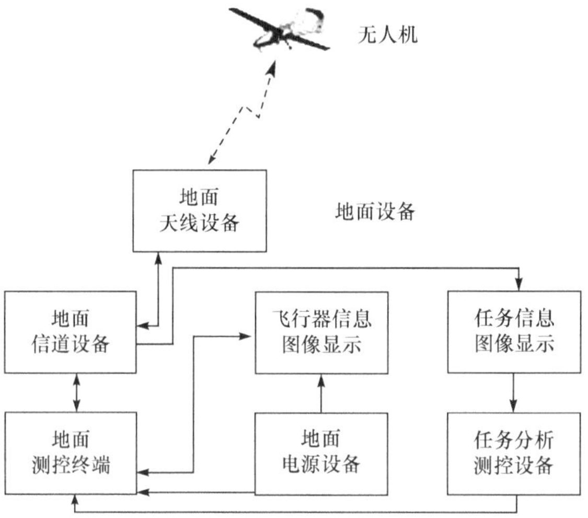

图 8.2.4　无人机地面站功能框图

(1) 实现对无人机空中平台遥控指令的实时发送。通过数据链路将控制指令和控制参数传输到无人机上的飞行控制计算机(简称飞控机)，通过后者实现对无人机的操控，有关指令在地面终端上显示；并具有在无人机飞行过程中对地面人员调控指令临时上传的功能。

(2) 实现对无人机飞行状态遥测数据的实时接收。由无线数据链路获得无人机机载传感器实时的飞行器飞行状态信息编码，通过将链路预定义的信号格式在地面站上解码，得到飞行器的飞行状态，包括传感器信号、飞行器姿态和飞行轨迹，以及无人机能源、动力及飞行环境等参数。

(3) 无人机的任务规划。地面站具有储存、提取和显示任务区域的地图功能。任务规划主要包括任务实施的总体规划，涉及计划任务区域范围、预定目标位置、预设无人机的飞行路线及沿线高度、预设执行特殊任务的时刻与地点，并在地面站上绘制和显示预设无人机的航迹和相关任务指令信息。

(4) 无人机的任务执行监控。地面站具有对无人机传回的有效任务载荷数据的显示功能。地面站还应具有根据任务要求实现对无人机机载任务设备的控制能力，并通过对任务载荷状态的显示来实现对无人机任务执行情况的监管。地面站实现对任务视频图像下传数据的实时处理、显示与记录。

(5) 对无人机的导航控制。无人机视距内的飞行导航可由地面操纵人员遥控执行。通常无人机较远距离的飞行由地面站规划的路线自主导航控制。地面站通过无线数据链路与无人机空中平台之间保持联系，实时绘制并显示具有地图背景的无人机航迹，监控无人机按照预定规划的路线安全飞行。先进的无人机系统还具备自动避障和修正航线的功能。在遇到特殊情况时，还能够由地面操纵人员通过地面站对无人机实现临时人工干预导航控制，使无人机安全飞行或紧急返航。

(6) 对无人机执行任务的目标定位。地面站根据无人机发回地面的飞行器的平面位置、方位角、高度、距离等数据信息和视频图像，由地面操纵人员点击侦察的目标(包括侦察发现的目标或预计的目标)，通过这些数据信息与正确的飞行器瞬时位置数据相结合来计算出目标的精确位置,并在地面站上显示出目标的地理数据(三维坐标、与地面站的相对角度和距离)，将目标数据和相应的图像记录存储在地面站中。

(7) 通常无人机地面作战应具有对遥控、遥测数据实时存储的功能,具有任务回放功能。先进地面站还具有对任务载荷数据分析处理的功能，有的还具有通过网络向指挥部门发送数据与文件功能，以及远程指挥调度能力。对于无人机群飞和编队飞行，地面站还具有一站多机控制和监视等功能。

典型的地面站无论大小，通常由收发天线、对飞行器信息的解码与控制部分、机载任务设备回传的信息(如图像、目标感知)的解码与显示部分、对任务控制载荷设备操控部分、接收信息数据分析与处理部分、地面系统保障维护部分等组成。

大型无人机的地面站(图 8.2.5)有的还分设若干个分系统。

(1) 地面系统控制分系统，在线监视无人机系统的具体参数，包括无人机飞行期间的健康状况、飞行数据和告警信息。

(2) 对无人机空中平台的操作控制分系统，提供可人机交互的测控界面，可以通过遥控指令或遥控手柄来控制无人机飞行，其组成包括命令控制台、飞行参数显示、无人机飞行姿态与轨迹显示等。

(3) 任务载荷控制分系统，用于控制无人机所携带的任务传感器及其控制云台，通常由一个或几个视频监视仪、视频记录仪和任务遥控设备组成。

(4) 数据分发分系统，用于分析和解释从无人机获得的图像或其他任务数据，提取与存储所需的任务数据。通过网络向指挥部门发送所需数据信息。

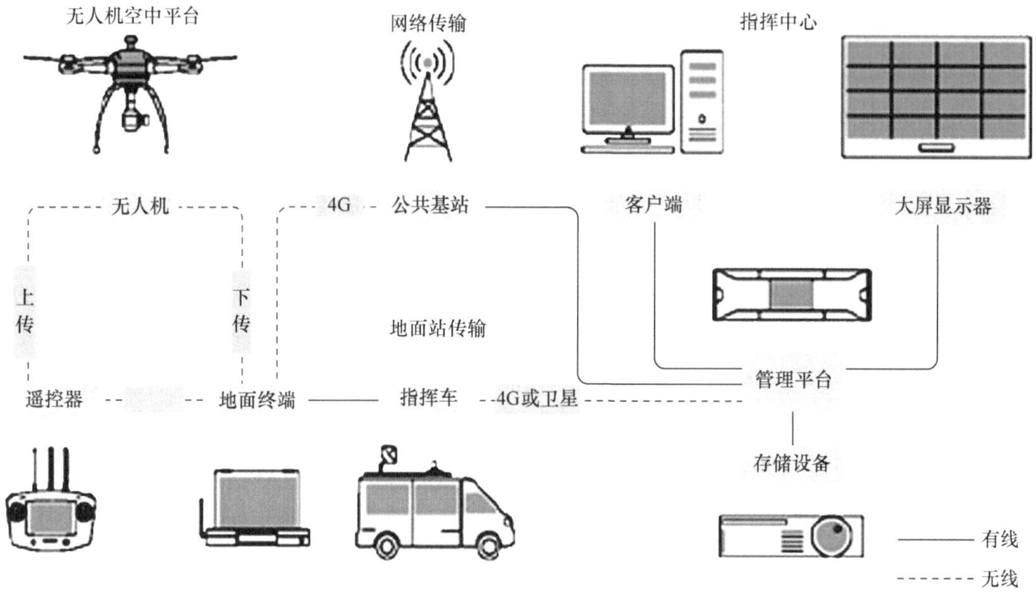

图 8.2.5　无人机地面站组成示意图

(5) 数据链路地面终端，主要有发送上行链路信号的天线和发射机、捕获无人机下行链路信号的天线和接收机。用于给无人机发送命令和有效载荷，接收来自无人机的状态信息及有效载荷数据。

(6) 中央处理单元，包括一台或多台计算机，主要用于获得并处理从无人机传回的实时数据、显示处理、确认任务规划并上传给无人机、存储与处理电子地图、飞行前的无人机状态分析、无人机系统(包括空中平台与地面系统)的故障诊断、各种数据分析与处理。

大中型无人机的地面站通常有专门的指挥车(图 8.2.6)。中小型无人机可以由同一指挥车装载。大型无人机另由无人机保障车承载。小型无人机系统通常设置箱式地面站。这种箱式地面站(图 8.2.7)的显示终端有单屏(飞行器信息与传回的图像信息同屏显示)和双屏(飞行器信息与传回的图像信息分屏显示)两种。除地面站有遥控按钮外，有的配有专门的手持遥控器，便于操纵人员遥控操作。有的还设置为手持型地面站(图 8.2.8)，主要适于单兵操作。

图 8.2.6　无人机地面站的指挥车

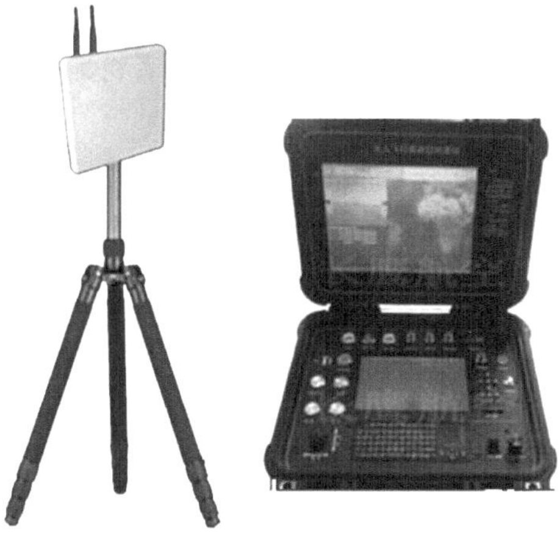

图 8.2.7　无人机系统的箱式地面站

图 8.2.8　无人机系统的手持型地面站

8.3　无人机的远距离传输技术

为了实现无人机系统的远距离信息传输，当无人机超出地面站的无线电视距范围时，数据链必须采用中继方式。根据中继设备所处的空间位置，又分地面中继、空中中继和卫星中继等。地面中继方式的中继转发设备置于地面上，一般架设在地面站与无人机之间的制高点上。由于地面中继转发设备与地面站的高度差别有限，所以该中继方式主要用于克服地形阻挡，适用于近程无人机系统。空中中继方式的中继转发设备置于某种合适的航空器(空中中继平台)上。空中中继平台和任务无人机间采用定向天线，并通过数字引导或自跟踪方式确保天线波束彼此对准。这种中继方式的作用距离受中继航空器高度的限制，适用于中程无人机系统。卫星中继方式的中继转发设备是通信卫星(或数据中继卫星)上的转发器。无人机上要安装一定尺寸的跟踪天线，机载天线采用数字引导指向卫星，采用自跟踪方式实现对卫星的跟踪。这种中继方式可以实现远距离的中继测控，适用于大型的中程和远程无人机系统，其作用距离受卫星天线波束范围测控遥感与导航定位限制。

8.3.1　卫星中继传输

无人机与地面站直接通信受到距离的限制，因此远距离通信还需要卫星中继传输。通信卫星的天线波束覆盖范围很大，如国内波束可覆盖整个中国陆地、周边。因此，利用卫星中继实现地面站与无人机之间的双向信息传送最为方便，这也是目前国际上远程无人机系统信息传输的首选方案。

基于卫星中继的无人机信息传输系统可分为前向指令信息传输和返向状态信息传输：前向指令信息传输主要是地面站给无人机上传更新的目标点位置信息、目标特征参数和控制指令，返向状态信息传输主要是无人机将各种传感器获得的数据(无人机位置、姿态、航迹信息和状态信息等)回传指挥部，无人机信息传输链路由无人机、卫星、地面站 3 个环节构成。由于无人机飞行区域较大，在执行任务时需要卫星点波束天线实时指向无人机飞行的区域，在卫星中继的无人机信息传输系统运行过程中，还需要卫星地面站支持。

卫星中继无人机信息传输系统的工作流程如下。

(1) 卫星地面站根据任务协调，将一个点波束天线指向无人机地面站，或者将无人机地面站放置在卫星区域波束内。

(2) 无人机卫星地面站根据本次任务选星情况将地面站卫通天线指向卫星。

(3) 无人机将自身位置信息(GPS/北斗)通过视距内遥测链路发送给地面站，地面站将无人机位置信息发送给卫星地面站，卫星地面站将协调好的点波束天线指向无人机区域。

(4) 无人机将机载卫通天线指向选定的卫星，并通过卫星回传机载遥测数据。

(5) 地面站通过卫通链路接收无人机遥测数据，并将无人机位置信息实时发送给卫星地面站，无人机地面站向无人机发送遥控信息。

(6) 卫星地面站根据无人机地面站发来的无人机位置信息确定是否移动点波束天线。

(7) 无人机到达任务区域后，通过卫星回传载荷数据。

卫星中继无人机信息传输系统的信息流向可分为前向链路和返向链路。前向链路是指从指挥中心经由卫星到无人机建立的通信链路。指挥中心将更新的目标点位置、目标特征参数和无人机控制指令等信息经过加密处理后，按照约定的消息格式发送给卫星控管中心，卫星控管中心按照卫星的通信规范对收到的信息进行编码、调制等处理，通过卫星地面站发送到卫星上，卫星平台根据自身的设计将收到的信息进行透明转发，经卫星—无人机下行链路传输到无人机上，机载数据链终端接收并处理指控信息，最后通过机载计算机完成飞行控制任务。前向链路信息速率一般为几千比特每秒至几百千比特每秒。

返向链路是指无人机经由卫星到指挥中心建立的通信链路。机载数据链终端通过与机载计算机传感器等设备的接口收集无人机状态信息或侦察信息，机载计算机把这些信息按照约定的消息格式进行编码，再按照卫星的通信规范对收到的信息进行信道编码、调制等处理，然后发送给卫星通信接口设备并经由机载上行传输链路传输到卫星上；卫星平台根据自身的设计将收到的信息进行透明转发，经卫星—地面站下行链路传回卫星地面站，卫星控管中心对收到的信息进行解调、解码等处理，将解析后的有效信息发送给无人机指挥中心，指挥中心对有效信息进行处理得到需要的状态信息和侦察信息。典型的返向数据类型包括图像、视频、遥测等，信息速率为几十千比特每秒到几十兆比特每秒。

卫星作为无人机信息传输系统的中继平台，其参数指标对无人机远距离传输具有重要影响，卫星的选择应着重考虑以下因素。

(1) 卫星天线波束是否覆盖无人机任务区域。

(2) 无人机的载重有限，机载设备重量、体积、功耗严重受限，为减轻无人机机载设备的压力，卫星的有效全向辐射功率(EIRP)和天线的发射增压(G/ T)越大，无人机机载卫通天线增益就可以越小，天线在有效面积、天线形式等方面的选择范围就可以越大。

(3) 无人机系统的卫星中继数据链属于非对称点到点信息传输链路，上行遥控指令传输速率较低，强调高可靠性、抗干扰性和保密性；下行侦察信息的数据量较大，需要优化信道设计，提高信息传输速率，同时，需要对侦察图像采取一些低损伤压缩措施。

(4) 卫通设备的工作频段直接影响着机载天线的形式和结构尺寸，因此卫星工作频率也是重要的考虑因素。

因此，所选的作为中继平台的卫星需具备如下的条件。

(1) 卫星波束覆盖范围能满足作战需求。

(2) 星上具有透明转发器。

(3) 在国土范围内具有波束直通或与可动点波束透明交链方式，在国土范围外具有国土波束与可动点波束透明交链方式。

(4) 波束交链方式下带宽要宽。

8.3.2 无人机空中中继传输

近年来无人机在通信、侦察、搜索和环境监测等众多领域显示出了广泛的应用前景。在一些远距离无线通信场景中，通信双方由于受到高山等障碍物的遮挡不存在直达路径，需要通过一个高空中继平台才能建立起可靠的通信链路。虽然通信卫星可以实现中继通信功能，但造价高昂、传输延迟大、建设周期长、维护成本高，还存在通信盲区等缺点，导致其不能得到广泛的应用。与之相比，无人机中继平台具有机动性好、成本低、易于部署和控制、通信组网方式灵活和通信设备更新方便等独特优势，并且能够针对不同任务需求快速搭建起中继通信链路，实现增强接收信号功率、增大系统容量和通信覆盖范围的目的，可满足用户多种类型的无线通信业务需求。美国、日本分别提出了分簇式空天结构和自组网式空空结构的新型飞行器网络架构，旨在飞机间组成网络，以满足无人机通信的高可靠性、高数据传输速率及高移动性需求。因此，利用无人机作为中继平台(即以无人机空中中继节点的无线通信方式)受到了国内外专家的广泛关注。这种通信方式从构成上来看主要由前端的无人机载发射端、地面站和中继无人机工作站等三个部分共同组成(图 8.3.1)，通过机载空中的应用模式来实现信号的有效传输，通过地面测控车也可以实现中继机转给任务机终端的效果。无人机中继平台适于在无人机飞行高度上实现较大范围的数据链路双向通信，同时由于通信距离短，延迟较小，一般只有 200ms 左右，所以可以实现高速大流量的双向数据传输，从而实现更高的技术传输效率。

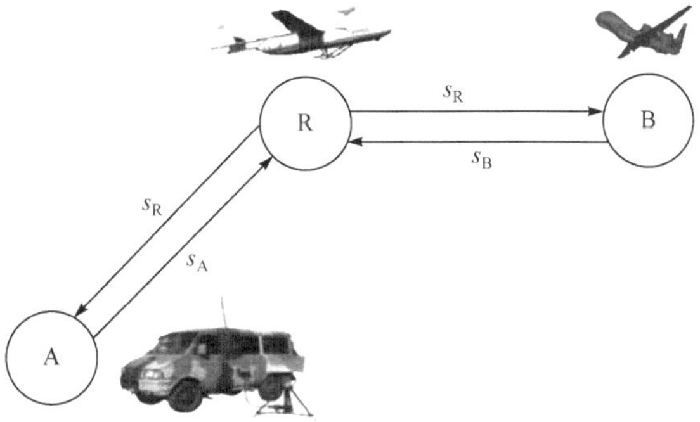

图 8.3.1 无人机中继传输

目前无人机通信中继研究提出基于网络层的路由算法，采用单架无人机和多架无人机作为中继节点来优化网络的连通度。针对中继无人机路径规划问题，对无人机中继链路的无人机数量和位置进行优化设计。从物理层的角度出发，考虑无人机移动造成的无线信道衰落特性，对中继传输系统进行性能分析。在无线通信中，通信双方安装多根天线并构成多输入多输出(MIMO)系统可以显著提高系统的频谱效率、传输速率、覆盖范围，因此基于多天线的无人机中继传输技术是一个必然发展趋势。然而，无人机通信自身的需求受到无人机电子设备大小、重量及复杂性的约束，MIMO 系统在中小型无人机上的应用受限较多。因此需要研究更加先进、高效的算法和技术来满足无人机通信的需求。协作通信通过终端间的相互协作可引入空间分集优势，能够克服衰落，扩展通信范围，提高通信质量。各终端在发送自身信息的同时也共享自身的资源天线、功率、带宽来帮助其他终端传输信息，从而形成一种虚拟的 MIMO 系统。因此，协作通信作为一种新的通信方式，将为无人机通信带来显著的可靠性及容量增益。它不仅能够提高空间分集增益，抵御多径效应引起的信息接收误码率、中断概率增大的影响，而且能够挖掘中继节点的信息处理能力，提高网络传输的吞吐量。

在实际应用方面，美国和以色列为代表的国外无人机通信技术在无人机超视距中继技术方面已实现了空中中继和卫星中继。美国近期研制的中远程无人机系统较多地采用同步通信卫星作为空中中继平台，构成卫星中继数据链，转发无人机的遥控指令和图像/遥测信息，充分利用卫星波束的有效覆盖范围，实现无人机的超视距测控和信息传输，其中，“捕食者”无人机系统采用 Ku 频段卫星中继数据链，侦察信息传输速率可达 1.544Mbit/s，作用距离为 900～3700km，续航时间大于 20h；“全球鹰”无人机系统也采用 Ku 频段卫星中继数据链，在增加机载天线尺寸和功率输出的情况下，侦察信息传输速率可达 1.550Mbit/s，作用距离为 5500km。以上 2 种无人机系统还配置 UHF 卫星中继数据链作为备份链路，实时传输无人机的遥控遥测数据和低速率侦察信息。以色列 IAI/ELTA 公司的 EL/K-1850 数据链，经无人机空中中继，作用距离从 200km 扩展到 370km。图 8.3.2 为美国无人机的通用数据链。

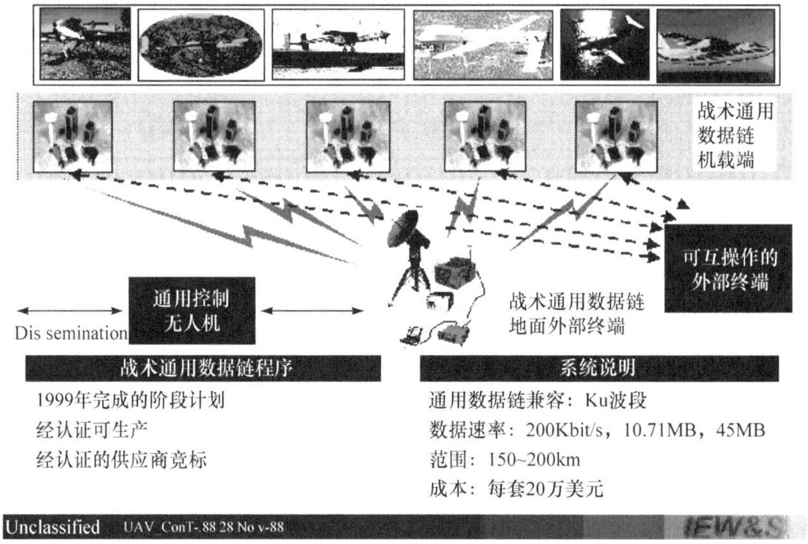

图 8.3.2 美国无人机的通用数据链

8.4　无人机通信的调制技术

8.4.1　无人机通信的调制模式

无人机数据链系统采用的调制模式通常都比较简单，如 QPSK、BPSK、OQPSK、SS-BPSK、FSK 等。采用 Ku、X 波段和各种 PSK 调制方式通信，可获得较高的通信速率，能够传递测控信息和探测数据。采用 UHF 时，通信链路一般是低速链路而且只能满足测控信息传输。在采用 Ku、X 波段通信时虽能够获得较高的通信速率，但其天线尺寸、重量较大，难以满足中小型无人机的载荷要求。另外，在现代电子战环境下，无人机的飞行控制以及各种实时任务的执行均需依靠大容量的信息传输来进行保障。

航空无线信道是一种无线移动通信信道，具有无线信道的衰落特征。在航空无线信道中由于电波传播距离较远，产生多径效应有较大的时延。另外，由于飞行速度而造成的多普勒频移也是航空无线信道中必须考虑的因素。为了将航空信道描述为线性随机时变信道，提出描述信道的系统函数。通常采用 WSSUS 模型对航空信道进行描述。由于航空无线信道的特点，采用单载波传输难以达到宽带高速的通信要求。OFDM 作为一种多载波传输技术，基本原理就是在频域内将给定的信道分成许多正交子信道，在每个子信道上使用一个子载波进行调制，并且各子信道并行传输。这样把高速的数据流通过串并变换，分配到传输速率相对较低的若干个子信道中进行传输，由于每个子信道中的符号周期会相应增加，可以减轻由无线信道的多径时延扩展所产生的符号间的干扰。尽管总的信道是非平坦的，具有频率选择性，但是每个子信道是相对平坦的，即所有频率经历的衰落情况是相同的。OFDM 特别适合于在存在多径传播和多普勒频移的无线移动信道中传输高速数据，并能有效对抗多径效应，消除码间干扰(ISI)，对抗频率选择性衰落。OFDM 采用正交的 N 个子载波来并行传输数据，扩展了符号的脉冲宽度，使其具有自然抵抗多径衰落的能力；能有效地克服多径时延造成的 ISI，提高通信速率。在无人机通信链路中采用 OFDM 调制方式可以有效克服多径时延，提高传输速率，并减小频率选择性衰落，增加传输带宽。

8.4.2　自适应调制技术

自适应调制技术的基本原理是：在不牺牲误比特性能的前提下，根据无线通信环境和 QS 要求，基于信道估计和预测的结果，动态调整节点的发送功率、波特率、星座图的大小、调制阶数。在无线信道条件较好时，节点采用较高调制的阶数或者较高的发送功率，使得节点获得较高的传输速率或者吞吐量；当无线信道条件较差时，采用较低调制的阶数或者较低的发送功率，使得节点获得较低的传输速率或者吞吐量，从而提高整个通信系统的吞吐量和频谱效率。无人机自适应调制技术的基本原理是，发送节点处的发射机根据当前信道环境的反馈信息，选定最优的调制模式，接收节点在接收到信号后，根据信号对信道状况进行估计，并将信道估计信息反馈给发送节点。通过自适应算法确定发送节点的编码速率、编码结构、调制模式、星座图样式、信号发送功率等参数，实现无人机中继通信的可靠传输。由于航空信道的时变特性，需要根据无人机数据链的具体情况改变调制模式以及发送功率，而自适应调制技术可以解决这一难题，使无人机能够适应多变复杂的战场环境，满足实际战场对于无人机中继通信的要求。图 8.4.1 为自适应调制框图。

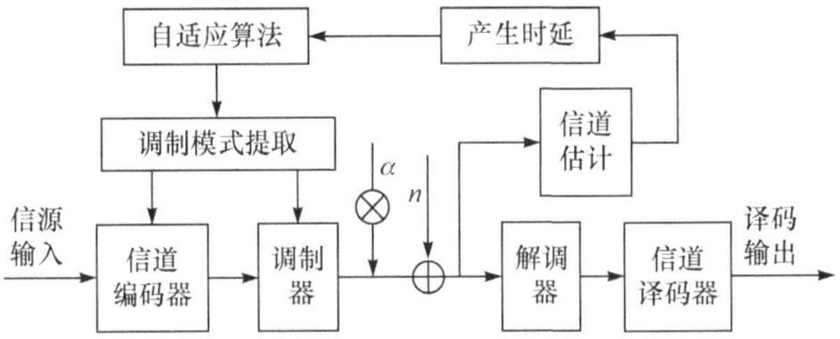

图 8.4.1　自适应调制框图

无人机通信作为无人机的重要技术之一，在宏观技术上将从以下几方面发展。

(1) 向多中继通信发展。在实现未来战场网络化作战中，无人机常常以编队形式执行任务或者与其他装备联合执行任务。同时，战场环境瞬息万变，长机与僚机相互关系的变化，以及无人机之间的互相通信，使中继无人机有可能变为任务无人机，任务无人机也有可能变为中继无人机。因此，无人机中继通信需要在单中继的基础上向多中继扩展，从单向中继向互为中继发展，实现真正的战场自适应组网通信。为此，要研究解决一系列无人机多中继通信技术问题，如通信网络中的节点何时参与协作、与哪个节点进行协作、带宽功率等资源的分配问题、多中继无人机之间信号识别问题等。

(2) 建立通用数据链。随着无人机的种类众多、无人机编队与网络化形式的发展，增强无人机数据链的通用性至关重要。无人机需要和不同型号无人机及其他空地装备进行数据链接。不同装备的调制方案和传输速率可能各不相同，导致无人机中继通信网络中各个节点传输效率降低，甚至无法通信。为增强无人机通信的兼容性，需要建立通用数据链，同时提高未来无人机通信的自适应性，使得无人机通信系统与其他装备兼容。

(3) 提高传输的可靠性。无人机不仅需要减弱大气环境中的自然衰落、意外干扰和噪声，为了提高战场安全性，在军事上还需要对抗敌方有意的电磁干扰。因此对无人机通信技术的抗干扰能力提出了更高的要求。为提高无人机通信中信息传输的安全性，还需要增强通信系统的误码性能，同时通过抗干扰技术加强战场通信的抗干扰能力。

无人机通信要求通信链路不断拓宽频带和提高信息传输容量，建设高速数据链路是信息高速传输的基本手段，采用提高工作频率、提高频带利用率和合理使用频率资源等措施，可以提高通信系统传输高速数据的能力。无人机通信网络化也是未来信息网络发展的必然趋势。

第 9 章　无人机的隐身设计

无人机在军事上可以执行深入前线的突防任务或执行长航时巡察任务，军用无人机隐身技术已是无人机设计的重要指标。无人机隐身技术就是降低无人机上的雷达、红外线、光、声和磁信号特征的反探测技术。无人机多数飞行速度较慢，航线变化小，因此先进的军用无人机有无隐身能力至关重要。

9.1　无人机雷达隐身技术

用雷达探察和发现无人机是最常用的反制无人机方法。雷达对目标照射所产生的回波强度通常是用 RCS 来表征的。RCS 是指目标受到雷达电磁波的照射后，向雷达接收方向散射电磁波能力的一种度量值。无人机的 RCS 与该无人机的物理特性、目标的外形、目标与雷达的照射角度，以及雷达的入射波长等有关。图 9.1.1 为不同飞机雷达可视距离。

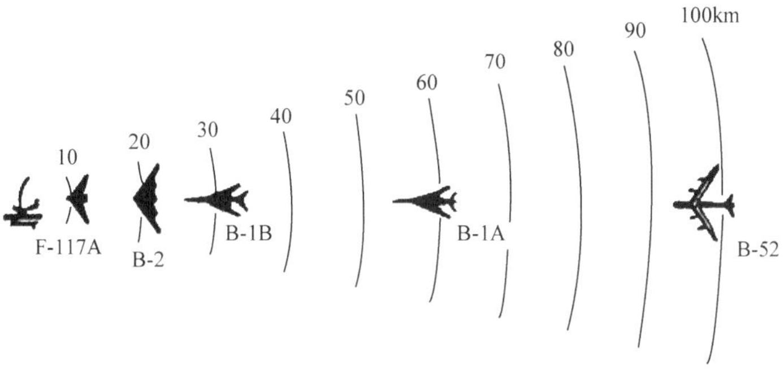

图 9.1.1　不同飞机雷达可视距离

为此，无人机的雷达隐身设计要从以下几方面来考虑。

9.1.1　无人机隐身外形设计

从外形设计上来减少、控制或消除各种目标的 RCS 是雷达隐身主要措施。图 9.1.2 为雷达目标体的强散射源。

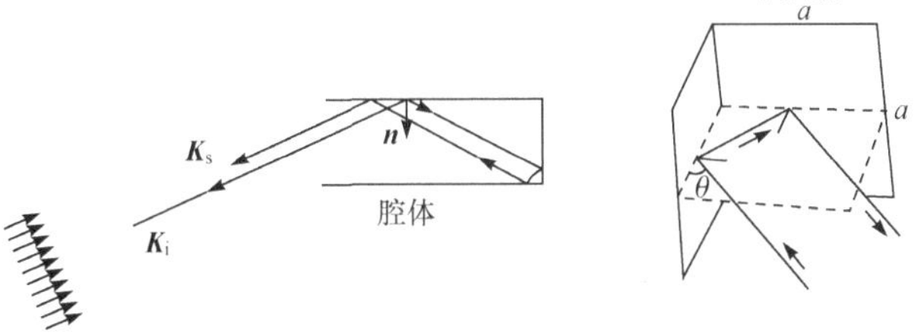

图 9.1.2　雷达目标体的强散射源

外形设计采用的方法如下。

(1) 减少或避免开口腔体(如进气道)、类角反射器构型、外挂物等雷达的强散射源。例如，采用埋藏式或半埋式发动机进气口、锯齿边缘的开口腔体(如进气道、尾喷口)，进气道设计为 S 形弯道，减弱散射强度。

(2) 减少或避免角反射器构型。例如，采用翼身融合体和扁平机身，使机翼、机身与尾翼平滑过渡，融为一体；采用无机身与尾翼的飞翼型布局。

(3) 尽可能使飞机外形干净整洁，减少无人机表面的突起物，采用内置式机舱和发射装置，将外挂设备置于机身内。

(4) 对具有尖边缘的部件(机翼、尾翼的前后缘)，雷达波会产生边缘绕射反应(图 9.1.3)，因此尽可能在设计无人机时使各部件边缘平行，使雷达反射能量仅集中在与边缘垂直的个别闪烁点上，而其他方向 RCS 很弱，如图 9.1.4 所示。

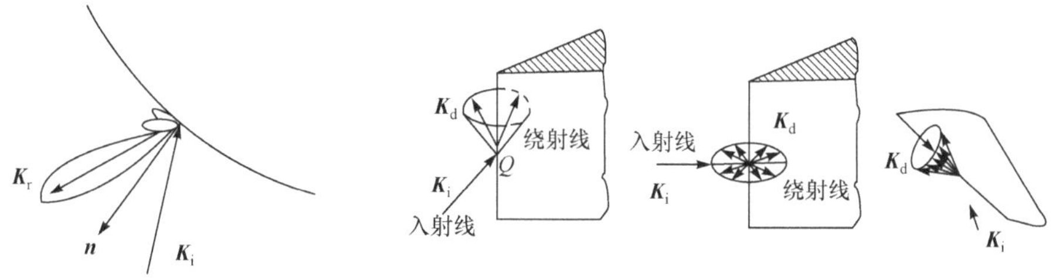

(a) 镜面反射　　(b) 边缘绕射

图 9.1.3　雷达目标体的典型散射特性

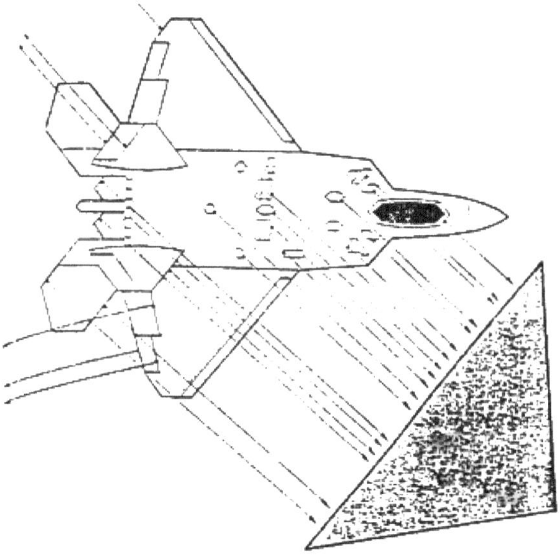

图 9.1.4　边缘线平行设计

(5) 采用倾斜双立尾翼或 V 形尾翼，从而大大减弱飞机侧向的两面角雷达散射强度。

(6) 改进天线罩，采用可收放天线。

(7) 改进雷达罩，在保证自身雷达作用下，减少外部雷达波的进入；变化自身雷达转动方向，采用相控阵雷达等。

(8) 借助无人机部件的相互遮挡，挡住强散射源，如尾翼或机身遮挡发动机进气口和尾喷口，如图 9.1.5 和图 9.1.6 所示。

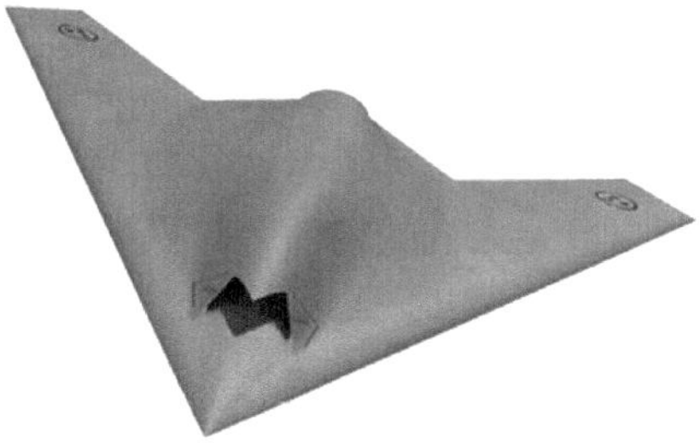

图 9.1.5　欧洲“神经元”隐身无人机

图 9.1.6　美国“暗星”隐身无人机

9.1.2　采用雷达吸波材料的隐身设计

雷达隐身材料是指能够减少目标 RCS 的材料，也称防雷达伪装材料，主要分为雷达吸波材料和雷达透波材料。

仅仅靠隐身外形设计有时尚达不到隐身指标的要求，另外为了满足飞行器气动方面的要求，外形的减缩 RCS 设计受到限制，因此采用能吸收雷达波的材料或透过雷达波的材料来达到预期隐身的目的是一种重要的方法。

雷达吸波材料(RAM)是指通过材料本身的吸收微波作用来减少无人机的 RCS。雷达吸波原理是通过某种物理作用将雷达波能量转化为其他形式的能量。雷达吸波材料常见的作用机理有电感应、磁感应、电磁感应、电磁散射等，目前常见的有磁损耗型吸波材料和电损耗型吸波材料两大类。

(1) 磁性吸波材料。这种材料是由铁氧体粉、碳基铁粉、超细金属粉或纳米相材料与基体树脂等制成的。通过控制磁性和材料厚度，能够获得高磁导率特性。通过在整个厚度内对添加剂或吸波剂进行适当的选择、集中和分布，使其达到所需要的损耗系数和阻抗，为单一频率、选定的多种频率或宽频带覆盖提供最佳吸波效能。

磁性吸波材料通常比介电型吸波材料薄，有效的设计厚度仅为 0.5～1.2mm，能被模压成不变的厚度或渐变的拱形膜片，并粘贴在适当的位置。磁性吸波材料涂敷简便、涂层薄、重量轻，并能承受高速飞行时的气动力作用。

(2) 介电型吸波材料。这种材料由基体材料(可以是刚性或柔性聚合物，如有机或无机黏结剂等基体树脂)与电介质填料(或损耗性填料、碳质电阻类材料，如炭黑、石墨、导电颗粒或导电纤维等)组成。通过改变材料电介质填料的分布，使得其(介)电性质沿材料厚度方向逐渐改变，以达到损耗电磁能量的目的。

常规的介电型吸波材料比磁性吸波材料重，因而对于重量指标要求高的无人机，其运用受到限制。目前，研制出一类先进的介电型吸波材料，如具有柔韧性的轻质薄型氨基甲酸乙酯板材或薄膜，这是新型高分子吸波材料，其吸波特性可与磁性吸波材料匹敌，而重量却不及后者的 1/2，在雷达吸波方面有较好的应用前景。

(3) 干涉型吸波材料。这种材料是指材料表面的反射波与进入材料后由反射背衬(通常为金属板)返回的出射波发生相干，从而使反射减小或消失的一类材料，通常由柔性聚合物基体和具有电磁损耗的填料组成。

(4) 雷达透波材料。这种材料是对电磁波不发生作用而保持透明状态的非金属复合材料，最普通的有玻璃-环氧树脂等。现代雷达系统趋向采用较高的频率(8～10GHz)以提高其精度。因此雷达罩材料必须在此频率范围内有较高的透电磁波性能，即较低的介电常数和介电损耗。透电磁波功能复合材料是用玻璃纤维或石英纤维与不饱和聚酯、有机硅、环氧和氰酸酯树脂等基体构成的复合材料层板及其蜂窝、泡沫夹芯结构，具有透电磁波功能，适合于制造雷达罩。也有采用高强度透波非金属复合材料来制造无人机的构件，如平尾、垂尾、襟翼、副翼、舵面、调整片、舱门和口盖等。

(5) 雷达吸波结构。无人机部件结构上大量运用复合材料，仅仅在表面涂敷雷达吸波材料不一定是最适合的方法。把雷达吸波材料与刚性雷达透波材料相结合而构成雷达吸波结构是飞行器隐身设计的新方向。其中板型的雷达吸波结构通常利用非金属蜂窝结构并对其表面碳或其他耗能材料加以处理，然后把非金属透波蒙皮黏结到其表面制成。蜂窝芯材的尺寸、厚度和材料可以根据雷达波段的特点来设计。在透波蒙皮的表面喷涂上雷达吸波涂层可以吸收高频率雷达波。而研制宽频带的蜂窝吸波结构，如果蜂窝段每个单元的尺寸至少是雷达信号波长的 1/10，则蜂窝段就能吸收低频率的雷达波能量。特殊蜂窝夹芯结构的设计可以通过雷达波在耗能蜂窝芯壁的多次反射，而使雷达波能量有效地吸收。图 9.1.7 为采用 S 形进气道的雷达隐身综合设计。

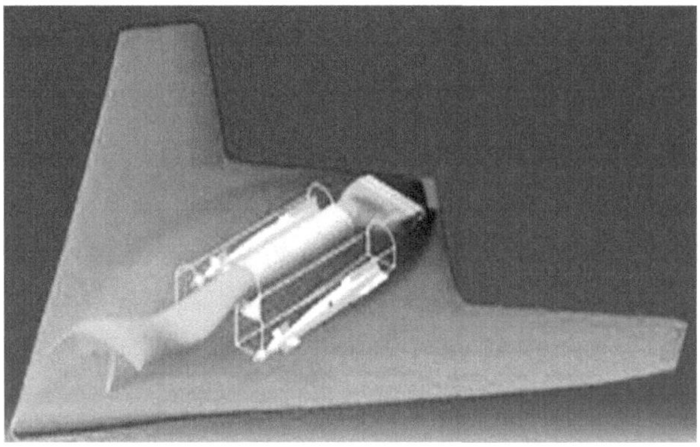

图 9.1.7　采用 S 形进气道的雷达隐身综合设计

9.1.3　自适应对消雷达隐身技术

自适应对消雷达隐身技术可以分为无源对消技术和有源对消技术。除了隐身材料无源对消技术外，无源对消另一种典型方法是阻抗加载技术，如对飞行器的某些部位开槽或孔，设置分布或集中复数阻抗加载，通过改变金属蒙皮表面雷达波照射所产生表面电流的分布，该电流在体外形成附加散射场，当所产生的附加散射场和原雷达回波散射场形成反相叠加时，能减缩原 RCS。但这种方法只能针对某一特定频率的雷达波设计其飞行器。

有源对消技术除增加或投放干扰源之外，就飞行器设计方面，典型的有自适应消波“智能蒙皮”技术。这种技术是指飞行器可以辐射出与雷达回波频率相同、相位相反而强度相同的电磁波，以对消雷达回波而达到隐身目的。这种技术比无源对消技术具有宽频带的通用性。具有有源对消技术的飞行器必须设置能测出被对消的雷达入射波频率、波形、强度和入射角的高性能传感器，还必须预先知道飞机在各种频率下全方位雷达波反射率详细数据，以便能实时产生所需的对消电磁辐射信号。为此，必须为飞行器设计具有处理复杂信号和计算机系统控制的自适应机载有源对消系统。

9.2 无人机红外隐身技术

随着红外探测技术和红外精确打击技术的发展，在近程空战中，红外自主跟踪与攻击导弹已成为主要的作战武器之一。尤其是对于以喷气发动机为动力的高速无人机，红外导弹是近程空战的首选。

喷气发动机无人机的红外辐射源主要来自于发动机喷气流、机身空气动力加热、其他发热部件引起的辐射、阳光直射后的反射和散射等。各种辐射成分通过大气衰减之后，被探测器所接收，成为红外导弹或红外探测器自动寻的跟踪的目标信号。图 9.2.1 为无人机的红外目标特征。

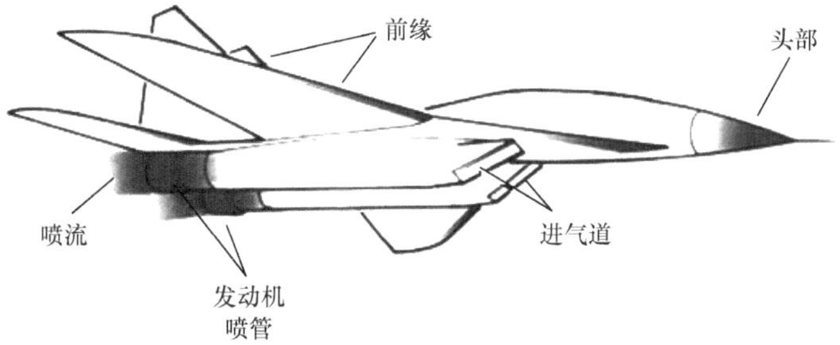

图 9.2.1　无人机的红外目标特征

无人机红外隐身技术就是抑制无人机的红外辐射，或改变无人机的热形态，从而达到目标无人机与背景红外辐射难以区分的一种隐身技术。

与红外隐身技术相关的无人机形态主要是无人机的相对辐射能级与红外辐射特征，而其中最主要的是无人机的红外辐射强度和辐射波段。要想提高无人机的红外隐身性能，可以采取以下技术途径。

9.2.1 降低无人机红外辐射强度

1. 改变无人机的红外辐射特征

(1) 当了解对方红外探察和攻击装置的特性后，可改变无人机的红外辐射波段，使无人机的红外辐射波段处于红外探测器的响应波段之外，或者使无人机的红外辐射避开大气窗口而在大气层中被吸收和散射衰减。

(2) 根据可能被探察的方向，调节无人机红外辐射的传输过程，如在结构上改变红外辐射的方向。

2. 降低无人机红外辐射强度的措施

红外隐身的重要技术手段是通过降低无人机辐射部件的温度和采用有效的涂料来降低

无人机的辐射功率，其技术途径包括减热、隔热、吸热、散热、降热等。例如，在发动机喷管部位采用引射冷空气的方法，可以降低喷流的温度和喷管外罩的温度。

9.2.2 红外隐身材料和结构

红外隐身材料是指用于减弱目标系统红外特征信号的特种材料。无人机结构可采用这种特殊功能材料以达到红外隐身技术要求。

按照工作原理，红外隐身材料可分为控制发射率和控制温度两类。利用涂料实现红外隐身的基本要求是涂层的红外辐射特性与背景一致。一种是通过涂层控制发射率，通常红外隐身可通过利用各种发射率的涂层对目标进行红外迷彩设计来实现。中高发射率涂层一般容易制备，关键是制备低发射率涂层，而且低发射率涂层也有专门的隐身用途，它对一些武器的发热部件具有明显的降低表观温度作用。另外，涂层的热惯量也是研究涂层红外隐身性能的一个重要参数。热惯量是材料对温度变化热响应的量度。为了实现全天候红外隐身，涂层的热惯量应尽可能与背景材料的热惯量一致。

另一种是通过控温材料(即通过控制材料表面温度)来调节其红外辐射强度。目前研究的控温材料包括各种隔热材料、有源制冷材料和相变材料等。红外辐射强度与物体表面温度的四次方成正比，对温度变化更加敏感。隔热材料在红外隐身领域已得到了广泛应用，如针对目标的强热源部位的辐射抑制等。近年来研究有源制冷材料和相变材料作为控温材料。其中有源制冷材料采用半导体制冷机理，具有较高的辐射控制效率，但带来功率负荷增加、结构复杂、增重以及多频谱兼容困难等问题，使其应用范围受到一定限制。相变材料是一类展现出良好应用前景的红外隐身材料，具有应用方便、形式多样、兼容性好等优点。

智能红外隐身材料即主动式红外隐身材料，代表了隐身材料技术研究的先进方向。它是一种具有感知功能、信息处理功能、自我指令并对信号做出最佳响应功能的材料系统或结构。材料由低发射率向可变发射率(自适应材料体系)方向发展；由单纯控发射率向控发射率/控温结合的方向发展。

9.2.3 红外对抗和干扰技术

无人机可采用红外诱饵机和红外干扰机施放干扰信号，来诱骗红外制导武器改变攻击方向。

无人机红外隐身的综合设计目前可采取以下技术措施来实现。

(1) 采用散热量小的涡扇发动机。

(2) 采用石棉夹层等材料对发动机进行隔热，防止发动机热量传给机身。

(3) 对发动机喷管采用飞行器外形部件结构遮挡设计，如喷管被机身所遮挡。

(4) 采用二元喷口等异形喷管的设计。从二元喷口排出的燃气流比圆形喷口排出的燃气流更容易与外界空气掺混，将增加喷流的表面面积，因而提高燃气冷却的速度，达到迅速降温的目的。这种红外特征减弱措施可使飞行器红外辐射减少达 90%，如图 9.2.2 所示。

(5) 加装发动机红外抑制器。

(6) 使用新的燃料降低排气的红外辐射。改进燃料成分，采用喷气束滤波手段，抑制和改变红外辐射波段。

(7) 在喷气束中注入特殊的红外吸收材料或屏蔽材料。例如，将含有金属化合物微粒的环氧树脂、聚乙烯树脂等可发泡的高分子物质热气流随尾气流一起喷出。它们在空气中遇冷便雾化成悬浮泡沫塑料微粒，可有效地遮挡或屏蔽红外辐射，同时可干扰雷达、激光和可见光探测器，如图 9.2.3 所示。

图 9.2.2　二元锯齿喷口

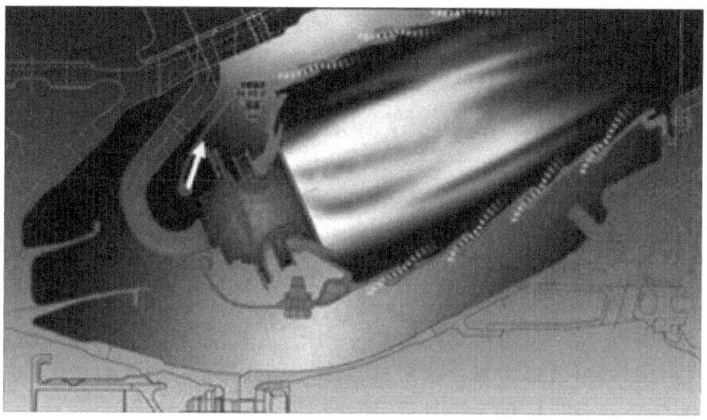

图 9.2.3　发动机喷气束中注入屏蔽气流

(8) 在无人机表面涂敷红外涂料，以抑制目标表面温度和抗红外辐射。

(9) 采用闭合回路冷却系统。

9.3　无人机抗干扰隐身技术

为了防备电子干扰器对于无人机上电子设备的干扰，无人机应具有抗外部电子干扰能力。通常抗外部电子干扰可采用以下措施。

9.3.1　滤波技术

滤波就是从混有噪声或干扰的原信号中提取有用信号，或者说是将信号频谱划分成有用频率分量和干扰频率分量两段，剔除干扰部分。常用滤波器根据其频率特性又可分为低通、高通、带通、带阻等滤波器。

(1) 高通滤波器：只通过高频成分，而低于截止频率的成分则受抑制、衰减，不让通过。

(2) 低通滤波器：只通过低频成分，抑制或削弱高于截止频率的成分。

(3) 带通：只通过某一带宽的频率成分，低于或高于带宽的频率成分均不让通过，加以抑制或衰减。

(4) 带阻滤波器：抑制某一带宽范围内的频率成分，带宽以外的频率分量都可以通过。

9.3.2　屏蔽技术

屏蔽就是对两个空间区域之间进行金属隔离，以控制电场、磁场、电磁波由一个区域对另一个区域的感应和辐射。最常用的屏蔽就是利用导电或导磁材料制成的盒状或壳状屏蔽体，将被干扰对象包围起来，从而割断或削弱干扰场的空间耦合通道，阻止其电磁能量的传输。按需屏蔽的干扰场的性质不同，可分为电场屏蔽、磁场屏蔽和电磁场屏蔽。对于不同的干扰源来说，屏蔽可分为静电屏蔽、低频磁屏蔽和高频磁屏蔽等。

(1) 静电屏蔽：静电屏蔽用铜或铝等导电性良好的金属为材料制作成封闭的金属容器，把需要屏蔽的电路置于其中，使外部干扰电场的电力场不影响其内部的电路，反之，若封闭的金属容器与地线连接，容器内电路产生的电力线也无法影响外电路。静电屏蔽不仅能防止静电干扰，也能防止交变电场干扰。静电屏蔽的容器壁上允许有较小的孔洞(作为引线孔或调试孔)，它对屏蔽的影响不大。

(2) 低频磁屏蔽：当干扰电磁波的频率较低时，要采用高磁导率的材料，从而使磁力线限制在屏蔽体内部，防止扩散到屏蔽的空间去。低频磁屏蔽主要用来隔离低频(一般指 50Hz)磁场和固定磁场(也称静磁场，其幅度、方向不随时间变化，如永久磁铁产生的磁场)耦合产生的干扰。

(3) 高频磁屏蔽：磁场屏蔽消除或抑制由于磁场耦合引起的干扰。对静磁场及低频交变磁场，可用高磁导率的材料作屏蔽体，并保证磁路畅通。对高频交变磁场，主要靠屏蔽体壳体上感生的涡流所产生的反磁场起排斥原磁场的作用。

9.3.3 无人机抗电子干扰自我保护技术

当无人机受到强电子干扰而无法避免时，为了防止无人机产生毁坏性的损害，可以采取改变原始航线或返回原地的重新规划导航技术。

9.4 无人机其他隐身技术

除了雷达、红外和电子干扰器对无人机的探察作用之外，还有光、声和磁等探察器。

9.4.1 声隐身技术

无人机的噪声主要来源于动力系统，如图 9.4.1 所示。喷气发动机无人机的噪声主要来自于进气的风扇、压气机、涡轮和喷流；活塞式发动机无人机的噪声主要来源于活塞往复运动引起的机械振动和气体噪声；旋翼和螺旋桨的噪声主要由于叶片的气动弹性振动。

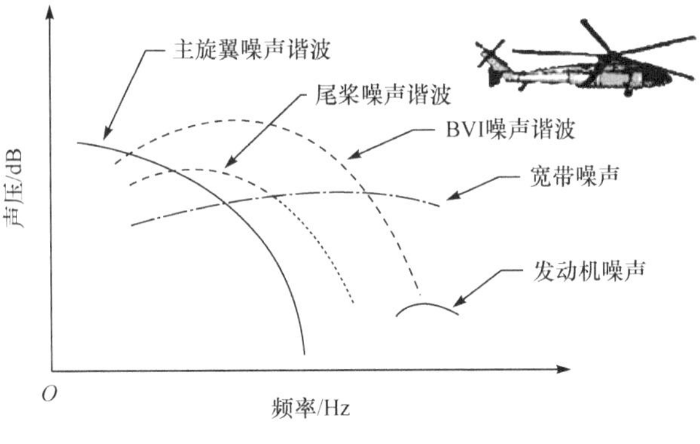

图 9.4.1 无人机的噪声

针对喷气发动机无人机噪声源可采取如下减振、降噪措施。

(1) 改进发动机循环设计，改变发动机循环参数，如增大涵道比、减慢发动机的排气速度等。

(2) 改进发动机风扇，设计低噪声的风扇叶片(如弯掠宽弦 3D 叶型风扇叶片)，优化处理进气风扇机匣。

(3) 改进发动机喷管设计，如改进发动机喷口的几何设计，采用小突片喷管，使流场结构便于在喷气剪切层混合，从而降低低频噪声等。

(4) 降噪结构设计技术，如结构采用吸声处理(吸声衬垫减振)，也可采用隔声层结构设计，减小无人机的噪声和振动。

(5) 降低喷流排放。

无人直升机和体积较大的多旋翼无人机也是噪声较大的无人机。美国五角大楼的官员认为，如果旋翼无人机所产生的噪声能减少约 80%，那么旋翼无人机就应能在战场上低空飞行作战。无人机直升机采用较短的四桨叶主旋翼可产生比两旋翼更大的动力，且噪声较小。取消无人机直升机的尾桨也可减小 50%的噪声，特别在高频范围内，如采用尾侧喷流或舵面来替代尾桨。

9.4.2 光隐身技术

随着高倍分辨率可见光成像技术的发展，利用光学系统发现、跟踪、拦截无人机的能力越来越强，所以无人机的光隐身技术也十分重要。

地面装备所采用的传统可见光隐身手段，通常是在装备的表面涂上与背景颜色一致的迷彩和在地面装备表面罩上伪装网等，如在树林、草地上的绿迷彩伪装。这种手段虽然实施起来较简单，但隐身效果只在目标静止或目标在变化不大的背景下运动较为明显。

可见光探测系统的探测效果取决于目标与背景之间的亮度、色度、运动这三个视觉信息参数的对比特征，其中目标与背景之间的亮度比是最重要的因素。目标结构体表面的光反射(特别是镜面反射光、照明光和信号光等)与背景亮度的对比度较大，导致目标很容易被发现。如果目标与背景的亮度相当，则它们之间的色度对比度便成为目标的重要可视特征。如果目标与背景之间亮度和色度的对比度较大，就很容易在运动时被探测系统发现。无人机可见光隐身技术的目的就是通过减少无人机与背景之间的亮度、色度和运动的对比特征，以降低可见光探测系统发现无人机的概率。常见的光隐身设计措施如下：

(1) 改进无人机外形的光反射特征，包括形状和表面材料。

(2) 控制无人机探测照明灯的执行时间和亮度，在无人机突防时关闭信标灯。

(3) 减少无人机运动构件(如旋翼)旋转时产生的闪光信号。

(4) 控制无人机表面的亮度和色度，使其接近天空颜色。

(5) 控制目标发动机喷管的火焰和烟迹信号。

(6) 减小无人机的体积。

9.4.3 等离子体隐身技术

等离子体是一种非固体、液体、气体三态，而属于第四态(即电离状态)的物质。它属于一种宏观电中性电离气体，是由正离子、自由电子和中性原子组成的电离气体。

等离子体隐身技术的原理是利用电磁波与等离子体互相作用的特性来实现的，其中等离子体频率起着重要的作用。等离子体频率指等离子体电子的集体振荡频率，频率的大小代表等离子体对电中性破坏反应的快慢，它是等离子体的重要特征。若等离子体频率小于入射电磁波频率，则电磁波不会进入等离子体，此时，等离子体反射电磁波，外来电磁波仅进入均匀等离子体约 2mm，其能量的 86%被反射。但是当等离子体频率大于入射电磁波频率时，电磁波不会被等离子体截止，能够进入等离子体并在其中传播，在传播过程中，一部分能量传给等离子体中的带电粒子，被带电粒子吸收，而自身能量逐渐衰减。

近年来，等离子体技术和它在航空领域的研究已经有了突破性进展。目前，国际上在航空领域内的等离子体技术应用研究主要集中在空气动力及隐身两个领域。其原理是在飞机蒙皮周围形成等离子体表面，以降低气流的运动黏性系数。根据运动黏性系数、雷诺数与阻力系数之间的关系，运动黏性系数的降低可直接影响阻力系数的降低，从而提高飞机的空气动力特性。

在改善隐身性能研究方面，与已经广泛应用在隐身武器上的靠外形和材料隐身的技术相比，等离子体隐身技术有诸多优势。

(1) 吸波频带宽、吸收率高、隐身性能好。

(2) 使用简便，使用寿命长，价格极其低。

(3) 无须改变飞机等装备外形设计，不影响飞行性能，还能降低飞行阻力。

(4) 不需吸波材料和涂层，维护费用大大降低。

据称，采用这种新技术的飞行器，被敌方发现的概率可降低 99%，即能真正实现“全隐身”设计目的。

运用等离子体使武器装备隐身的方法主要有两种：一种是利用等离子体发生器产生等离子体，即在低温下，通过电源以高频和高压的形式提供高能量产生间隙放电，将气体介质激活电离形成等离子体，该方法虽简单易行，但效果较差；另一种是在装备的特定部位，如强散射区，涂一层放射性同位素，它的辐射剂量应确保它的 α 射线电离空气所产生的等离子体包层具有足够的电子密度和厚度，以对雷达波有最强的吸收率。

产生等离子体主要有热致电离、气体放电、涂抹放射性同位素、激光照射、高功率微波激励等方法。而目前在机载条件下常用的方法主要是气体放电法和涂抹放射性同位素两种方法，其中常用的气体放电法分为气压下的介质阻挡放电和辉光放电、电晕放电、直流辉光放电、强电离气体放电等。实现等离子体隐身的关键在于对等离子体包层的电子密度进行控制。

南京航空航天大学史志伟教授带领的团队研制出国内首架“紫电”等离子体无人机(图 9.4.2)。这架无人机通过安装一种体积小、重量轻的高压气体放电等离子体激励器，在机翼表面布置气体放电带以产生等离子体，依靠等离子体改善机翼附面层特性，从而提高飞行器的气动性能。该无人机还可以通过控制左右机翼和不同位置的激励器放电，以产生不同强度的等离子体，从而能够产生气动力矩，进而实现对飞行器姿态的控制。应用等离子体来控制飞行器的飞行，可以使机体结构大大简化，减少液压、铰链等复杂伺服系统，使飞机的重量大大减轻，从而提高飞行器的航程和航时。除了改善飞行器的气动性能，机翼表面等离子体还具有吸收雷达波作用，因此可发展为隐身无人机。“紫电”等离子体无人机在中航工业杯第二届国际无人飞行器创新大奖赛上成功飞行演示，并获得创新大奖。

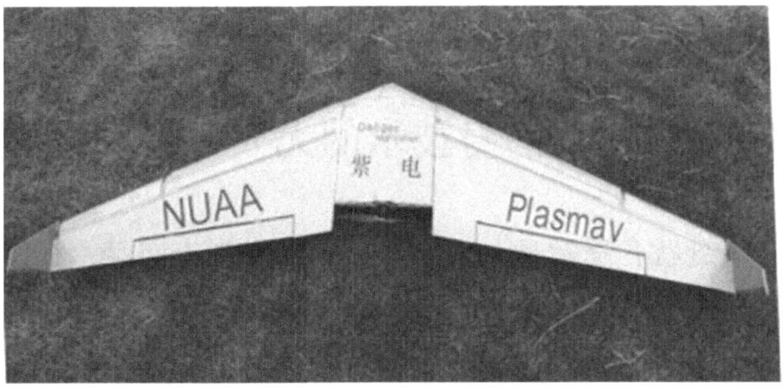

图 9.4.2 “紫电”等离子体无人机

9.4.4 微波传播指示隐身技术

这种技术利用计算机预测雷达波在大气中的传播情况。大气层的变化(如湿度、温度等的变化)能使雷达波的作用距离发生变化，使雷达覆盖范围产生“空隙”(即盲区)，同时雷达波在大气里传播时要形成“传播波道”，其能量集中于“波道”内，“波道”之外几乎没有能量。如果突防兵器在雷达覆盖区的“空隙”内或“波道”外通过，就可避开敌方雷达的探测而顺利突防。

9.4.5 新型隐身材料

目前，世界军事大国正在开发以下几种新型隐身材料。

(1) 手性材料(Chiral Material)。手性是指一种物体与其镜像不存在几何对称性且不能通过任何操作使物体与镜像相重合的现象。研究表明，手性材料能够减少入射电磁波的反射并能吸收电磁波。目前研究的雷达吸波型手性材料是在基体材料中掺杂手性结构物质形成的手性复合材料。

(2) 纳米隐身材料。近几年来，对纳米材料的研究不断深入。纳米材料具有极好的吸波特性，因而引起研究人员的极大兴趣。目前，美国、法国、德国、日本、俄罗斯等国家把纳米材料作为新一代隐身材料进行探索和研究。

(3) 导电高聚物材料。这种材料是近些年才发展起来的，它具有结构多样化、高度低和独特的物理、化学特性，因而引起科学界的广泛重视。将导电高聚物与无机磁损耗物质或超微粒子复合，可望发展成为一种新型的轻质宽频带微波吸收材料。

(4) 多晶铁纤维吸收剂。欧洲 GAMMA 公司研制出一种新型的雷达吸波涂层，它采用多晶铁纤维作为吸收剂。这是一种轻质的磁性雷达吸收剂，可在很宽的频带内实现高吸收效果，且重量减轻 40%～60%，克服了大多数磁性雷达吸收剂所存在的过重的缺点。

(5) 智能型隐身材料。智能型隐身材料(和结构)是 20 世纪 80 年代逐渐发展起来的一项高新技术，它是一种具有感知功能、信息处理功能、自我指令并对信号做出最佳响应功能的材料(和结构)，为利用智能型材料实现隐身功能提供了新途径。

目前，隐身技术正向着综合运用、权衡隐身性能和其他性能、扩展频率范围和应用范围、降低成本等方向发展。

9.5 针对反隐身技术的无人机隐身设计

有矛就有盾，有隐身就有反隐身。反隐身技术的发展方向是：在研究新的反隐身技术理论基础上，综合运用，系统集成，开发无人机反隐身的有效技术。

由于目前隐身技术的研究主要是针对雷达探测系统的，反隐身技术的发展重点也是针对雷达的。雷达实现反隐身的技术途径主要有以下三个方面。

(1) 提高雷达本身的探测能力。

(2) 利用隐身技术的局限性，削弱隐身兵器的隐身效果。

(3) 开发能摧毁隐身兵器的武器。

针对上述各种反隐身措施，无人机的隐身设计必须不断改进，以对抗反隐身手段。目前主要从以下几方面来改进飞行器的隐身设计。

(1) 尽量从外形设计上提高隐身性能。因为一个良好的外形隐身飞行器设计可以减少各种频率范围的 RCS，如减少角反射构型、减少表面缝隙、采用无尾布局设计、采用埋入式进气道设计、采用扁平机体或多面体设计等。

(2) 研究适应宽波长(多)雷达的雷达吸波材料(如干涉型、复合型和多层型)。

(3) 降低飞行器本身的电磁辐射(如机载雷达天线和其他射频天线)，如低 RCS 天线设计、表面共形天线设计和雷达罩隐身设计等。

(4) 改进尾喷的红外隐身设计，如尾喷口的遮挡设计(喷口下部遮挡、尾翼遮挡等)、二元型尾喷口设计(加快喷流的散热)。

(5) 对红外源部件采取冷却措施。

隐身技术与反隐身技术是一对相互制约又互相促进发展的技术。“隐身”是相对的，飞行器的隐身技术将在实际战斗的对抗中不断地改进。

第 10 章　无人机飞行试验和飞行管理

飞行试验是无人机研制整个过程中最后一个环节，是检测一架新无人机是否能胜任其飞行任务的关键步骤。飞行试验不同于设计过程中的部件试验，这是无人机在真实飞行条件下进行科学研究和产品试验的过程。飞行试验不仅检验无人机的飞行性能，也是对新设计无人机概念、新技术、新设备的验证，促进无人机的发展。

无人机必须经过大量的飞行试验，才能确定它的飞行性能和使用性能。无人机在空中飞行方能执行无人机所要求的任务，而所有的飞行试验和飞行运营都必须遵循国家的航空法律。

10.1　无人机的飞行管理

对于日益增多的无人机系统，基于对安全的要求，各国都制定了相应的航空法律和无人机管理规定。

10.1.1　无人驾驶航空器飞行管理有关条例

中国民用航空局近几年发布了一系列关于民用无人机运行的管理条例，如《民用无人驾驶航空器系统驾驶员管理暂行规定》、《轻小无人机运行规定(试行)》、《民用无人驾驶航空器系统空中交通管理办法》、《民用无人驾驶航空器实名制登记管理规定》、《无人驾驶航空器飞行管理暂行条例》和《民用无人驾驶航空器经营性飞行活动管理办法(暂行)》等。

对于设计、研制和使用无人机的单位和个人，必须遵守这些条例规定。这也是为了促进无人机产业和无人机技术安全、有序、健康的发展。

《无人驾驶航空器飞行管理暂行条例》根据运行风险大小，将民用无人机分为微型、轻型、小型、中型、大型几类。尽管从科学定义上尚没有这样的划分，但从民航管理上做出这样严格定量的分类，无疑对于具体管理各种无人机运行是大有益处的。因此无人机研发人员在进行飞行试验时，必须了解和遵守这些规定。

本书把与无人机设计和试验直接相关的《无人驾驶航空器飞行管理暂行条例》规定作如下摘录：

“第十三条　民用无人机应当具有唯一身份标识编码……

第十四条　具备遥测、遥控和信息传输等功能的民用无人机无线电发射设备，其工作频率、功率等技术指标应当符合国家无线电管理相关规定。

第十五条　民用无人机生产者应当在微型、轻型无人机的外包装显著标明守法运行说明和防范风险提示，在机体标注无人机类别。

第十九条　为维护国家安全、公共安全、飞行安全，保障重大任务，处置突发事件，军队、武警部队、公安机关和国家安全机关可以配备和依法使用无人机反制设备。

第二十条　轻型无人机驾驶员应当年满 14 周岁，未满 14 周岁应当有成年人现场监护；小型无人机驾驶员应当年满 16 周岁；中型、大型无人机驾驶员应当年满 18 周岁。

第二十一条　民用无人机驾驶员培训包括安全操作培训和行业培训。

安全操作培训包括理论培训和操作培训，理论培训包含航空法律法规和相关理论知识，操作培训包含基本操作和应急操作。安全操作培训管理由国务院民用航空主管部门负责。

行业主管部门对民用无人机行业应用有特殊要求的，可实施行业培训，行业培训包括任务特点、任务要求和特殊操控等培训。培训管理由行业主管部门负责。

第二十二条　操控微型无人机的人员需掌握运行守法要求。

驾驶轻型无人机在相应适飞空域飞行，需掌握运行守法要求和风险警示，熟悉操作说明；超出适飞空域飞行，需参加安全操作培训的理论培训部分，并通过考试取得理论培训合格证。

独立操作的小型、中型、大型无人机，其驾驶员应当取得安全操作执照。

分布式操作的无人机系统或者集群，其操作者个人无须取得安全操作执照，组织飞行活动的单位或者个人以及管理体系应当接受安全审查并取得安全操作合格证。

第二十七条　未经批准，微型无人机禁止在以下空域飞行：

(一) 真高 50 米以上空域；

(二) 空中禁区以及周边 2000 米范围；

(三) 空中危险区以及周边 1000 米范围；

(四) 机场、临时起降点围界内以及周边 2000 米范围的上方；

(五) 国界线、边境线到我方一侧 2000 米范围的上方；

(六) 军事禁区以及周边 500 米范围的上方，军事管理区、设区的市级(含)以上党政机关、监管场所以及周边 100 米范围的上方；

(七) 射电天文台以及周边 3000 米范围的上方，卫星地面站(含测控、测距、接收、导航站)等需要电磁环境特殊保护的设施以及周边 1000 米范围的上方，气象雷达站以及周边 500 米范围的上方；

(八) 生产、储存易燃易爆危险品的大型企业和储备可燃重要物资的大型仓库、基地以及周边 100 米范围的上方，发电厂、变电站、加油站和大型车站、码头、港口、大型活动现场以及周边 50 米范围的上方，高速铁路以及两侧 100 米范围的上方，普通铁路和省级以上公路以及两侧 50 米范围的上方；

(九) 军航超低空飞行空域。

第二十八条　划设以下空域为轻型无人机管控空域：

(一) 真高 120 米以上空域；

(二) 空中禁区以及周边 5000 米范围；

(三) 空中危险区以及周边 2000 米范围；

(四) 军用机场净空保护区，民用机场障碍物限制面水平投影范围的上方；

(五) 有人驾驶航空器临时起降点以及周边 2000 米范围的上方；

(六) 国界线到我方一侧 5000 米范围的上方，边境线到我方一侧 2000 米范围的上方；

(七) 军事禁区以及周边 1000 米范围的上方，军事管理区、设区的市级(含)以上党政机关、核电站、监管场所以及周边 200 米范围的上方；

(八) 射电天文台以及周边 5000 米范围的上方，卫星地面站(含测控、测距、接收、导航站)等需要电磁环境特殊保护的设施以及周边 2000 米范围的上方，气象雷达站以及周边 1000 米范围的上方；

(九) 生产、储存易燃易爆危险品的大型企业和储备可燃重要物资的大型仓库、基地以及周边 150 米范围的上方，发电厂、变电站、加油站和中大型车站、码头、港口、大型活动现场以及周边 100 米范围的上方，高速铁路以及两侧 200 米范围的上方，普通铁路和国道以及两侧 100 米范围的上方；

(十) 军航低空、超低空飞行空域；

(十一) 省级人民政府会同战区确定的管控空域。

未经批准，轻型无人机禁止在上述管控空域飞行。管控空域外，无特殊情况均划设为轻型无人机适飞空域。

植保无人机适飞空域，位于轻型无人机适飞空域内，真高不超过 30 米，且在农林牧区域的上方。

第四十四条　无人机飞行应当避让有人驾驶航空器飞行。轻型、植保无人机通常在相应适飞空域飞行，并主动避让有人驾驶航空器、国家无人机和小型、中型、大型无人机飞行；微型无人机飞行，应当保持直接目视接触，主动避让其他航空器飞行。

除执行特殊任务的国家无人机外，夜间飞行的无人机应当开启警示灯并确保处于良好状态。”

10.1.2　对于无人机飞行管理规定的理解

从上述规定，我们必须明确以下几点。

(1) 所设计的无人机必须有身份标识。

(2) 驾驶无人机者必须经过培训并持有相关部门所发的操作证。

(3) 无人机必须在规定的空域中飞行。

(4) 无人机应主动避让有人驾驶航空器、国家无人机。

各国都开始制定无人机的适航规定。人们越来越认识到，无人机的研制必须像有人驾驶航空器研制一样严格符合安全的“适航条例”。无人机与有人驾驶航空器在空中飞行应执行如下“等效原则”：

无人机操作系统如果不提供合适的安全保障，可能会对其他空域的用户产生不合理的负面影响，因此不能拥有空域的自动飞行权。为了与其他空域的用户协调，无人机系统的操作者必须确保以及证明他们的航空器所遵守的规则与程序可以在同等水平上适用于载人航空器。

10.2　无人机飞行试验的分类

在无人机系统的研制和生产过程中，飞行试验是很重要的环节。通过飞行试验可以发现问题，验证设计，并不断改进和完善，最终使得无人机整体性能优化，可靠性逐步提高。

10.2.1　无人机不同阶段的飞行试验

无人机在不同研制阶段的飞行试验的性质不同，按照研制阶段，飞行试验可分为以下四种。

(1) 无人机原理验证飞行试验。通过飞行试验，对无人机和机载设备在研究中采用的新技术的可行性、新设备的功能及协调性进行验证，试验内容是局部性的，要求达到的目标有一定的阶段性。

(2) 无人机科研飞行试验。无人机科研飞行试验主要用于验证系统设计的各项功能和技术性能指标，发现和排除设计与制造上的缺陷，并对改进后的系统再做各种性能试验，最终达到设计要求。科研飞行试验根据样机研制阶段的不同，分成无人机初样机试验和无人机正样机试验。

(3) 无人机的鉴定与定型飞行试验。无人机的鉴定与定型飞行试验是在规定的使用环境下，通过飞行试验对无人机系统的各种性能和功能进行全面试验与测试，检验飞机系统性能和功能满足战术指标的程度。

(4) 无人机生产验收、交付飞行试验。无人机生产验收、交付飞行试验是对飞机系统生产过程中的质量一致性的检验，在验证无人机系统各项技术指标达到要求后，交给用户使用。

10.2.2　无人机不同内容的飞行试验

根据无人机不同的试验内容，飞行试验可分为以下四种。

(1) 无人机的飞行性能试验。无人机的飞行性能试验主要包括飞机的飞行高度、飞行速度、续航时间、无人机的控制特性等。

(2) 无人机系统的设备性能试验。无人机系统的设备性能试验主要包括机载航空电子设备、数据链测控设备、地面站设备的各项功能和技术指标等。

(3) 无人机的任务设备性能试验。无人机的任务设备性能试验包括侦察设备的性能试验、控制云台的精度试验、地面显示和处理任务信息的试验等。

(4) 无人机的特殊性能试验。无人机的特殊性能试验包括无人机抗强风试验(如果没有自然条件风，可做风洞试验)、避障飞行试验、高低温环境飞行试验、高海拔飞行试验、无人机的发射和回收试验、固定翼空中颤振试验等。

10.3　无人机飞行试验的过程

1. 制定飞行试验计划

无人机飞行试验前，必须制定试验计划，勘察试验场地，熟悉飞行试验的空域情况。飞行试验计划主要内容为：试验依据；试验性质；试验目的；参试装备和设备；飞行架次；主要测试设备；每架次试验的内容与方法；试验数据获取和处理方法；合格判定准则；试验地点和保障要求；试验的组织分工。

然后，确定无人机飞行试验内容。根据无人机系统的组成特点，要求无人机的飞行试验综合化，即在一次飞行试验中，同时对无人机的飞行性能和系统设备性能进行试验。在不同阶段，试验的内容和侧重点不同，飞行试验项目的实施按照实际要求制定。根据无人机研制技术要求和研制方案，从气动、结构、飞行品质、动力系统、任务系统、综合航电系统等方面论证飞行试验项目，以满足研制技术要求为原则，结合设计需求，找出需要通过飞行试验进行验证的重点和难点，进而确定定型飞行试验内容范围，为飞行试验鉴定单位编制飞行试验方案提供指导。

2. 飞行试验样机的准备

无人机在飞行试验前分阶段完成各种地面试验，包括飞行控制系统地面试验、振动试验、电磁兼容性试验、发动机地面试验、机载系统联试、飞行器与地面通信试验、任务设备地面试验等。

根据上述的飞行试验内容，按照飞机研制的总体进度安排，在飞行试验周期内，对完成飞行试验内容所需起落数进行估算，通过对飞行试验鉴定单位以往飞机飞行试验起落频率的统计或对月均起落数的要求，提出对飞行试验样机数量的需求，并结合样机的生产进度预计，对每架样机所承担的飞行试验任务进行分工。

根据初步的飞行试验验证任务分析，确定基本的鉴定飞行试验内容，再由飞行试验内容中各项目的飞行试验状态、所需的无人机任务设备，推算出各项目的飞行试验起落数，从而确定设计定型/鉴定飞行试验所需的总起落数和样机的数量。

3. 编制飞行试验大纲

无人机飞行试验前，不同阶段试飞由试飞单位或研制单位编制飞行试验大纲。飞行试验大纲通常包括首飞试飞大纲、调整试飞大纲、设计定型试飞大纲和适应性试飞大纲。飞行试验大纲经过评审后方可实施。

4. 飞行试验的保障

为了使无人机飞行试验持续、顺利地进行，各种保障也是非常关键的。飞行试验单位可以借鉴全状态飞机的综合保障方案，结合飞行试验特点，为新机飞行试验阶段的综合保障进行方案设计，提出保障设备与工具、保障设施、保障物质等建议。在此基础上，根据自身情况，进行有关人员、设备配置。

保障设备与工具指完成飞机的外场维护和内厂检修所使用的设备与工具，保障设备包括各种地面台站和车辆，保障材料主要是备件和消耗品。对无人机平台的使用维护所需的飞行试验保障要到飞机试制厂调研、协调，对无人机系统、设备所需飞行试验保障应与承制单位进行协调，给出建议目录及对应的生产单位。

应根据新机飞行试验阶段对飞行试验样机的使用与维护特点，设计有关空、地勤人员使用手册，按照飞行试验任务，给出无人机的准备、无人机的飞行试验、无人机的检查要求，结合现场技术支持人员的指导，使空、地勤人员使用和维护无人机有足够的技术依据。还应建议飞行试验工程师学习和基本掌握设计细节，为飞行试验任务单的制定和保证测试内容的准确执行打下坚实的技术基础。

10.4 无人机驾驶的测试

对无人机系统的测试和对无人机操纵人员的测试是不可分割的。只有熟练掌握无人机系统操作(包括无人机驾驶和地面操纵)的合格者，才能完成无人机的性能测试。另外，对无人机操纵人员测试的许多条例和规定也是测试无人机性能本身的一种试验方式。

10.4.1 无人机系统人员须知总则

任何遥控驾驶航空器系统的驾驶员必须按照无人驾驶航空器系统飞行机组人员合格证审定标准取得相应的合格证书后方可执行相关操作，该合格证书应当标明型别、等级。

无人驾驶航空器系统观察员必须接受无人驾驶航空器系统视距内飞行模式下的目视观察员职责能力培训后，方能执行相关操作。如果采用超视距飞行模式，无人驾驶航空器系统观察员也需要取得具有相同效力的遥控驾驶员合格证。

遥控驾驶员合格证申请者必须在通过无人驾驶航空器系统飞行机组人员合格证的理论考试之后，方可进入获取驾驶员资格认证的下一阶段。但在参加实操测试前，申请者必须满足下列前提条件：

(1) 持有可接受的该无人机飞行操作手册；

(2) 在进行飞行测试之前，无人驾驶航空器系统必须接受国家级无人机检测有关部门的基础评估；

(3) 无人驾驶航空器系统运营作业所在国的航空管理机构规定的其他要求。

1. 理论知识考试

在顺利通过培训课程的相关部分并达到一定标准后，仅在被认证教员和负责培训的无人驾驶航空器系统制造商培训学校或认证航校推荐的情况下，无人驾驶航空器系统飞行机组人员合格证的申请者才能参加有关该认证的相关考试。

表 10.4.1 列出了无人驾驶航空器系统飞行机组人员合格证的理论知识摘要条目。

表 10.4.1 无人驾驶航空器系统飞行机组人员的理论知识须知(摘要)

010	00	00	00	航空法	×
010	01	00	00	国际法：条约、协定和国际组织	×
010	02	00	00	无人驾驶航空器系统的适航性	×
010	03	00	00	无人驾驶航空器的国籍和注册标志	×
010	04	00	00	人员认证	×
010	05	00	00	空中规则	×
010	07	00	00	空中交通服务和管理	×

续表

010	08	00	00	航空情报服务	×
010	09	00	00	机场	×
020	00	00	00	无人驾驶航空器系统基础知识	×
021	00	00	00	航空器结构与系统、电气设备、应急设备	×
021	01	00	00	航空器结构与系统	×
021	02	00	00	电气设备	×
022	00	00	00	仪器设备	×
022	01	00	00	飞行仪表	×
022	02	00	00	飞行自动控制系统	×
022	03	00	00	告警和记录设备	×
030	00	00	00	飞行性能和飞行计划	×
031	00	00	00	重量和配平	×
031	02	00	00	有效载荷	×
032	00	00	00	性能	×
032	03	00	00	经有关部门鉴定性能认证的航空器性能	×
033	00	00	00	飞行计划和飞行监视	×
040	02	00	00	基础航空生理学和健康管理	×
061	03	00	00	飞行航图	×
070	00	00	00	操作规程	×
090	00	00	00	通信联络(VFR 通信联络)	×
091	04	00	00	通信故障处理措施	×

2. 能力培训内容

能力指的是执行任务并达到规定标准所需具备的知识、技能、态度、心理素质等方面的综合素质。多人机组飞行团队合作课程的培训目的是培养操控无人驾驶航空器系统和指挥机组团队所需具备的知识、技能、态度以及心理素质等方面的技术能力和非技术能力。

培训应由理论部分和实践部分组成，应培养学员的能力见表 10.4.2。

表 10.4.2　无人机机组人员能力培训内容

能力	表现衡量指标	知识	实践联系
沟通交流	(1) 了解交流的内容和对象 (2) 保证接收方已准备就绪，能接收信息 (3) 能清晰、准确、及时地传递所有必要的信息 (4) 当传递重要信息时，核实对方是否正确理解信息 (5) 主动、耐心地接收信息，并向对方表示已理解信息 (6) 询问有关联的、有效的问题，并提出建议 (7) 使用适当的肢体语言、眼神交流和语调	(1) 人为因素和机组飞行人员资源管理 (2) 机组飞行人员资源管理理念在培训中的应用	在无人驾驶航空器系统的飞行环境中，全体飞行人员均应执行下列工作： (1) 飞行前准备 ① 设备可用性检查； ② 预现场调查； ③ 飞行资料准备； ④ 现场调查和风险评估。 (2) 起飞和爬升测试 ① 起飞前检查； ② 正常起飞测试； ③ 中断起飞测试； ④ 异常情况和紧急情况下的起飞测试。 (3) 巡航：紧急降落 (4) 降落和进近 ① 复飞； ② 备选着陆点； ③ 单发失效情况下的复飞； ④ 进近阶段的风切变； ⑤ 了解地面情况。 (5) 着陆后和飞行后程序 (6) 指定紧急和异常处理程序
领导和团队合作	(1) 友善、热情、充满动力、关爱他人 (2) 在必要的时候能主动采取措施，给予指导并承担责任 (3) 思维开阔、待人坦诚 (4) 能适当给出批评并能接收他人的批评，能根据实际表扬他人，能坦然承认错误 (5) 能自信地表达自己的信条，并能付诸行动 (6) 尊重他人，对他人宽容		

3. 技能测试

在参加遥控驾驶员合格证的技能测试之前，候选遥控驾驶员应通过规定的理论知识考试。在正式参加技能测试之前，必须先完成理论知识教学。

在遥控驾驶员申请者完成了指定的培训之后，由负责培训的认证教员、认证航校或者提供无人驾驶航空器系统型号课程的无人驾驶航空器系统制造商推荐参加技能测试。以上培训记录须提交给无人机驾驶认证考核部门。

无人驾驶航空器系统飞行机组人员合格证的申请者应顺利通过技能测试，以证明其能担任无人驾驶航空器系统和相关遥控站的遥控飞行指挥，具备与该认证所授予权利相当的能力，并能执行相关程序和操控。

建议需参加无人驾驶航空器系统飞行机组人员合格证技能测试的候选遥控驾驶员接受操作教学，操作教学中所用无人驾驶航空器系统和相关无人驾驶航空器系统遥控站最好与技能测试所用设备相同。无人驾驶航空器系统飞行机组人员合格证技能测试的内容包括：

(1) 辨识并处理危险和错误；

(2) 在无人驾驶航空器系统自身的限制条件内或相关规定设定的限制条件内操作无人驾驶航空器系统；

(3) 顺利、准确地完成所有操控项目；

(4) 准确地做出判断，发挥优良的飞行技术；

(5) 熟练运用各种航空学知识；

(6) 始终有效地控制无人驾驶航空器系统，保证程序和操控的顺利执行。

应持续评估掌握所需技能的进展情况。

无人驾驶航空器系统教员应确保参训无人驾驶航空器系统驾驶员，通过培训教学能够获得下列实际操作经验，并达到无人驾驶航空器系统驾驶员规定的能力标准。

(1) 辨识并处理危险和错误；

(2) 飞行前操作，包括无人驾驶航空器系统和遥控站检查与检修、通信检查和控制功能检查、无人驾驶航空器系统设置、作业飞行计划信息下载/验证以及空中交通管制放行许可办理(如适用)；

(3) 机场地面操作、空域路径管理以及空中防撞措施和程序，包括根据需要指挥使用操作作业观察员和应用通信服务通信设施；

(4) 通过目视参照物控制无人驾驶航空器系统，除非系统无法通过目视参照物执行操纵；

(5) 对临界失速或高下降率等危险情况有良好的预判性并能够及时改出，防止无人驾驶航空器系统进入不可恢复的尾旋状态；

(6) 如采用多发构型的无人驾驶航空器系统，应能够应对单发失效或推力偏差造成偏航力矩影响；

(7) 能够利用飞行仪表或特殊的有效载荷(如摄像系统)改出到正常飞行姿态；

(8) 正常以及侧风条件下的起飞和着陆；

(9) 利用所有可行的方法执行导航程序，包括目的地变更或考虑链路丢失情况下需要对编制的飞行计划作飞行过程中变更；

(10) 危险天气辨识和躲避程序；

(11) 异常和紧急情况下的处理程序和操控，包括模拟航空器发电机和电气系统故障、软件故障、控制链路丢失故障、遥控站失效、误操作以及通信故障等；

(12) 如使用遥控无人直升机：异常和紧急情况下的直升机操控，包括自旋(悬停，直线进场，180°返航)、后行桨叶失速、动力条件下主桨转速过低、迫降、大倾角姿态飞行、最佳性能起飞、大角度进场、滑跑着陆和起飞；

(13) 满足空域纵向间隔和横向间隔限制，遵守空中交通管制的指示服务和程序；

(14) 如使用遥控无人直升机：能够使用悬停飞行技术进行跑道(停机坪)滑行或转弯；从悬停到平飞以及从平飞到悬停之间的飞行模式转换。

10.4.2 无人机驾驶员技能测试内容和方法

为无人机驾驶员考核发证部门会制定相关的测试规定以考核无人机驾驶员是否具有操作无人机的合格能力。

关于无人机驾驶员技能测试内容和方法，各个考核发证部门有所不同。这里以中国航空学会和欧洲航空安全局制定的《无人驾驶航空器系统驾驶员资格审查标准》测试规定中“多旋翼航空器技能测试内容”为例，说明无人机驾驶员技能测试方法与过程。

1. 测试内容

飞行区域和航线应由考官进行选择，所有低空飞行和悬停应在合适的机场或场地进行。申请人应负责飞行计划，确保执行飞行所需的所有设备和文件在航空器上。

考生应向考官口头申报所进行的每一项检查工作和承担的职责，包括无线电设备的操作标识。测试时应按照测试所用的多轴航空器的检查清单、操作手册或飞行手册完成相应的检查工作。测试的飞行前准备过程中，考生应合理地进行动力系统功率设置和飞行速度设定。考生应按照所使用的多旋翼航空器的操作手册或者飞行手册计算起飞、进场和着陆的性能数据。

1) 技能测试容许误差

考生应在测试中证明以下能力：

(1) 在限制范围内操作航空器；

(2) 平稳精确地完成所有操纵；

(3) 运用正确的判断力和飞行技术；

(4) 合理应用航空学知识；

(5) 始终对航空器保持有效控制，不发生危害到飞行安全的危险事件。

以下限制项目适用于通用指导标准。考官还应考虑到大气紊流、乱流对无人驾驶航空器的影响以及所使用的无人驾驶航空器的操纵品质和飞行性能。

遥控驾驶员应在测试过程中对无人驾驶航空器的高度和速度控制展现出较高程度的自信心，测试中绝大部分的航线高度应始终保持一致，在 15～30m(50～100ft)，考生应在飞行过程中合理使用和调整动力系统的功率设置，这一点对于参加资格认证的遥控驾驶员非常重要。举例来说，整个飞行过程中始终以起飞爬升功率进行飞行操作的考生将因为缺乏安全操作意识而无法通过测试。

2) 技能测试的内容

本章中规定的测试项目可应用于无人驾驶航空器系统操作技能测试，并可授予《轻型无人驾驶航空器系统适航审定标准》下的多旋翼无人驾驶航空器系统手动飞行、自驾仪增稳飞行以及全自动自主飞行等级认证。

第 1 节　飞行前操作和离场

使用检查表、飞行操纵技术、通过外部视觉参照控制无人驾驶航空器系统、防冻/除冰等，适用于所有步骤：

a　飞行前，包括飞行文件、航行通告和天气简报

b　关于无人驾驶航空器系统、飞行操作、所需的合格证和操作区域的理论知识

c　质量和重心平衡及飞行性能计算

d　无人驾驶航空器系统检查和相关设备维修

e　操作设备：灭火器、急救箱、测风/测温设备

f　飞行前：预启动检查、引擎启动、启动后程序

g 滑行和操作现场程序，预起飞程序
h 起飞和起飞后检查
i 操作现场离场程序
j 服从管制指挥和通信程序

第 2 节　悬停操纵、高级操纵和限制区域

a 地面程序：
  i. 非机场场地
  ii. 不受管制的机场
  iii. 受管制的机场
  iv. 地面安全距离
b 飞行安全距离
c 预起飞程序
d 起飞和着陆(离地升空和落地)
e 向前、向侧边和向后的飞行操纵

第 3 节　导航航行及航路设定程序

a 严格遵守飞行计划，航图测读
b 维持高度、航向和速度
c 定向、时间设置、预计抵达时间调整和日志记录
d 保持在扩展视距内或者隔离空域内的超视距飞行限制
e 飞行管理(如飞行日志、能源使用、可用飞行时间和仪器监测)
f 航线变更
g 防撞
h 天气条件观察
i 服从管制指挥和通信程序
j 水平飞行、方向、高度和速度控制
k 爬升和下降转弯至指定航向

第 4 节　进场和着陆程序

a 降落
b 地面安全距离
c 指定地点着陆
d 可控着陆
e 异常姿态恢复
f 合理使用相关辅助设备(如灯光照明)和系统
g 着陆后程序
h 地面程序：
  i. 非机场场地

ii. 不受管制的机场
iii. 受管制的机场
i 动力电机停止运转
j 电池管理
k 服从管制指挥和通信程序(如适用)
l 飞行员航空日志
m 航空器使用日志
n 航空器维护日志
o 电池使用及维护日志
p 事件/事故报告

第 5 节 异常和应急程序

本节可与第 1～4 节相结合。
a 模拟起飞后引擎故障
b 中断起飞/着陆
c 指挥控制链路/导航故障
d 模拟紧急着陆
e 异常和应急程序
f 口试

2. 飞行测试准备

1) 空域准备
该部分可在办公室内完成检查。候选遥控驾驶员应能够:
(1) 在低空飞行图上指定飞行地点;
(2) 明确进行飞行操作的空域分类;
① 按照扩展视距内或者隔离空域内的超视距飞行限制;
② 在通过过渡高度后所处的高度;
(3) 明确有特殊限制规定的最近区域，如限制、危险或禁止等情况;
(4) 明确机场或附近任何其他航空活动的控制区域;
(5) 航行通告;
① 理解视距范围内的作用范围和附近相关的航行通告，识别其他任何可能影响飞行测试区的情况;
② 对有强制要求的国家的有关当局发送航行通告请求;
(6) 使用除经典低空航图以外的其他方法。
2) 地面现场评估
资格认证参试驾驶员必须根据考核方提供的操作手册、飞行手册中的检查清单以及中国航空学会和 EuroUSC 标准化的现场勘查清单对地面情况进行彻底检查。
资格认证参试驾驶员应注意以下情形:

(1) 障碍物；

(2) 防止与飞行操作无关的人或动物接近或靠近飞行现场；

(3) 针对其他可能的失控入侵航空器的掩护位置；

(4) 整个飞行区域内对可着陆点有影响的凹坑、积水和不平坦地面。

资格认证参试驾驶员应证明其现场勘查的能力，包括按操作手册、飞行手册的规定进行风险评估的能力。

3) 任何其他飞行准备

考官将检查考生是否根据操作手册或飞行手册的相关内容而合理地进行了所有飞行准备工作。

3. 飞行操作考试

飞行操作考试包含三个主要任务或飞行科目：①基本飞行测试；②定向和紧急飞行测试；③实际飞行任务执行。

1) 科目 1：基本飞行测试

测试：由参试驾驶员准备考核用无人驾驶航空器系统。

(1) 任务 1。

模式：如可用，允许使用卫星导航辅助模式；

地点：测试飞行区域；

高度：适合测试所有无人驾驶航空器系统飞行及其操作。

① 准备好后，操作无人驾驶航空器起飞并飞至与机体主尺寸成比例的距离外、离地高度为 15m 的航点，此时可进行定向飞行。

② 如图 10.4.1 所示，在航点 *A*，调整无人驾驶航空器机头指向至下一航点 *C* 并朝该航点飞行。

③ 在航点 *C*，调整无人驾驶航空器飞回航点 *A*。

④ 在航点 *A*，考生应保持无人驾驶航空器始终在视距内飞行，然后操纵无人驾驶航空器飞回并在其着陆点上方高度约 3m 处悬停约 5s。

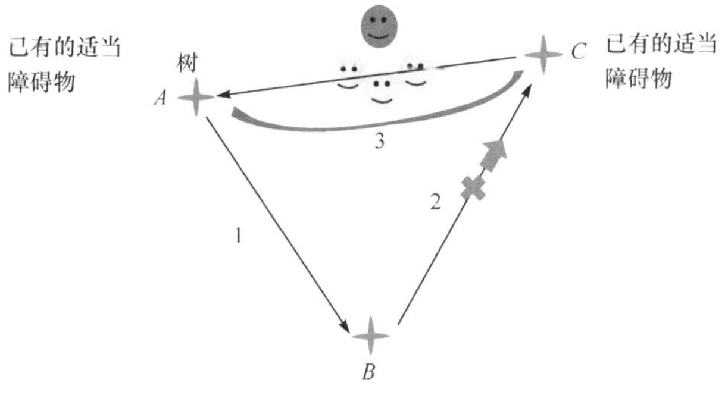

图 10.4.1　无人机基本飞行测试航迹规定

(2) 任务 2：矩形飞行航线。

模式：自动驾驶仪增稳(简称自驾增稳)(如适用)；

地点：测试飞行区域；

高度：适合测试所用的无人驾驶航空器系统飞行及其操作。

参试驾驶员必须在合理高度处完成一个封闭的矩形飞行航线(图 10.4.2)，其长度与无人驾驶航空器机体主尺寸成比例。

顺利完成矩形飞行航线后,无人驾驶航空器须回到着陆区上方离地高度为 3m 处的等待位置。

(3) 任务 3:“8”字形飞行航线。

模式：自驾增稳(如适用);

地点：测试飞行区域;

高度：适合测试所用的无人驾驶航空器系统飞行及其操作。

参试驾驶员须操纵无人驾驶航空器从起飞点离地至高度 3m 处,按照图 10.4.3 设计方式的其中之一完成“8”字形飞行航线。

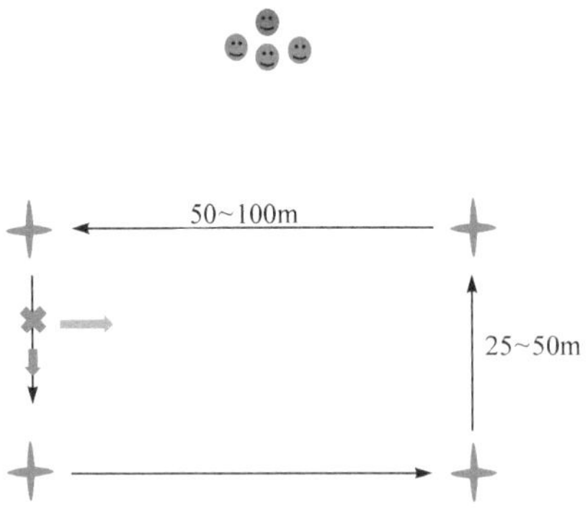

图 10.4.2　无人机矩形航线飞行测试航迹规定

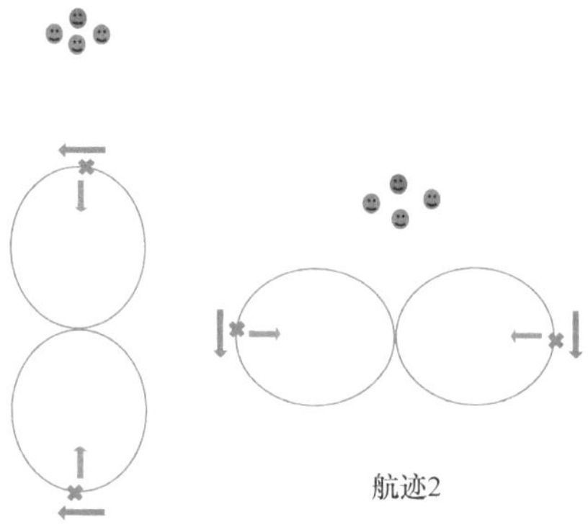

图 10.4.3　无人机“8”字形航线飞行测试航迹规定

顺利完成“8”字形飞行航线后，无人驾驶航空器须回到着陆区上方离地高度为 3m 处的等待位置。

2) 科目 2：定向和紧急飞行测试

模式：自驾增稳(如适用);

地点：测试飞行区域;

高度：适合测试所用的无人驾驶航空器飞行及其操作。

参试驾驶员操纵无人驾驶航空器向与驾驶员方向相反的方向爬升至一定合理高度。达到该高度后，将无人驾驶航空器稳定停留在该位置 10s。之后，以相同的角度执行相反方向的降落操作。无人驾驶航空器在离地高度 3m 处悬停。此次飞行的主要目标在于测试失效保护开关和紧急条件下的驾驶员和无人驾驶航空器之间的交互反应。

在该测试任务中，应对紧急情况进行若干次测试。

3) 科目 3：实际飞行任务执行模式，按飞行操作要求执行

地点：同上;

高度：同上;

与驾驶员的距离：同上。

此次飞行过程中，考官将充当客户，以操作手册或飞行手册中提及的作业任务为操作

对象，由参试驾驶员完成相应任务。

飞行必须在与真实任务类似的条件下进行。地点最好是进行同类型操作的地点。

4) 航点或预编程飞行

飞行测试中如果使用可按航路点飞行的无人驾驶航空器系统，考生须向考官证明其具有合理运用该飞行模式的能力，并应按照无人机手册练习操练中规定的航点图计划训练飞行。

如果航路点的飞行路线不符合图形训练飞行要求，飞行考核仍将包含基本飞行测试，即以证明驾驶员及其团队的基本飞行能力为主。

第11章 无人机技术的展望

无人机虽然在20世纪30年代就开始应用，但是一直到21世纪初，无人机应用仅以军事靶机和侦察为主。自美国于2001年10月用“捕食者”无人机首次在阿富汗实战中发射导弹成功，作战无人机才第一次受到重视。美国军事专家预测，未来空战将会以无人机作战为主，因此无人机发展潜力巨大。至于民用无人机的兴起才是近几年的事。尤其是大疆微小型商业无人机的研制成功，推动了消费级无人机的迅速发展。当前，民用无人机正从消费级无人机向工业级无人机发展。可以说，工业级无人机还处于试用期，人们越来越认识到无人机在安防、测绘、电力、交通、森林防火、工业探矿、工地施工、农业植保、物流等方面有广泛的应用前景。希望无人机具有更长的航时、更强的作战能力、更大的承载能力，并向智能化、微小型化、协同化、信息化、网络化发展。

1. 智能化

目前，无人机的智能化研究尚处于初级阶段，从技术水平方面，只是按照人预先设计程序的自主控制与导航功能。虽然个别具有自主控制能力的无人机程序中加入了少量的人工智能算法，也只是很初级的智能无人机。

真正的智能无人机(Intelligent UAV)除能按照预先设计程序自主作业外，应具有能够根据外界条件的变化，在一定范围内自主调整程序、重新规划作业的无人机系统。智能无人机至少要具备三个要素。

(1) 感觉要素，能够感知和认识周围环境状态。

(2) 反应要素，对外界变化能做出反应性控制。

(3) 思考要素，根据感知的信息，能够思考并给出相应对策。

智能无人机发展可分三个阶段。

(1) 初级智能无人机。指具有一定的感受、识别、推理和判断能力，可以根据外界条件的变化，在一定范围内自行修改程序、自主控制的无人机。

(2) 专用智能无人机。按照一定专门任务要求研制的智能无人机，能够在执行任务过程中，根据环境变化，自动调整航线和控制任务设备，独立完成专门作业任务。

(3) 高级智能无人机。无人机不但具有感觉、识别、推理和判断能力，而且根据所感知的外界条件的变化，能够自行修改程序。这种自我设计修改能力已不是完全按照人事先规定的法则，而是无人机自己通过学习、总结经验来获得修改程序的思想。智能无人机通常运用人工智能技术和模拟人的思维方法，即具有与人脑的思维过程有一定的相似性的判断、求解和决策过程。“神经网络技术”就是一种发展中的智能分析与决策方法。

高级智能无人机应具有故障自动监测、故障辨识的自修复控制技术，具有自学习、自组织、自适应控制能力。

2. 环境感知与适应能力

无人机感知环境与对环境的适应能力是未来无人机发展的重要方面。要提高无人机对环境的如下感知能力。

(1) 视觉(光、色、图像、夜视、光流、物体、三维视觉、变焦)，无人机对环境的“第一视觉”感知和识别能力。

(2) 触觉(接触、压觉、滑动觉)，无人机对碰撞、起飞、着陆、滑跑的感知与量级测算能力。

(3) 力觉(力、力矩)，无人机对大气压力、空气动力力矩的感知与测量能力。

(4) 接近觉(接近、距离)，无人机对障碍物的相对距离和接近速度的感知与测量能力。

(5) 相对环境运动觉(速度、加速度、角度)，无人机相对环境的飞行速度、运动加速度、运动姿态、航向的测量能力。

(6) 外部环境感知觉(温度、风力、雨水、雾霾)，无人机适应热、冷能力，抗风能力，抗雨水能力，雾霾识别能力。

(7) 环境地理识别觉(地理位置、地理特性)，无人机对所飞行经过点的地理三维坐标、相对高度的测量能力，对地理环境的特性(如平原、山脉、河流、海洋、森林)的感知能力。

要实现上述感知能力，无人机需要能感知视觉、接近、距离等的非接触型传感器和能感知力、压觉、接触、温度等的接触型传感器，还需要各种综合和特殊感知设备，如摄像机、图像传感器、超声波传感器、激光器、温度感知器、压电元件、气动元件、雷达测距、卫星导航传感器等元器件。利用融合的多传感器系统，无人机才能够精确地反映和测量环境对象的特性。

3. 协同作战能力

鉴于无人机具有成本低、生产周期短的特点，无人机协同作战已是各国探索未来战争模式十分关注的技术。从作战应用来看，无人机协同作战能有效解决单机行动时出现故障或战斗损坏、观测角度的限制以及执行攻击任务成功率低等问题。为弥补单架无人机的不足，国内外都提出了各种各样的无人机编队飞行概念，随着技术的不断发展，又提出了协同作战理论。无人机协同作战主要优势有扩大搜索范围、提高侦察精度、提升整体作战能力、减小飞行阻力、增加飞行距离等。无人机协同编队飞行执行任务，可以在一定程度上提高单机单次作战任务的成功概率。在军事侦察、目标打击、通信中继、电子对抗、战场评估、干扰诱骗和协同攻击等方面，无人机协同编队飞行可以提高单次完成任务的效率，因而无人机协同作战成为重要的发展趋势。

参 考 文 献

昂海松, 2016. 微型飞行器的设计原则和策略[J]. 航空学报, 37(1): 69-80
昂海松, 肖天航, 郑祥明, 等, 2012. 微型飞行器设计导论[M]. 西安: 西北工业大学出版社
昂海松, 余雄庆, 2014. 飞行器先进设计技术[M]. 2 版. 北京: 国防工业出版社
昂海松, 周建江, 曹云峰, 等, 2014. 微型飞行器系统技术[M]. 北京: 科学出版社
AUSTIN R, 2013. 无人机系统——设计、开发与应用[M]. 陈自力, 董海瑞, 江涛, 译. 北京: 国防工业出版社
毕红哲, 张洲宇, 申功璋, 等, 2016. 无人机感知与规避技术研究进展[J]. 电子测量与仪器学报, 30(5): 661-668
丁文锐, 黄文乾, 2016. 无人机数据链抗干扰技术发展综述[J]. 电子技术应用, 10: 6-10
樊琼剑, 2008. 多无人机协同编队仿生飞行控制关键技术研究[D]. 南京: 南京航空航天大学
GUILLAUME J, DUCARD J, 2012. 容错飞行控制与导航系统[M]. 陈自力, 谢志刚, 译. 北京: 国防工业出版社
何颖, 蔡闻峰, 赵鹏飞, 2006. 翼身融合体小型无人机胶接技术研究[J]. 化学与黏合, 28(3): 176-178
世界无人机系统大全编写组, 2015. 世界无人机系统大全[M]. 北京: 航空工业出版社
王建新, 张璇子, 吴观桢, 2014. 直升机空气动力学基础[M]. 北京: 国防工业出版社
王鹏, 李龙, 2014. 美国无人机动力装置发展研究[C]//中国航空学会. 探索 创新 交流——第六届中国航空学会青年科技论坛文集(下册). 5
吴佳凯, 马晓平, 孙林峰, 2012. 无人机绳钩回收系统参数设计[J]. 航空计算技术, 42(3): 92-94
杨铁江, 张明, 吴琼, 2016. 无人机柔性装配工装技术研究及应用[J]. 机械工程与技术, 5(4): 322-328
朱宝鎏, 2006. 无人飞机空气动力学[M]. 北京: 航空工业出版社
ANGELOV P, 2012. Sense and avoid in UAS: research and applications[M]. Hoboken: John Wiley & Son
CAI Y G, YU F R, LI J, et al., 2013. Medium access control for unmanned aerial vehicle (UAV) Ad-Hoc networks with full-duplex radios and multipacket reception capability[J]. IEEE Transactions on Vehicular Technology, 62(1): 390-394
FLORENT M, MICHAEL M, NAIMA K, et al., 2011. Flight testing of an ADS-B-based miniature 4D sense and avoid system[C]//AIAA-2011-1419
HOYLE C, 2003. Unmanned air vehilelegislation-Unmanned skies: Soon reality? [J]. Jane' s Defence Weekly, (6): 10
MARK H, 2000. Pilotless progress report-UAVs have made exceptional strides recently [J]. International Defense Review, (9): 1
VAN BLYENBURGH P, 1999. UAVs: an overview[J]. Air & Space Europe, 1(5): 43-47
XAVIER P, LUIS D, JORGE R, et al., 2012. Requirements, issues, and challenges for sense and avoid in unmanned aircraft systems[J]. Journal of Aircraft, 49(3): 677-687
ZHEN Z Y, JIANG J, WANG X H, et al., 2013. Information fusion-based optimal attitude control for an alterable thrust direction unmanned aerial vehicle[J]. International Journal of Advanced Robotic Systems, 10(43): 1-9

附录　缩写与缩略语

AAL	高出跑道水平	CRM	机组资源管理
ADS-B	广播式自动相关监视	CTA	管制空域
AIRPROX	近空	CTR	管制区域
AIP	航空资料汇编	DME	测距装置
AIRAC	航空信息监管和控制	DOM	干飞行质量
AIS	航空情报服务	EASA	欧洲航空安全局
AMC	适航性验证方法	EC	欧盟委员会
ANSP	空中航行服务提供者	ENR	航路
AOC	航空运营商证书	EU	欧盟
ASR	测高表设置区域	EUROCAE	欧洲民用航空设备组织
ATIS	自动终端信息服务	EUROCONTROL	欧洲空中航行安全组织
ATC	空中交通管制	E-VLOS	扩展视距
ATCO	空中交通管制官	FAA	美国联邦航空管理局
ATM	空中交通管理	FIR	飞行情报区
ATPL	空中运输	FIS	飞行情报服务
ATS	空中交通服务	FISO	飞行情报服务官
ATSU	空中交通服务单位	FL	飞行高度
ATZ	机场交通地带	FTO	飞行训练机构
BEM	基本空质量	GCS	地面控制站
BNUC™	基本国家 UAS 证书	GPS	全球定位系统
BNUC-S™	BNUC™-小型无人驾驶航空器	IATA	国际航空运输协会
BLOS	目视视距内	ICAO	国际民用航空组织
BRLOS	超无线电视距	IFR	仪表飞行规则
B-VLOS	超目视视距	IMC	仪表气象条件
CAA	民航局(通用)	ISA	国际标准大气压
CAA-UK	英国民航局	ITU	国际电信联盟
CAP	民航出版物	IDCA	个人设计以及结构评估
C of A	适航证	ITAR	国际武器贸易条例(美国)

续表

JARUS	无人驾驶航空器系统规章联合制定局	RPA	遥控驾驶航空器(国际民用航空组织)
LM	着陆质量	RPAS	遥控驾驶航空器系统(国际民用航空组织)
Li-Ion	锂离子	RPIC	远程指挥
Li-Po	锂聚合物	RPS	地面遥控站
LM	着陆质量	RTF 或 R/T	无线电话
LUASS™	轻型无人机系统方案	SAR	搜索救援
LUASS-AW™	轻型无人机系统方案- 适航性	SRG	安全管理小组(英国民航局)
NAA	国家航空局(通用)	SUA	小型无人机
NiMH	镍氢电池	SUSA	小型无人侦察机
NUC-BLOS	国家 UAS 证书- BLOS 操作	TMA	终端航站活动空域
mAh	毫安时	TOM	起飞质量
mbar	毫巴	TWR	塔台
MATZ	军用机场交通区	UAS	无人机系统
MTOM	最大起飞重量	UIR	高空飞行情报区
NOTAM	航行通告	UK	英国
OAT	室外气温	VFR	目视飞行规则
OIS	障碍物鉴别面	VHF	甚高频
PFAW	空中作业许可证	VLOS	视力
RFI	无线电台射频干扰	VMC	目视气象条件
RLOS	无线电通信视线	VORs	甚高频全向信标
ROC	遥控驾驶航空器系统操作证书	Wh	瓦时